住房和城乡建设行业专业人员知识丛书

测量员专业知识

住房和城乡建设行业专业人员知识丛书编委会　编

中国建材工业出版社

图书在版编目（CIP）数据

测量员专业知识／住房和城乡建设行业专业人员知识丛书编委会编．-- 北京：中国建材工业出版社，2019.7（2020.11 重印）
（住房和城乡建设行业专业人员知识丛书）
ISBN 978-7-5160-2558-1

Ⅰ.①测… Ⅱ.①住… Ⅲ.①建筑测量—基本知识 Ⅳ.①TU198

中国版本图书馆 CIP 数据核字（2019）第 092449 号

内 容 简 介

本书作为《住房和城乡建设行业专业人员知识丛书》中的一本，坚持以“职业素质”为基础、以“职业能力”为本位、以“实用易懂”为导向的编写思路，围绕与测量员岗位能力要求相关的现行国家、行业及地方标准规范、技术指南等，重点对测量员的知识点和能力点进行介绍，帮助读者学习基本的测量员专业知识与技能，使之能够胜任施工现场测量的基本工作。

本书共 9 章，内容包括：测量员岗位职责，相关管理规定和标准，测量学基本知识，高程、角度、距离测量，控制测量的基本知识，施工测量，变形观测与竣工测量，测量方案，测量成果保存与归档，测量员专业知识测试模拟试卷及参考答案等。本书与专业人员《通用知识》一书配套使用。

本书可作为施工现场专业人员岗位培训教材，“双证制”院校教学的参考用书，以及建筑类工程技术人员工作参考书。

测量员专业知识
Celiangyuan Zhuanye Zhishi
住房和城乡建设行业专业人员知识丛书编委会　编

出版发行：中国建材工业出版社
地　　址：北京市海淀区三里河路 1 号
邮　　编：100044
经　　销：全国各地新华书店
印　　刷：北京雁林吉兆印刷有限公司
开　　本：787mm×1092mm　1/16
印　　张：22.5
字　　数：450 千字
版　　次：2019 年 7 月第 1 版
印　　次：2020 年 11 月第 3 次
定　　价：**59.80 元**

本社网址：www.jccbs.com，微信公众号：zgjcgycbs

《住房和城乡建设行业专业人员知识丛书》
编 委 会

《测量员专业知识》编写组

主　　编　曹智翔　杨修明

副 主 编　胡　川　姜树辉　陈　杰

主　　审　唐小林　冯　晓

参加编写　陈明建　邓鑫洁　罗天宇　秦雨航　蓝文晖　邹旭升
　　　　　李　玲　刘长兵　钱　渝　王　皓　谢武明　项思齐
　　　　　何一帆

前　言

为了深入推进房屋建筑与市政基础设施工程现场施工专业人员（以下简称专业人员）队伍建设，更好地指导、服务于专业人员培训及人才评价工作，重庆市建设岗位培训中心组织编写了《住房和城乡建设行业专业人员知识丛书》，丛书紧扣现场施工专业人员职业能力标准，结合建设行业改革发展的新形势和新要求，坚持与施工现场专业人员的定位相结合、与现行的国家标准和行业标准相结合、与建设类“双证制”院校的专业设置相融合，力求体现科学性、针对性和实用性。

本书作为《住房和城乡建设行业专业人员知识丛书》中的一本，坚持以“职业素质”为基础、以“职业能力”为本位、以“实用易懂”为导向的编写思路，围绕与测量员岗位能力要求相关的现行国家、行业及地方标准规范、技术指南等，重点对测量员的知识点和能力点进行介绍，帮助读者学习基本的测量员专业知识与技能，使之能够胜任施工现场测量的基本工作。

本书共9章，内容包括：测量员岗位职责，相关管理规定和标准，测量学基本知识，高程、角度、距离测量，控制测量的基本知识，施工测量，变形观测与竣工测量，测量方案，测量成果保存与归档，测量员专业知识测试模拟试卷及参考答案等。本书与专业人员《通用知识》一书配套使用。

本书编写的具体分工是：主编由重庆交通大学曹智翔、重庆市建设技术发展中心杨修明担任；副主编由重庆交通大学胡川、重庆建筑工程职业学院姜树辉、重庆市建设技术发展中心陈杰担任；重庆建筑工程职业学院陈明建、邓鑫洁，重庆交通职业学院罗天宇，重庆工业职业技术学院秦雨航，重庆市建设技术发展中心蓝文晖、刘长兵、钱渝，重庆市渝中区建标职业培训学校李玲、邹旭升、何一帆，重庆旭光测绘地理信息有限公司王皓，重庆建工建材物流有限公司谢武明，上海市政总院重庆分公司项思齐参与编写。第一章由陈明建编写；第二章由曹智翔编写；第三章由胡川、杨修明编写，第四章由胡川、蓝文晖编写；第五章由邓鑫洁、钱渝、刘长兵编写；第六章由姜树辉、陈杰编写；第七章由罗天宇、李玲编写；第八章由秦雨航、邹旭升、何一帆编写；第九章由曹智翔、王皓、谢武明、项思齐编写。

本书由唐小林、冯晓担任主审。

本书可作为施工现场专业人员岗位培训教材，“双证制”院校教学的参考用书，以及建筑类工程技术人员工作参考书。

限于编写时间之仓促，囿于编者之水平，书中难免有不足之处，恳请广大同仁和读者批评指正。

编　者

2019 年 6 月

目　录

第一章　测量员岗位职责

测量是研究地球形状与大小以及地面点位空间位置有关信息的科学。测量的基本任务主要包括测定和测设（施工放样）两个方面。一个建设工程项目一般分为勘测设计、工程施工、运营管理三个阶段，各阶段均需要测量技术提供支持与保障。在勘测设计阶段主要是测绘用于设计的各种大比例尺地形图；在工程施工阶段测量的主要任务是施工放样及为保障工程施工质量和安全进行的测量工作；在运营管理阶段则是为工程安全运营、维护工作进行变形监测。其中，工程现场施工测量员主要涉及的是施工阶段各类测量工作，为工程施工提供技术支持。

工程现场施工测量员需要参与图纸会审、了解施工工艺、编制施工测量方案、进行施工放样和竣工测量。本书主要围绕工程现场施工测量员应具备的测量知识和职业技能要求进行编写。

重庆市关于岗位职责的规定

为加强重庆市房屋建筑与市政基础设施工程现场施工专业技术人员的职业能力标准化工作，促进从业人员素质持续提高，提高施工企业综合施工能力和管理水平，保证工程质量和施工安全，重庆市城乡建设委员会于2013年8月29日批准发布了地方推荐标准《重庆市房屋建筑与市政基础设施工程现场施工专业人员职业标准》（DBJ50/T—171—2013）（以下简称《职业标准》），自2014年1月1日起施行。

《职业标准》对工程现场施工专业人员的岗位工作职责和应具备的专业知识、专业技能等职业标准做了相应规定和要求。其中，测量员作为施工现场从事各种测量工作的专业人员，其工作职责主要包括测量计划准备、测量技术控制、测量过程控制、测量数据处理分析、测量信息资料管理。

一、测量计划准备职责

根据《职业标准》要求，测量计划准备职责共3条：

①负责编制测量仪器配备计划；

②负责测量仪器的使用、日常维护、维修、保管工作，建立仪器台账；

③参与制定测量管理制度。

根据该职责，要求现场施工测量员能够根据工程项目需要编制测量仪器和工具配备计划，计划包括仪器和工具名称、型号、规格、单位、数量等；做好常用测量仪器台账，其基本内容包括设备系、公司编号、名称、型号、规格、有效期、鉴定机构、鉴定证书编号、是否过期、编号、数量、现状等以及仪器明细表。

施工项目所用测量仪器必须经周期检定合格，才能用于测绘工作，测量工作前应对仪器进行常规性检校，包括对仪器的一般性检视，然后对仪器的主要螺旋进行检查和调整，对仪器的圆水准器、管水准器、对中器、补偿器等进行检校，不合格仪器必须送修。

做好移交测量控制点的原始资料台账，当项目工程部在接到设计单位的设计文件后，测量员必须在开工前会同设计单位、建设单位（或监理单位）办理测量控制点原始资料的移交手续，并一起到现场指证、交接测量控制点标志，并以书面形式接收满足施工首级控制网精度要求的平面和高程控制资料。交接各方负责人必须在交接文件上签字确认。

测量员要参与制定施工现场测量管理制度，包括测量工作制度、测量技术流程、仪器管理和操作规程、测量资料计算和记录与保管等有关测量制度。

二、测量技术控制职责

根据《职业标准》，测量技术控制职责共4条：

①参与图纸会审、技术变更洽商；

②参与编制施工组织设计和专项施工方案；

③负责编制测量方案；

④负责测量放线，参与技术复核。

根据该职责要求，测量员要参与图纸会审与技术变更洽商，必须能够识读施工图、施工技术文件及校核图纸，了解施工工艺和要求，才能准确理解设计意图，做到与施工员密切配合，完成测量任务。图纸会审中，测量员要对与测量放样密切相关的施工图数据（平面坐标、高程、距离、方位等）进行重点审核，对建设方提供的施工图进行复核，以确保设计图纸的正确性。

测量员要能够依据施工组织设计、施工图、测量规范编制施工测量方案；能够施测和绘制重要的控制性坐标网，如施工现场控制基线、施工控制网、建筑物主轴线平面控制网、高程控制网、GPS 网等。

三、测量过程控制职责

根据《职业标准》，测量过程控制职责共3条：

①负责控制性测量标志工作，保护测量标志；

②负责开工前的交接桩复测，形成测量成果报告，做好分管区内的测量达标工作和标准化管理；

③负责对控制点红线桩测量进行实地校测。

根据该职责要求，测量员要能够进行测量闭合、标高、坐标、定位、放线、角度、轴线引桩的施测；能够对施工现场测量仪器、工具的保管、维护、运输等做到规范化操作与管理，保持测量仪器的使用良好。

现场施工测量员应能够进行施测程序、主要问题、质量要求、测量放线工作质量管理，落实测量复核制度及相关签证工作。

测量员要能够进行分管区内的测量管理，包括建立、使用、检测、恢复、移交现场测量标志，建立现场施工坐标系与测量坐标系之间的转换，对所用仪器、工具协调管理等。

四、测量数据处理分析职责

根据《职业标准》，测量数据处理分析职责共2条：

①负责工程测量控制网精度估算与优化、建筑物变形观测值统计和各种工程测量控制网的平差计算和精度评定；

②负责各类工程测量成果的审核、分析与验收。

根据该职责要求，测量员要能够进行工程测量控制网精度估算与优化、建筑物变形观测值的统计和各种工程测量控制网的平差计算和精度评定。

现场施工测量员要能够对各类工程测量原始记录、测量原始数据、测量放样计算资料及测量结果的统计计算资料等各类工程测量成果进行审核、分析与验收，保证测量成果质量。

五、测量信息资料管理职责

根据《职业标准》，测量信息资料管理职责共2条：

①负责编写测量技术报告，填写建筑物变形观测记录等测量资料；

②负责汇总、整理和移交测量资料。

根据该职责要求，测量员要能够编写施工项目测量工作技术报告，能够填写建筑物变形观测记录、编制变形观测报告；并能对施工项目测量资料进行规范化填写、录入、签认，按归档要求对测量成果进行整理、组卷、录入与标识等测量档案信息的管理工作。

第二章　相关管理规定和标准

第一节　测绘法

《中华人民共和国测绘法》（以下简称《测绘法》）于1992年12月28日第七届全国人民代表大会常务委员会第二十九次会议通过；2002年8月29日第九届全国人民代表大会常务委员会第二十九次会议第一次修订，2002年12月1日起施行；2017年4月27日第十二届全国人民代表大会常务委员会第二十七次会议第二次修订，2017年7月1日起施行。

新修订的测绘法共10章68条，分为总则、测绘基准和测绘系统、基础测绘、界线测绘和其他测绘、测绘资质资格、测绘成果、测量标志保护、监督管理、法律责任、附则，比原法增加“监督管理”一章。此次测绘法修订明确了“加强测绘管理，促进测绘事业发展，保障测绘事业为经济建设、国防建设、社会发展和生态保护服务，维护国家地理信息安全”的立法宗旨，贯彻了“加强共享、促进应用，统筹规划、协同指导，规范监管、强化责任，简政放权、优化服务”的原则，重点针对我国地理信息安全面临的严峻形势和地理信息产业发展的迫切需要进行了修改完善。

在中华人民共和国领域和中华人民共和国管辖的其他海域从事测绘活动，应当遵守本法。从事测绘活动，应当使用国家规定的测绘基准和测绘系统，执行国家规定的测绘技术规范和标准。

一、测绘基准和测绘系统的相关规定

测绘基准是指一个国家整个测绘的起算依据和各种测绘系统的基础，测绘基准包括所选用的各种大地测量参数、统一的起算面、起算基准点、起算方位以及有关的地点、设施和名称等。我国目前采用的测绘基准主要包括大地测量基准、高程基准、深度基准和重力基准。

测绘系统是指由测绘基准延伸，在一定范围内布设的各种测量控制网，是各类测量成果的依据，包括大地测量系统、平面坐标系统、地心坐标系统和重力测量系统等。

《测绘法》中对测绘基准和测绘系统的有关规定如下：

第九条　国家设立和采用全国统一的大地基准、高程基准、深度基准和重力基准，其数据由国务院测绘地理信息主管部门审核，并与国务院其他有关部门、军队测绘部门会商后，报国务院批准。

第十条　国家建立全国统一的大地坐标系统、平面坐标系统、高程系统、地心坐标系统和重力测量系统，确定国家大地测量等级和精度以及国家基本比例尺地图的系列和基本精度。具体规范和要求由国务院测绘地理信息主管部门会同国务院其他有关部门、军队测绘部门制定。

第十一条　因建设、城市规划和科学研究的需要，国家重大工程项目和国务院确定的大城市确需建立相对独立的平面坐标系统的，由国务院测绘地理信息主管部门批准；其他确需建立相对独立的平面坐标系统的，由省、自治区、直辖市人民政府测绘地理信息主管部门批准。

建立相对独立的平面坐标系统，应当与国家坐标系统相联系。

第十二条　国务院测绘地理信息主管部门和省、自治区、直辖市人民政府测绘地理信息主管部门应当会同本级人民政府其他有关部门，按照统筹建设、资源共享的原则，建立统一的卫星导航定位基准服务系统，提供导航定位基准信息公共服务。

第十三条　建设卫星导航定位基准站的，建设单位应当按照国家有关规定报国务院测绘地理信息主管部门或者省、自治区、直辖市人民政府测绘地理信息主管部门备案。国务院测绘地理信息主管部门应当汇总全国卫星导航定位基准站建设备案情况，并定期向军队测绘部门通报。

本法所称卫星导航定位基准站，是指对卫星导航信号进行长期连续观测，并通过通信设施将观测数据实时或者定时传送至数据中心的地面固定观测站。

第十四条　卫星导航定位基准站的建设和运行维护应当符合国家标准和要求，不得危害国家安全。

卫星导航定位基准站的建设和运行维护单位应当建立数据安全保障制度，并遵守保密法律、行政法规的规定。

县级以上人民政府测绘地理信息主管部门应当会同本级人民政府其他有关部门，加强对卫星导航定位基准站建设和运行维护的规范和指导。

二、测绘资质资格的相关规定

第二十七条　国家对从事测绘活动的单位实行测绘资质管理制度。

从事测绘活动的单位应当具备下列条件，并依法取得相应等级的测绘资质证书，方可从事测绘活动：

（一）有法人资格；

（二）有与从事的测绘活动相适应的专业技术人员；

（三）有与从事的测绘活动相适应的技术装备和设施；

（四）有健全的技术和质量保证体系、安全保障措施、信息安全保密管理制度以及测绘成果和资料档案管理制度。

第二十八条 国务院测绘地理信息主管部门和省、自治区、直辖市人民政府测绘地理信息主管部门按照各自的职责负责测绘资质审查、发放测绘资质证书。具体办法由国务院测绘地理信息主管部门商国务院其他有关部门规定。

军队测绘部门负责军事测绘单位的测绘资质审查。

第二十九条 测绘单位不得超越资质等级许可的范围从事测绘活动，不得以其他测绘单位的名义从事测绘活动，不得允许其他单位以本单位的名义从事测绘活动。

测绘项目实行招投标的，测绘项目的招标单位应当依法在招标公告或者投标邀请书中对测绘单位资质等级做出要求，不得让不具有相应测绘资质等级的单位中标，不得让测绘单位低于测绘成本中标。

中标的测绘单位不得向他人转让测绘项目。

第三十条 从事测绘活动的专业技术人员应当具备相应的执业资格条件。具体办法由国务院测绘地理信息主管部门会同国务院人力资源社会保障主管部门规定。

第三十一条 测绘人员进行测绘活动时，应当持有测绘作业证件。

任何单位和个人不得阻碍测绘人员依法进行测绘活动。

第三十二条 测绘单位的测绘资质证书、测绘专业技术人员的执业证书和测绘人员的测绘作业证件的式样，由国务院测绘地理信息主管部门统一规定。

三、测量标志保护的相关规定

测量标志是指在陆地和海洋标定测量控制点位置的标石、觇标以及其他标记的总称。测量标志是国家的重要基础设施，是国家经济建设、国防建设、科学研究和社会发展的重要基础。国家在我国陆地和海洋边界内布设了大量的永久性测量标志，这些标志在国民经济建设中发挥了巨大作用，是国家的一笔十分宝贵的财富。测量人员在建立和使用测量标志时应遵守《测绘法》及《中华人民共和国测量标志保护条例》的相关规定，对测量标志做好保护工作。《测绘法》第七章对测量标志保护的相关规定如下：

第四十一条 任何单位和个人不得损毁或者擅自移动永久性测量标志和正在使用中的临时性测量标志，不得侵占永久性测量标志用地，不得在永久性测量标志安全控制范围内从事危害测量标志安全和使用效能的活动。

本法所称永久性测量标志，是指各等级的三角点、基线点、导线点、军用控制点、重力点、天文点、水准点和卫星定位点的觇标和标石标志，以及用于地形测图、工程测量和形变测量的固定标志和海底大地点设施。

第四十二条 永久性测量标志的建设单位应当对永久性测量标志设立明显标记，并委托当地有关单位指派专人负责保管。

第四十三条　进行工程建设，应当避开永久性测量标志；确实无法避开，需要拆迁永久性测量标志或者使永久性测量标志失去使用效能的，应当经省、自治区、直辖市人民政府测绘地理信息主管部门批准；涉及军用控制点的，应当征得军队测绘部门的同意。所需迁建费用由工程建设单位承担。

第四十四条　测绘人员使用永久性测量标志，应当持有测绘作业证件，并保证测量标志的完好。

保管测量标志的人员应当查验测量标志使用后的完好状况。

第四十五条　县级以上人民政府应当采取有效措施加强测量标志的保护工作。

县级以上人民政府测绘地理信息主管部门应当按照规定检查、维护永久性测量标志。

乡级人民政府应当做好本行政区域内的测量标志保护工作。

第二节　工程测量规范

《工程测量规范》（GB 50026—2007），是为了统一工程测量的技术要求，做到技术先进、经济合理，使工程测量成果满足质量可靠、安全适用的原则而制定的国家标准，适用于工程建设领域的通用性测量工作。

工程测量应以中误差作为衡量测绘精度的标准，并以二倍中误差作为极限误差。

工程测量作业所使用的仪器和相关设备，应做到及时检查校正，加强维护保养、定期检修；对所使用的软件，应经过测试或验证。

对工程中所引用的测量成果资料，应进行检核。

工程测量除应符合《工程测量规范》规定外，尚应符合国家现行有关标准的规定。

本节仅就现行《工程测量规范》各项测量工作的一般性规定进行介绍，具体的技术指标和详细的作业方法和内容可参考《工程测量规范》相关条款和本书有关章节。条款中用黑体字表示的为强制性条文，必须严格执行。

一、有关控制测量的规定

1. 平面控制测量一般规定

（1）平面控制网的建立，可采用卫星定位测量、导线测量、三角形网测量等方法。

（2）平面控制网精度等级的划分，卫星定位测量控制网依次为二、三、四等和一、二级，导线及导线网依次为三、四等和一、二、三级，三角形网依次为二、三、四等和

一、二级。

（3）平面控制网的布设，应遵循下列原则：

①首级控制网的布设应因地制宜，且适当考虑发展；当与国家坐标系统联测时，应同时考虑联测方案。

②首级控制网的等级，应根据工程规模、控制网的用途和精度要求合理确定。

③加密控制网，可越级布设或同等级扩展。

（4）平面控制网的坐标系统，应在满足测区内投影长度变形不大于2.5cm/km的要求下，作下列选择：

①采用统一的高斯投影3°带平面直角坐标系统。

②采用高斯投影3°带，投影面为测区抵偿高程面或测区平均高程面的平面直角坐标系统；或任意带，投影面为1985国家高程基准面的平面直角坐标系统。

③小测区或有特殊精度要求的控制网，可采用独立坐标系统。

④在已有平面控制网的地区，可沿用原有的坐标系统。

⑤厂区内可采用建筑坐标系统。

2. 高程控制测量一般规定

（1）高程控制测量的精度等级的划分，依次为二、三、四、五等，各等级高程控制宜采用水准测量，四等及以下等级可采用电磁波测距三角高程测量，五等也可采用GPS拟合高程测量。

（2）首级高程控制网的等级，应根据工程规模、控制网的用途和精度要求合理选择。首级网应布设成环形网，加密网宜布设成附合路线或结点网。

（3）测区的高程系统，宜采用1985国家高程基准。在已有高程控制网的地区测量时，可沿用原有的高程系统；当小测区联测有困难时，也可采用假定高程系统。

（4）高程控制点间的距离，一般地区应为1～3km，工业厂区、城镇建筑区宜小于1km。但一个测区及周围至少应有3个高程控制点。

二、有关线路测量、地下管线测量的规定

1. 线路测量一般规定

（1）本节适用于铁路、公路、架空索道、各种自流和压力线及架空送电线路工程的通用性测绘工作。

（2）线路控制测量的坐标系统和高程基准，分别按本章相应规定选用。

（3）线路的平面控制，宜采用导线或GPS测量方法，并靠近线路贯通布设。

（4）线路的高程控制，宜采用水准测量或电磁波测距三角高程测量方法，并靠近线路贯通布设。

（5）平面控制点的点位，宜选用土质坚实、便于观测、易于保存的地方。高程控制点的点位，应选在施工干扰区的外围。平面和高程控制点的点位，应根据需要埋设标石。

（6）线路测图的比例尺，可按表 2-1 选用。

表 2-1　线路测图的比例尺

线路名称	带状地形图	工点地形图	纵断面图		横断面图	
			水平	垂直	水平	垂直
铁路	1∶1000 1∶2000 1∶5000	1∶200 1∶500	1∶1000 1∶2000 1∶10000	1∶100 1∶200 1∶1000	1∶100 1∶200	1∶100 1∶200
公路	1∶1000 1∶2000 1∶5000	1∶200 1∶500 1∶1000	1∶1000 1∶2000 1∶5000	1∶100 1∶200 1∶500	1∶100 1∶200	1∶100 1∶200
架空索道	1∶2000 1∶5000	1∶200 1∶500	1∶2000 1∶5000	1∶200 1∶500	—	—
自流管线	1∶1000 1∶2000	1∶500	1∶1000 1∶2000	1∶100 1∶200	—	—
压力管线	1∶2000 1∶5000	1∶500	1∶2000 1∶5000	1∶200 1∶500	—	—
架空输电线路	—	1∶200 1∶500	1∶2000 1∶5000	1∶200 1∶500	—	—

注：1. 1∶200 比例尺的工点地形图，可按对 1∶500 比例尺地形测图的技术要求测绘。

2. 当架空输电线路通过市区的协议区或规划区时，应根据当地规划部门的要求，施测 1∶1000 或 1∶2000 比例尺的带状地形图。

（7）当线路与已有的道路、管道、送电线路等交叉时，应根据需要测量交叉角、交叉点的平面位置和高程及净高或负高。

（8）纵断面图图标格式中平面图栏内的地物，可根据需要实测位置、高程及必要的高度。

（9）所有路线的起点、终点、转角点和铁路、公路的曲线起点、终点，均应埋设固定桩。

（10）线路施工前，应对其定测线路进行复测，满足要求后方可放样。

2. 地下管线测量一般规定

（1）适用于埋设在地下的各类管道、各种电缆的调查和测绘。

（2）地下管线测量的对象包括：给水、排水、燃气、热力管道；各类工业管道；电力、通信电缆。

（3）地下管线测量的坐标系统和高程基准，宜与原有基础资料相一致。平面和高程控制测量，可根据测区范围大小及工程要求，分别按有关规定执行。

（4）地下管线测量成图比例尺，宜选用 1∶500 或 1∶1000，长距离专用管线可选用 1∶2000～1∶5000。

（5）地下管线图的测绘精度，应满足实际地下管线的线位与邻近地上建（构）筑物、道路中心线或相邻管线的间距中误差不超过图上 0.6mm。

（6）作业前，应充分收集测区原有的地下管线施工图、竣工图、现状图和管理维修资料等。

（7）地下管线的开挖、调查，应在安全的情况下进行。电缆和燃气管道的开挖，必须有专业人员的配合。下井调查，必须确保作业人员的安全，且应采取防护措施。

三、有关施工测量的一般规定

（1）适用于工业与民用建筑、水工建筑物、桥梁及隧道的施工测量。

（2）施工测量前，应收集有关测量资料，熟悉施工设计图纸，明确施工要求，制定施工测量方案。

（3）大中型的施工项目，应先建立场区控制网，再分别建立建筑物施工控制网；小规模或精度高的独立施工项目，可直接布设建筑物施工控制网。

（4）场区控制网，应充分利用勘察阶段的已有平面和高程控制网。原有平面控制网的边长，应投影到测区的主施工高程面上，并进行复测检查。精度满足施工要求时，可作为场区控制网使用。否则，应重新建立场区控制网。

（5）新建立的场区平面控制网，宜布设自由网。控制网的观测数据，不宜进行高斯投影改化，可将观测边长归算到测区的主施工高程面上。

新建立场区控制网，可利用原控制网中的点组（由三个或三个以上的点组成）进行定位。小规模场区控制网，也可选用原控制网中一个点的坐标和一个边的方位进行定位。

（6）建筑物施工控制网，应根据场区控制网进行定位、定向和起算；控制网的坐标轴，应与工程设计所采用的主副轴线一致；建筑物的 ±0 高程面，应根据场区水准点测设。

（7）控制网点，应根据设计总平面图和施工总布置图布设，并满足建筑物施工测设的需要。

四、有关竣工图编绘的规定

1. 竣工图编绘的一般规定

（1）建筑工程项目施工完成后，应根据工程需要编绘或实测竣工总图。竣工总图宜采用数字竣工图。

（2）竣工总图的比例尺，宜选用1∶500；坐标系统、高程基准、图幅大小、图上注记、线条规格，应与原设计图一致；图例符号，应采用现行国家标准《总图制图标准》（GB/T 50103—2010）。

（3）竣工总图应根据设计和施工资料进行编绘。当资料不全无法编绘时，应进行实测。

（4）竣工总图编绘完成后，应经原设计及施工单位技术负责人审核、会签。

2. 竣工图的编绘

（1）竣工总图的编绘，应收集下列资料：

①总平面布置图。

②施工设计图。

③设计变更文件。

④施工检测记录。

⑤竣工测量资料。

⑥其他相关资料。

（2）编绘前，应对所收集的资料进行实地对照检核。不符之处，应实测其位置、高程及尺寸。

（3）竣工总图的编制，应符合下列规定：

①地面建（构）筑物，应按实际竣工位置和形状进行编制。

②地下管道及隐蔽工程，应根据回填前的实测坐标和高程记录进行编制。

③施工中，应根据施工情况和设计变更文件及时编制。

④对实测的变更部分，应按实测资料编制。

⑤当平面布置改变超过图上面积1/3时，不宜在原施工图上修改和补充，应重新编制。

（4）竣工总图的绘制，应满足下列要求：

①应绘出地面的建（构）筑物、道路、铁路、地面排水沟渠、树木及绿化地等。

②矩形建（构）筑物的外墙角，应注明两个以上点的坐标。

③圆形建（构）筑物，应注明中心坐标及接地处半径。

④主要建筑物，应注明室内地坪高程。

⑤道路的起终点、交叉点，应注明中心点的坐标和高程；弯道处，应注明交角、半径及交点坐标；路面，应注明宽度及铺装材料。

⑥铁路中心线的起终点、曲线交点，应注明坐标；曲线上，应注明曲线的半径、切线长、曲线长、外矢距、偏角等曲线元素；铁路的起终点、变坡点及曲线的内轨轨面应注明高程。

（5）给水排水管道专业图的绘制，应满足下列要求：

①给水管道，应绘出地面给水建筑物及各种水处理设施和地上、地下各种管径的给

水管线及其附属设备。

对于管道的起终点、交叉点、分支点，应注明坐标；变坡处应注明高程；变径处应注明管径及材料；不同型号的检查井应绘制详图。当图上按比例绘制管道结点有困难时，可用放大详图表示。

②排水管道，应绘出污水处理构筑物、水泵站、检查井、跌水井、水封井、雨水口、排出水口、化粪池以及明渠、暗渠等。检查井，应注明中心坐标、出入口管底高程、井底高程、井台高程；管道，应注明管径、材质、坡度；对不同类型的检查井，应绘出详图。

③给水排水管道专业图上，还应绘出地面有关建（构）筑物、铁路、道路等。

（6）动力、工艺管道专业图的绘制，应满足下列要求：

①应绘出管道及有关的建（构）筑物。管道的交叉点、起终点，应注明坐标、高程、管径和材质。

②对于沟道敷设的管道，应在适当地方绘制沟道断面图，并标注沟道的尺寸及各种管道的位置。

③动力、工艺管道专业图上，还应绘出地面有关建（构）筑物、铁路、道路等。

（7）电力及通信线路专业图的绘制，应满足下列要求：

①电力线路，应绘出总变电所、配电站、车间降压变电所、室内外变电装置、柱上变压器、铁塔、电杆、地下电缆检查井等；并应注明线径、送电导线数、电压及送变电设备的型号、容量。

②通信线路，应绘出中继站、交接箱、分线盒（箱）、电杆、地下通信电缆人孔等。

③各种线路的起终点、分支点、交叉点的电杆应注明坐标；线路与道路交叉处应注明净空高。

④地下电缆，应注明埋设深度或电缆沟的沟底高程。

⑤电力及通信线路专业图上，还应绘出地面有关建（构）筑物、铁路、道路等。

（8）当竣工总图中图面负载较大但管线不甚密集时，除绘制总图外，可将各种专业管线合并绘制成综合管线图。

五、变形监测的一般规定

（1）适用于工业与民用建（构）筑物、建筑场地、地基基础、水工建筑物、地下工程建（构）筑物、桥梁、滑坡等的变形监测。

（2）重要的工程建（构）筑物，在工程设计时，应对变形监测的内容和范围做出统筹安排，并应由监测单位制订详细的监测方案。

首次观测，宜获取监测体初始状态的观测数据。

（3）变形监测的等级划分及精度要求，应符合表 2-2 的规定。

表 2-2　变形监测的等级划分及精度要求

等级	垂直位移监测		水平位移监测	适用范围
	变形观测点的高程中误差（mm）	相邻变形观测点的高差中误差（mm）	变形观测点的点位中误差（mm）	
一等	0.3	0.1	1.5	变形特别敏感的高层建筑、高耸构筑物、工业建筑、重要古建筑、大型坝体、精密工程设施、特大型桥梁、大型直立岩体、大型坝区地壳变形监测等
二等	0.5	0.3	3.0	变形比较敏感的高层建筑、高耸构筑物、工业建筑、古建筑、特大型和大型桥梁、大中型坝体、直立岩体、高边坡、重要工程设施、重大地下工程、危害性较大的测坡监测等
三等	1.0	0.5	6.0	一般性的高层建筑、多层建筑、工业建筑、高耸构筑物、直立岩体、高边坡、深基坑、一般地下工程、危害性一般的滑坡监测、大型桥梁等
四等	2.0	1.0	12.0	观测精度要求较低的建（构）筑物、普通滑坡监测、中小型桥梁等

注：1. 变形观测点的高程中误差和点位中误差，是指相对于邻近基准点的中误差；

2. 特定方向的位移中误差，可取表中相应等级点位中误差的 $1/\sqrt{2}$ 作为限值；

3. 垂直位移监测，可根据需要按变形观测点的高程中误差或相邻变形观测点的高差中误差，确定监测精度等级。

（4）变形监测网的网点，宜分为基准点、工作基点和变形观测点。其布设应符合下列要求：

①基准点，应选在变形影响区域之外稳固可靠的位置。每个工程至少应有 3 个基准点。大型的工程项目，其水平位移基准点应采用带有强制归心装置的观测墩，垂直位移基准点宜采用双金属标或钢管标。

②工作基点，应选在比较稳定且方便使用的位置。设立在大型工程施工区域内的水平位移监测工作基点宜采用带有强制归心装置的观测墩，垂直位移监测工作基点可采用钢管标。对通视条件较好的小型工程，可不设立工作基点，在基准点上直接测定变形观测点。

③变形观测点，应设立在能反映监测体变形特征的位置或监测断面上，监测断面一般分为：关键断面、重要断面和一般断面。需要时，还应埋设一定数量的应力、应变传感器。

（5）监测基准网，应由基准点和部分工作基点构成。监测基准网应每半年复测一次；当对变形监测成果发生怀疑时，应随时检核监测基准网。

（6）变形监测网，应由部分基准点、工作基点和变形观测点构成。监测周期，应根据监测体的变形特征、变形速率、观测精度和工程地质条件等因素综合确定。监测期间，应根据变形量的变化情况适当调整。

（7）各期的变形监测，应满足下列要求：

①在较短的时间内完成。

②采用相同的图形（观测路线）和观测方法。

③使用同一仪器和设备。

④观测人员相对固定。

⑤记录相关的环境因素，包括荷载、温度、降水、水位等。

⑥采用统一基准处理数据。

（8）变形监测作业前，应收集相关水文地质、岩土工程资料和设计图纸，并根据岩土工程地质条件、工程类型、工程规模、基础埋深、建筑结构和施工方法等因素，进行变形监测方案设计。

方案设计，应包括监测的目的、精度等级、监测方法、监测基准网的精度估算和布设、观测周期、项目预警值、使用的仪器设备等内容。

（9）每期观测前，应对所使用的仪器和设备进行检查、校正，并做好记录。

（10）每期观测结束后，应及时处理观测数据。当数据处理结果出现下列情况之一时，必须即刻通知建设单位和施工单位采取相应措施：

①变形量达到预警值或接近允许值。

②变形量出现异常变化。

③建（构）筑物的裂缝或地表的裂缝快速扩大。

变形监测的方法，应根据监测项目的特点、精度要求、变形速率以及监测体的安全性等指标，按表 2-3 选用，也可同时采用多种方法进行监测。

表 2-3　变形监测方法选择

类别	监测方法
水平位移监测	三角形网、极坐标法、交会法、GPS 测量、正倒垂线法、视准线法、引张线法、激光准直法、精密测（量）距、伸缩仪法、多点位移计、倾斜仪等
垂直位移监测	水准测量、液体静力水准测量、电磁波测距三角高程测量等
三维位移监测	全站仪自动跟踪测量法、卫星实时定位测量（GPS-RTK）法、摄影测量法等
主体倾斜	经纬仪投点法、差异沉降法、激光准直法、垂线法、倾斜仪、电垂直梁等
挠度观测	垂线法、差异沉降法、位移计、挠度计等
监测体裂缝	精密测（量）距、伸缩仪、测缝计、位移计、摄影测量等
应力、应变监测	应力计、应变计

第三节　建筑变形测量规范

《建筑变形测量规范》（JGJ 8—2016）是针对建筑变形测量专门制定的国家行业标准，是国家标准《工程测量规范》在建筑变形测量中的具体体现与细化，本规范适用于各种建筑在施工期间和使用期间的变形测量。规范中以黑体字标志的条文为强制性条文，必须严格执行。

（1）下列建筑在施工期间和使用期间应进行变形测量：

①地基基础设计等级为甲级的建筑。

②软弱地基上的地基基础设计等级为乙级的建筑。

③加层、扩建建筑或处理地基上的建筑。

④受邻近施工影响或受场地地下水等环境因素变化影响的建筑。

⑤采用新型基础或新型结构的建筑。

⑥大型城市基础设施。

⑦体型狭长且地基土变化明显的建筑。

（2）建筑在施工期间的变形测量应符合下列规定：

①对各类建筑，应进行沉降观测，宜进行场地沉降观测、地基土分层沉降观测和斜坡位移观测。

②对基坑工程，应进行基坑及其支护结构变形观测和周边环境变形观测；对一级基坑，应进行基坑回弹观测。

③对高层和超高层建筑，应进行倾斜观测。

④当建筑出现裂缝时，应进行裂缝观测。

⑤建筑施工需要时，应进行其他类型的变形观测。

（3）建筑在使用期间的变形测量应符合下列规定：

①对各类建筑，应进行沉降观测。

②对高层、超高层建筑及高耸构筑物，应进行水平位移观测、倾斜观测。

③对超高层建筑，应进行挠度观测、日照变形观测、风振变形观测。

④对市政桥梁、博览（展览）馆及体育场馆等大跨度建筑，应进行挠度观测、风振变形观测。

⑤对隧道、涵洞等，应进行收敛变形观测。

⑥当建筑出现裂缝时，应进行裂缝观测。

⑦当建筑运营对周边环境产生影响时，应进行周边环境变形观测。

⑧对超高层建筑、大跨度建筑、异型建筑以及地下公共设施、涵洞、桥隧等大型市政基础设施，宜进行结构健康监测。

⑨建筑运营管理需要时，应进行其他类型的变形观测。

（4）建筑变形测量可采用独立的平面坐标系统及高程基准。对大型或有特殊要求的项目，宜采用 2000 国家大地坐标系及 1985 国家高程基准或项目所在城市使用的平面坐标系统及高程基准。

（5）建筑变形测量应采用公历纪元、北京时间作为统一时间基准。

（6）建筑变形测量过程中发生下列情况之一时，应立即实施安全预案，同时应提高观测频率或增加观测内容：

①变形量或变形速率出现异常变化。

②变形量或变形速率达到或超出变形预警值。

③开挖面或周边出现塌陷、滑坡。

④建筑本身或其周边环境出现异常。

⑤由于地震、暴雨、冻融等自然灾害引起的其他变形异常情况。

（7）在现场从事建筑变形测量作业，应采取安全防护措施。

一、高程控制和平面控制的相关规定

建筑变形测量的基准点应设置在变形影响范围以外且位置稳定、易于长期保存的地方，宜避开高压线。

基准点应埋设标石或标志，且应在埋设达到稳定后方可进行变形测量。稳定期应根据观测要求与地质条件确定，不宜少于 7 天。

基准点可分为沉降基准点和位移基准点。当需同时测定建筑的沉降和位移或三维变形时，宜设置同时满足沉降基准点和位移基准点布设要求的基准点。

当基准点与所测建筑距离较远致使变形测量作业不方便时，宜设置工作基点，并应符合下列规定：

①工作基点应设在相对稳定且便于进行作业的地方，并应设置相应的标志。

②每期变形测量作业开始时，应先将工作基点与基准点进行联测，再利用工作基点对监测点进行观测。

变形控制测量中的基准点测量及基准点与工作基点之间联测的精度等级，对四等变形测量，应采用三等沉降或位移观测精度；对其他等级变形测量，不应低于所选沉降或位移观测精度等级。

1. 沉降基准点布设与测量

（1）沉降观测应设置沉降基准点。特等、一等沉降观测，基准点不应少于 3 个；其他等级沉降观测，基准点不应少于 4 个。基准点之间应形成闭合环。

（2）沉降工作基点可根据作业需要设置，并应符合下列规定：

①工作基点与基准点之间宜便于采用水准测量方法进行联测。

②当采用三角高程测量方法进行联测时，相关各点周围的环境条件宜相近。

③当采用连通管式静力水准测量方法进行沉降观测时，工作基点宜与沉降监测点设在同一高程面上，偏差不应超过10mm。当不能满足这一要求时，应在不同高程面上设置上下位置垂直对应的辅助点传递高程。

沉降基准点观测宜采用水准测量。对三等或四等沉降观测的基准点观测，当不便采用水准测量时，可采用三角高程测量方法。

2. 位移基准点布设与测量

位移观测基准点的设置应符合下列规定：

（1）对水平位移观测、基坑监测或边坡监测，应设置位移基准点。对特等和一等位移观测基准点数不应少于4个，对其他等级位移观测基准点数不应少于3个。当采用视准线法和小角度法时，当不便设置基准点时，可选择稳定的方向标志作为方向基准。

（2）对风振变形观测、日照变形观测或结构健康监测，应设置满足三维测量要求的基准点，且基准点数不应少于2个。

（3）对倾斜观测、挠度观测、收敛变形观测或裂缝观测，可不设置位移基准点。

根据位移观测现场作业的需要，可设置若干位移工作基点。位移工作基点应与位移基准点进行组网和联测。

位移基准点的测量可采用全站仪边角测量或卫星导航定位测量等方法。当需测定三维坐标时，可采用卫星导航定位测量方法，或采用全站仪边角测量、水准测量或三角高程测量组合方法。

位移工作基点的测量可采用全站仪边角测量、边角后方交会以及卫星导航定位测量等方法。

二、沉降观测和位移观测的相关规定

（1）对建筑变形测量项目，应根据所需测定的变形类型、精度要求和现场作业条件来选择相应的观测方法。一个项目中可组合使用多种观测方法。对有特殊要求的变形测量项目，可同时选择多种观测方法相互校验。

（2）当采用光学水准仪、光学经纬仪、电子经纬仪、光电测距仪等进行建筑变形观测时，技术要求可按本规范关于数字水准仪和全站仪测量的相关规定及国家现行有关标准的规定执行。

（3）当变形测量需采用特等精度时，应对所用测量方法、仪器设备及具体作业过程等进行专门的技术设计、精度分析，并宜进行试验验证。

（4）沉降观测可采用水准测量、液体静力水准测量、电磁波测距三角高程测量等方法。

（5）位移观测可采用全站仪测量、卫星导航定位测量、激光测量和近景摄影测量方法等。

以上仅就《建筑变形测量规范》中的沉降观测和位移观测方法进行了介绍，变形观测的具体内容与观测方法和数据处理可参见规范中的相关条款和本书第七章有关内容。

三、变形监测数据处理的相关规定

1. 成果整理的一般规定

（1）每次变形观测结束后，应及时进行成果整理。项目完成后，应对成果资料进行整理并分类装订。成果整理应符合下列规定：

①观测记录内容应真实完整，采用电子方式记录的数据，应完整存储在可靠的介质上。

②数据处理、成果图表及检验分析资料应完整、清晰。

③图式符号应规格统一、注记清楚。

④观测记录、计算资料和技术成果均应有相关责任人签字，技术成果应加盖技术成果章。

⑤观测记录、计算资料和技术成果应进行归档。

（2）根据项目委托方的要求，可按期或按变形发展情况提交下列变形测量阶段性成果：

①本期及前 1 期 ~2 期的观测成果。

②与前一期观测间的变形量和变形速率。

③本期观测后的累计变形量。

④相关图表及简要说明和建议等。

（3）当建筑变形测量任务全部完成或项目委托方需要时，应提交各期观测成果和技术报告作为综合成果。

（4）建筑变形测量技术报告结构应清晰，重点应突出，结论应明确，并应包括下列主要内容：

①项目概况。应包括项目来源，观测目的和要求，测区地理位置及周边环境，项目起止时间，总观测次数，实际布设和测定的基准点、工作基点、监测点点数，项目承担方及主要人员等。

②作业过程及技术方法。应包括变形测量依据的技术标准，采用的平面坐标系或高程基准，项目技术设计或施测方案的技术变更情况，所用仪器设备及其检校情况，基准点及监测点的标志及其布设情况，变形测量精度等级，观测及数据处理方法，各期观测时间，观测成果及精度统计情况等。

③成果质量检验情况。

④变形测量过程中出现的异常、预警及其他特殊情况。

⑤变形分析方法、结论及建议。

⑥项目成果清单。

⑦图、表等附件。

（5）建筑变形测量的观测记录、计算资料及成果的管理和分析宜采用变形测量数据处理与信息管理系统进行。该系统宜具备下列功能：

①应能接收各期变形测量的观测数据，并对数据格式进行转换。

②应能进行各期观测数据的检核和处理。

③应能进行基准点、工作基点及监测点标志信息管理。

④应能进行基准点网的平差计算和稳定性分析。

⑤应能对观测数据、计算数据、成果数据建立相应的数据库。

⑥应能对监测点进行变形分析。

⑦应能生成变形测量成果图表。

⑧宜能进行变形测量数据建模和预报。

⑨宜能进行变形的三维可视化表达。

⑩应具有用户管理和安全管理功能。

2. 数据整理

（1）每期变形观测结束后，应依据测量误差理论和统计检验原理对获得的观测数据及时进行平差计算处理，并计算各种变形量。

（2）建筑变形观测数据的平差计算，应符合下列规定：

①应利用稳定的基准点作为起算点。

②应采用严密的平差方法和可靠的软件系统。

③应确保平差计算所用观测数据、起算数据准确无误。

④应剔除含有粗差的观测数据。

⑤对特等和一等变形测量，应对可能含有系统误差的观测值进行系统误差改正。

（3）对各类建筑变形监测点网和变形测量成果，平差计算的单位权中误差及变形参数的精度应符合相应等级变形测量的精度要求。

（4）建筑变形测量平差计算分析中的数据取位应符合表2-4的规定。

表2-4　变形测量平差计算分析中的数据取位要求

等级	高差（mm）	角度（″）	距离（mm）	坐标（mm）	高程（mm）	沉降值（mm）	位移值（mm）
特等	0.01	0.01	0.01	0.01	0.01	0.01	0.01
一等	0.01	0.01	0.1	0.1	0.01	0.01	0.1
二、三等	0.1	0.1	0.1	0.1	0.1	0.1	0.1
四等	0.1	1	1	1	0.1	0.1	1

第四节　中华人民共和国测量标志保护条例

测量标志（survey mark）是标定地面测量控制点位置的标石、觇标以及其他用于测量的标记物的通称。它是测绘部门在测量时建立和测量后留存在地面、地下或者建筑物上的各种标志。中华人民共和国成立以来，测绘部门在全国建立了几十万座永久性测量标志，包括各等级的三角点、基线点、导线点、重力点、天文点、水准点的木质觇标、钢质觇标和标石，全球卫星定位点以及用于地形测图、工程测量、形变测量、地籍测量、境界测绘的固定标志和海底大地点设施。此条例的制定就是为了保护广大测绘工作者辛勤劳动的成果。

1996 年 9 月 4 日中华人民共和国国务院令第 203 号发布《中华人民共和国测量标志保护条例》，自 1997 年 1 月 1 日起施行。

第一条　为了加强测量标志的保护和管理，根据《中华人民共和国测绘法》，制定本条例。

第二条　本条例适用于在中华人民共和国领域内和中华人民共和国管辖的其他海域设置的测量标志。

第三条　测量标志属于国家所有，是国家经济建设和科学研究的基础设施。

第四条　本条例所称测量标志，是指：

（一）建设在地上、地下或者建筑物上的各种等级的三角点、基线点、导线点、军用控制点、重力点、天文点、水准点的木质觇标、钢质觇标和标石标志，全球卫星定位控制点，以及用于地形测图、工程测量和形变测量的固定标志和海底大地点设施等永久性测量标志；

（二）测量中正在使用的临时性测量标志。

第五条　国务院测绘行政主管部门主管全国的测量标志保护工作。国务院其他有关部门按照国务院规定的职责分工，负责管理本部门专用的测量标志保护工作。

县级以上地方人民政府管理测绘工作的部门负责本行政区域内的测量标志保护工作。

军队测绘主管部门负责管理军事部门测量标志保护工作，并按照国务院、中央军事委员会规定的职责分工负责管理海洋基础测量标志保护工作。

第六条　县级以上人民政府应当加强对测量标志保护工作的领导，增强公民依法保护测量标志的意识。

乡级人民政府应当做好本行政区域内的测量标志保护管理工作。

第七条　对在保护永久性测量标志工作中做出显著成绩的单位和个人，给予奖励。

第八条　建设永久性测量标志，应当符合下列要求：

（一）使用国家规定的测绘基准和测绘标准；

（二）选择有利于测量标志长期保护和管理的点位；

（三）符合法律、法规规定的其他要求。

第九条　设置永久性测量标志的，应当对永久性测量标志设立明显标记；设置基础性测量标志的，还应当设立由国务院测绘行政主管部门统一监制的专门标牌。

第十条　建设永久性测量标志需要占用土地的，地面标志占用土地的范围为36～100平方米，地下标志占用土地的范围为16～36平方米。

第十一条　设置永久性测量标志，需要依法使用土地或者在建筑物上建设永久性测量标志的，有关单位和个人不得干扰和阻挠。

第十二条　国家对测量标志实行义务保管制度。

设置永久性测量标志的部门应当将永久性测量标志委托测量标志设置地的有关单位或者人员负责保管，签订测量标志委托保管书，明确委托方和被委托方的权利和义务，并由委托方将委托保管书抄送乡级人民政府和县级以上地方人民政府管理测绘工作的部门备案。

第十三条　负责保管测量标志的单位和人员，应当对其所保管的测量标志经常进行检查；发现测量标志有被移动或者损毁的情况时，应当及时报告当地乡级人民政府，并由乡级人民政府报告县级以上地方人民政府管理测绘工作的部门。

第十四条　负责保管测量标志的单位和人员有权制止、检举和控告移动、损毁、盗窃测量标志的行为，任何单位或者个人不得阻止和打击报复。

第十五条　国家对测量标志实行有偿使用；但是，使用测量标志从事军事测绘任务的除外。测量标志有偿使用的收入应当用于测量标志的维护、维修，不得挪作他用。具体办法由国务院测绘行政主管部门会同国务院物价行政主管部门规定。

第十六条　测绘人员使用永久性测量标志，应当持有测绘工作证件，并接受县级以上人民政府管理测绘工作的部门的监督和负责保管测量标志的单位和人员的查询，确保测量标志完好。

第十七条　测量标志保护工作应当执行维修规划和计划。

全国测量标志维修规划，由国务院测绘行政主管部门会同国务院其他有关部门制定。

省、自治区、直辖市人民政府管理测绘工作的部门应当组织同级有关部门，根据全国测量标志维修规划，制定本行政区域内的测量标志维修计划，并组织协调有关部门和单位统一实施。

第十八条　设置永久性测量标志的部门应当按照国家有关的测量标志维修规程，对永久性测量标志定期组织维修，保证测量标志正常使用。

第十九条　进行工程建设，应当避开永久性测量标志；确实无法避开，需要拆迁永久性测量标志或者使永久性测量标志失去使用效能的，工程建设单位应当履行下列批准手续：

（一）拆迁基础性测量标志或者使基础性测量标志失去使用效能的，由国务院测绘行政主管部门或者省、自治区、直辖市人民政府管理测绘工作的部门批准；

（二）拆迁部门专用的永久性测量标志或者使部门专用的永久性测量标志失去使用效能的，应当经设置测量标志的部门同意，并经省、自治区、直辖市人民政府管理测绘工作的部门批准。

拆迁永久性测量标志，还应当通知负责保管测量标志的有关单位和人员。

第二十条 经批准拆迁基础性测量标志或者使基础性测量标志失去使用效能的，工程建设单位应当按照国家有关规定向省、自治区、直辖市人民政府管理测绘工作的部门支付迁建费用。

经批准拆迁部门专用的测量标志或者使部门专用的测量标志失去使用效能的，工程建设单位应当按照国家有关规定向设置测量标志的部门支付迁建费用；设置部门专用的测量标志的部门查找不到的，工程建设单位应当按照国家有关规定向省、自治区、直辖市人民政府管理测绘工作的部门支付迁建费用。

第二十一条 永久性测量标志的重建工作，由收取测量标志迁建费用的部门组织实施。

第二十二条 测量标志受国家保护，禁止下列有损测量标志安全和使测量标志失去使用效能的行为：

（一）损毁或者擅自移动地下或者地上的永久性测量标志以及使用中的临时性测量标志的；

（二）在测量标志占地范围内烧荒、耕作、取土、挖沙或者侵占永久性测量标志用地的；

（三）在距永久性测量标志 50m 范围内采石、爆破、射击、架设高压电线的；

（四）在测量标志的占地范围内，建设影响测量标志使用效能的建筑物的；

（五）在测量标志上架设通信设施、设置观望台、搭帐篷、拴牲畜或者设置其他有可能损毁测量标志的附着物的；

（六）擅自拆除设有测量标志的建筑物或者拆除建筑物上的测量标志的；

（七）其他有损测量标志安全和使用效能的。

第二十三条 有本条例第二十二条禁止的行为之一，或者有下列行为之一的，由县级以上人民政府管理测绘工作的部门责令限期改正，给予警告，并可以根据情节处以 5 万元以下的罚款；对负有直接责任的主管人员和其他直接责任人员，依法给予行政处分；造成损失的，应当依法承担赔偿责任：

（一）干扰或者阻挠测量标志建设单位依法使用土地或者在建筑物上建设永久性测量标志的；

（二）工程建设单位未经批准擅自拆迁永久性测量标志或者使永久性测量标志失去使用效能的，或者拒绝按照国家有关规定支付迁建费用的；

（三）违反测绘操作规程进行测绘，使永久性测量标志受到损坏的；

（四）无证使用永久性测量标志并且拒绝县级以上人民政府管理测绘工作的部门监督和负责保管测量标志的单位和人员查询的。

第二十四条 管理测绘工作的部门的工作人员玩忽职守、滥用职权、徇私舞弊的，依法给予行政处分。

第二十五条 违反本条例规定，应当给予治安管理处罚的，依照治安管理处罚法的有关规定给予处罚；构成犯罪的，依法追究刑事责任。

第二十六条 本条例自 1997 年 1 月 1 日起施行。1984 年 1 月 7 日国务院发布的《测量标志保护条例》同时废止。

第五节 重庆市测绘管理条例

《重庆市测绘管理条例》于 2000 年 5 月 25 日重庆市第一届人民代表大会常务委员会第二十五次会议通过，2005 年 3 月 25 日重庆市第二届人民代表大会常务委员会第十六次会议修订通过，自 2005 年 5 月 1 日起施行。

一、测绘基准和基础测绘的规定

第五条 在主城区范围内从事测绘活动，使用重庆市相对独立的平面坐标系统和黄海高程系统。

其他地区确需建立相对独立的平面坐标系统的，应当与国家坐标系统相联系，并应经市测绘行政主管部门批准。

第六条 市测绘行政主管部门应会同市有关部门编制下列基础测绘规划，经市人民政府批准，并报国务院测绘行政主管部门备案后，由市测绘行政主管部门组织实施。

（一）全市一比一万比例尺地形图的测制、更新和相应尺度的基础地理信息系统数据库建设；

（二）主城区一比两千、一比一千、一比五百比例尺地形图测制、更新和相应尺度的基础地理信息系统数据库建设。

区县（自治县、市）测绘行政主管部门应根据全市基础测绘规划和本地区实际情况，会同有关部门编制本地区的基础测绘规划，负责测制、更新本地区一比两千、一比一千、一比五百比例尺地形图，并建立相应尺度的地理信息系统数据库，经区县（自治县、市）人民政府批准，报市测绘行政主管部门备案后组织实施。

第七条 市和区县（自治县、市）人民政府应当把基础测绘纳入国民经济和社会发展年度计划，所需经费纳入同级人民政府财政预算。

市和区县（自治县、市）发展改革行政主管部门应根据基础测绘规划，会同测绘行政主管部门编制基础测绘年度计划，并分别报上一级行政主管部门备案。

第八条 建立基础测绘成果定期更新制度。

一比两千、一比一千、一比五百比例尺地形图三至五年更新一次，一比一万比例尺地形图五至十年更新一次。

经济建设、社会发展和城市规划建设及重大工程急需的基础测绘成果应当及时更新。

本市相对独立的平面坐标系统和高程控制网应当按照国家规定定期维护更新。

二、测绘资质资格的规定

第十五条 在本市行政区域内从事测绘活动的单位，应当依法取得相应等级的测绘资质证书后，方可从事测绘活动。

第十六条 申请甲级测绘资质的，按国务院测绘行政主管部门《测绘资质管理规定》办理。

申请乙、丙、丁级测绘资质的，应向市测绘行政主管部门提出申请，并提交以下材料：

（一）测绘资质申请表；

（二）企业法人营业执照或者事业单位法人证书；

（三）法定代表人的任命或聘任文件；

（四）符合国务院测绘行政主管部门《测绘资质分级标准》中规定数量的专业技术人员和仪器设备的证明材料；

（五）测绘技术、质量保证体系和测绘成果及资料档案管理制度的证明文件。

申请测绘资质的单位应如实提交前款规定的材料，并对材料的真实性负责。

第十七条 市测绘行政主管部门应在收到申请材料之日起五个工作日内决定是否受理。

对材料完整并符合要求的，应出具受理通知书；对材料不完整的，应当当场或五个工作日内一次告知需要补正的全部材料；对不予受理的，应将申请材料退回，并书面说明理由。

第十八条 市测绘行政主管部门应当自受理申请之日起二十个工作日内做出行政许可决定。审查合格的，向申请人颁发《测绘资质证书》；审查不合格的，退回申请材料，并书面说明理由。

申请人申请的资质业务范围涉及专业测绘的，市测绘行政主管部门可在受理之次日征求有关专业管理部门的意见。专业管理部门应在收到征求意见书之日起十个工作日内向市测绘行政主管部门反馈书面意见。

第十九条 在本市行政区域内从事测绘活动的专业技术人员应当依法取得相应执业资格。

取得执业资格的专业技术人员只能在一个测绘单位执业。

第二十条　测绘人员进行测绘活动，应当持有国家统一制作的测绘作业证件。

市测绘行政主管部门或其委托的区县（自治县、市）测绘行政主管部门负责测绘作业证件的发放和监督管理。

任何单位和个人不得妨碍和阻挠测绘人员依法进行测绘活动。

第二十一条　在本市行政区域内从事测绘活动的国外（境外）组织和个人，应在测绘前向市测绘行政主管部门交验有权部门的批准文书。

第二十二条　测绘单位不得超越其资质等级从事测绘活动或者以其他单位的名义从事测绘活动。

第二十三条　国有资金投资的测绘项目和大型基本建设项目的前期测绘均应依法实行招标投标。

三、测绘标志保护的规定

第三十条　本条例所称测量标志是指为进行测量而埋设或建造的各种标石标志和觇标。测量标志分为永久性测量标志和临时性测量标志。

永久性测量标志是指建设在地上、地下或者建筑物上的各种等级的三角点、基线点、导线点、军用控制点、重力点、天文点、水准点觇标和标石标志，全球卫星定位控制点，以及用于地形测图、工程测量和形变测量的固定标志等。

第三十一条　永久性测量标志的建设单位应当对永久性测量标志设立明显标记，委托标志所在地的有关单位专人管护，并签订《测量标志委托保管书》，在测量标志所在地的乡、镇人民政府或者街道办事处造册登记。乡、镇人民政府和街道办事处应当做好辖区内测量标志保护管理的监督工作。

第三十二条　测量标志受国家法律保护。禁止下列危害测量标志安全或损害其使用效能的行为：

（一）损毁或擅自移动永久性测量标志以及使用中的临时性测量标志；

（二）在测量标志占地范围内烧荒、耕作、取土、挖沙或侵占永久性测量标志用地；

（三）在距永久性测量标志五十米范围内采石、爆破、射击、架设高压电线；

（四）建设影响测量标志使用效能的建筑物；

（五）在测量标志上架设通信设施、设置观望台、搭帐篷、拴牲畜或者设置其他有可能损坏测量标志的附着物；

（六）擅自拆除设有测量标志的建筑物或者拆除建筑物上的测量标志；

（七）违反测绘操作规程使用永久性测量标志。

第三十三条　因工程建设使永久性测量标志失去效能或确需搬迁永久性测量标志的，应向市测绘行政主管部门提出申请，并在办理规划审批手续时一并办理测量标志的迁建手续。

涉及军用控制点的，应当征得军队测绘主管部门的同意。

第三十四条 申请搬迁永久性测量标志，申请单位应提供以下材料：

（一）书面申请；

（二）测量标志所在地测绘行政主管部门意见；

（三）建设工程立项及规划批准文件；

（四）建设工程总平面图。

第三十五条 市测绘行政主管部门应在收到申请搬迁永久性测量标志材料之日起五个工作日内决定是否受理。

对材料完整并符合要求的，应出具受理通知书；对材料不完整的，应当当场或五个工作日内一次告知需要补正的全部材料；对不予受理的，应将申请材料退回，并书面说明理由。

第三十六条 市测绘行政主管部门应当自受理搬迁永久性测量标志申请之日起二十个工作日内做出行政许可决定。

同意搬迁永久性测量标志的，建设单位应承担测量标志的迁建费用。搬迁后的永久性测量标志经市测绘行政主管部门验收合格后，建设单位方可进行工程建设。

不同意搬迁永久性测量标志的，退回申请材料，并书面说明理由。

第三十七条 测量标志管护人员应当查验使用永久性测量标志人员的测绘作业证件和测量标志使用后的完好状况。

测量人员应当接受保管该测量标志的单位和人员的查询，并确保测量标志的完好。

第三十八条 市测绘行政主管部门应当建立本市永久性测量标志的档案，对全市的测量标志实行定期巡查和维护。永久性测量标志的维护管理费用，纳入基础测绘经费预算。

第三章　测量学基本知识

本章主要介绍测量学的基本知识，包括确定地面点位的坐标系统，水平面代替水准面的限度，测量的基本工作及原则，测量常用的计量单位，直线定向和坐标计算以及地形图的应用等内容。

第一节　确定地面点位

确定地面点位，实质是确定地面点的空间位置，即确定其在某坐标系统中的坐标值，因此需要建立各种坐标系统。空间点位既可用三维空间直角坐标表示，也可用二维球面或平面坐标和一维高程坐标组成的三维坐标来表示。在工程实践中多采用平面坐标加高程的方式来确定点的三维空间位置。

一、平面坐标系统

1. 地球、椭球和参考椭球

测量的基本工作主要是在地球表面进行，与地球自身的形状和大小密切相关。由于高山、海洋、平原、山丘和海沟的存在，虽然地球表面可以用曲面来表示，但该曲面并不规则。海洋约占地球表面面积的71%，陆地约占29%，因此可以把地球的形状看成是被海水包围的球体。

将处于静止状态的海水面称作水准面。将水准面向大陆下面延伸，形成一个封闭的连续曲面，用以描述地球的形状和大小，如图3-1所示。水准面的特点有：

（1）水准面是重力等位面，面上任意一点的重力相等；

（2）面上任意一点的铅垂线与该点所在的水准面正交，即铅垂线垂直于水准面；

（3）因可取的静止海水面有无数多个，故水准面有无数个；

（4）由于地球内部质量分布不均匀，水准面是一个连续但不规则的曲面；

（5）不同水准面之间不相交。

将通过全球静止状态平均海水面并向陆地延伸所形成的闭合曲面，称为大地水准面。大地水准面的特征和用途有：

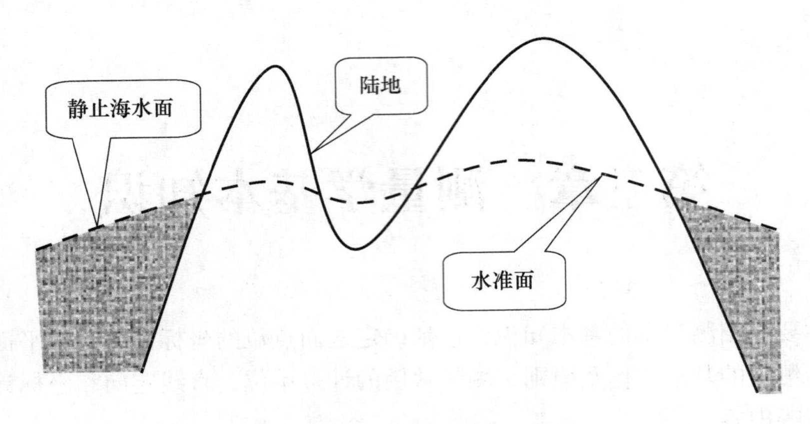

图 3-1　地球自然表面和水准面

（1）大地水准面是一个特殊的水准面；

（2）大地水准面是外业测量的基准面（注：铅垂线是外业测量的基准线）；

（3）大地水准面是国家高程系统的基准面，是绝对高程和海拔高程的起算面。

将由大地水准面包围的地球体称为大地体。受重力的影响，地球形体的两极较为扁平，赤道较为突出。因此，大地体呈现出表面不规则，类似于椭球体的样式。大地体表面的不规则性，使得既不能直接在其表面上进行数据计算，也不能直接采用高斯投影将其变换为平面。为解决该问题，需要选取一个与大地水准面非常接近，且能够用数学公式表达的几何体来替代大地体。

由于大地体类似于椭球体，故可用旋转椭球体来替代，该椭球体被称作地球椭球（或地球椭球体），其构建规则是：将一个椭圆绕地球自转轴旋转 180°，形成一个封闭的球体，该椭圆的短轴是地球自转轴，长轴是赤道直径。地球椭球面与大地水准面的关系如图 3-2 所示。

图 3-2　地球椭球面与大地水准面

地球椭球的特点和用途有：

（1）地球椭球是一个规则的几何体；

（2）地球椭球上任一点的法线与椭球面垂直；

（3）地球椭球在全球范围内与大地水准面最为吻合，与大地体最为接近；

（4）地球椭球是一个理论上的形体；

（5）地球椭球面是内业计算的基准面（注：法线是内业计算的基准线）。

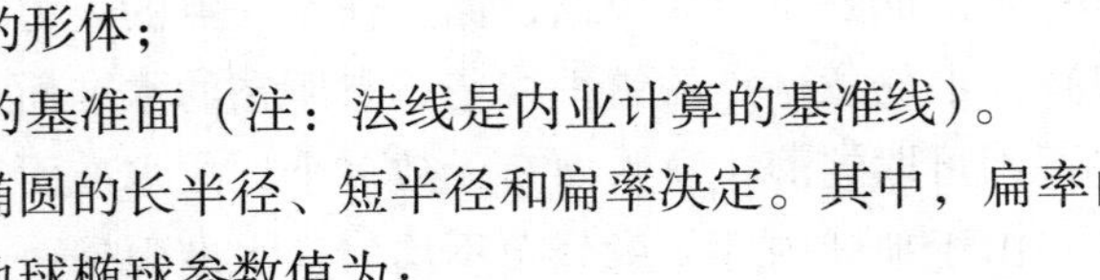

地球椭球的形状和大小，由椭圆的长半径、短半径和扁率决定。其中，扁率由长半径和短半径计算得到。当前常用地球椭球参数值为：

长半径：　　$a = 6378137\text{m}$

短半径：　　$b = 6356752\text{m}$

扁率：
$$f=\frac{a-b}{a}=\frac{1}{298.257}$$

在工程实践中，当测区面积较小时，可以将地球看成圆球，其半径 R 可以取近似值 6371km，也可以根据给定的参考椭球参数，由公式 $R=(2a+b)/3$ 计算得到。

在不同国家和地区，为保证其所在区域与大地水准面是最佳拟合，需要选择一个地球椭球来实现椭球定位。此时，将被选择的地球椭球称为参考椭球。参考椭球既实现了地球椭球从理论定义到实际定位的应用，也实现了地球椭球与局部大地水准面的最佳拟合。

因此，不同国家和区域，在不同时期可以指定不同的地球椭球作为参考椭球，几种常见的参考椭球及其参数见表 3-1。我国的北京 54 坐标系和西安 80 坐标系分别采用克拉索夫斯基椭球和 1975 年国际椭球作为参考椭球。

表 3-1　几种常见参考椭球及其参数　（m）

参数	克拉索夫斯基椭球	1975 年国际椭球	WGS84 椭球体	CGCS2000 坐标系椭球
a	6378245	6378140	6378137	6378137
b	6356863	6356755	6356752. 3142	6356752. 31414
f	1/298. 3	1/298. 25722101	1/298. 257223563	1/298. 257222101

2. 空间三维直角坐标系和球面坐标系

空间三维直角坐标系是以地球质心（即地球椭球中心）为原点，用 O 表示；以地球椭球的旋转轴为 Z 轴；以起始子午面与赤道面的交线为 X 轴；以在赤道面内通过原点 O 与 X 轴垂直的坐标轴为 Y 轴。由于其以地球质心为坐标原点，故又称为地心坐标系。地面上的任意一点 P，在三维空间直角坐标系中的位置都可表示为（X_P，Y_P，Z_P），如图 3-3 所示。由于地面起伏不平，椭球面与大地水准面不能完全重合。因此，P 点既可能位于椭球面上，也可能位于椭球面的内部或外部。

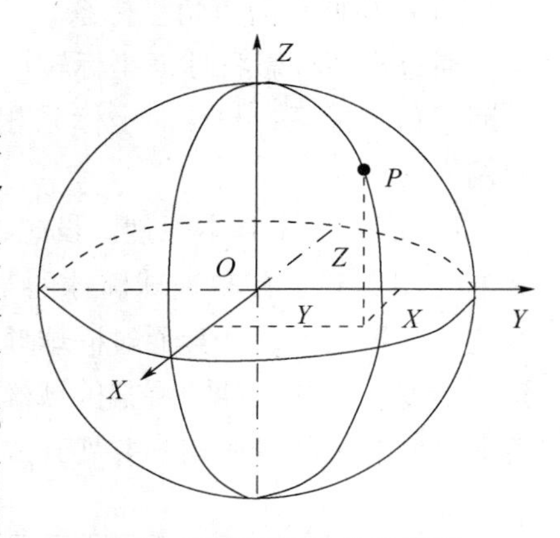

图 3-3　三维空间直角坐标系

球面坐标系通常是指用经、纬度确定某点球面位置的坐标系统，属于二维坐标系统，如图 3-4 所示。其以地球椭球面为基准面，以首子午面和赤道平面作为参考面。大地坐标系（也常称作地理坐标系）是常见的球面坐标系。地面上某点 P 的经度（λ）是指通过该点的子午面与首子午面之间的夹角，从首子午面开始，向东称为东经，向西称为西经，其范围为 0°～180°；P 点的纬度（φ）是指通过 P 点的椭球面法线与赤道面的交角，从赤道面算起，向北称为北纬，向南称为南纬，其范围为 0°～90°。在此二维坐标的基础上，加上 P 点的大地高，可确定该点的三维空间位置。大地高（H_P）是指从 P 点沿椭球法线方向量取至椭球面的距离，椭球面内部为负，椭球面外部为正。

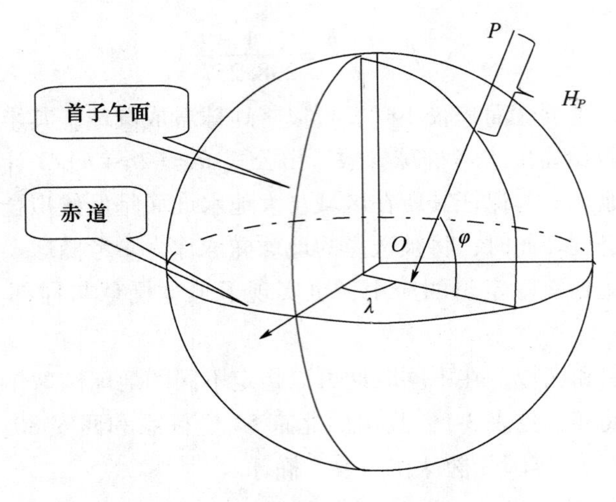

图 3-4 球面坐标系

3. 平面坐标系

根据坐标轴系定义的不同，可以将平面坐标系分为高斯平面直角坐标系、区域平面直角坐标系和任意平面直角坐标系三种。

（1）高斯平面直角坐标系

通过高斯投影将球面坐标转换为平面坐标，所建立起来的平面直角坐标系称为高斯平面直角坐标系。与球面坐标系相比，平面坐标系更直观、更简单、更方便工程实践使用。

1）高斯投影基本原理。设想将一个平面卷成空心椭圆柱，将其套在指定的地球椭球上（图 3-5），使得地球椭球的某一条中央子午线与椭圆柱面相切，椭圆柱的中心轴线位于赤道面内，并且通过椭球球心，椭球面上的图形与投影到椭圆柱面上的图形保持角度不变，按此条件，将某区域椭球面上的图形全部投影到椭圆柱面上，并将椭圆柱沿着通过南北极的母线切开并展开成平面。

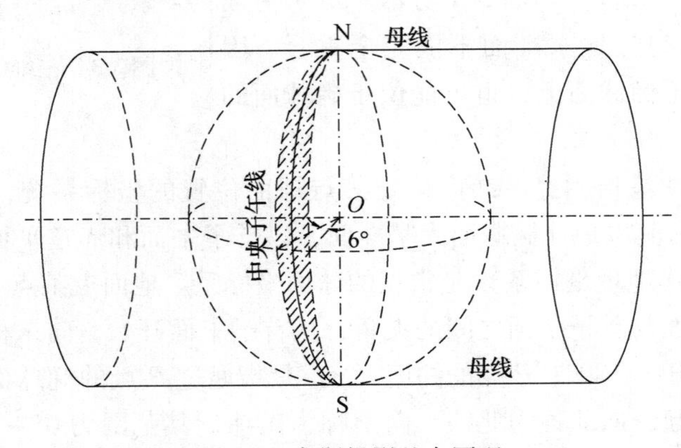

图 3-5 高斯投影基本原理

2）高斯投影中的几个重要术语。

投影带：按经线将地球划分成带，划分的各带称为投影带，如图 3-6 所示。它是从首子午线（即 0 经度线）开始，每隔 6°或 3°划为一带，前者称为 6°带投影，后者称为 3°带投影。

投影带号：从首子午线开始（3°带是从1. 5°开始），用阿拉伯数字表示的投影带称为投影带号，如图 3-6 所示。自西向东，6°和 3°带投影分别将整个地球划分为 60 个和 120 个带。

中央子午线：位于各带中央的子午线，称为该带的中央子午线，也称为轴子午线（因为经高斯投影后，其变成了平面坐标系的 x 轴）。

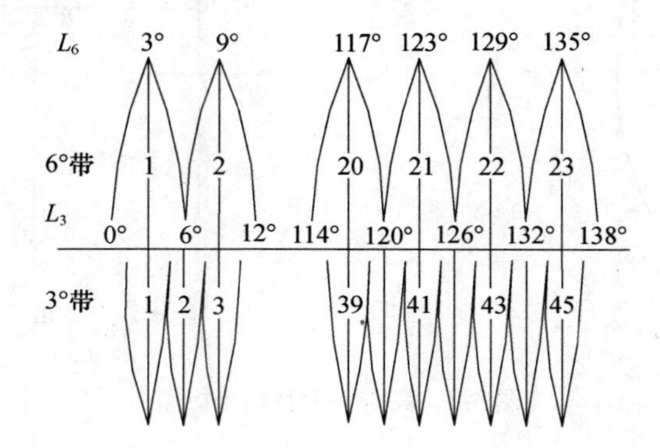

图 3-6　6°和 3°带投影的中央子午线及带号

3）高斯投影的基本条件。

①高斯投影为正形投影，即等角投影；

②中央子午线投影后为直线，且为投影的对称轴；

③中央子午线投影后长度不变。

4）高斯投影的基本特性。

①中央子午线投影后为直线，且长度不变，除中央子午线外，其余子午线的投影均为凹向中央子午线的曲线，并以中央子午线为对称轴，投影后有长度变形；

②赤道线投影后为直线，但有长度变形，除赤道外的其余纬线，投影后为凸向赤道的曲线，并以赤道为对称轴；

③经线与纬线投影后仍然保持正交；

④所有长度变形的线段，其长度变形比均大于 l，且离中央子午线越远，长度变形越大。

5）高斯投影坐标的表示。如图 3-7 所示，高斯平面直角坐标系的 x 轴是中央子午线的投影，向北为正；y 轴是赤道的投影，向东为正；坐标原点是它们在赤道上的交点，用 O 表示。由于我国位于北半球，东西横跨 12 个 6°带，各带又独自构成直角坐标系，境内 x 坐标值均为正值，y 坐标值则有正有负。为避免负值的出现，将每个投影带的坐标原点向西移动 500km，即给各带投影的自然坐标 y 加上 500km。同时为了确定该点在哪一个投影带内，在横坐标前冠以带号。假设 A、B 两点投影后横坐标的自然值分别为：$y_1=267900\text{m}$，$y_2=-233736\text{m}$。向西移动 500km 以后，分别变为：$y_1=+500000+267900=767900\text{m}$，$y_2=+500000-233736=266274\text{m}$。假设它们分别位于 6°带的 20 带和 21 带，最后它们的横坐标值应分别表示为：$y_1=(20)767900=20767900\text{m}$，$y_2=(21)266274=21266274\text{m}$。

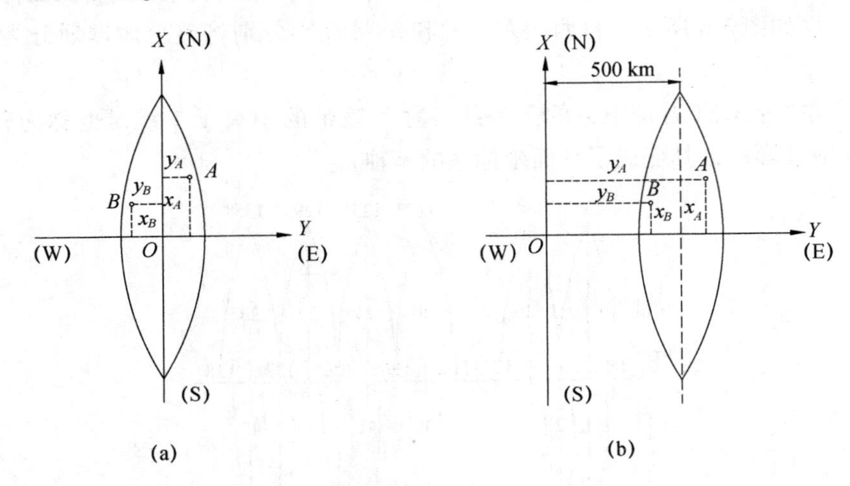

图 3-7　高斯平面直角坐标系

（2）区域平面直角坐标系

在高斯投影中，由于离中央子午线越远，相对长度变形越大，随着相对长度变形的不断增加，达到一定值以后，就不能满足城市与工程测量精度的要求。为了解决该问题，常以城市或工程项目所在区域中心地区某点的子午线作为中央子午线，并将坐标原点移动到测区范围内，据此进行高斯投影建立平面坐标系，将该平面坐标系称为城市独立坐标系，也称为区域平面直角坐标系或独立坐标系，如图 3-8 所示。区域平面直角坐标系与全球统一分带投影的高斯平面直角坐标系之间有公共点，据此可以实现两个系统之间的坐标转换。

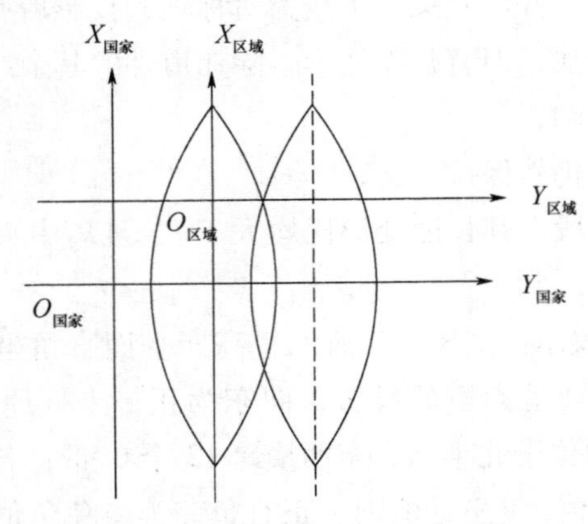

图 3-8　区域平面直角坐标系与国家坐标系（高斯平面直角坐标系）

（3）任意平面直角坐标系

在工程建设实践中，当测区面积比较小时，通常将这一小块球面当成平面看待，不需要考虑高斯投影问题。常将测区的西南角坐标作为坐标系的原点，坐标轴尽可能地与工程项目的某条轴线相平行。这样建立起来的独立平面坐标系，其坐标轴的指向相对随意，故将这类平面坐标系称为任意平面直角坐标系。在建筑工程建设中，其常被称作建筑坐标系。要实现其与其他坐标系的转换，需要将其与其他坐标系进行联测，以获得公共点在两套坐标系统中的坐标值。图 3-9 描述了区域平面直角坐标系与建筑坐标系之间的关系。

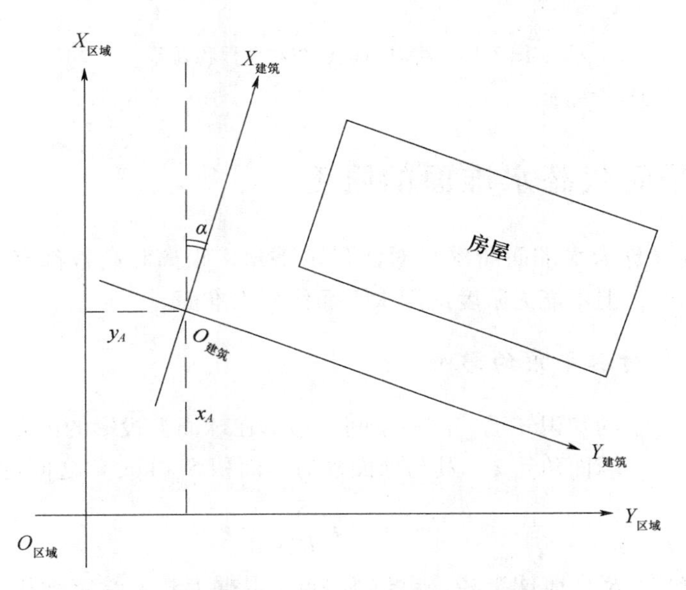

图 3-9　区域平面直角坐标系与建筑坐标系

二、高程系统

目前我国常见的高程系统主要有“1956 年黄海高程”和“1985 年国家高程”两种。水准原点均位于青岛市观象山，称为中华人民共和国水准原点。1956 年黄海高程系统是我国第一个国家高程系统，其原点高程是以青岛验潮站 1950—1956 年验潮资料为基础计算而得，其值为 72. 289m。1985 年国家高程基准的原点高程是以青岛验潮站 1952—1979 年潮汐观测资料为依据计算而得，其值为 72. 260m，与 1956 年黄海高程的原点高程相差 0. 029m，即 1956 年黄海高程 = 1985 年国家高程基准 + 0. 029m。

地面点到高程起算基准面的距离称为高程。其中地面点到大地水准面的铅垂距离称为绝对高程，也称为海拔。在图 3-10 中，A、B 两点的绝对高程是 H_A、H_B。在工程建设中，为方便测量，通常假定一个高程起算基准面，地面点到该假定水准面的垂直距离称为假定高程或者相对高程。在图 3-10 中，A、B 两点的相对高程是 H'_A 和 H'_B。地面上不同两点之间的绝对高程或相对高程之差，称为高差，用 h 表示。在图 3-10 中，A、B 两点的高差是 h_{AB}。

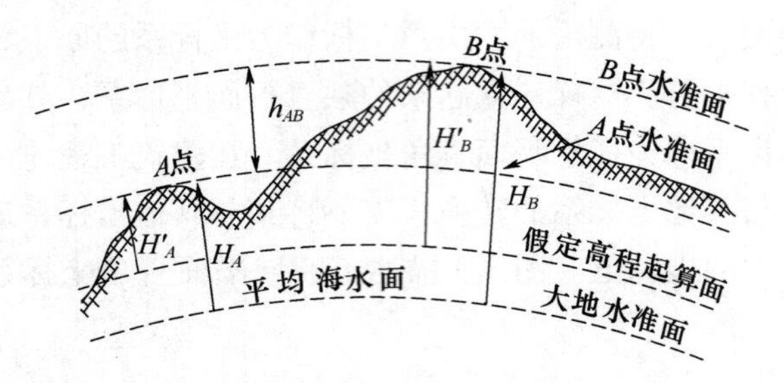

图 3-10　绝对高程、相对高程和高差

三、水平面代替水准面的限度

地球曲率（又称为水准面曲率）对测量水平角、距离和高程都有一定影响。虽然影响程度不尽相同，但不能无限度地用水平面代替水准面。

1. 地球曲率对水平角的影响

根据大地测量学的知识知道，同一空间多边形在球面上投影的内角和，比在平面上投影的内角和大一个球面角超 ε，其与球面多边形面积 S（km^2）之间的关系如下：

$$\varepsilon = \rho \frac{S}{R^2} \tag{3-1}$$

式中，$\rho = 206265''$，R 是地球半径，单位为 km。根据上式，给定面积大小，可计算出相应的球面角超，见表 3-2。

表 3-2　球面面积与球面角超的对应关系

S（km^2）	ε（$''$）
10	0.05
50	0.25
100	**0.51**
300	1.52

如表 3-2 所示，当面积为 $100\mathrm{km}^2$ 时，引起的球面角超不超过 $0.51''$。在一般工程测量中，如果测区面积在 $100\mathrm{km}^2$ 以内，水平面代替水准面产生的角度误差可以忽略不计。

2. 地球曲率对距离的影响

设 ΔD 是水平长度代替弧线长度所产生的误差，其与弧长 D 之间的关系如下：

$$\frac{\Delta D}{D} = \frac{D^2}{3R^2} \tag{3-2}$$

式中，R 是地球半径。给定一组弧长值，可以求得相应的距离误差和相对误差，见表 3-3。

表 3-3　弧长与距离误差、相对误差的对应关系

弧长 D（km）	距离误差 ΔD（mm）	相对误差 $\Delta D/D$
10	**8**	**1：1220000**
20	128	1：200000
50	1026	1：49000
100	8212	1：12000

如表 3-3 所示，当距离为 10km 时，水平距离代替弧长所引起的误差达到 8mm。在一般工程测量中，当测区在圆半径 10km 范围以内时，水平面代替水准面产生的距离误差可以忽略不计。

3. 地球曲率对高程的影响

设 Δh 是水平面代替水准面产生的高程误差，其与距离的关系为：

$$\Delta h = \frac{D^2}{2R} \tag{3-3}$$

式中，R 是地球半径。给定一组弧长值，可以计算得到相应的高程误差值，见表 3-4。

表 3-4　高程误差与弧长的对应关系

弧长 D（km）	**0.1**	0.2	0.3	0.4	0.5	1	2	5	10
Δh（mm）	**0.8**	3	7	13	20	78	314	1962	7848

如表 3-4 所示，当距离为 0.1km 时，高程误差已达到 0.8mm。在一般工程测量中，不能忽视水平面代替水准面所引起的高程误差。

第二节　测量的基本工作及原则

一、测量的基本工作

测量学的两大主要任务是测绘和测设。测绘主要是指测量地形图，是按照测绘基本理论和方法，采集地形特征点的空间位置和属性信息，对数据和信息进行计算和整理，形成地形图为主的各种测量数据成果的过程。测设也称为施工放样，主要是指利用测量的理论、方法，准确将工程设计图的位置、尺寸、高度等在实地标定以作为施工依据的过程。

要确定任意两点的相对空间位置，需要通过角度、距离和高差计算出它们的相对差值，这三个量被称作测量工作的基本观测量。因此，测量的基本工作包括角度测量、距离测量和高差测量。

距离可分为水平距离和倾斜距离。水平距离简称为平距，是位于同一水平面内两点之间的长度，倾斜距离也称为斜距，是位于不同水平面内两点之间的长度，平距是斜距在水平面上的投影。因此，距离测量主要是测量水平距离和倾斜距离。

角度可分为水平角和垂直角。水平角是指在同一水平面内两条直线之间的夹角。垂直角又称为竖直角，是指同一竖直面内的倾斜线与水平线之间的交角。因此，角度测量的主要工作是测量水平角和竖直角。

高差即两点的绝对高程或相对高程之差。

二、测量工作的基本原则

为限制测量误差的传播和积累，减小对测量成果的影响，测量工作在布局上需要从**整体到局部**，在测量程序上需要**先控制后碎部**，在测量精度上需要**从高级到低级**，这是测量工作需要遵循的基本原则。另外，在内、外业数据处理过程中，为避免出现错误，需要**步步有检核**。

第三节　测量常用计量单位

在我国，长度的法定计量单位是米（m），面积的法定计量单位是平方米（m^2），体积的法定计量单位是立方米（m^3），角度的常用单位有度分秒制和弧度制两种。

1. 长度单位的换算

1 米（m）= 10 分米（dm）

1 分米（dm）=10 厘米（cm）

1 厘米（cm）=10 毫米（mm）

1 千米（km）= 1000 米（m）

2. 角度单位的换算

（1）度分秒制

$$1 \text{圆周} = 360°（\text{度}）$$

$$1° = 60'（分）$$
$$1' = 60''（秒）$$

（2）弧度制

圆心角的弧度等于该角所对弧长与半径之比。用ρ表示1弧度所对应度分秒制的角度值，则有：

$$\rho° = \frac{180°}{\pi} = 57.2957795° \approx 57.3°$$

$$\rho' = \frac{180°}{\pi} \times 60 = 3437.74677' \approx 3438'$$

$$\rho'' = \frac{180°}{\pi} \times 3600 = 206264.806'' \approx 206205''$$

式中，$\pi = 3.141592654$。

3. 面积单位的换算

1 平方米（m^2）= 100 平方分米（dm^2）
1 平方分米（dm^2）= 100 平方厘米（cm^2）
1 平方厘米（cm^2）= 100 平方毫米（mm^2）

4. 体积单位的换算

1 立方米（m^3）= 1000 升（L）= 1000 立方分米（dm^3）= 1000000 毫升（mL）= 1000000 立方厘米（cm^3）= 1000000000 立方毫米（mm^3）

第四节 直线定向与坐标计算

为确定两点间连线的方向，需要先确定一个标准方向。确定直线与标准方向之间的水平夹角的工作称为直线定向。测量中常用的标准方向有三种：真子午线方向、磁子午线方向、坐标纵轴方向。

真子午线方向（真北方向）：通过地球表面某点的真子午线的切线方向。地面上各点的真子午线方向互不平行。

磁子午线方向（磁北方向）：在地球磁场作用下，磁针在某点自由静止时，其轴线所指的方向。地面上任意一点的磁子午线方向与真子午线方向的指向不一致。

坐标纵轴方向（坐标轴北方向）：通过测区内某点与坐标纵轴平行的方向线，就是该点的坐标纵轴方向。在高斯平面直角坐标系中，坐标纵轴方向就是投影带的中央子午线方向。

一、方位角

以直线开始一端的标准方向北端起，在平面上顺时针旋转至该直线方向的水平角度称为方位角，其取值范围是0°～360°。采用不同的标准方向，可以定义不同的方位角。与真子午线方向、磁子午线方向和坐标纵轴方向对应的方位角分别称为真方位角（A）、磁方位角（A_m）和坐标方位角（α）。

如图3-11所示，真北方向与磁北方向之间的夹角称为磁偏角，用δ表示，δ有正有负，当磁北方向在真北方向的东边时为正，西边为负；真北方向与坐标轴北方向之间的夹角称为子午线收敛角，用γ表示，γ角也有正有负，当坐标纵轴在真北方向的东边时，γ为正，在西边γ为负。三种方位角之间存在如下的换算关系：

$$A_{12}=A_{m12}+\delta \tag{3-4}$$

$$A_{12}=\alpha_{12}-\gamma \tag{3-5}$$

$$\alpha_{12}=A_{m12}+\delta-\gamma \tag{3-6}$$

在工程实践中，平面控制网坐标通常采用坐标方位角进行计算。因此，通常将坐标方位角简称为方位角或者方向角。换句话说，在没有特别说明的情况下，通常所说的方位角就是指坐标方位角。

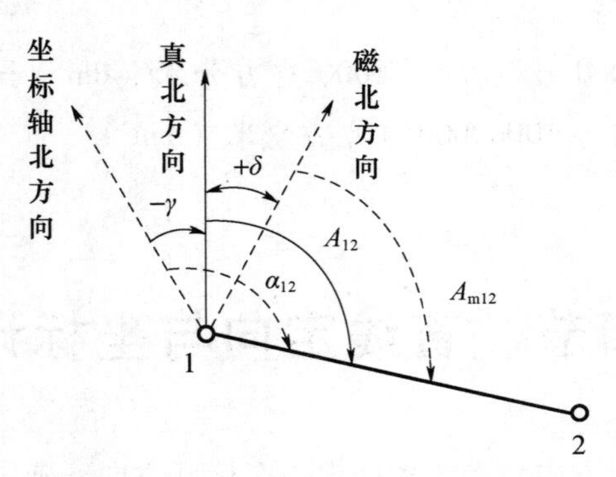

图3-11　三种方位角之间的关系

如图3-12所示，在笛卡儿平面直角坐标系中，方位角是直线与坐标x轴北端之间的夹角；象限角是由坐标纵轴的北端或南端起，沿顺时针或逆时针方向量至直线的锐角，用R表示，其角值范围为－90°～90°。

由于方位角都具有方向，方位角α_{12}和α_{21}不相等。若称α_{12}为正方位角，则α_{21}被称为反方位角，两者之间相差180°，即：

$$\alpha_{21}=\alpha_{12}\pm 180° \tag{3-7}$$

当$\alpha_{12}\geqslant 180°$时，减去180°；当$\alpha_{12}<180°$时，加上180°。在导线计算中，需要用给定的已知方位角推算各测量边的坐标方位角。将某点以编号顺序为前进方向的边称为前

一条边，简称前边，相邻的后面一条边称为后一条边，简称为后边；将前进方向左边的观测角称为左角，右边的观测角称为右角，分别用β_L和β_R表示。因此，可以推得计算坐标方位角的一般公式，即：

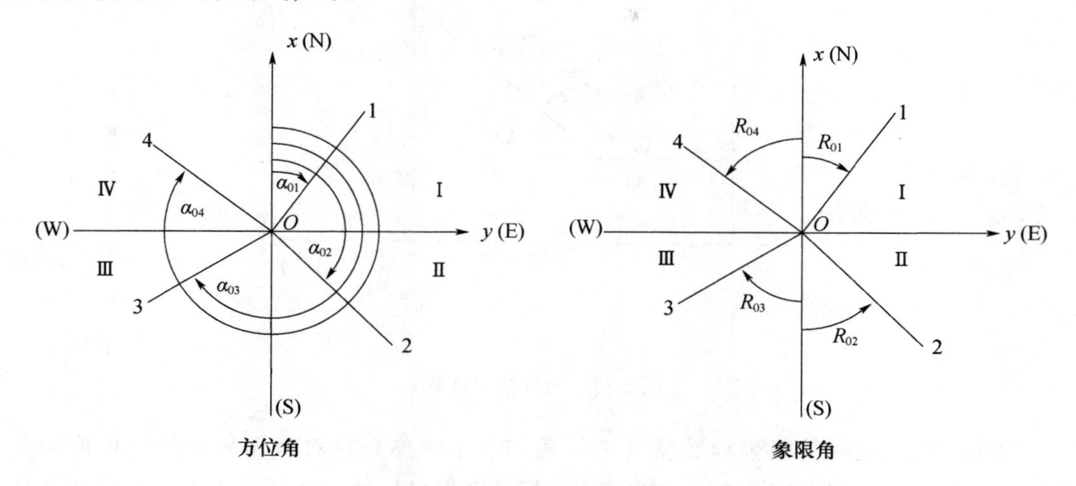

图 3-12　方位角与象限角

$$
\begin{aligned}
\alpha_{前} &= \alpha_{后} + 180° + \beta_L \\
\alpha_{前} &= \alpha_{后} + 180° - \beta_R
\end{aligned}
\tag{3-8}
$$

当实际计算出的$\alpha_{前} > 360°$时，需要减去360°；$\alpha_{前} < 0°$时，则加上360°。

二、平面坐标计算

在平面直角坐标系中，任意两点之间的相对位置，既可以用直角坐标表示，也可以采用极坐标表示，前者方便控制测量计算，后者方便应用操作。如图 3-13 所示，假设（x_A，y_A）和（x_B，y_B）分别是 A、B 两点的平面坐标；Δx_{AB}和Δy_{AB}分别是 A、B 两点之间的坐标增量；α_{AB}和D_{AB}分别是 A、B 两点之间的坐标方位角和水平距离。用直角坐标描述 A、B 两点相对位置关系的数学公式为：

$$\Delta x_{AB} = x_B - x_A \tag{3-9}$$

$$\Delta y_{AB} = y_B - y_A \tag{3-10}$$

用极坐标描述的坐标增量计算公式为：

$$\Delta x_{AB} = D_{AB}\cos\alpha_{AB} \tag{3-11}$$

$$\Delta y_{AB} = D_{AB}\sin\alpha_{AB} \tag{3-12}$$

如果已知 A 点坐标（x_A，y_A），A 点到 B 点的坐标方位角 α_{AB}和水平距离 D_{AB}，则 B 点的坐标可按下式计算得到，即：

$$x_B = x_A + D_{AB}\cos\alpha_{AB} \tag{3-13}$$

$$y_B = y_A + D_{AB}\sin\alpha_{AB} \tag{3-14}$$

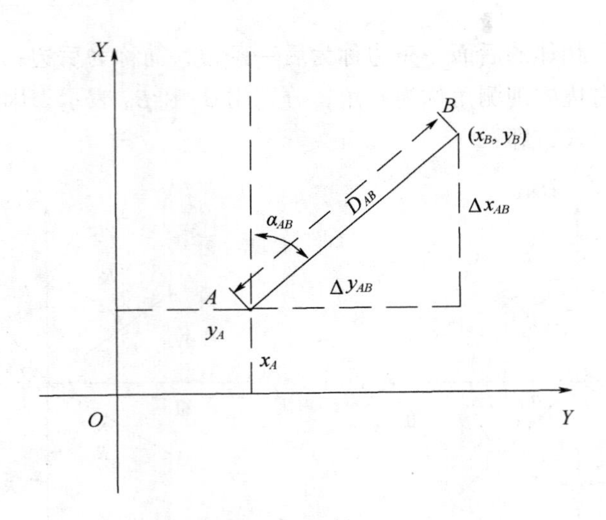

图 3-13　坐标增量计算

将利用两点之间的极坐标数据（方位角和水平距离）计算直角坐标的过程称为坐标正算。相反地，将利用两点之间的直角坐标计算极坐标数据的过程称为坐标反算，其计算公式为：

$$D_{AB} = \sqrt{\Delta x_{AB}^2 + \Delta y_{AB}^2} = \sqrt{(x_B - x_A)^2 + (y_B - y_A)^2} \tag{3-15}$$

$$\alpha_{AB} = \arctan\frac{\Delta y_{AB}}{\Delta x_{AB}} = \arctan\frac{y_B - y_A}{x_B - x_A} \tag{3-16}$$

需要注意的是，由上述公式直接反算得到的角度属于象限角，其范围在 $-90° \sim +90°$之间。要获得正确的方位角（$0° \sim 360°$），还需要根据坐标增量的正、负号，将象限角（R）转换算为方位角（α），它们的换算关系见表 3-5。

表 3-5　象限角与方位角的换算

象限	Δx	Δy	R	换算关系
Ⅰ	+	+	+	$\alpha = R$
Ⅱ	−	+	−	$\alpha = R + 180°$
Ⅲ	−	−	+	$\alpha = R + 180°$
Ⅳ	+	−	−	$\alpha = R + 360°$

第五节　地形图的应用

将地面上由人工建（构）筑的固定物体，如房屋、道路、桥梁等，和由自然力形成的独立物体，如森林、孤立岩石等，称为地物。将地面上由自然力形成的高低起伏的连续形态，如山谷、洼地等，称为地貌。将地物和地貌总称为地形。

将地面上各种地物、地貌沿铅垂方向投影到水平面上，并按一定的比例尺，用统一的符号（包括等高线）和注记，缩绘在图纸上，这种描述地物平面位置和地貌形态的图称为地形图。按照承载地形载体的不同，可以将地形图分为图纸地形图和电子地形图，前者以图纸为载体，后者以电子存储器为载体。

地形图上一段直线的长度与地面上相应线段的实际水平距离之比，称为地形图的比例尺，即比例尺 = 图上距离/实地距离。比例尺可分为数字比例尺和图示比例尺两种。

数字比例尺通常用分子为 1、分母为整数的分数表示。假设 d 是地形图上一段直线长度，D 是相应实地上的水平距离，则数字比例尺为：

$$\frac{d}{D}=\frac{1}{\frac{D}{d}}=\frac{1}{M} \tag{3-17}$$

式中，M 表示数字比例尺的分母。该分数越大（即分母越小），地形图的比例尺越大。通常将数字比例尺表示为形如 1 : M 的形式。

按比例尺大小，将地形图分为大比例尺图、中比例尺图和小比例尺图。通常将 1 : 500、1 : 1000、1 : 2000、1 : 5000 比例尺地形图称为大比例尺图；将 1 : 1 万、1 : 2.5 万、1 : 5 万、1 : 10 万比例尺地形图称为中比例尺图；将小于等于 1 : 20 万比例尺地形图称为小比例尺图。

在城市总体规划、区域方案比较中通常采用 1 : 1 万或 1 : 5000 比例尺地形图；在城市详细规划及工程项目初步设计中，通常采用 1 : 2000 比例尺地形图；在工程项目设计和施工中，通常采用 1 : 1000 或 1 : 500 比例尺地形图。

一、地形图的识读

地形图的识读分为图廓外注记识读、地物识读和地貌识读三种。

1. 图廓外注记识读

以图 3-14 为例对地形图图廓外注记进行说明。

图廓：地形图的边界线，有内外图廓线之分。内图廓线就是坐标格网线，也是图幅的边界线，外图廓线就是图幅的最外围边线。

图名：图名在图廓的正上方，本图幅的图名为：榆中渠。

图号：图号在图名的正下方，本图幅的图号为：3610.0 – 320.0，是图幅的西南角坐标千米数。

邻接图表：注在图廓的左上方，表述与本图幅相连的其余 8 张地形图。

密级：在图廓的右上方，用于说明图幅的保密层级。

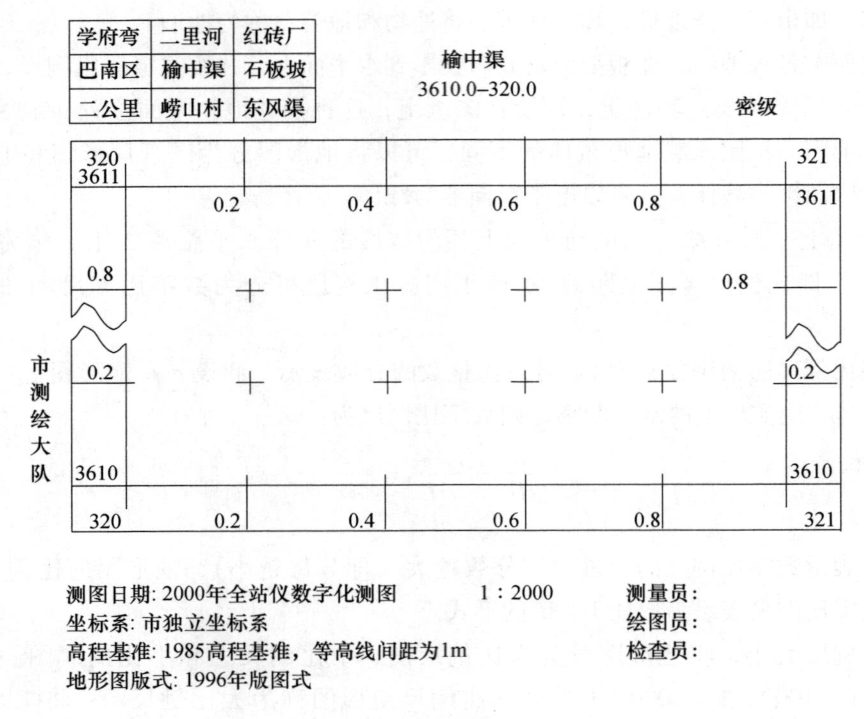

图 3-14　地形图图廓示例

比例尺：在图廓下部的中间位置，用于说明本图幅所用比例尺，本图幅的比例尺为 1∶2000。

测图日期：在图廓的左下方，用于说明成图的时间和方法，例如，2000 年全站仪数字化测图，表示成图时间是2000 年，成图方法是数字化测图。

坐标系：在图廓的左下方，用于说明成图所采用的平面坐标系统，本图幅采用的是市独立坐标系。

高程基准：在图廓的左下方，用于说明成图所采用的高程基准，本图幅采用的是 1985 高程基准，等高线间距 1m。

地形图版式：在图廓的左下方，用于说明本图幅地物、地貌符号及其文字说明所采用的图式标准，本图幅采用的是 1996 年版图式。

测量员、绘图员和检查员：在图廓的右下方，标注出测量人员、绘图人员和核查图幅与实地情况人员。

测绘单位：图廓左侧下部，用于说明地形图测绘完成单位，本图幅的测绘单位是市测绘大队。

2. 地物识读

首先，从整体上了解主要地物的分布情况，如主要的居民点、重要的交通线路、水系分布状况、主要植被等；其次，会根据图示找出对工程建设有重要影响的关键地物，如控制点、图根点、水准点等；最后，能识别各种特殊标记符号。表 3-6 列出了部分常见的表示地物的符号。

表 3-6　部分常见地物符号

图式	名称	图式	名称	图式	名称
△	三角点	⊙	导线点	⌖	埋石图根点
⊗	水准点	⚠	GPS 等级点	∘	电线杆
ɣ	菜地	♀	果园	○	树林
ıı	天然草地	⊻	花圃	⍑	消防栓
ꝏ	路灯	⌠	烟囱	⊕	下水暗井

3. 地貌识读

地貌通常采用等高线来描述。等高线是由地面上高程相同的相邻点连接而成的连续的闭合曲线，如图 3-15 所示。相邻等高线之间的高差称为等高距。

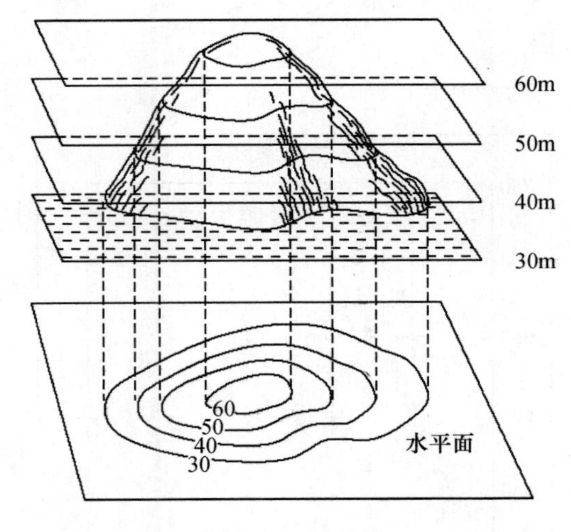

图 3-15　等高线

等高线具有如下性质：

（1）同一条等高线上各点高程必相等（等高）；

（2）各条等高线是闭合曲线，如不在本图幅闭合，必定在相邻的其他图幅闭合（闭合）；

（3）只有在绝壁、悬崖处等高线才会相交（特例相交）；

（4）等高线与山脊线或山谷线正交（两线正交）；

（5）同一幅图内等高距为定值，所以地面平缓处等高线平距越大、陡峭处平距越小（缓稀陡密）。

等高线分为首曲线、计曲线、间曲线（助曲线）。按基本等高距描绘的等高线称为首曲线，每间隔四条首曲线加粗一条等高线，该加粗的等高线称为计曲线，计曲线上需要注明高程。在个别地方，坡度较平缓，用基本等高线不足以显示局部地貌特征，此时可按 1/2 基本等高距，即用虚线加绘只有一半等高距的等高线，称为间曲线或者助曲线，其可仅画出局部线段。

地貌的判读，首先找出计曲线，然后再看首曲线的分布情况，了解典型地貌的等高线，例如山头和洼地、山脊和山谷、鞍部、陡崖和悬崖，以及一些特殊地貌，如冲沟、滑坡等，以掌握图幅所表述的整体地貌和局部地区特殊地貌。结合地物的判读数据，初步了解该地区的社会、经济发展情况和自然资源状况。

二、地形图的基本应用

地形图是国土整治、工程设计等工作的重要资料，可以从地形图上获取多方面用于设计和施工的信息。在地形图上可以完成如下基本应用：

1. 确定点位、点与点之间的距离和直线方位角

（1）确定点位的步骤

以图 3-16 为例。

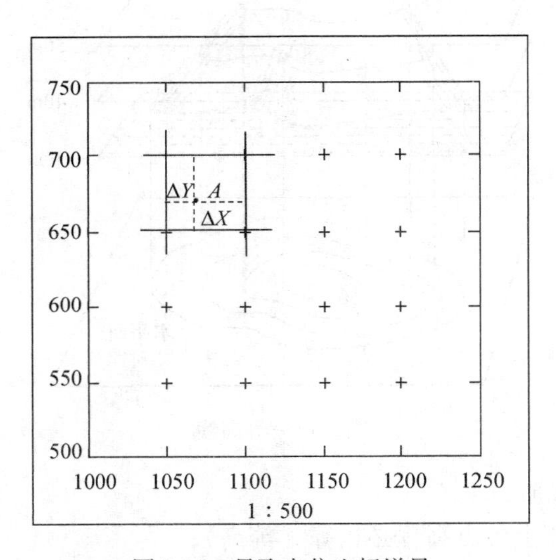

图 3-16　量取点位坐标增量

①恢复 A 点所在格网。

②过 A 作格网平行线。

③用比例尺直接量取坐标增量 ΔX、ΔY。

④计算 A 点坐标。A 点所在格网西南角坐标加上坐标增量。

（2）解析法确定两点间距离和直线方位角的步骤

以图 3-17 为例。

①在图上量测 A、B 两点坐标。

②用公式 $D_{AB}=\sqrt{(x_B-x_A)^2+(y_B-y_A)^2}$ 计算两点距离。

③用公式 $\alpha_{AB}=\arctan\dfrac{y_B-y_A}{x_B-x_A}$ 计算直线 AB 的坐标方位角。

除解析法外，还可以采用图解法确定两点之间的距离和方位角，即直接在图上量取两点的距离和方位角，此时应考虑图纸伸缩对距离的影响。

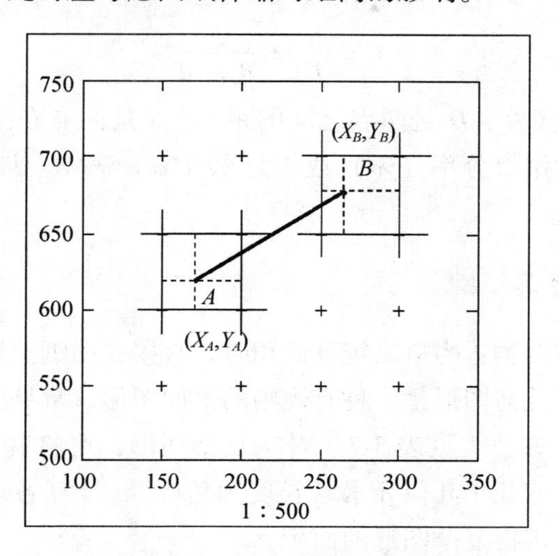

图 3-17　两点间距离和方位角的确定

2. 确定点的高程和两点间的高差

在等高线地形图上，如果所求点恰好位于某一条等高线上，则该点的高程就等于该等高线的高程。如果所求点位于两条等高线之间（图 3-18），可按比例关系求出其高程，计算公式为：

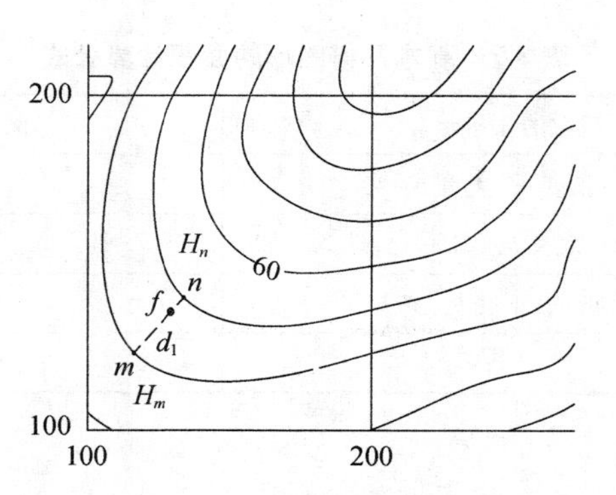

图 3-18　点位高程的量测

$$H_f=H_m+h\cdot\frac{d_1}{d} \tag{3-18}$$

式中，H_f 是待求点 f 的高程；H_m 是 f 点附近等高线的高程；h 是与 f 点相邻两条等高线的等高距；d 是过 f 点与两条相邻等高线相垂直的直线距离；d_1 是 H_m 所在等高线沿垂

直方向到 f 点的距离。按此求得任意两点的高程，对所求高程做差即可得到两点间的高差。

3. 确定图上直线的坡度

在获得两点之间的水平距离、高差后，可采用如下公式计算两点之间的坡度，即：

$$i = \frac{h}{D} = \frac{h}{d \times M} \tag{3-19}$$

式中，h 是两点之间的高差；D 是两点之间的距离；d 是两点在图上的长度；M 是地形图比例尺分母。坡度常用百分率（%）或千分率（‰）表示，坡度有正负之分，“+”为上坡，“-”为下坡。

4. 面积测量和计算

面积的测量方法有两类：当概略统计面积时，直接在图纸上量算；当要精确统计面积时，需到野外实测。几何图形是一种有规则的平面图形，常见的有矩形、三角形、梯形、圆形等，它们的计算公式见表 3-7。对于复杂图形，可将其分解为基本规则图形，测定各基本图形的一个或几个几何元素（长度和角度），计算各规则图形的面积，将各规则图形的面积相加，求得复杂图形的面积。

最后需要将图上面积换算成实地面积，计算公式为：

$$\frac{S_{图}}{S_{实}} = \frac{1}{M^2} \tag{3-20}$$

式中，$S_{图}$ 和 $S_{实}$ 分别表示图上面积和实地面积；M 是比例尺分母。

求取面积除可以采用几何图形法以外，还可以采用坐标解析法、网格法、平行线法和求积仪法。

表 3-7　基本几何图形的面积计算公式

几何图形	量取的几何元素	面积（S）计算公式
矩形	长度 a，宽度 b	$S = a \times b$
三角形	底长 b，高 h	$S = 0.5 \times b \times h$
梯形	上底 a，下底 b，高 h	$S = 0.5 \times (a + b) \times h$
圆形	半径 r	$S = \pi \times r^2$

5. 绘制断面图

断面图是指沿某一方向描绘地面起伏状态的竖直面图。断面图可以在实地直接测定，也可根据地形图绘制。采用地形图绘制断面图的方法如下：

如图 3-19 所示，首先用横坐标轴表示水平距离，用纵坐标轴表示高程（高程比例尺一般比水平比例尺大 10 ~ 20 倍，以突出地形起伏形态）；然后在地形图上连接 A、B

两点，求连线上各地形特征点（高程变化较明显的点，如果高程整体变化不明显，可等间距提取高程点）的高程，并将其与水平距离对应，转绘在准备好的断面图纸上；最后采用平滑曲线连各断面点，得到沿 AB 方向的断面图。

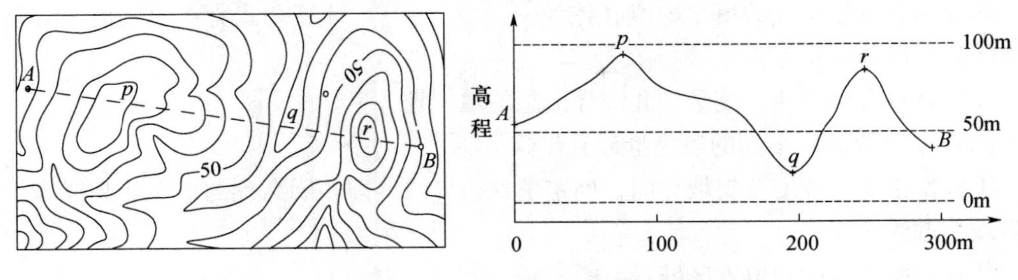

图 3-19　采用地形图绘制断面图

6. 确定汇水范围

在修建铁路、公路桥的涵洞，或水库的堤坝等工程建设中，需要确定汇水面积，以便进行桥涵或堤坝的设计工作。汇水面积的确定通常是在地形图上完成。在地形图上根据山脊线（包括鞍部）确定流域的分水线，从而确定汇水范围及流向，面积的大小可采用前述方法求取。

7. 确定填挖边界线和计算土方量

在平整场地工程中，根据设计高程，在地形图上确定出填方区和挖方区，计算出总的填挖土石方量。如图 3-20 所示，虚线为填挖边界线，虚线上方为开挖区，下方为填方区。根据工程需要，可将场地平整为水平面和倾斜平面。

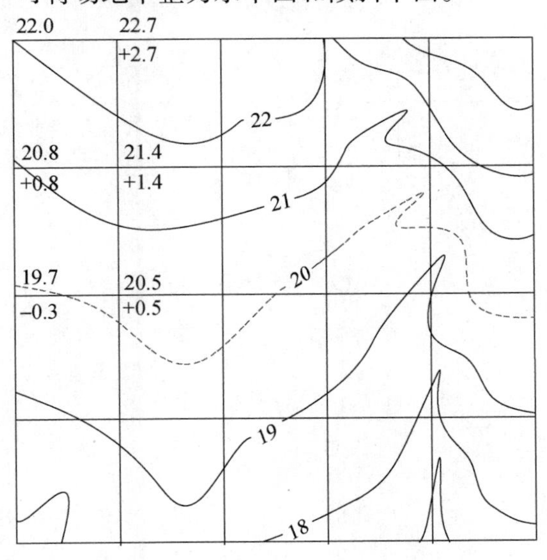

图 3-20　确定填挖边界线

（1）平整成水平面的填挖量计算步骤

①根据给定高程（设计地面高）确定填挖边界线；

②在地形图上绘出小方格，并对方格进行编号；

③计算各方格角点的填、挖值（挖为＋，填为－），计算公式为：填挖值＝方格顶点地面高－设计高；

④计算各方格的填、挖量，并统计出总的填、挖方量。

（2）平整成倾斜平面的填挖量计算步骤

①根据指定的坡度及斜坡方向，确定填挖边界线，即相同高程的地面等高线与设计等高线交点的连线；

②确定挖方区域和填方区域；

③用方格法确定各小方格角点的填、挖值，并对方格进行编号；

④计算各方格的填、挖方量，并统计出总的填、挖方量。

第四章　高程、角度、距离测量

本章主要介绍高程、角度和距离测量的基本原理和方法，测量仪器的基本操作和检验，测量数据的简单计算以及减小或消除高程、角度、距离测量误差的基本方法等内容。

第一节　高程测量

为确定地面点的位置，需要测定点的高程，测定地面点高程的工作被称为高程测量。工程建设中常用的高程测量方法有水准测量、三角高程测量和气压高程测量三种，其中水准测量是精度最高、最常使用的一种方法。

一、水准测量原理

利用水准仪提供的水平视线，测量已知点和未知点之间的高差，由已知点推求未知点高程的过程，称为水准测量。

如图 4-1 所示，为测量 A、B 两点的高差 h_{AB}，在 A、B 两点之间安置水准仪，并在两点分别竖立水准尺，利用水准仪提供的水平视线 H_i，可在 A 点水准尺上读取读数 a，在 B 点水准尺读取读数 b，则 A、B 两点的高差为：

$$h_{AB} = a - b \tag{4-1}$$

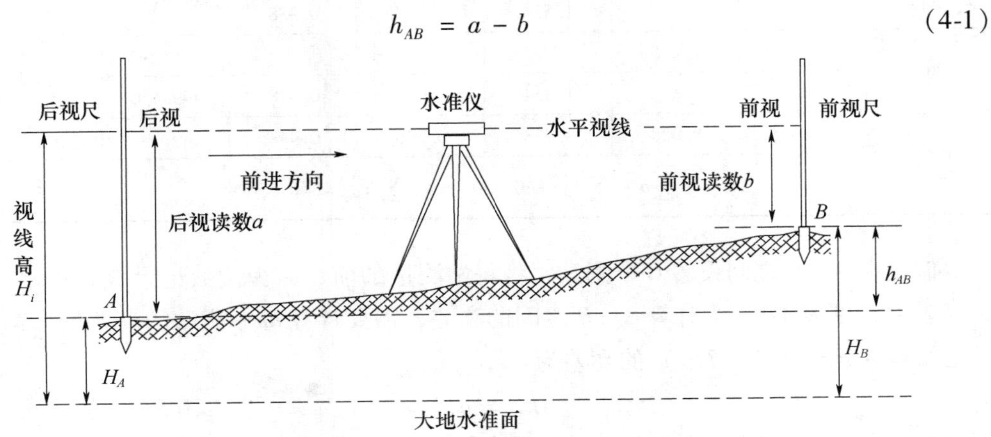

图 4-1　水准测量基本原理

当水准测量由已知点（A）向未知点（B）行进时，则规定 A 点为后视点，B 点为前视点；后视点水准尺的读数称为后视读数，前视点水准尺的读数称为前视读数。因此，两点之间高差也等于后视读数与前视读数之差。高差有正数，有负数，如果 $a>b$，则 h_{AB} 为正，A 点比 B 点低；反之，如果 $a<b$，则 h_{AB} 为负，A 点比 B 点高。高差 h_{AB} 下标表示 A 点到 B 点的高差，在测得高差 h_{AB} 后，可得待求点 B 的高程 H_B，即：

$$H_B = H_A + h_{AB} = H_A + a - b = H_i - b \tag{4-2}$$

水准测量有高差法和视线高法两种测量方法。前者安置一次仪器，测量出一个未知点高程；后者安置一次仪器，依次测量出若干个未知点的高程。

在工程实践中，由于 A、B 两点相距太远或者高差较大，安置一次仪器，不能测量其高差。此时需要进行分段观测，在 A、B 之间设立若干临时立尺点，用于传递高程，称其为转点，常用 TP（或 ZD）表示。

表 4-1　普通水准测量记录表

仪器号：×××　　天气：阴　　成像：清晰　　日期：2019 年 4 月 1 日

观测者：×××　　记录者：×××　　测自：A 点至 B 点

测站	测点	后视读数	前视读数	高差		高程	备注
				+	−		
1	A	1.413				500	
	TP_1		1.222	0.191			
2	TP_1	1.131					
	TP_2		1.614		0.483		
3	TP_2	1.362					
	TP_3		1.411		0.049		
4	TP_3	1.660					
	TP_4		1.453	0.207			
5	TP_4	1.186					
	TP_5		1.524		0.338		
6	TP_5	1.276					
	B		1.354		0.078	499.450	
$\sum$		8.028	8.578	0.398	0.948		
$\sum a - \sum b = -0.550$　　$\sum h_{AB} = -0.550$							

假设在 A、B 之间设置 6 个测站，将每站测量的前、后视读数记录在普通水准测量记录表中，见表 4-1。为计算 A、B 之间的高差，需要计算每一测站的高差值。第 1 站，即已知点 A 至转点 1（TP_1）的高差为：

$$h_1 = a_1 - b_1$$

第 2 站，即 TP_1 至 TP_2 的高差为：

$$h_2 = a_2 - b_2$$

同理，第6站，即TP_5至未知点B的高差为：

$$h_6 = a_6 - b_6$$

将各测站求得的高差相加，可得到A、B两点之间的高差h_{AB}，即：

$$h_{AB} = h_1 + h_2 + \cdots + h_6 = \sum_{i=1}^{6} h_i \tag{4-3}$$

则B点的高程为：

$$H_B = H_A + \sum_{i=1}^{6} h_i = H_A + h_{AB} \tag{4-4}$$

理论上，两点间的高差也应该等于后视读数之和减去前视读数之和，即：

$$h_{AB} = \sum_{i=1}^{6} a_i - \sum_{i=1}^{6} b_i = \sum a - \sum b \tag{4-5}$$

此公式可以用于检验各测站计算的高差是否正确。

二、水准仪及其操作

水准测量的主要仪器是水准仪。按仪器的标称精度可将水准仪分为DS_{05}、DS_1、DS_3等多种等级，“D”和“S”分别是“大地测量”和“水准仪”的汉语拼音首字母。下标数字表示仪器的精度等级，即1km往、返测量高差平均值的中误差，以毫米计，称为仪器标称精度。在一般工程测量中，常采用DS_3进行水准测量。常见水准仪类型主要有微倾式水准仪、自动安平水准仪、电子（数字）水准仪。

除水准仪外，水准测量工作还需要水准尺和尺垫两种工具的配合。水准尺有单面尺、双面尺和塔尺三种。双面尺一面是黑色，另一面是红色，分别称为黑面尺和红面尺，黑面尺的尺底从零开始，红面尺的尺底是从某一常数（4687mm或4787mm）开始，称其为尺常数，用于检核水准测量读数的正确性。尺垫一般由三角形或者圆形铸铁制作而成，只能放置于转点处，不能放置于已知点和未知待定点上，其主要作用是防止观测过程中水准尺下沉或位置改变而影响读数。

水准仪的样式如图4-2所示，其主要由望远镜、水准器和基座三部分组成。

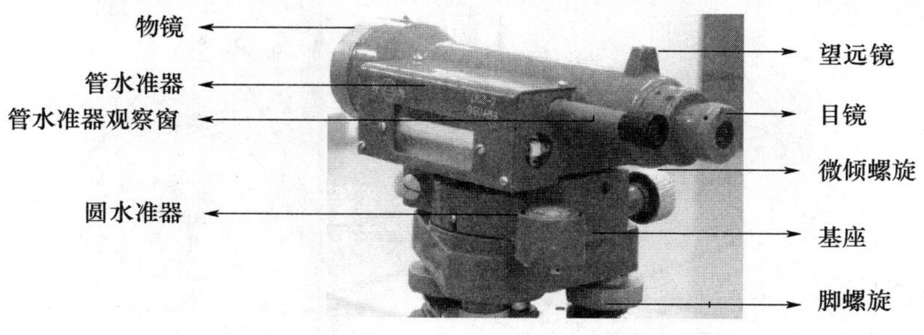

图4-2　水准仪

望远镜与水准管连接在一起，用于瞄准远处目标和读数，它主要由物镜、物镜调焦螺旋、十字丝分划板、目镜和目镜调焦螺旋构成。望远镜的视准轴是物镜光心与十字丝分划板中心交点的连线，作用是提供一条直线。望远镜通过物镜调焦螺旋调焦后可以将目标清晰地成像在十字丝平面上，保证其与十字丝一起被目镜放大，以便精确地瞄准目标。十字丝由三根横丝和一根竖丝组成（图 4-3），刻画在玻璃板上。三根横丝中，居中且最长的称为中丝，用于读取水准尺上的分划读数。上、下两根相对较短的分别称为上视距丝和下视距丝，简称为上丝和下丝，可用于测量水准仪与水准尺之间的距离。

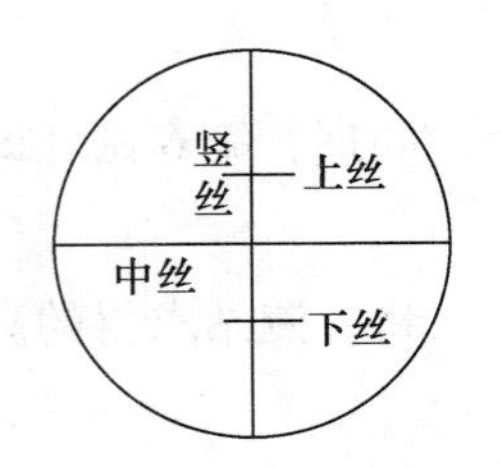

图 4-3 望远镜十字丝

在观测过程中，要严格保证目标所成实像与十字丝平面重合。如果没有严格重合，观测者的眼睛在目镜处稍做上下移动，会发现目标像与十字丝之间有相对移动，这种现象被称作视差。视差会影响精确瞄准和读数，因此必须消除。消除视差的步骤如下：

（1）目镜调焦，方法是转动目镜调焦螺旋，使十字丝成像清晰；

（2）物镜调焦，方法是转动物镜调焦螺旋，使目标成像清晰；

（3）上下移动眼睛，检查是否已消除视差，如果没有，则重复上述操作，直至视差完全消除。

水准器用于置平水准仪，分为管水准器和圆水准器两种，前者用于精平仪器，后者用于粗平仪器。管水准器是一个玻璃容器，其纵剖面上内侧呈弧形。水准管刻画线对称中点（水准管的零点）处的纵切线称为水准管轴。“气泡居中”表示水准管轴水平。圆水准器也是一个玻璃容器，上面刻画有同心圆，其上盖的内表面是圆球形，同心圆圆心（圆水准器的零点）与球心的连线称为水准器轴。“气泡居中”表示圆水准器轴铅垂。

水准仪的操作步骤为：粗平、瞄准、精平、读数。粗平，用连接螺旋把仪器固定在三脚架上，使三脚架架头大致水平，转动脚螺旋，使圆水准器气泡居中，气泡的移动方向与左手大拇指转动脚螺旋时的方向相同，即气泡的移动方向满足左手大拇指规则，如图 4-4 所示；瞄准，对准水准尺，进行目镜调焦和物镜调焦，使十字丝和水准尺像清晰；精平，旋转微倾螺旋，使水准管（管水准器）气泡严格居中［如图 4-5 所示，由状态（a）调整为状态（b）］；读数，读取十字丝中丝在水准尺上的读数，估读到毫米位，如图 4-6 所示，其读数为 1.384m。

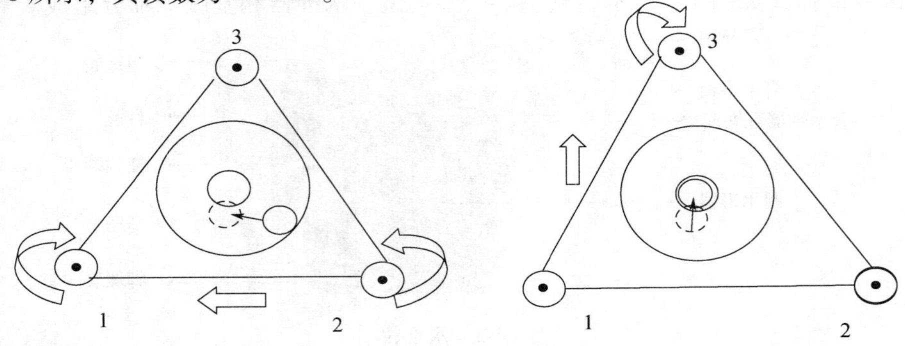

图 4-4 圆水准器气泡居中示意

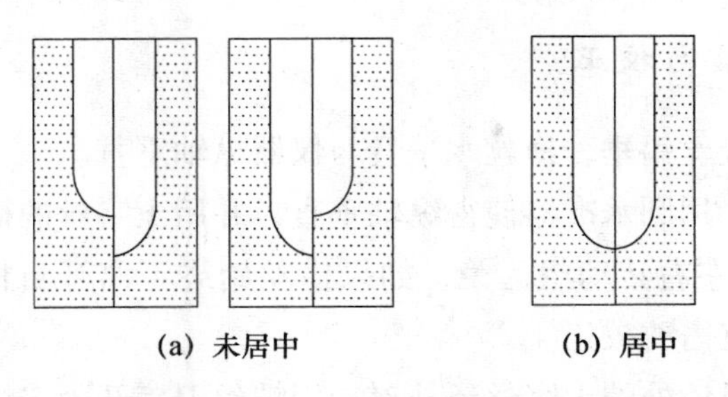

图 4-5　未居中和居中时管水准器观察窗内的视图状态

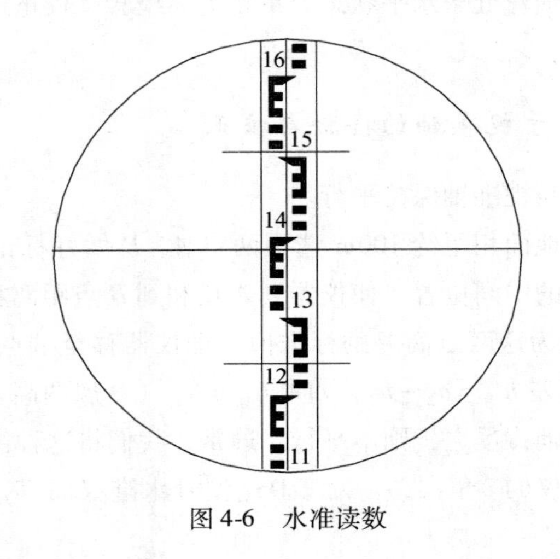

图 4-6　水准读数

三、水准仪的检验与校正

水准仪的主要轴线有：视准轴、水准管轴、圆水准器轴、仪器旋转轴（纵轴、竖轴）。为获得正确的读数，各轴线之间必须满足如下关系：圆水准器轴平行于仪器纵轴；十字丝横丝垂直于纵轴；水准管轴平行于视准轴。

1. 圆水准器的检验与校正

目的：使圆水准器轴与仪器纵轴保持平行。

检验方法：首先，旋转脚螺旋，将圆水准器气泡居中；然后，将仪器绕纵轴旋转 180°。如果气泡仍然居中，说明圆水准器轴与仪器纵轴平行。反之，说明圆水准器轴与仪器纵轴不平行，此时则需要校正。

校正方法：首先，转动脚螺旋，使气泡向水准器中心方向移到偏移量的一半位置；然后，用校正针调整圆水准器校正螺钉，使气泡严格居中。为保证检验、校正可靠有效，需要重复上述检验、校正过程，直到检验结果满足条件时为止。

2. 十字丝的检验与校正

目的：使十字丝竖丝铅垂，横丝水平且与仪器纵轴垂直。

检验方法：首先，用圆水准器使得纵轴垂直，并用十字丝的横丝照准某一清晰目标 A。然后，用微动螺旋左右转动望远镜，如果横丝始终不离开目标 A，则横丝水平；反之，则横丝不水平，就需要校正。

校正方法：松开目镜处的十字丝环外罩，用螺丝刀旋开固定螺钉，按横丝倾斜的反方向转动十字丝环，使横丝处于水平状态。重复上述检验、校正过程，直到竖丝自然铅垂、横丝水平为止。

3. 水准管轴平行于视准轴的检验与校正

目的：使水准管轴与视准轴保持平行。

检验方法：在平坦地面相距约 100m 选择两点 A、B 做好标记，在两点分别竖立水准尺，将仪器置于两点的中间位置，使仪器到 A 点和到 B 点距离相等，测量两端点的高差 $h_{标}=a_1-b_1$，将其作为这两点高差的标准值。把仪器移至端点 B 附近，离 B 距离约 2m，再测量两端点的高差 $h_{端}=a_2-b_2$。如果 $h_{标}=h_{端}$（一般两高差差值不超过 ± 3mm），则水准管轴平行于视准轴；反之，则不平行。通常，我们将这种由于水准管轴不平行于视准轴的误差称为水准仪的 i 角误差。对于 DS_3 型号水准仪而言，只有当 $i>20''$ 才需要进行此项校正。

校正方法：在近尺端点测站中，可根据中间站测量的标准高差，计算出远端 A 点水准尺的正确读数，即 $a_2^{正}=h_{标}+b_2$；然后，旋转微倾螺旋，将十字丝中丝对准正确读数处，这时水准管轴随之变得倾斜，不再水平；最后，用校正针拨动水准管的上、下校正螺钉使气泡重新居中。重复检验与校正过程，直至符合要求为止。

四、水准测量误差及其控制方法

水准测量误差主要有仪器误差、观测误差（又称人为误差）和环境误差三大类。

1. 仪器误差

（1）视准轴与水准管轴不平行引起的误差

尽管仪器在使用前已经过严格的检验、校正，但轴线之间的平行条件还是不能够严格满足要求，i 角误差不可避免。仪器与水准尺之间的距离越大，该误差的影响越大。采用前、后视距相等的观测方法可减弱或消除 i 角误差的影响。

（2）调焦引起的误差

调焦误差主要是指视差。消除视差的方法如前所述。

（3）水准尺的零点误差

水准尺在长期的使用过程中，其下部遭受磨损，从而造成水准尺零起点不准确，产生零点误差。将水准路线布设成偶数站可抵消零点误差。此外，水准尺的误差还包括尺长误差和分划误差，在外业前应对水准尺进行检验，如果尺长误差和分划误差不符合规定要求，则应停止使用。

2. 观测误差

（1）气泡居中误差

在精平仪器时，如果水准管气泡没有严格居中，视准轴会存在一个微小的倾角。此类误差具有偶然性，在前、后视读数中大小不等，高差计算时难以抵消。对于该类误差，只能是在每次读数前严格整平仪器，使水准气泡严格居中，以减小其对测量精度的影响。

（2）水准尺分划估读误差

由于普通水准尺的分划不是线划式，而是区格式，其最小分划为1cm。当十字丝中丝处于区格中间时，毫米位需要估读。如果采用最小分划为1mm的水准尺进行测量，毫米位可以直接读取，不需要估读，不存在毫米位的估计误差。估读误差与望远镜的放大率及视线的长度有关。因此，测量实践中，要严格按照各等级水准测量的规范要求，采用与之等级相匹配的测量仪器（包括水准仪、水准尺和尺垫）进行测量。

（3）水准尺倾斜误差

在水准仪瞄准水准尺读数时，水准尺必须竖直。如果水准尺在视线方向存在倾斜，观测者不易发觉。水准尺的倾斜始终引起读数增大，因此视线越高，对读数的影响越大。当观测者瞄准水准尺时，尺上的圆水准器气泡必须居中。

3. 环境误差

（1）仪器下沉误差

仪器的下沉使读数变小。当仪器安置在软土上，或者是三脚架没能安置稳固时，可能造成仪器下沉。因此，在观测前需要将三脚架在地面上踩踏实，把三脚架固定螺钉拧紧。测量过程采用后—前—前—后的观测程序可减弱其影响。

（2）水准尺下沉误差

水准尺的下沉使尺上读数增大，水准尺下沉一般发生在转点上。因此，在水准测量中，转点上必须使用尺垫，并将其踩踏实，以避免水准尺的沉降，减小对水准尺的读数误差。水准路线采用往返测的方式可减弱其影响。

（3）日光和风力引起的误差

当日光照射到水准仪上时，仪器各部件受热不均匀，产生不规则的热胀冷缩，仪器轴线关系不能严格满足要求，从而产生仪器误差。风力较大时，主要引起仪器的震动，水准尺不稳定，使得读数不准确。因此，当日光较强的时候，应该撑起观测用太阳伞，当仪器和水准尺有较大震动时，应停止观测。

（4）大气折光引起的误差

在日光照射下，地面与空气的温度不等，加剧空气的上下对流，使观测光线产生折射，影响对水准尺的读数。离地面越近，影响越大。因此，在水准测量中，对瞄准水准尺的视线高度做出了规定，以减少大气折光的影响。普通水准测量要求视线离地面高度不得小于0.2m。采用前后视距相等的测量方法可以消除或减弱其影响。

（5）地球曲率引起的误差

地球曲率对水准测量的影响比较显著，不能完全忽视其影响。如表3-4所示，当两点的弧长为0.2km时，用直线距离代替弧长所产生的高程误差可达3mm。相似地，采用前后视距相等的测量方法可以消除或减弱其影响。

第二节　角度测量

角度测量分为水平角测量和竖直角测量。水平角测量主要用于测定点的平面位置，竖直角（也称垂直角）测量用在三角高程中，测量点的高程，或是用在距离归算中，将倾斜距离归化为水平距离。在测绘领域，测量角度的传统仪器是经纬仪。

一、角度测量原理

水平角：过一点到两个目标点的方向线，垂直投影到水平面上所成的夹角，范围为0°～360°，如图4-7所示。

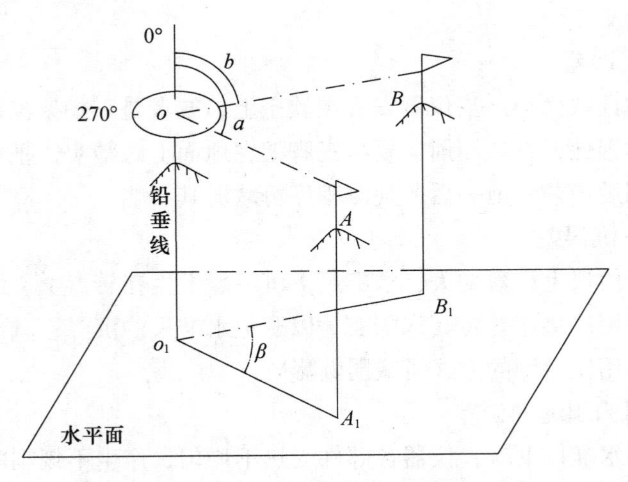

图4-7　水平角测量原理

竖直角：在同一铅垂面内，瞄准目标的倾斜视线与水平视线的夹角，如图 4-8 所示，范围是 $0° \sim \pm 90°$，仰角为正，俯角为负，视线水平时等于零。

水平角测量原理：如图 4-7 所示，假设 A、O、B 是地面上的任意三点，在 O 点的铅垂线上安置一台经纬仪，将仪器置平，并使仪器的中心与测站 O 的铅垂线重合，通过望远镜分别瞄准高低不同的 A 点和 B 点（先照准 B，再顺时针旋转照准 A），在经纬仪的水平度盘上分别读取读数 a 和 b，则 A、O、B 三点构成的水平角 $\angle AOB$（用 β 表示）等于这两个读数的差值，即：

$$\beta = a - b \tag{4-6}$$

竖直角测量原理：如图 4-8 所示，在 A 点安置仪器，在仪器的垂直面内安装一个垂直度盘（竖盘），将望远镜照准目标点 B，读取竖盘上的读数，所得读数与水平方向读数（始读数）之差即 AB 方向的竖直角。

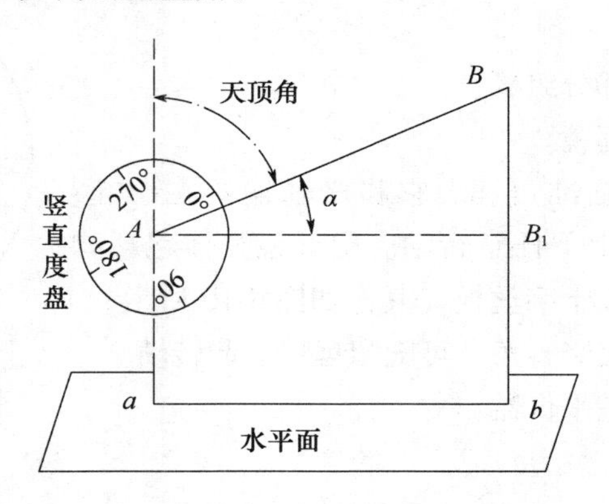

图 4-8　竖直角测量原理

二、经纬仪简介

目前，经纬仪可以分为光学经纬仪和电子经纬仪。在电子经纬仪基础上，增加光电测距、微电子处理等功能，发展出同时具有测量和初步处理角度、距离功能的新仪器——电子全站仪，简称为全站仪。

根据经纬仪测角精度的不同，可将其分为 DJ_1、DJ_2 和 DJ_6 等级别。D 和 J 分别是“大地测量学”和“经纬仪”的汉语拼音首字母；连接在后边的数字 1、2、6 等表示仪器的测角精度，即一个测回水平方向值的测量中误差为 1″、2″、6″等（称为标称精度）。DJ_1 主要用于二等平面控制测量和精密工程测量；DJ_2 主要用于三、四等平面控制测量和一般工程测量；DJ_6 主要用于图根控制测量和一般工程测量。

总体来说，经纬仪由三部分构成：照准部、水平度盘和基座。下面以 DJ_6（图 4-9）光学经纬仪为例，对各部分进行阐述。

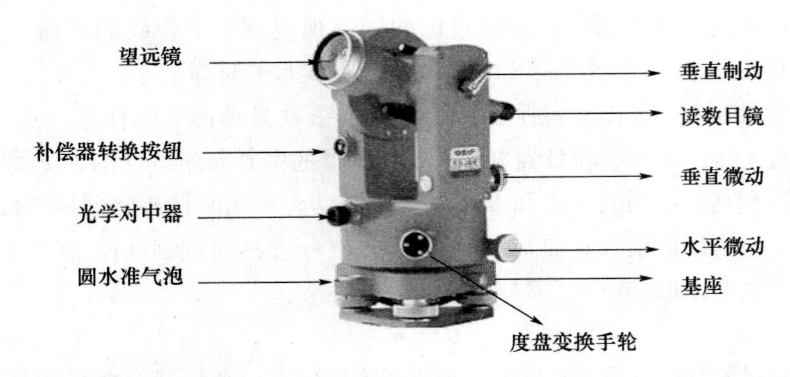

图 4-9　DJ_6 经纬仪

1. 照准部

照准部由如下几个部分组成：

横轴：用于支撑望远镜。

望远镜：用于精确瞄准目标。它和横轴连接在一起，可以绕横轴在竖直面内上下任意转动。望远镜整体包括物镜、目镜、内调焦透镜、十字丝板（其像如图 4-10 所示）。

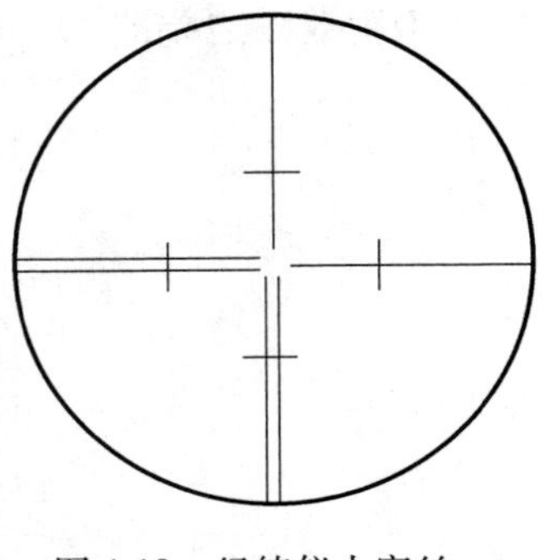

图 4-10　经纬仪十字丝

竖直度盘：用于测定竖直角，可随望远镜一起转动。

水准管：用于精确整平仪器。

2. 水平度盘

水平度盘和竖直度盘都是由光学玻璃圆环高精度刻画而成。水平度盘按顺时针方向从 0°刻画至 360°；当水准管气泡在任意方向都居中时，水平度盘位于水平位置；在水平角测量时，水平度盘与照准部脱离，不随其转动；通过复测扳手或度盘变换手轮，可改变度盘的位置，从而实现配盘，即将某一方向的读数调配至预先给定的角度值。

3. 基座

基座上有脚螺旋和圆水准器。脚螺旋共有三个，主要用于整平仪器。圆水准器用于粗略整平仪器。基座通过三脚架的连接螺旋将仪器与三脚架固定在一起。

三、经纬仪的操作

经纬仪的操作可简单概括为四步：对中、整平、照准、读数，其中，对中和整平需要反复进行几次才能实现。

1. 对中

目的：将经纬仪安置在测站中心的铅垂线上。

操作方法（以常见的光学对中为例，除此外还有垂球对中）：

（1）安置仪器，初步对中。将三脚架安置于大致水平位置，目估完成初步对中。

（2）对中器调焦。首先转动对中器的目镜调焦螺旋，使对中器的对中标志清晰，再旋动对中器的物镜调焦螺旋，使地面点清晰。

（3）粗略对中。首先移动三脚架，将测站点的像移动至对中标志中心；然后伸缩三脚架，使圆水准器气泡居中；最后调节仪器脚螺旋，使水准管在两个相互垂直的方向上气泡均居中，反复此过程，直至测站点的像与对中标志中心的距离在容许范围内为止。

（4）精确对中。当测站点与铅垂中心还有略微偏离时，可以略微松动基座与三脚架之间的连接螺旋，将仪器在三脚架上做微小的移动，重复整平、检查过程，直至对中误差在 1mm 以内。

2. 整平

目的：使经纬仪纵轴严格铅垂，水平度盘与横轴处于水平状态，竖直度盘位于铅垂平面内。

操作方法：

（1）松开水平制动螺旋，转动照准部，让水准管与任意两个脚螺旋平行，然后转动脚螺旋，使气泡严格居中。气泡的移动满足左手大拇指法则，即气泡的移动方向与左手大拇指的旋动方向一致。

（2）将照准部在水平面内旋转 90°左右，旋转上一步没有使用过的第三个脚螺旋，使气泡严格居中。

（3）重复上述操作，直至望远镜旋转到任何方向，水准管气泡总是居中为止。

3. 照准

目的：使望远镜竖丝精确瞄准目标的标志中心（图 4-11）。

操作方法：

（1）目镜调焦。转动目镜调焦螺旋，使十字丝成像清晰。

（2）寻找目标。松开水平和垂直制动螺旋，用望远镜上的瞄准器大致对准目标，并锁定刚才松开的水平和垂直制动螺旋。

（3）物镜调焦。旋转水平和竖直微动螺旋，使目标像靠近十字丝分划板，并转动物镜调焦螺旋，使目标像在十字丝分划板上清晰成像。

（4）消除视差。让眼睛在目镜处上下、左右移动，看目标像与十字丝之间是否有相对移动，有则存在视差；反之，则不存在视差，重新进行物镜和目镜调焦，直至视差消除。

（5）精确瞄准。转动水平和垂直微动螺旋，使十字丝精确对准目标。

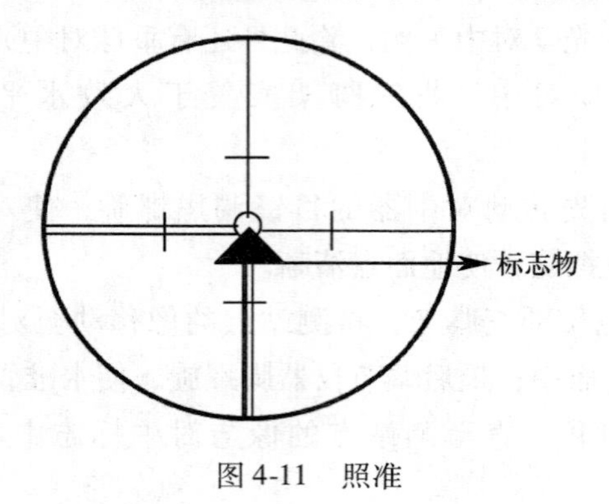

图 4-11　照准

4. 读数

目的：获得瞄准方向在度盘上的数值，计算角度值。

读取方法：DJ_6 测微尺读数。

图 4-12 是具有测微尺的经纬仪的读数视窗。H 和 V 分别表示水平和垂直度盘分划及其测微尺的像。度盘的像只能看到相邻两度的分划，细小的分划为测微尺。其读数方法如下：

首先在测微尺与度盘分划线相交处读取“度”数，然后从相交处测微尺的整格数处读取“分”数，“分”数需要估读至 1/10 格。在图 4-12 中，水平度盘的读数为 13°58. 2′，将其估读的“分”数换算成“秒”，即可得最后的读数 13°58′12″。显然，秒位上的数是估读值，且是 6 的倍数。

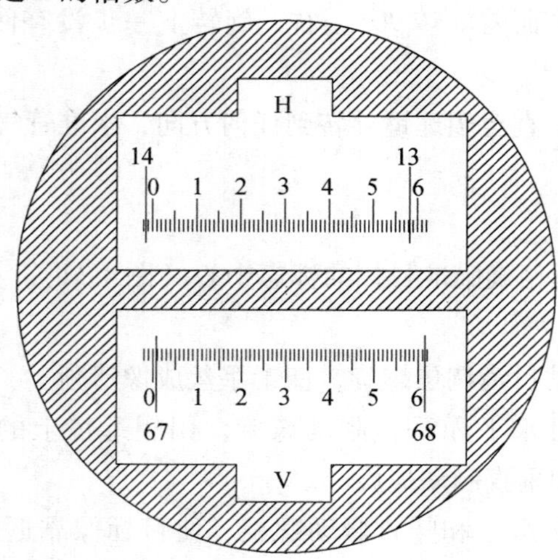

图 4-12　经纬仪读数视窗

需要注意的是：DJ_2 经纬仪可以直接读至1″，如果需要，还可以估读至0.1″。电子经纬仪的角度不需要人工判读，测量完成以后直接显示在读数显示屏上。

四、水平角测量

在工程测量中，水平角测量的常用方法有测回法和方向观测法两种。

1. 测回法

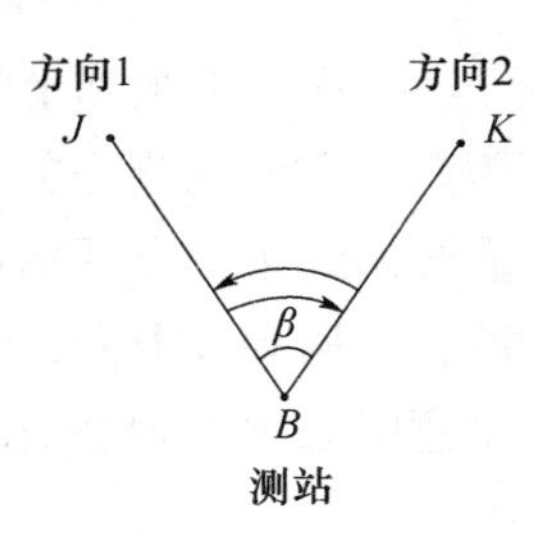

图 4-13　测回法示意

测回法用于测量两个方向夹角的情况。当经纬仪的竖直度盘在望远镜瞄准视线的左侧时，称为盘左（正镜位置）；在瞄准视线的右侧时，称为盘右（倒镜位置）。在测回法观测中，上半测回采用盘左观测，下半测回采用盘右观测，上、下半测回合在一起构成一个测回，称为一测回观测。测回法的观测步骤如下（以图 4-13 为例）：

（1）将经纬仪置于盘左位置，瞄准方向 1，照准目标 J，读取读数00°25′42″，并记录在表 4-2 中；

（2）顺时针旋转仪器，瞄准方向 2，照准目标 K，读取读数115°46′00″，并记录在表 4-2 中；

（3）计算盘左观测角 $\beta_L = 115°46'00'' - 00°25'42'' = 115°20'18''$，填写在表 4-2 中，完成盘左观测；

（4）将经纬仪置于盘右位置，瞄准方向 2，照准目标 K，读取读数 259°45′54″，并记录在表 4-2 中；

（5）逆时针旋转仪器，瞄准方向 1，照准目标 J，读取读数 180°25′36″，并记录在表 4-2 中；

（6）计算盘右观测角 $\beta_R = 259°45'54'' - 180°25'36'' = 115°20'18''$，填写在表 4-2 中，完成盘右观测；

（7）计算盘左、盘右角度差 $\varepsilon = \beta_L - \beta_R$，若 $\varepsilon < 40''$成立，则 $\beta = (\beta_L - \beta_R)/2$，否则重新观测。

表 4-2　测回法记录表

测站	竖盘位置	目标	水平度盘读数（°　′　″）	半测回角值（°　′　″）	一测回角值（°　′　″）
B	左	J	00　25　42	115　20　18	115　20　18
		K	115　46　00		
	右	J	180　25　36	115　20　18	
		K	295　45　54		

在工程实际中，为减小度盘分划不均匀引起的误差，通常需要进行多测回观测。各测回的初始方向值，需按测回数的多少来均匀分配，称为配盘。假设某次观测需要测量 n 个测回，则第 i 个测回的初始方向值，应该配置的度盘数值为：

$$\beta_{配} = \frac{i-1}{n} \times 180° \quad (i = 1,2,\cdots,n) \tag{4-7}$$

2. 方向观测法

当在一个测站上需要同时观测 3 个及以上方向的水平角度时，可采用方向观测法观测。在方向观测法中，从第一个目标开始观测，再依次完成其余方向观测以后，最终还需要回到第一个开始观测的目标方向，称此为归零。显然，这样观测一次，从零方向开始，又回到零方向，仪器旋转了一个圆周，故又将方向观测法称为全圆观测法。其测量示意图如图 4-14 所示。

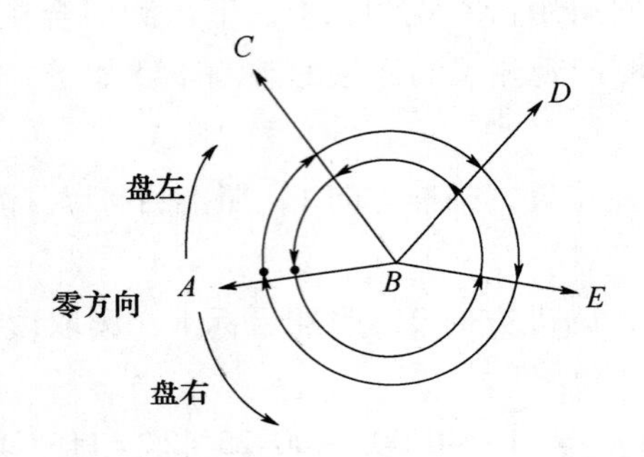

图 4-14　方向观测法

方向观测法的观测步骤为（以图 4-14 为例）：

（1）将经纬仪置于盘左，瞄准 BA 方向，照准 A 点，读取 BA 方向观测值 a_1；

（2）将仪器按顺时针方向旋转，依次瞄准 BC、BD、BE 方向，分别照准 C、D、E 点，读取 BC、BD、BE 方向观测值 c_1、d_1、e_1；

（3）继续旋转仪器，再次瞄准 BA 方向，照准 A 点，读取 BA 方向观测值 a_2；

（4）将经纬仪置于盘右，瞄准 BA 方向，照准 A 点，读取 BA 方向观测值 a'_1；

（5）将仪器按逆时针方向旋转，依次瞄准 BE、BD、BC 方向，分别照准 E、D、C 点，读取 BE、BD、BC 方向观测值 e'_1、d'_1、c'_1；

（6）继续旋转仪器，再次瞄准 BA 方向，照准 A 点，读取 BA 方向观测值 a'_2。

步骤（1）~（3）称为上半测回；步骤（4）~（6）称为下半测回。观测数据的记录格式见表 4-3。表中各项数据的计算步骤和要求如下：

（1）计算半测回归零差。在上、下半测回中，BA 方向观测 2 次，它们的差值不得大于规定限差值，否则重测；在一般工程测量中，DJ_6 的半测回归零差为$18''$，DJ_2 的半测回归零差为 $8''$。

（2）计算两倍照准误差 $2C$ 和 $2C$ 互差 Δ_{2C}。$2C = R_{左} - (R_{右} \pm 180°)$，反映了仪器误差和观测误差的总和。仪器误差属于系统误差，观测误差属于偶然误差，系统误差是一个常数，而偶然误差具有随机性，2C 误差存在变化的可能；$\Delta_{2C}=2C_i-2C_j$，其反映了观测质量。在一般工程测量中，DJ$_6$ 未对 Δ_{2C} 值做出规定，DJ$_2$ 要求 Δ_{2C} 值不能大于13″。

（3）计算盘左、盘右方向平均值，即：

$$R = [R_{左} + (R_{右} \pm 180°)]/2 \tag{4-8}$$

式中，R 表示任意方向的方向值；方向平均值计算完毕以后，由于起始方向有两个平均数，需要对其再次取平均，并写在括号内，作为起始方向值。

（4）计算归零方向值。将各方向计算的方向平均值减去括号内的起始方向再次平均，即可得到各方向的归零方向值。

（5）计算各测回平均方向值。为提高观测精度，在同一个测站上，通常需要观测多个测回，同一方向各测回互差在规范允许范围以内时，取各测回归零方向值的平均值作为该方向的最终方向值。在一般工程测量中，DJ$_6$ 的同一方向各测回互差限差为24″，DJ$_2$ 的同一方向各测回互差限差为 9″。

表 4-3　方向观测法记录表

测站	测回数	目标	水平度盘读数 盘左（° ′ ″）	水平度盘读数 盘右（° ′ ″）	2C（″）	方向值（° ′ ″）	归零方向值（° ′ ″）	各测回平均方向值（° ′ ″）
B	1	A	(00 00 12) 00 01 00	(00 00 06) 180 01 12	−12	(00 01 10) 00 01 06	00 00 00	00 00 00
		C	91 54 06	271 54 00	+06	91 54 03	91 52 53	91 52 50
		D	153 32 48	333 32 48	0	153 32 48	153 31 38	153 31 37
		E	214 06 12	34 06 06	+06	214 06 09	214 04 59	214 04 59
		A	00 01 12	00 01 15	−06	00 01 18		
B	2	A	(00 00 12) 90 01 12	(00 00 12) 270 01 24	−12	(00 00 24) 90 01 18	00 00 00	
		C	181 54 06	01 54 18	−12	181 54 12	91 52 48	
		D	243 32 54	63 33 06	−12	243 33 00	153 31 36	
		E	304 06 26	124 06 20	+06	304 06 23	214 04 59	
		A	90 01 24	270 01 36	−12	90 01 30		

五、竖直角测量

竖盘（竖直度盘）与横轴相连，固定在横轴的一侧，随望远镜在铅垂面内转动而上下转动，但固定在竖盘上的竖盘指标不随其转动。当仪器视线水平时，竖盘指标指向90°或者 270°。常见的光学经纬仪采用全圆式法刻画竖盘，根据注记顺序的不同，分为顺时针注记（图 4-15）和逆时针注记（图 4-16）。但不管是顺时针注记还是逆时针注记，当视线水平，仪器处于盘左位置时，竖盘指标均指向90°，即竖盘读数为90°；当仪器处于盘右位置时，竖盘指标均指向270°，即竖盘读数为270°。

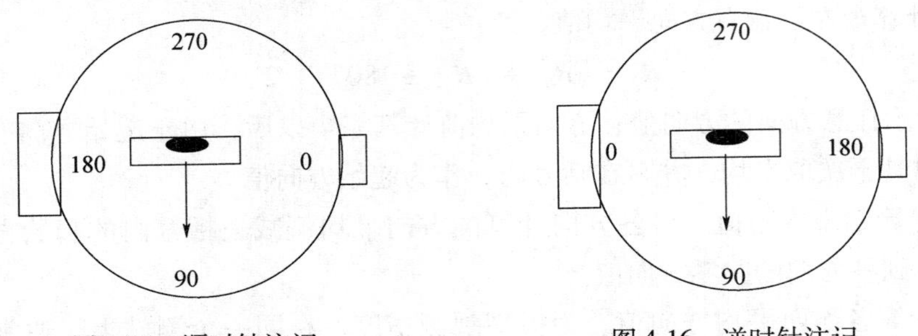

图4-15　顺时针注记　　　　图4-16　逆时针注记

竖直角和水平角一样，是两个方向之间的夹角，不同之处在于，竖直角是与标准方向（水平视线方向）之间的夹角。同时，由于竖盘注记的不同，使用不同注记的经纬仪进行观测，其计算公式也不同。顺时针或逆时针注记的判别方法为：将经纬仪置于盘左状态，然后抬高物镜，观测竖盘读数的变化，如果读数在减小，则为顺时针注记，反之则为逆时针注记。

1. 顺时针注记形式的观测计算步骤

（1）将经纬仪置于盘左，瞄准目标，旋动竖盘指标水准管微动螺旋，使竖盘指标水准管气泡居中，读取竖盘读数 L，并记录在表4-4中，则盘左观测到的竖角为：

$$\alpha_{左} = 90° - L \tag{4-9}$$

（2）将经纬仪置于盘右，瞄准目标，旋动竖盘指标水准管微动螺旋，使竖盘指标水准管气泡居中，读取竖盘读数 R，并记录在表4-4中，则盘右观测到的竖角为：

$$\alpha_{右} = R - 270° \tag{4-10}$$

（3）如果指标差不超限，一测回的竖直角值为：

$$\alpha = \frac{1}{2}(\alpha_{左} + \alpha_{右}) = \frac{1}{2}(R - L - 180°) \tag{4-11}$$

表4-4　竖直角记录表（顺时针）

测站	目标	竖盘位置	竖盘读数（° ′ ″）	半测回角值（° ′ ″）	2倍指标差（″）	一测回竖直角（° ′ ″）
B	J	左	75 24 31	14 35 29	−3	14 35 30
		右	284 35 32	14 35 32		
	K	左	96 18 13	−6 18 13	5	−6 18 16
		右	263 41 42	−6 18 18		

2. 逆时针注记形式的观测计算步骤

（1）将经纬仪置于盘左，瞄准目标，旋动竖盘指标水准管微动螺旋，使竖盘指标水准管气泡居中，读取竖盘读数 L，则盘左观测到的竖角为：

$$\alpha_{左} = L - 90° \tag{4-12}$$

（2）将经纬仪置于盘右，瞄准目标，旋动竖盘指标水准管微动螺旋，使竖盘指标水准管气泡居中，读取竖盘读数 R，则盘右观测到的竖角为：

$$\alpha_{右} = 270° - R \tag{4-13}$$

（3）如果指标差不超限，一测回的竖直角值为：

$$\alpha = \frac{1}{2}(\alpha_{左} + \alpha_{右}) = \frac{1}{2}(L - R + 180°) \tag{4-14}$$

竖盘指标差是指竖盘指标线偏离正确位置的微小角度偏差 x。理论上，当视线水平时，竖盘指标应严格指向90°或270°，但是由于竖盘指标水准管或垂直补偿器未安装至正确位置，使得竖盘观测值含有指标差，竖盘读数均增大了 x。因此，正确的竖盘读数都应该减去指标差，对顺时针注记竖盘，消去指标差后的正确竖直角为：

$$\alpha = 90° - (L - x) = (90° - L) + x = \alpha_{左} + x \tag{4-15}$$

$$\alpha = (R - x) - 270° = (R - 270°) - x = \alpha_{右} - x \tag{4-16}$$

观察两式容易发现，如果将两式相加，指标差可以被抵消掉。换句话说，取盘左、盘右观测垂直角的平均值，可以消除竖盘指标差的影响。但是由于垂直角观测值存在误差，使得各测回的指标差不固定，存在不规律变化（DJ_6 一般要求其在 1′内变化），需要计算出该值，以检验观测成果的质量。根据前两式，可以得到竖盘指标差的计算公式，即：

$$x = \frac{1}{2}(L + R - 360°) \tag{4-17}$$

该竖盘指标差的计算公式也适用于逆时针注记的竖盘。

在工程测量中，一般要求 DJ_2 的竖盘指标差变化范围（指标差互差）不超过15″，DJ_6 的竖盘指标差变化范围不超过25″。

六、经纬仪检验与校正

如图 4-17 所示，经纬仪的主要轴线有横轴（$H—H$）、视准轴（$C—C$）、水平度盘水准管轴（$L—L$）、竖轴（$V—V$）、圆水准轴（$L'—L'$）。

横轴是望远镜的旋转轴；视准轴是望远镜光心与十字丝中心的连线，也是测量照准目标的视线；水准管轴是通过水平度盘水准管内壁圆弧中点的切线，当其气泡居中时，水准管轴处于水平状态；竖轴是照准部在水平方向上的旋转轴；圆水准轴是通过圆水准器中心，与圆水准器球面球心的连线，当仪器整平时，圆水准器气泡居中，圆水准轴大致处于铅垂位置。

如图 4-17 所示，在进行水平角和竖直角观测时，各轴线之间应该满足如下条件：

水准管轴垂直于竖轴（$LL \perp VV$），圆水准轴平行于竖轴（$L'L'//VV$），十字丝竖丝垂直于横轴，视准轴垂直于横轴（$CC \perp HH$），横轴垂直于竖轴（$HH \perp VV$）。除此之外，光学对中器的视线应与竖轴重合，视线水平时竖盘读数应为90°或270°。

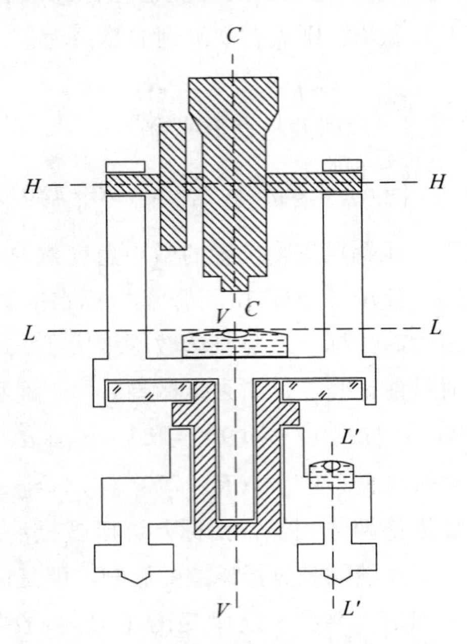

图 4-17　经纬仪的主要轴线及其关系

1. 照准部水准管轴的检验和校正

目的：使水平度盘水准管轴垂直于竖轴（$LL \perp VV$）。

检验方法：首先整平仪器，并转动照准部，使水准管平行于一对脚螺旋，旋转调整该对脚螺旋，让水准管气泡居中［图 4-18（a）］；然后旋转照准部，转动180°，如果水准管气泡仍然居中，则水准管轴垂直于纵轴；反之，则水准管轴不垂直于纵轴［图 4-18（b）］。水准气泡的偏移量是仪器水准管轴倾斜量（α）的 2 倍。

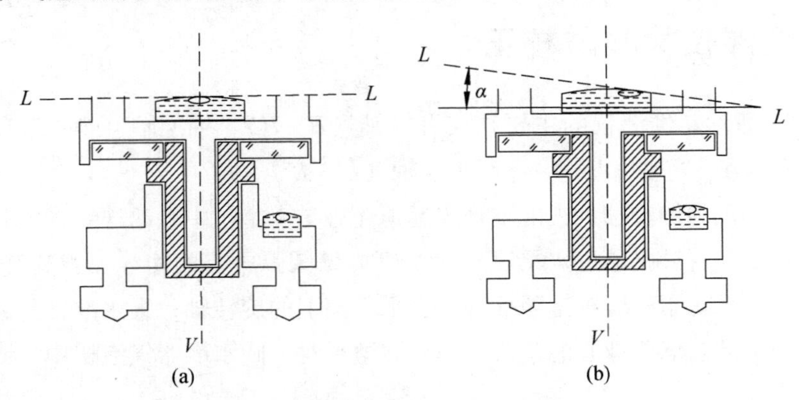

图 4-18　水平度盘水准管轴与竖轴垂直性检验

校正方法：首先相对地转动平行于水准管的一对脚螺旋，使气泡向中央移动偏歪格数的一半；然后用校正针拨动水准管一端的校正螺钉，使气泡完全居中。检验与校正需要反复进行，直到水准管气泡的偏移在一格以内时为止。

2. 圆水准器的检验和校正

目的：使圆水准轴平行于纵轴（$L'L'//VV$）。

检验方法：首先根据校正后的水平度盘水准管整平仪器，使纵轴铅垂，如图 4-19 所示；然后检查圆水准器的气泡是否居中，如果居中，则不需要校正；反之，则需要校正。

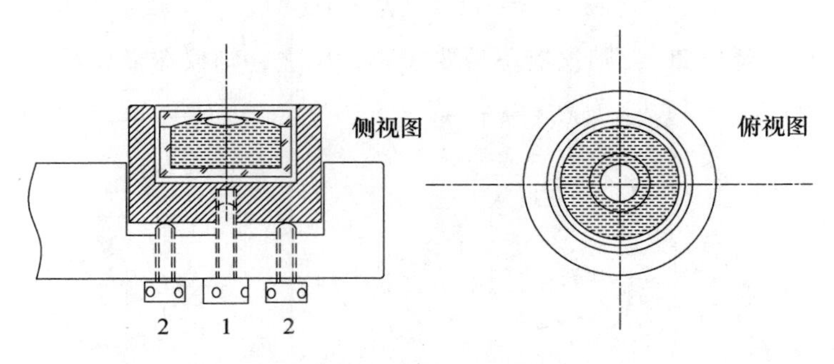

图 4-19　圆水准器气泡居中

校正方法：首先用校正针拨松圆水准器底下的固定螺钉（图 4-19 中的 1 号螺钉）；然后拨转校正螺钉（图 4-19 中的 2 号螺钉），使气泡居中；最后拧紧固定螺钉。

3. 十字丝竖丝垂直于横轴的检验和校正

目的：在仪器整平后，使横丝处于水平位置，竖丝垂直于横丝。

检验方法：首先在不远处确定一个标志点 P；然后将经纬仪置于水平，并以十字丝的交点瞄准目标点 P；接着旋转垂直微动螺旋，让望远镜在垂直面内做上下微动，在移动过程中，如果 P 点的上下移动轨迹始终未离开竖丝，则不需要校正；反之，则需要校正［图 4-20（a）］。

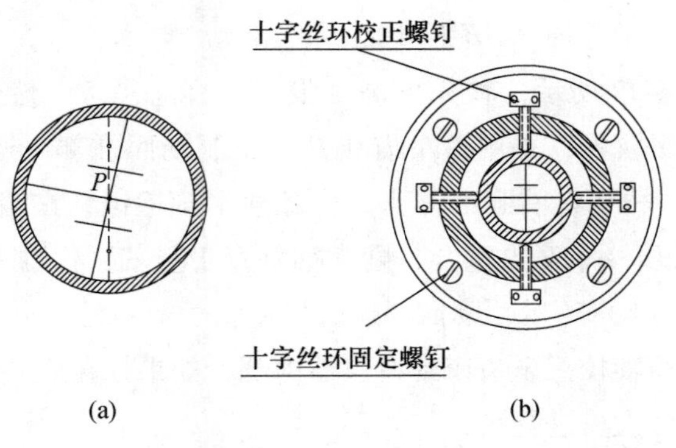

图 4-20　十字丝检验与校正

校正方法：如图 4-20（b）所示，首先略松十字丝环固定螺钉；然后旋转十字丝环校正螺钉，使竖丝铅垂，横丝水平；最后再转紧固定螺钉。

4. 视准轴的检验和校正

目的：使视准轴垂直于横轴（$CC \perp HH$）。

检验方法：如图 4-21 所示，首先将仪器置于水平状态，并用盘左照准大致水平的标志点 P，读取水平度盘读数 L；然后将仪器置于盘右，用盘右照准标志点 P，读取水平度盘读数 R；接着计算 $2C$ 的绝对值：

$$|2C| = |L - (R \pm 180°)|$$

如果 $|2C|$ 小于等于 20″，则仪器不需要校正；反之，则仪器需要校正。

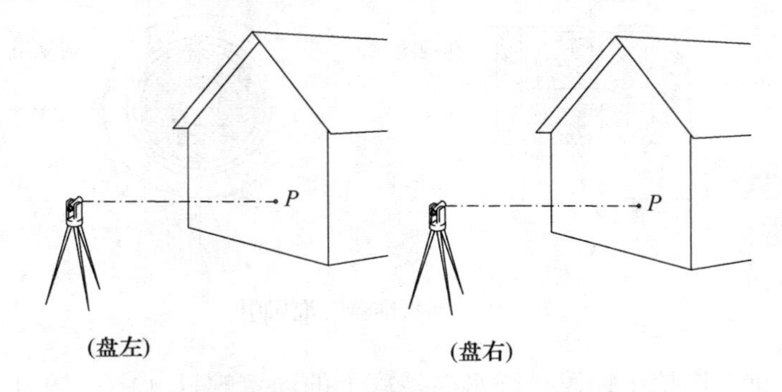

图 4-21 视准轴的检验

校正方法：首先计算在盘右位置，照准目标 P 应有的读数，即：

$$\hat{R} = \frac{R + (L \pm 180°)}{2} \tag{4-18}$$

然后转动水平微动螺旋使盘右的读数为 $\hat{R}$；最后转动十字丝左右一对校正螺钉，让十字丝交点对准标志点 P。

5. 横轴的检验和校正

目的：使横轴垂直于竖轴（$HH \perp VV$）。

检验方法：如图 4-22 所示，首先在高处设置一标志点 P；然后在离墙面 10 ~ 20m 远处安置经纬仪，整平仪器，并用盘左瞄准 P 点，制动照准部；接着大致放平望远镜，在墙面上定出一点 A，再用盘右瞄准 P 点，大致放平望远镜，在墙面上定出一点 B；最后比较 A、B 两点，如果 A、B 点重合，则横轴垂直于竖轴，仪器不需要校正；若 A、B 点不重合，如图 4-22（b）所示，则需要进行校正。

校正方法：由于横轴校正设备密封在仪器内部，如果存在此项问题，通常是送专业机构，由专业仪器检修人员进行校正。

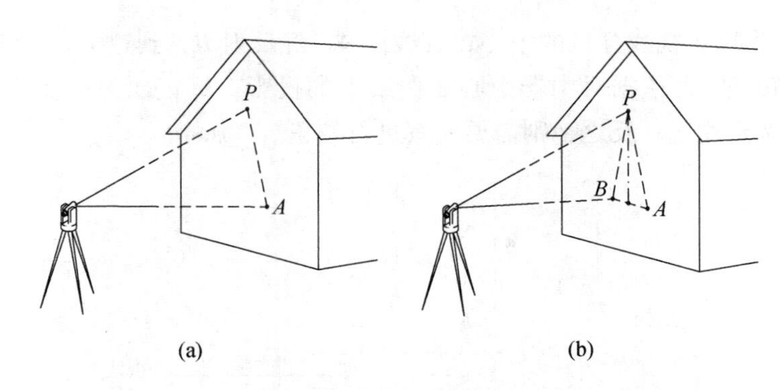

图 4-22　横轴的检验

6. 竖盘指标差的检验和校正

目的：使竖盘指标差接近于零。

检验方法：首先安置并整平经纬仪，然后分别用盘左、盘右照准一高处目标 P，读取盘左、盘右位置的竖盘读数 L 和 R，计算竖盘指标差 x（图 4-23）；如果 x 的绝对值小于 30″，则不需要进行指标差校正；反之，则需要进行指标差校正。

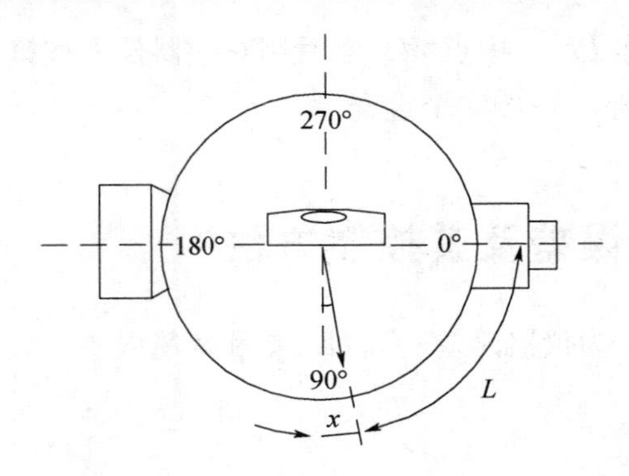

图 4-23　竖盘指标差

校正方法：以顺时针注记为例，首先计算照准目标 P 时，竖盘应有的读数，即：

$$\hat{L} = 90^\circ - \alpha$$

$$\hat{R} = 270^\circ + \alpha$$

式中，α 是根据盘左、盘右观测值计算的正确竖直角。然后瞄准原目标，转动竖盘水准管微动螺旋，将原竖直度盘读数（可以是盘左，也可以是盘右）调整到竖盘应有的读数位置，拨动竖盘水准管校正螺钉，使气泡居中；反复检验与校正，直至指标差小于规定值为止。

7. 光学对中器的检验和校正

目的：使光学对中器的视准轴与竖轴重合。

检验方法：首先在地面上放张白纸，在白纸上画一个十字标志 P，并用光学对中器十字丝中心（图 4-24 视线穿过的中心，视线由 A，经反射 B，到达 C）对准标志 P；然后将照准部旋转180°，依据对中器中心在白纸上的投影，标记出另一点 P'；如果 P 与 P'重合，则不需要校正；反之，则需要对其进行校正。

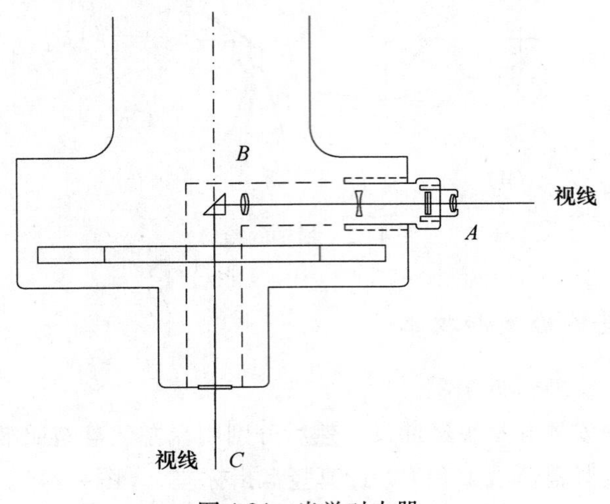

图 4-24　光学对中器

校正方法：首先定出 PP'的中点 M，然后用对中器校正螺钉，使对中器的中心对准 M 点，反复检验校正直到 P 与 P'完全重合。

七、角度测量误差及其控制方法

经纬仪观测误差可分为仪器误差、观测误差和环境误差三大类。

1. 仪器误差

（1）照准部偏心差

所谓照准部偏心差是指水平度盘刻画中心与照准部旋转中心不重合的误差。照准部偏心差在不同方向上，对读数的影响不同。采用盘左和盘右观测水平角或垂直角，取它们的平均值作为最后的观测值，可抵消该误差的影响。

（2）视准轴误差

由于视准轴不垂直于横轴引起的误差，称为视准轴误差。这种误差会造成在同一铅垂线上高度不同的两点，在度盘上的读数不一致，出现随高度变化的水平度盘读数误差，高度越高，影响越大。如果观测两点之间高度一致，或者采用盘左、盘右观测取其平均值的方法，可抵消该类误差影响。

（3）横轴误差

当仪器整平以后，竖轴在铅垂线上，横轴与竖轴不垂直，存在一个倾斜角，该倾斜角 i 称为横轴误差。横轴误差对水平角度观测的影响与竖直角的大小有关，并且对盘左、盘右观测的影响大小相等、符号相反。因此，通过盘左、盘右观测取平均值的方法，可抵消横轴误差的影响。

（4）竖轴误差

竖轴误差是指竖轴与铅垂线不重合而引起的误差。竖轴误差对盘左、盘右观测的影响是相同的，在同一个方向上是一个不变的量。因此，采用盘左、盘右观测取平均值的方法不能抵消竖轴误差的影响。在工程实践中，每个测回都严格整平仪器，使水准气泡的偏离值在规定的限差范围以内，以削弱竖轴误差的影响。

（5）竖盘指标差

竖盘指标差是指在仪器已整平的状态下，竖盘指标线没有指向正确读数而引起的误差。其来源既可能是指标水准管没有调平，也可能是仪器检校后的遗留误差。为抵消竖盘指标差的影响，每次观测都应该调节竖盘指标水准管微动螺旋，让指标水准管气泡居中。采用盘左、盘右观测取平均值的方法可以抵消竖盘指标差的影响。

2. 观测误差

（1）仪器对中误差

经纬仪没有严格对中产生的误差称为对中误差。仪器对中误差对水平角观测的影响与偏心距成正比，与角度的两边长成反比。因此，在水平角观测中，应该严格进行对中操作，对于边长较短的情况，尤应如此。如果是客观原因的存在，不得不进行偏心观测，则必须测定偏心距、偏心角，以便进行归心改正计算。

（2）目标偏心差

通常没有办法直接观测地面标志点，而是观测立在标志点上的标杆，由于标杆存在倾斜，造成实际观测点的垂线与地面标志点的垂线不重合，实际照准点偏离了地面标志点中心，称其为目标偏心差。目标偏心差对水平角观测的影响与偏心距成正比，与角度的边长成反比。垂直于瞄准方向的偏心影响最大。因此，在工程实践中，观测时应尽可能地照准标杆的底部，或者尽可能地立直标杆。

（3）照准误差

不能准确瞄准观测目标引起的误差称为照准误差，其与人眼的分辨率、望远镜的放大倍率、目标的形状和大小等因素有关。因此，在工程实践中，选择较好的目标形状，仔细做好对光和目标照准工作，对于较粗的目标采用双丝照准，较细的目标则采用单丝照准，都可减小照准误差影响。

（4）读数误差

产生读数误差的主要原因有读数装置本身质量差、观测环境亮度不够、读数判断不够准确（如估读最小分划值，判断对径分划是否符合）等。因此，在工程实践中，应严格按照操作程序，选择具有检验合格证书的仪器进行观测，保证观测时具有足够的亮度，仔细判读。

3. 环境误差

外界环境的影响主要有大气密度、大气透明度、旁折光、温度、湿度、地面松软度、太阳光强弱等因素。外界条件各因素综合在一起，其影响十分复杂。在角度观测时，应注意采取一定措施来减小它们的影响。例如，保证观测视线离地面有一定距离，避免大风、高温天气下观测，使用太阳伞避免仪器被太阳光直射和被雨淋等。

第三节　距离测量

通常说的距离是指地面两点之间的水平距离，是两点在水平面的投影长度。确定此水平距离的工作，称为距离测量。距离测量的常用方法有钢尺量距、视距测量和光电测距三种。

一、钢尺量距

1. 测量工具

钢尺量距的主要工具有钢尺、测钎、标杆（花杆）、垂球架、弹簧秤、温度计。

（1）钢尺

按尺长分，常见的钢尺有 5m、20m、30m 和 50m 等几种，其最小分划为毫米（mm）。根据钢尺零刻度所在位置，又分为端点尺和刻线尺两种。端点尺（图 4-25），其零点在尺环的最外缘；刻线尺，其零点在钢尺前端，离尺环一定距离的刻线处。对于精密钢尺而言，因为需要进行尺长和温度改正，故在其尺端刻有名义尺长、标准拉力和温度等信息，例如，“50m、20℃、100N”字样，它表示在检定该钢尺时的温度为 20℃，拉力为 100N，钢尺名义长度为 50m，是钢尺刻线的最大注记。

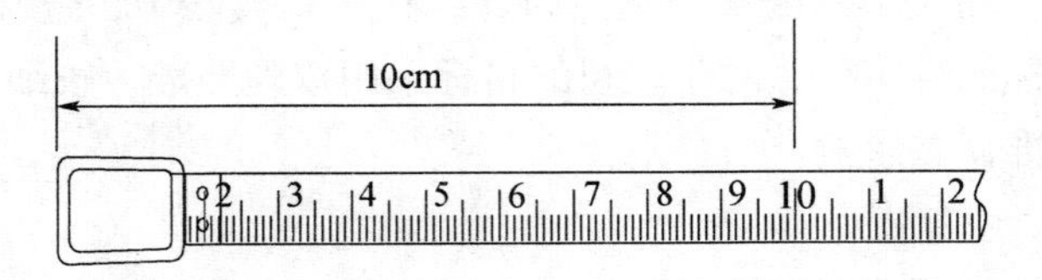

图 4-25　端点尺

（2）测钎

测钎主要用来标记尺端点位置和计算整尺数。测钎采用较粗的铁丝制作而成，其上端为环状结构、下端为磨尖的铁钎。

（3）标杆

标杆有时又称为花杆，主要用于标记点位和定线。其主要材质有木、竹和钢，标杆长度一般为2m或者3m，标杆上有20cm长的红白间隔。

（4）垂球架

垂球架主要用作倾斜地面量距的投点工具，由一个垂球和三根杆子组成。

（5）弹簧秤

弹簧秤主要用于量测钢尺施测时的拉力，一般需要将钢尺拉至标准力下进行测量。

（6）温度计

温度计主要用于测量外界环境温度，以供内业数据处理，完成对所测距离的温度改正。

2. 测量方法

钢尺量距分为一般钢尺量距和精密钢尺量距两种方法。

（1）一般钢尺量距的步骤和成果整理

1）直线定线。直线定线是指将需要测定的距离，在两点之间的方向上，用整尺段距离将其标定出来，以便施测时进行分段测量。显然，只有当两点之间的距离大于一个整尺段长时，才需要进行直线定线。同时，特别需要注意，直线定线和直线定向是两个不同的术语。直线定线有目估法和经纬仪法两种，前者常用于一般钢尺量距，后者常用于精密钢尺量距。此处仅介绍目估法定线的步骤，经纬仪法定线将在后面的精密钢尺量距部分介绍。

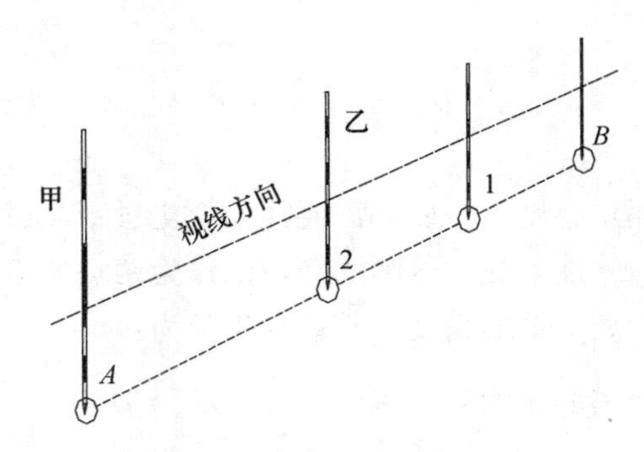

图4-26　直线定线

目估法定线的示意如图6-26所示，其具体步骤为：

①在待测量点A、B竖立标杆，测量员甲站在A点标杆后面约1m处，自A点标杆照准B点标杆，形成一条视线；

②测量员乙向测量员甲方向移动大概一个整尺段距离，并移入刚才测量员甲形成的视线里，乙在标杆位置处插上测钎；

③由远及近，按同样的方法定出剩余测段。

2）丈量

①平坦地区距离丈量

钢尺量距一般需要三个人，一个前尺手，一个后尺手，还有一个记录员。其具体实施步骤如下：

a. 后尺手站在 A 点，手握钢尺的零端点，前尺手拿着尺盒和测钎，沿丈量方向前进；

b. 前尺手走到一整尺段处后，按定线时标出的方向，前、后尺手同时拉紧钢尺，后尺手对准 A 点，前尺手把测钎插在钢尺的名义尺长处；如果是硬地，直接在地面上做标记即可；

c. 依上操作，直到 AB 之间的最后一段，最后一段一般为不足一整尺段距离的测段，称为余长；丈量余长的时候，后尺手将零点对准 n 点（分为 n 段测量），前尺手将某一刻画对准 B 点并读取尺上读数，即得余长长度。

d. 根据测量的整尺长段数和余长长度，计算 A、B 两点之间的距离：

$$D_{往} = 整尺段长 \times n + 余长长度$$

为提高测量精度和检验测量是否存在错误，一般需要进行往、返测量；往、返测量之差在规定范围以内时，取往、返测量的平均值作为该段距离的丈量结果。

②山区距离丈量

山区距离丈量可以采用平量法和斜量法，前者用在坡度不大的情况，后者用在地面倾斜度均匀的情况。平量法与平坦地区距离丈量类似，不同之处在于，平量法测量过程中前尺手需要借助钢尺与垂球的交点来确定丈量点，最后丈量距离的计算公式相同。

斜量法是沿倾斜地面 AB 方向直接测量其斜距 S，并测量其高差 h，然后将斜距归算为平距，其计算公式为：

$$D_{往} = \sqrt{S^2 - h^2} \tag{4-19}$$

3）成果计算

如前所述，为提高测量精度，一般都需要往、返丈量距离，只有当往、返测量距离的精度满足规范要求时，才能取往、返测的平均值作为两点的距离。在工程测量中，通常采用相对误差来评定距离丈量的精度，其计算步骤为：

①计算往、返观测距离的平均值　$D_{平均} = \frac{1}{2}(D_{往} + D_{返})$

②计算往、返观测距离的差值　$\Delta D = D_{往} - D_{返}$

③计算往、返观测距离的相对误差　$K = \dfrac{1}{\dfrac{D_{平均}}{|\Delta D|}}$

相对误差通常需要表达成分子为 1，分母为整数的形式。

（2）精密钢尺量距的步骤和成果整理

1）经纬仪定线

经纬仪定线的详细步骤为：

①测量员甲在 A 点安置并整平经纬仪，用望远镜照准 B 点上的测钎，固定照准部；

②测量员乙在距离 B 点略小于一个整尺长的地方，按测量员甲的指挥移动测钎，使其与照准部中的十字丝的竖丝重合，重合后在实地记录下该点；

③用同样的方法，确定其余标记点。

2）丈量

丈量的详细步骤为：

①清理测量现场，将测量路线上的障碍物清除干净。

②经纬仪定线，按照前述经纬仪定线方法定线。

③测量高差，用水准仪测出各相邻标记点之间的高差。

④量距，精密量距需要 2 人拉尺，2 人读数，1 人记录读数和测量温度。精密量距时，后尺手将弹簧秤（拉力计）挂在尺环上，前尺手拉住钢尺的末端，两者都将钢尺置于标志顶端，共同将钢尺拉直、拉稳，当弹簧秤读数等于标准拉力时，前尺手钢尺整厘米刻画对准标志点后，两个读数员同时读取前、后尺手侧的钢尺读数，估读至 0.5mm，记录员记录下钢尺读数和温度。前、后尺手移动微小距离，再按此法对该段测量 2～3 次。各次测量的最大值与最小值之差在允许范围以内时，取其平均值作为该段往测或返测的丈量值。

3）数据整理

因为钢尺受生产厂家刻画精度、丈量时外界温度、测量时拉力大小等因素的影响，钢尺上刻画的名义长度，与实际测量长度可能存在差异。因此，在进行钢尺量距前，需要对钢尺进行检定，求出钢尺在标准温度和拉力下的实际长度。在检定出钢尺的名义长度和实际长度以后，可以将钢尺丈量长度表达成关于温度变量的函数，称为尺长方程，其表达式为：

$$l_t = l_0 + \Delta k + l_0\alpha(t - t_0) \tag{4-20}$$

式中，l_t 是钢尺在温度 t 时的实际长度，m；l_0 是钢尺的名义长度，m；Δk 是名义尺长的改正数，是钢尺名义长度和实际长度的差值，mm；α 是钢尺的膨胀系数，其值是在钢尺出厂时给定；t 是量距时的实际温度，t_0 是钢尺检定时的标准温度，单位都是℃。

精密量距和一般量距在数据处理上的主要差别是：精密量距需要进行尺长改正、温度改正、倾斜改正。

二、视距测量

视距测量是利用测量望远镜十字丝平面的视距丝及视距尺（通常是水准尺），按光学原理，间接测定距离的方法。视距测量的优点是测量简单，可以间接测量；缺点是测量精度相对较低，水平距离精度比钢尺量距低，高差精度比水准测量低。其主要应用在地形测量中，或者精度要求较低的普通距离测量中，如测量水准路线的前、后视距。

所谓视距丝，是指经纬仪或者水准仪十字丝平面内与横丝平行，且上下等间距的两根短丝。不管是经纬仪还是水准仪，假设视准轴水平，从仪器中瞄准不远处竖立的水准尺，视准轴与水准尺垂直，读取上、下丝与水准尺交线处的读数 a、b。上、下丝的读数差称为视距间隔，用 m 表示，即：

$$m = a - b \tag{4-21}$$

由此，可以得到水平距离的计算公式，即：

$$D = Cm \tag{4-22}$$

式中，C 是一个常数，为方便计算，通常在仪器设计时，将其设置为100。因此，在视准轴水平的情形下，视距法测量水平距离的公式为：

$$D = 100m = 100 \times (a - b) \tag{4-23}$$

在采用经纬仪进行视距测量时，可以使用倾斜的视准轴进行观测。设此时上、中、下丝的读数分别为 a、l、b，竖直角为 α，则此时水平距离 D 和高差 h 的计算公式分别为：

$$D = 100 \times (a - b) \cos^2\alpha \tag{4-24}$$

$$h = D\tan\alpha + i - l \tag{4-25}$$

式中，i 是经纬仪的架设高度，从地面点标志中心至仪器横轴中心的距离。

三、光电测距

光电测距有时又称为电磁波测距，是利用电磁波在两点之间往返的时间及其传播速度来测量距离的一种方法，如图4-27所示。相比于钢尺量距和视距测量，光电测距具有测程远、速度快、精度高等优点。电磁波测距的公式为 $s = 0.5 \times c \times t$，其中 c 是电磁波在真空中的传播速度，即光速；t 是电磁波往返于两点之间的时间。显然，光电测距的关键就是测定光在两点之间的传播时间。根据测定传播时间方式的不同，测距仪可以分为相位式测距仪和脉冲式测距仪；根据载波的不同又可以分为微波测距仪、红外光测距仪、激光测距仪；根据可测量距离长短的不同可分为远程测距仪、中程测距仪、短程测距仪。

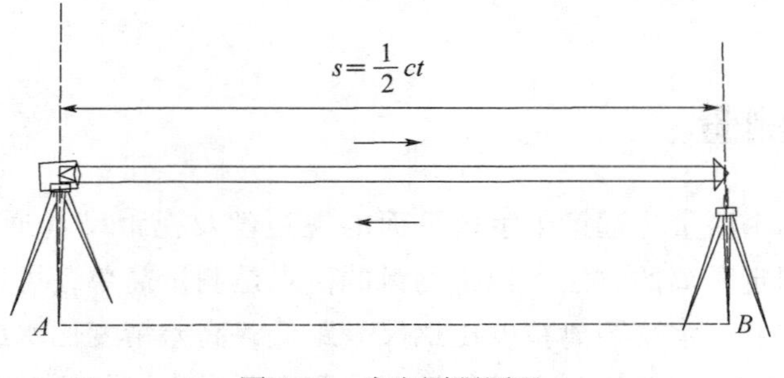

图4-27　光电测距原理

脉冲式测距仪的基本原理：首先将发射光波的光强调制成高频光脉冲，同时由时标振荡器产生时标脉冲；然后发射脉冲光，并打开电子门，当脉冲光被反射回来时关闭电子门；最后采用电子门开、关闭期间时标脉冲记录的脉冲个数和其周期计算光往返传播的时间 t，从而求得两点之间的距离。

相位式测距仪的基本原理：利用同一瞬时发射光与接收光之间产生的相位差来计算光在两点之间的传播距离。由于仪器只能测出不足一个整周期的相位差，只能测出半波长内的距离，即一个整尺长内的距离（也称为光尺长度或者测尺长度）。为能同时兼顾测程和测量精度，通常需要综合两种不同调制频率，来产生两种不同的光尺长度，联合使用以完成完整的距离测量。

光电测距的工具主要有光电测距仪和反射器两种。反射器分为全反射棱镜和反射片两种，前者经常用在控制测量中进行长距离的精密测距；后者用于短距离的测距。全反射棱镜是用光学玻璃磨制成的四面体，其能使入射光从原光路返回发射点。现代的光电测距仪（全站仪，如图 4-28 所示），采用高频激光作为光源，在精度要求不高的情况下，可以不用反射器，而直接利用目标体的激光漫反射来计算距离，这种测量方法称为“无棱镜”或者“免棱镜”测量。

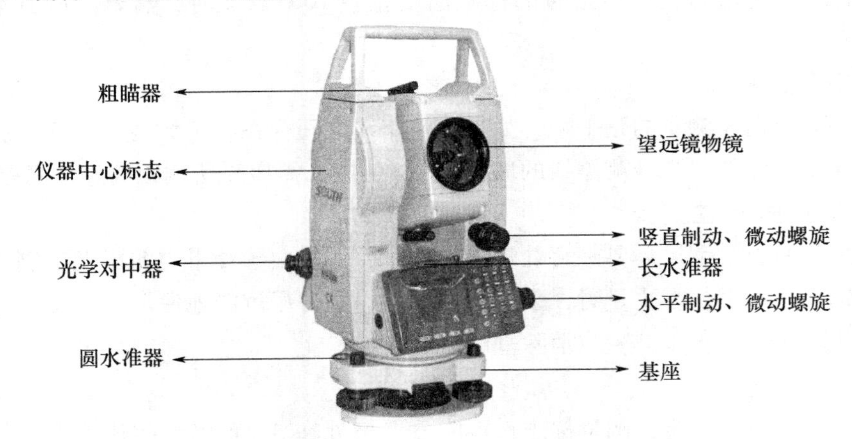

图 4-28 全站仪

采用光电测距仪测量的距离，一般需要进行乘常数、加常数改正和气象改正。测距仪通过标准长度的检定，得到仪器的乘常数 R 和加常数 C，前者与距离长度成正比，后者与长度无关。常将加常数和棱镜常数固定在一起，在仪器中进行设置，自动完成改正。因此，不同厂商生产的仪器，给定的参数一般与配套的棱镜相对应。当采用其他厂商生产的棱镜进行测量时，需要在施测前检定出该常数。

显然，光电测距仪的误差也可以分为固定误差和比例误差，故光电测距仪的标称精度可以表述为：

$$m_D = \pm (a + b \cdot D) \tag{4-26}$$

式中，a 是固定误差，mm，主要由仪器加常数误差、对中误差等引起；b 是比例误差系数，一般用10^{-6}表示，其含义是每千米的测量误差为1mm；D是测距长度，单位是km。如±（$2\text{mm}+2\times10^{-6}\times D$）标称精度的仪器，1km距离测量误差为±4mm。测距仪或者全站仪的标称精度都会在仪器的使用说明书中给定。

四、距离测量误差及其控制

1. 钢尺量距的主要误差

（1）尺长误差

钢尺的名义长度与实际长度不一致就产生尺长误差，随距离的增长而不断累积，其属于系统误差。在出厂前，通过与标准长度进行比较，可检定出其具体值。在精密钢尺量距中，需要进行尺长改正，以减小该项误差的影响。

（2）温度引起的误差

钢尺受温度的影响出现热胀冷缩，会造成钢尺的名义长度与实际测量距离不一致。当测量时的实际温度与钢尺检定时的标准温度相差10℃以上时，需要对所测量距离施加温度改正。

（3）倾斜误差

工程测量中需要测量的是平距，如果测量路线之间存在一定坡度，出现以斜距代替平距，造成测距误差。当施测路线的坡度大于1%时，需要对所测距离施加高差改正。

（4）尺子垂曲误差

在钢尺量距时，钢尺需要一直处于水平状态，但是由于受重力的影响，钢尺可能出现弯曲，钢尺不水平。在丈量时，采用标准拉力，同时尽可能地使尺子水平，必要时可以将钢尺托起至水平，以减少或消除垂曲误差影响。

（5）定线误差

分测段测量时，确定的测量标志点可能不严格处在A、B两点的连线上，使得实际测量的距离始终大于A、B两点的实际距离。在精密钢尺量距中，必须采用经纬仪定线，以减小定线误差影响。

（6）读数误差

读数误差一般是大数读错，估值未能合理估读。因此，在施测过程中，要有良好的测量环境，读数要认真仔细。

2. 光电量距的主要误差

（1）调制频率误差

根据前面的分析知道，光电测距由组合调制频率来完成距离测量。当调制频率出现误差时，必然造成光波尺出现误差。通过定期检定测距仪，测定仪器的乘常数，对所测距离进行改正，可减小调制频率误差的影响。

（2）气象参数测定误差

光电测距时的温度和大气压，对距离测量产生一定的误差。当前的测距仪或者全站仪，只需要在测量前将实地温度和气压输入仪器，仪器能自动完成改正。

（3）相位测定与脉冲测定的误差

相位式测距仪的相位测定误差，或脉冲式测距仪的脉冲测定误差属于固定误差，主要影响所测距离的尾数，与测量距离的长短无关，其大小主要取决于仪器的实际精度。

（4）反射器常数误差

测距仪或全站仪可预置加常数，让仪器自动完成该项改正。但是当反射器与测距仪不配套、设置有误差时，该项误差不可避免地出现在所测距离中。因此，实际测量中，尽可能采用与仪器配对的反射器，如果不得已需要采用不配对的反射器，在测量前，需要检定出反射器常数。

（5）仪器和目标的对中误差

测距仪或者目标没有严格对中，必然造成距离测量误差。因此，在实际测量工程中，需要严格对中仪器和目标，以提高距离测量精度。

第五章　控制测量的基本知识

测量工作的基本原则是“从整体到局部”“由控制到碎部”。测量工作要求在整个测区范围内用较精密的仪器和方法测定少量大致均匀分布点位的精确位置，包括平面位置或高程，这些点称为控制点，控制点分为平面控制点和高程控制点，由控制点组成的几何图形称为控制网。先通过建立控制网来控制全局，然后根据控制点测定其周围的地形或进行施工放样，这样可以保证测区坐标和高程系统的统一，有均匀的测量精度，同时也可以限制误差的传播和累积。建筑施工测量中的平面控制点和高程控制点一般是分开的，确定平面控制点坐标的工作称为平面控制测量，确定高程控制点坐标的工作称为高程控制测量。建筑施工中的控制测量可分为平面控制测量和高程控制测量。

第一节　平面控制测量

平面控制测量是从整体到局部分等级进行布设的，我国的国家平面控制网曾首先是建立一等天文大地锁网，在全国范围内大致沿经线和纬线方向布设成格网形式，格网间距约200km，在格网中部用二等连续网填充，构成全国范围内的全面控制网；然后按地区需要测绘资料的轻重缓急，再用三、四等网逐步进行加密，其布网形式采用三角形网和导线网。随着技术的进步，目前国家平面控制测量主要采用GNSS（全球卫星定位技术）。

我国各城镇的范围大小不等，为了进行城镇的规划、建设、土地管理等，都需要测绘大比例尺地形图、地籍图或进行市政工程和房屋建筑等的施工放样，为此，需要布设控制网。在国家网的控制下，城市平面控制网分为二、三、四等（按城镇面积的大小从其中某一等开始布设）和一、二级小三角网、小三边网或一、二、三级导线网，最后再布设直接为测绘大比例尺地形图等用的图根控制网，城市图根控制网以导线网或交会定点为主。城市三角网的主要技术要求可参考《工程测量规范》（GB 50026—2007）和《城市测量规范》（CJJ/T 8—2011）等资料。

本章内容以导线测量和交会测量为主，其后再简要介绍卫星定位控制测量。

一、导线测量

1. 导线测量概述

将测区内相邻控制点用直线连接而构成的折线或多边形，称为导线，这些采用导线形式测量的平面控制点称为导线点，点间的边称为导线边，相邻导线边之间的夹角称为转折角。与坐标方位角已知的导线边（定向边）相连接的转折角，称为连接角（又称定向角）。

导线测量就是依次测定各导线边的水平距离和各转折角值，然后根据起算数据，推算各边的坐标方位角，从而求出各导线点的坐标。

若用经纬仪测量转折角，用钢尺测定边长的导线，称为经纬仪钢尺导线；若用光电测距仪测定导线边长，则称为电磁波测距导线，因全站仪的普及，现阶段多用全站仪来开展导线测量工作。

导线测量是建立小区域平面控制网常用的一种方法，特别是地物分布较复杂的建筑区、视线障碍较多的隐蔽区和带状地区，多采用导线测量的方法。根据测区的不同情况和要求，单一导线可布设成下列三种基本形式：

（1）闭合导线

如图 5-1 所示，1、2、3、4 为高级控制点，导线从已知控制点 *B* 和已知方向 *BA* 出发，经过 1、2、3、4 最后仍回到起点 *B*，形成一个闭合多边形，这样的导线称为闭合导线。闭合导线本身存在严密的几何条件，对观测结果具有检核作用。

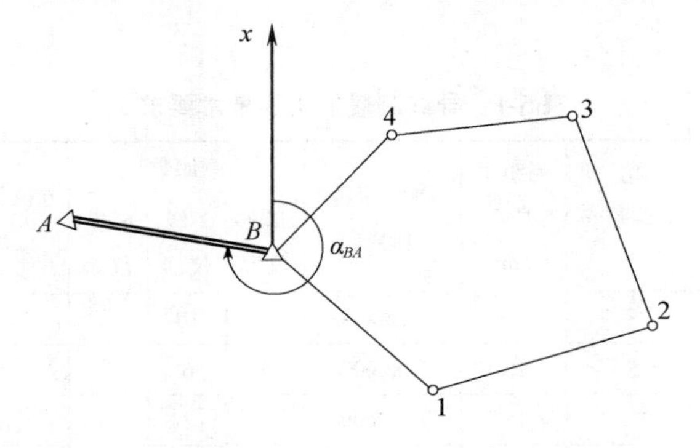

图 5-1　闭合导线

（2）附合导线

如图 5-2 所示，1、2、3 点是需要测定坐标的控制点，导线从已知控制点 *B* 和已知方向 *BA* 出发，经过 1、2、3 点，最后附合到另一已知点 *C* 和已知方向 *CD* 上，这样的导线称为附合导线。附合导线的起始边和终止边方位角均为已知，这种布设形式同样具有检核观测成果的作用。附合导线也是在高级控制点下进行控制点加密最常用的形式之一。

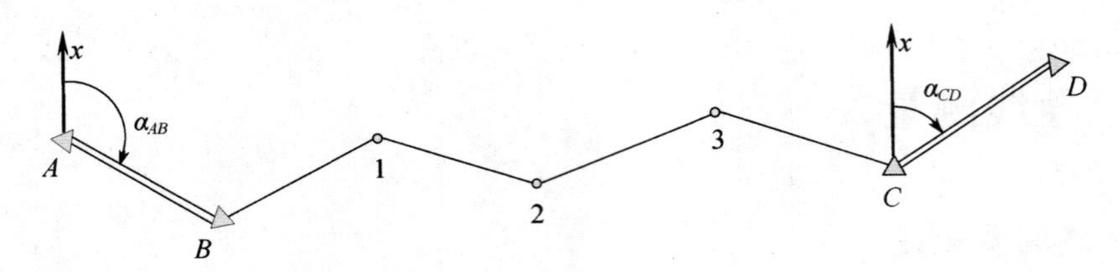

图 5-2　附合导线

在附合导线的两端，若各只有一个已知高级点，而缺少已知方位角，则这样的导线称为无定向附合导线（简称无定向导线），在不得已的情况下，也可采用这种形式。

（3）支导线

如图 5-3 所示，由一个已知控制点和一条已知方向的边出发，延伸出去观测未知控制点，既不附合到另一已知控制点，又不回到原起始点的导线，称为支导线。支导线一般需要独立地往返测量两次，以两次测量结果来评价测量精度。这种导线只具有必要的起始数据，缺少对观测数据的检核，不易发现测量错误，因此应谨慎使用，一般只在图根导线和地下工程导线中使用。对于图根导线，支导线的点数一般规定不超过 3 个。

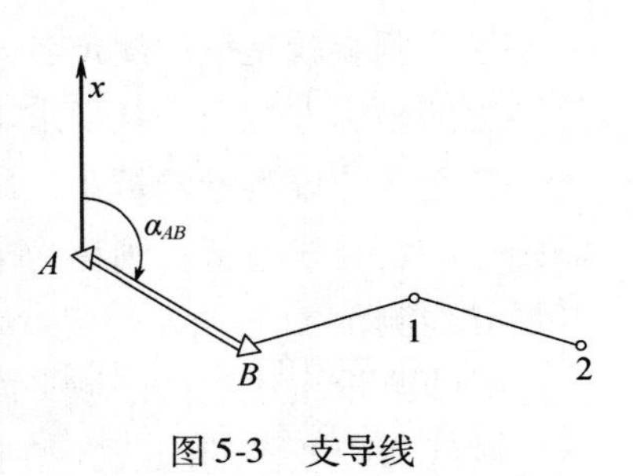

图 5-3　支导线

遇到一端不能通行的胡同（弄、巷）或工厂、企业、机关等单位无后门的大院，需要布设图根控制时，往往只能布设支导线。

（4）导线控制测量的技术要求

根据《工程测量规范》（GB 50026—2007），各等级导线测量的主要技术要求见表 5-1。

表 5-1　导线测量的主要技术要求

等级	导线长度（km）	平均边长（km）	测角中误差（″）	测距中误差（mm）	测距相对中误差	测回数			方位角闭合差（″）	导线全长相对闭合差
						1″级仪器	2″级仪器	6″级仪器		
三等	14	3	1.8	20	1/150000	6	10	–	$3.6\sqrt{n}$	≤1/55000
四等	9	1.5	2.5	18	1/80000	4	6	–	$5\sqrt{n}$	≤1/35000
一级	4	0.5	5	15	1/30000	–	2	4	$10\sqrt{n}$	≤1/15000
二级	2.4	0.25	8	15	1/14000	–	1	3	$16\sqrt{n}$	≤1/10000
三级	1.2	0.1	12	15	1/7000	–	1	2	$24\sqrt{n}$	≤1/5000
图根	$\leq \alpha \times M$	—	30（一般） 20（首级）	—	—	—	—	1	$60\sqrt{n}$（一般） $40\sqrt{n}$（首级）	$\leq 1/(2000 \times \alpha)$

注：1. 表中 n 为测站数；M 为测区测图比例尺分母；α 为比例系数，一般为 1。

2. 当测区测图最大比例尺为 1∶1000 时，一、二、三级导线的全长和平均边长可放宽，但最长不超过表中规定的 2 倍。

2. 导线测量的外业工作

导线测量的外业工作包括踏勘选点及建立标志、量边、测角和测连接角，分述如下。

（1）踏勘选点及建立标志

选点前，应调查搜集测区已有地形图和至少高一等级控制点的成果资料，把控制点展绘在地形图上，然后在地形图上拟定导线的布设方案，最后到野外踏勘，实地核对、修改、落实点位和建立标志。如果测区没有地形图资料，则需详细踏勘现场，根据已知控制点的分布、测区地形条件及测图和施工需要等具体情况，合理地选定导线点的位置。

实地选点时应注意下列几点：

①相邻点间通视良好，地势较平坦，便于测角和量距。

②点位应选在土质坚实处，便于保存标志和安置仪器。

③视野开阔，便于施测碎部。

④导线各边的长度应大致相等。

⑤导线点应有足够的密度，分布较均匀，便于控制整个测区。

导线点选定后，要在每一点位上打一大木桩，其周围浇灌一圈混凝土，桩顶钉一小钉，作为临时性标志（图 5-4）；若导线点需要保存较长的时间，就要埋设混凝土桩或石桩，桩顶刻“+”字，作为永久性标志（图 5-5）。导线点应统一编号。为了便于寻找，应量出导线点与附近固定而明显的地物点的距离，绘一草图，注明尺寸，称为“点之记”（图 5-6）。

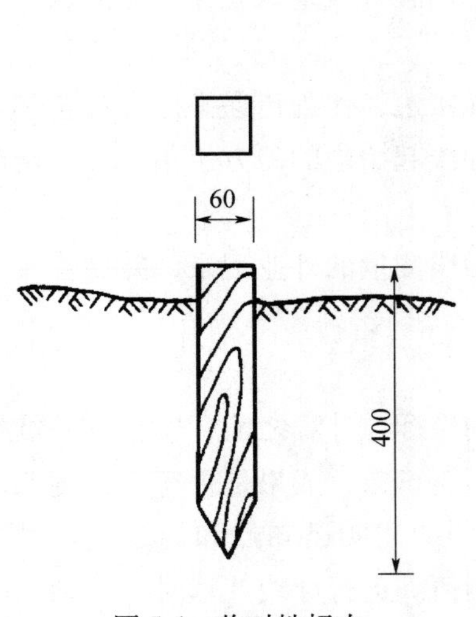

图 5-4 临时性标志

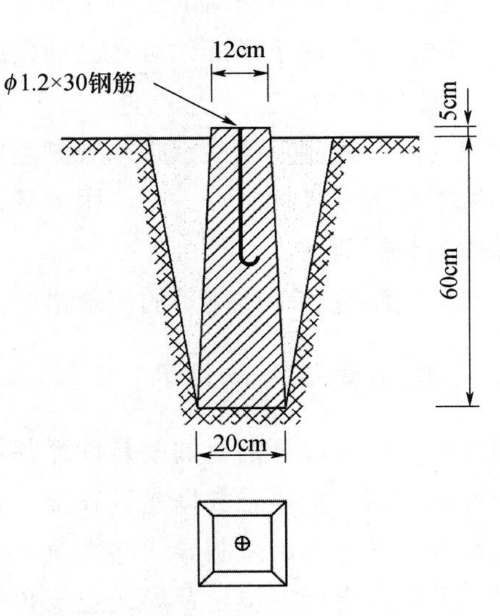

图 5-5 永久性标志

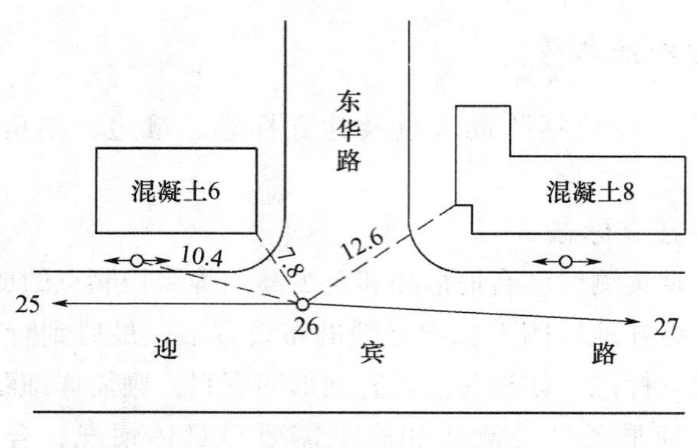

图5-6　点之记

（2）量边

导线边长可用光电测距仪测定，测量时要同时观测竖直角，供倾斜改正之用。若用钢尺丈量，钢尺必须经过检定。对于一、二、三级导线，应按钢尺量距的精密方法进行丈量。对于图根导线，用一般方法往、返丈量或同一方向丈量两次；当尺长改正数大于1/10000时，应加尺长改正；量距时平均尺温与检定时温度相差10℃时，应进行温度改正；尺面倾斜大于1.5%时，应进行倾斜改正；取其往返丈量的平均值作为成果，并要求其相对误差不大于1/3000。

（3）测角

用测回法施测导线左角（位于导线前进方向左侧的角）或右角（位于导线前进方向右侧的角）。一般在附合导线中，测量导线左角，在闭合导线中均测内角。若闭合导线按逆时针方向编号，则其左角就是内角。图根导线一般用 DJ_6 级光学经纬仪测一个测回。若盘左、盘右测得角值的较差不超过40″，则取其平均值。

测角时，为了便于瞄准，可在已埋设的标志上用觇牌或垂球架作为照准标志。

（4）测连接角

导线与高级控制点连接，必须观测连接角、连接边，作为传递坐标方位角和坐标之用。如果附近无高级控制点，则应用罗盘仪施测导线起始边的磁方位角，并假定起始点的坐标作为起算数据。

参照角度测量和距离测量的记录格式，做好导线测量的外业记录，并妥善保存。

3. 导线测量的内业计算

导线测量内业计算的目的就是计算各导线点的坐标。计算之前，应认真仔细检查导线测量外业记录，主要看数据是否齐全，有无记错、算错，成果是否符合精度要求，起算数据是否准确。然后绘制导线略图（图5-7），图中注明已知点和导线点点号、已知点坐标、已知边坐标方位角及导线边长和角度观测值。进行导线计算时，可利用电子计算器，计算在规定的表格中进行。内业计算中数字的取位，对于四等以下的小三角及导线，角值取至秒，边长及坐标取至毫米（mm）。

（1）附合导线坐标计算

现以图 5-7 为例说明附合导线坐标计算的步骤。

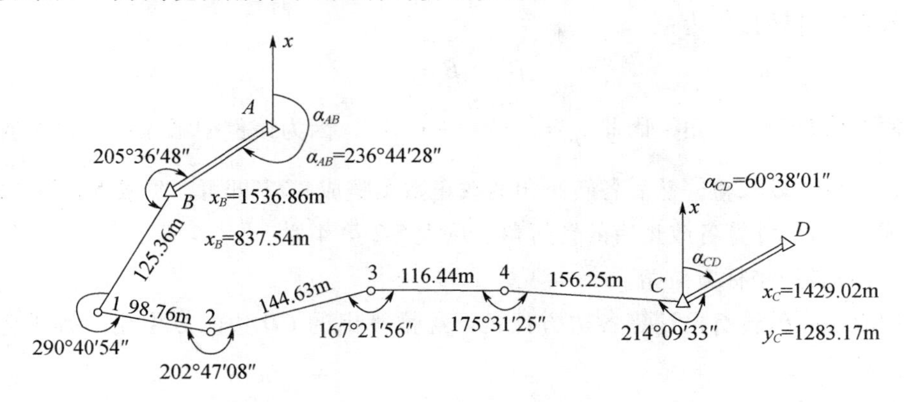

图 5-7　附合导线略图

1）计算坐标方位角闭合差并判断是否在限差内。

根据坐标方位角推算公式可知，根据导线起始边方位角和各转折角可以推断终边方位角，但由于实测的转折角不可避免地含有误差，导致其终边的推算值与其理论值（或已知值）不符，其差值称为导线方位角闭合差。各级导线方位角闭合差必须满足对应等级的容许值要求，否则应重新进行水平角观测。图 5-7 中根据 *AB* 边经各转折角推算至终边 *CD* 的方位角 α'_{CD} 为：

$$\alpha'_{CD} = \alpha_{AB} \mp n \times 180° \pm \sum \beta_{测} \tag{5-1}$$

式（5-1）中，导线转折角为左角则加左角，是右角则减右角，则方位角闭合差为：

$$f_\beta = \alpha'_{CD} - \alpha_{CD} = \alpha_{AB} \mp n \times 180° \pm \sum \beta_{测} - \alpha_{CD} \tag{5-2}$$

由此得附合导线的方位角闭合差计算公式为：

$$f_\beta = \alpha_{起始} \mp n \times 180° \pm \sum \beta_{测} - \alpha_{终边} \tag{5-3}$$

根据式（5-3）可得图 5-7 中附合导线的方位角闭合差为：

$$f_\beta = 236°44'28'' + 6 \times 180° - 1256°07'44'' - 60°38'01'' = -77''$$

$$f_{\beta\ 容许} = \pm 60\sqrt{n} = \pm 60\sqrt{6} \approx \pm 147''$$

因 $f_\beta < f_{\beta容许}$，所以各转折角观测符合精度要求，见表 5-1 辅助计算。

2）计算各转折角的改正数并计算改正后的各转折角。

当角度闭合差在容许范围内，如果观测的是左角，则将角度闭合差反号平均分配到各左角上；如果观测的是右角，则将角度闭合差同号平均分配到各右角上。

①角度改正数 v_β 计算，当观测角为左角时：

$$v_\beta = \frac{-f_\beta}{n} \tag{5-4}$$

观测角为右角时：

$$v_\beta = \frac{f_\beta}{n} \tag{5-5}$$

②改正后的转折角为：

$$\beta' = \beta + v_\beta \tag{5-6}$$

本例中转折角为右角，因此 $v_\beta = \frac{-77}{6} \approx -12.8''$，因为该例中测角精度达不到 0.1″，为了计算方便可以取整，然后各转折角的改正数凑整成 −77″即可，见表 5-2 第 3 栏。

按式（5-6）计算各改正后的转折角，见表 5-2 第 4 栏。

3）计算各边坐标方位角。

利用改正后的转折角计算各边方位角。经推算出的 *CD* 边的方位角应等于已知值，以作计算校核。

本例中：

$$\alpha_{B1} = \alpha_{AB} + 180° - \beta_1 = 236°44'28'' + 180° - 205°36'35'' = 211°07'53''$$

$$\alpha_{12} = \alpha_{B1} + 180° - \beta_2 = 211°07'53'' + 180° - 290°40'42'' = 100°27'11''$$

$$\cdots$$

$$\alpha_{CD} = \alpha_{4C} + 180° - \beta_6 = 94°47'21'' + 180° - 214°09'20'' = 60°38'01''$$

各边坐标方位角计算结果见表 5-2 第 5 栏。

4）计算各边的纵、横坐标增量。

根据各边的边长和方位角，利用式（5-7）计算各边的坐标增量：

$$\begin{aligned} \Delta x_i &= D_i \times \cos\alpha \\ \Delta y_i &= D_i \times \sin\alpha \end{aligned} \tag{5-7}$$

本例中 *B*1 边增量为：

$$\Delta x_{B1} = D_1 \times \cos\alpha_{B1} = 125.36 \times \cos 211°07'53'' = -107.31$$

$$\Delta y_{B1} = D_1 \times \sin\alpha_{B1} = 125.36 \times \sin 211°07'53'' = -64.81$$

其他各边的增量计算见表 5-2 第 7、8 栏。

5）计算纵、横坐标闭合差及导线全长闭合差并判断。

实际上，由于导线边长测量误差和角度闭合差调整后的残余误差，使得实际计算所得的 $\sum \Delta x_i$、$\sum \Delta y_i$ 不等于起始点与终止点的坐标差值（理论值），从而产生纵坐标增量闭合差 f_x 和横坐标增量闭合差 f_y，附合导线的纵、横坐标增量闭合差计算公式是：

$$\left.\begin{aligned} f_x &= \sum \Delta x_i - (x_{终} - x_{起}) \\ f_y &= \sum \Delta y_i - (y_{终} - y_{起}) \end{aligned}\right\} \tag{5-8}$$

导线全长闭合差：

$$f_D = \sqrt{f_x^2 + f_y^2} \tag{5-9}$$

导线全长相对闭合差：

$$K_D = \frac{f_D}{\sum D} = \frac{1}{N} \tag{5-10}$$

本例中：

$$f_x = \sum \Delta x_i - (x_{终} - x_{起}) = -108.03 - (1429.02 - 1536.86) = -0.19(\text{m})$$

$$f_y = \sum \Delta y_i - (y_{终} - y_{起}) = 445.74 - (1283.17 - 837.54) = +0.11(\text{m})$$

$$f_D = \sqrt{f_x^2 + f_y^2} = \sqrt{(-0.19)^2 + 0.11^2} = 0.22(\text{m})$$

$$K_D = \frac{f_D}{\sum D} = \frac{0.22}{641.44} = \frac{1}{2900} < \frac{1}{2000}$$

满足图根导线要求，见表5-2辅助计算。

6）计算各边的纵、横坐标增量的改正数并计算改正后的坐标增量。

调整的原则是将f_x、f_y反号，并按与边长成正比的原则，分配到各边对应的纵、横坐标增量中去。以$v_{\Delta xi}$、$v_{\Delta yi}$分别表示第i边的纵、横坐标增量改正数，即：

$$\left.\begin{aligned} v_{\Delta xi} &= -\frac{f_x}{\sum D} \times D_i \\ v_{\Delta yi} &= -\frac{f_y}{\sum D} \times D_i \end{aligned}\right\} \tag{5-11}$$

改正后的各边的坐标增量为：

$$\left.\begin{aligned} \Delta x_{i改} &= \Delta x_i + v_{\Delta xi} \\ \Delta y_{i改} &= \Delta y_i + v_{\Delta yi} \end{aligned}\right\} \tag{5-12}$$

注意：改正后各边坐标增量之和应等于终点坐标与起始点坐标之差，以此作为计算检核。

本例中$B1$边增量改正值为：

$$\left.\begin{aligned} v_{\Delta x1} &= -\frac{f_x}{\sum D} \times D_1 = -\frac{-0.19}{641.44} \times 125.36 = +0.04(\text{m}) \\ v_{\Delta y1} &= -\frac{f_y}{\sum D} \times D_1 = -\frac{+0.11}{641.44} \times 125.36 = -0.02(\text{m}) \end{aligned}\right\}$$

$B1$边改正后的坐标增量值为：

$$\left.\begin{aligned} \Delta x_{1改} &= \Delta x_1 + v_{\Delta x1} = -107.31 + 0.04 = -107.27(\text{m}) \\ \Delta y_{1改} &= \Delta y_1 + v_{\Delta y1} = -64.81 - 0.02 = -64.83(\text{m}) \end{aligned}\right\}$$

依次计算各边的增量改正数和改正后的坐标增量，见表5-2第7、8、9、10栏。

7）计算各点的坐标。

$$\left.\begin{aligned} x_i &= x_{i-1} + \Delta x_{i改} \\ y_i &= y_{i-1} + \Delta y_{i改} \end{aligned}\right\} \tag{5-13}$$

按式（5-13）依次计算各导线点的坐标，见表5-2第11、12栏。

注意：以起始点推算的终点坐标要与终点坐标的已知值相等，作为检核。

（2）闭合导线坐标计算

闭合导线的坐标计算步骤与附合导线一致，具体计算大体相同，但由于两者图形条件不同，因此两者的计算有两处不同之处：

1）角度闭合差计算公式及分配原则不同。闭合导线是一个由各导线点组成的多边形，而多边形的内角和理论值为：

$$\sum \beta_{理} = (n-2) \times 180° \tag{5-14}$$

因此，闭合导线的角度闭合差计算公式为：

$$f_\beta = \sum \beta_{测} - \sum \beta_{理} = \sum \beta_{测} - (n-2) \times 180° \tag{5-15}$$

而且，闭合导线的角度闭合差调整的原则是将角度闭合差反号按转折角的个数平均分配，不分左右角。改正后的内角和应为$(n-2)\times180°$，以作计算校核。

2）纵、横坐标增量闭合差计算公式不同。闭合导线的起始点和终止点是同一点，因此根据式（5-8），可得闭合导线的坐标增量闭合差计算公式：

$$\left.\begin{aligned} f_x &= \sum \Delta x_i \\ f_y &= \sum \Delta y_i \end{aligned}\right\} \tag{5-16}$$

如图5-8所示，已知数据及观测数据见图，试计算未知点1、2、3、4、5的坐标。

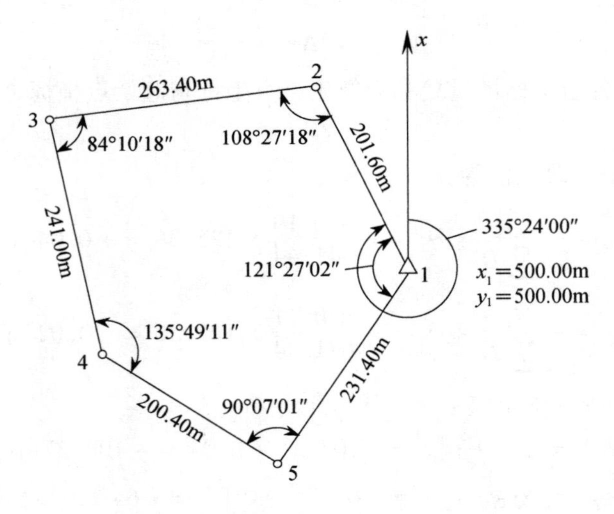

图5-8　闭合导线略图

将推算出的各导线点坐标，填入表5-3中的第11、12栏内。最后还应再次推算起始点1的坐标，其值应与原有的已知值相等，以作为计算检核。

表 5-2　附合导线坐标计算表（一）

点号	观测角（右角）(° ′ ″)	改正数 (″)	改正后的角度 (° ′ ″)	坐标方位角 α (° ′ ″)	距离 D (m)	增量计算值 Δx (m)	增量计算值 Δy (m)	改正后增量 Δx (m)	改正后增量 Δy (m)	坐标值 x (m)	坐标值 y (m)	点号
1	2	3	4 = 2 + 3	5	6	7	8	9	10	11	12	13
A				236 44 28								A
B	205 36 48	-13	205 36 35	211 07 53	125.36	+4 -107.31	-2 -64.81	-107.27	-64.83	1536.86	837.54	B
1	290 40 54	-12	290 40 42	100 27 11	98.76	+3 -17.92	-2 +97.12	-17.89	+97.10	1429.59	772.71	1
2	202 47 08	-13	202 46 55	77 40 16	144.63	+4 +30.88	-2 +141.29	+30.92	+141.27	1411.70	869.81	2
3	167 21 56	-13	167 21 43	90 18 33	116.44	+3 -0.63	-2 +116.44	-0.60	+116.42	1442.62	1011.08	3
4	175 31 25	-13	175 31 12	94 47 21	156.25	+5 -13.05	-3 +155.70	-13.00	+155.67	1442.02	1127.50	4
C	214 09 33	-13	214 09 20	60 38 01						1429.02	1283.17	C
D												D
$\sum$	1256 07 44	-77	1256 06 25		641.44	-108.03	+445.74	-107.84	+445.63			

辅助计算

$f_\beta = 236°44'28'' + 6 \times 180° - 1256°07'44'' - 60°38'01'' = -77''$

$f_{\beta容许} = \pm 60\sqrt{n} = \pm 60\sqrt{6} \approx \pm 147''$

$f_x = \sum \Delta x_i - (X_C - X_B) = -108.03 - (1429.02 - 1536.86) = -0.19(\text{m})$　　$f_y = \sum \Delta y_i - (Y_C - Y_B) = 445.74 - (1283.17 - 837.54) = +0.11(\text{m})$

$f_D = \sqrt{f_x^2 + f_y^2} = \sqrt{(-0.19)^2 + 0.11^2} = 0.22(\text{m})$　　$K_D = \frac{1}{\sum D/f_D} = \frac{1}{2900} < \frac{1}{2000}$

表 5-3　闭合导线坐标计算表（二）

点号	观测角（左角）(° ′ ″)	改正数 (″)	改正后的角度 (° ′ ″)	坐标方位角 α (° ′ ″)	距离 D (m)	增量计算值 Δx (m)	增量计算值 Δy (m)	改正后增量 Δx (m)	改正后增量 Δy (m)	坐标值 x (m)	坐标值 y (m)	点号
1	2	3	4 = 2 + 3	5	6	7	8	9	10	11	12	13
1										500.00	500.00	1
				335 24 00	201.60	+5 +183.30	+2 −83.92	+183.35	−83.90			
2	108 27 18	−10	108 27 08							683.35	416.10	2
				263 51 08	263.40	+7 −28.21	+2 −261.89	−28.14	−261.87			
3	84 10 18	−10	84 10 08							655.21	154.23	3
				168 01 16	241.00	+7 −235.75	+2 +50.02	−235.68	+50.04			
4	135 49 11	−10	135 49 01							419.53	204.27	4
				123 50 17	200.40	+5 −111.59	+1 +166.46	−111.54	+166.47			
5	90 07 01	−10	90 06 51							307.99	370.74	5
				33 57 08	231.40	+6 +191.95	+2 +129.24	+192.01	+129.26			
1	121 27 02	−10	121 26 52							500.00	500.00	1
				335 24 00								
2												
∑	540 00 50	−50	540 00 00		1137.80	−0.30	−0.09	0	0			

辅助计算

$f_\beta = \sum \beta_{测} - (n-2)\times 180° = 540°00'50'' - 540° = +50''$

$f_{\beta 容许} = \pm 60\sqrt{n} = \pm 60\sqrt{5} \approx \pm 134''$

$f_\beta < f_{\beta容许}$，合格

$f_x = \sum \Delta x_i = -0.30\text{m}$

$f_y = \sum \Delta y_i = -0.09\text{m}$

$f_D = \sqrt{f_x^2 + f_y^2} = \sqrt{(0.30)^2 + (0.09)^2} = 0.31(\text{m})$

$K_D = \dfrac{1}{\sum D/f_D} = \dfrac{1}{3600} < \dfrac{1}{2000}$，合格。

（3）支导线坐标计算

支导线没有图形检核条件，为了提高精度和杜绝粗差，实际使用时可左、右角同时测量，对向观测各导线边，施测与计算时必须十分仔细。

现以图 5-9 所示支导线为例说明计算过程。图中 AB 为已知边，点 1、2 为新建支导线点。已知起算数据：$X_A=664.20\text{m}$，$Y_A=213.30\text{m}$，$X_B=864.22\text{m}$，$Y_B=413.35\text{m}$。观测数据：转折角 $\beta_B=212°00'10''$、$\beta_1=162°15'30''$。边长 $D_{B1}=297.26\text{m}$，$D_{12}=187.82\text{m}$。未知点 1、2 坐标。

计算步骤如下：

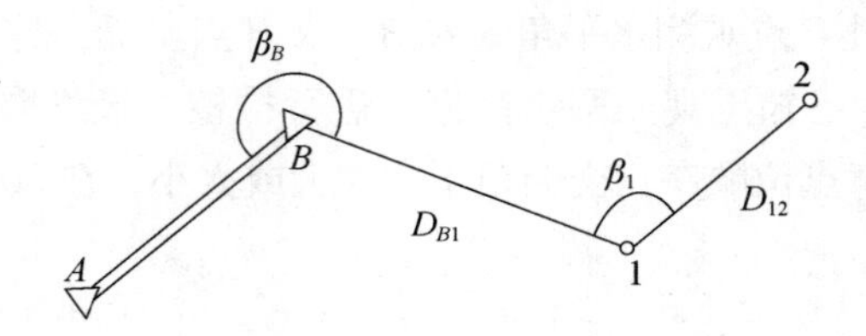

图 5-9　支导线略图

1）推算各边方向角，根据坐标方位角推算公式左加右减原则，求得支导线各边的方位角：

$$\alpha_{AB}=\arctan\left|\frac{(Y_B-Y_A)}{(X_B-X_A)}\right|=\arctan|(413.35-213.30)/(864.22-664.20)|$$

$$=45°00'15''$$

$$\alpha_{B1}=\alpha_{AB}-180°+\beta_B=45°00'15''-180°+212°00'10''=77°00'25''$$

$$\alpha_{12}=\alpha_{B1}-180°+\beta_1=77°00'25''-180°+162°15'30''=59°15'55''$$

2）计算各边坐标增量，根据坐标增量计算公式（5-7），求得支导线各边的坐标增量：

$$\Delta x_{B1}=D_{B1}\times\cos\alpha_{B1}=297.26\times\cos77°00'25''=+66.83(\text{m})$$

$$\Delta y_{B1}=D_{B1}\times\sin\alpha_{B1}=297.26\times\sin77°00'25''=+289.65(\text{m})$$

$$\Delta x_{12}=D_{12}\times\cos\alpha_{12}=187.82\times\cos59°15'55''=+95.99(\text{m})$$

$$\Delta y_{12}=D_{12}\times\sin\alpha_{12}=187.82\times\sin59°15'55''=+161.44(\text{m})$$

3）推算各点坐标，根据坐标增量计算公式（5-8），求得支导线各点的坐标：

$$x_1=x_B+D_{B1}\times\cos\alpha_{B1}=864.22+66.83=931.05(\text{m})$$

$$y_1=y_B+D_{B1}\times\sin\alpha_{B1}=413.35+289.65=703.00(\text{m})$$

$$x_2=x_1+D_{12}\times\cos\alpha_{12}=931.05+95.99=1027.04(\text{m})$$

$$y_2=y_1+D_{12}\times\sin\alpha_{12}=703.00+161.44=864.44(\text{m})$$

二、交会测量

小地区平面控制网的布设和加密主要采用本章第一节介绍的导线测量的方法，当测量控制点的密度仍不能满足测量的需要时，可以采用交会测量的方式加密少量控制点，不需组网，只需从控制点出发交会一些单点点位，比支导线精度高。这种方法在工程测量中也有用途。

交会法分为角度交会和距离交会，其中，角度交会又分为前方交会、后方交会和侧方交会，现只介绍前两种。

1. 前方交会

前方交会是一种角度交会求未知点坐标的方法。如图 5-10 所示，在已知点 A、B 处分别架设经纬仪或全站仪对 P 点观测水平角 α 和 β，求 P 点坐标，称为前方交会。为了检核 P 点精度，可以利用三个已知点观测两组数据，进行检核，最终取平均值作为 P 点坐标。特别注意：计算时应注意点位顺序；交会角不宜太大或太小，在 30°～150°之间为宜。

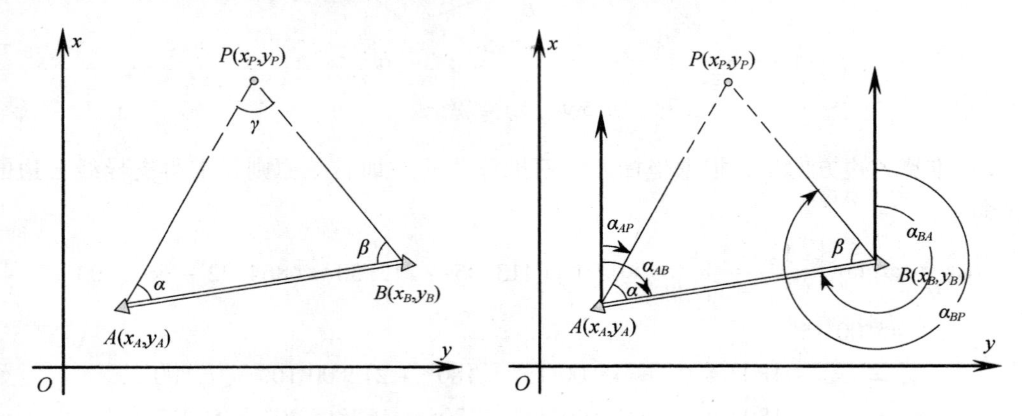

图 5-10　角度前方交会

（1）前方交会计算公式

$$\left.\begin{aligned} x_P &= \frac{x_A\cot\beta + x_B\cot\alpha - y_A + y_B}{\cot\alpha + \cot\beta} \\ y_P &= \frac{y_A\cot\beta + y_B\cot\alpha + x_A - x_B}{\cot\alpha + \cot\beta} \end{aligned}\right\} \tag{5-17}$$

式中，$\cot\alpha = 1/\tan\alpha$，$\cot\beta = 1/\tan\beta$。

（2）角度前方交会的观测检核

在实际测量工作中，最好用三点前方交会，不但可以防止由于点位顺序弄错而出错，也可以提高所测点的精度。

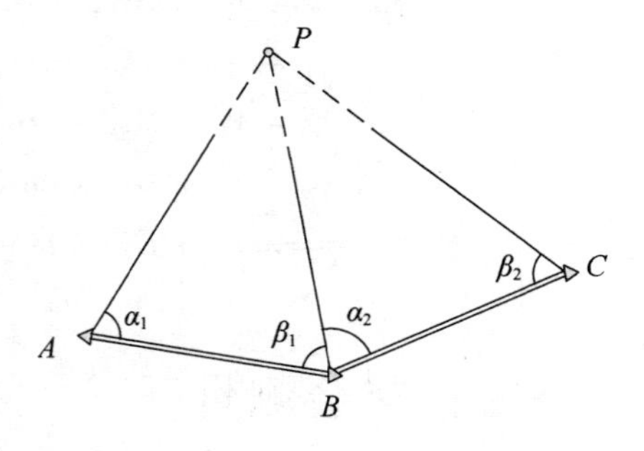

图 5-11　三点前方交会

如图 5-11 所示，从三个已知点 A、B、C 分别向 P 点观测水平角 α_1、β_1、α_2、β_2，作两组前方交会。按式（5-17），分别在△ABP 和△BCP 中计算出 P 点的两组坐标P'（x'_P、y'_P）和 P''（x''_P，y''_P）。当两组坐标较差符合规定要求时，取其平均值作为 P 点的最后

坐标。

（3）三点前方交会计算实例

表 5-4 为利用 A、B、C 三点前方交会求待定点 P 的计算实例。

表 5-4　三点角度前方交会计算实例

<table>
<tr><td rowspan="8">略图</td><td rowspan="8"></td><td></td><td>点号</td><td>x（m）</td><td>y（m）</td></tr>
<tr><td rowspan="3">已知数据</td><td>A</td><td>116. 942</td><td>683. 295</td></tr>
<tr><td>B</td><td>522. 909</td><td>794. 647</td></tr>
<tr><td>C</td><td>781. 305</td><td>435. 018</td></tr>
<tr><td rowspan="4">观测数据</td><td>α_1</td><td colspan="2">59°10′42″</td></tr>
<tr><td>β_1</td><td colspan="2">56°32′54″</td></tr>
<tr><td>α_2</td><td colspan="2">53°48′45″</td></tr>
<tr><td>β_2</td><td colspan="2">57°33′33″</td></tr>
<tr><td>计算结果</td><td colspan="5">（1）由Ⅰ计算得：$X'_P = 398.151\text{m}$，$Y'_P = 413.249\text{m}$
（2）由Ⅱ计算得：$X''_P = 398.127\text{m}$，$Y''_P = 413.215\text{m}$
（3）两组坐标较差：
$e = \sqrt{\delta_x^2 + \delta_y^2} = 0.042$（m）$\leqslant e_{容} = 2 \times 0.1 \times 1000 = 0.2$（m）
（4）P 点最后坐标为：$X_P = 398.139\text{m}$，$Y_P = 413.215\text{m}$</td></tr>
</table>

2. 后方交会

如图 5-12 所示，从待定点 P 设站向三个已知点 A、B、C 观测水平角 α、β、γ，计算 P 点坐标的方法称为后方交会。后方交会将测站设置在待定点上，即使已知点之间不通视，只要保证待定点与各已知点之间通视即可求出待定点的位置。

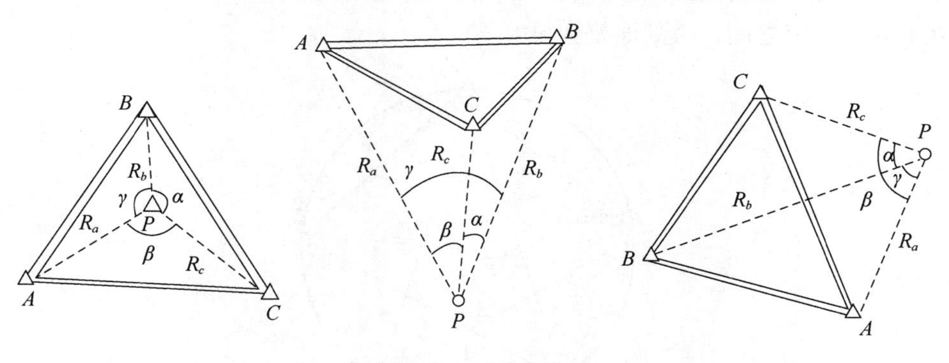

图 5-12　后方交会

（1）计算公式

式（5-18）的计算形式与广义算术平均值的计算式相同，因此得名仿权公式。如图 5-12 所示，$\angle A$、$\angle B$、$\angle C$ 为三个已知点构成的三角形的三个内角，α、β、γ 为未知点 P 上的三个观测的水平角，不论 P 点在什么位置，应满足下面要求：

$$\alpha = \alpha_{PC} - \alpha_{PB}$$
$$\beta = \beta_{PA} - \beta_{PC}$$
$$\gamma = \gamma_{PB} - \gamma_{PA}$$

通过上述几个公式可知，图 5-12 中后面两种情况，α、β 应取负值。

1）后方交会仿权公式：

$$\left.\begin{aligned} x_P &= \frac{P_A \times x_A + P_B \times x_B + P_C \times x_C}{P_A + P_B + P_C} \\ y_P &= \frac{P_A \times y_A + P_B \times y_B + P_C \times y_C}{P_A + P_B + P_C} \end{aligned}\right\} \quad (5\text{-}18)$$

上式中，$\angle A = \alpha_{AC} - \alpha_{AB}$；$\angle B = \alpha_{BC} - \alpha_{BA}$；$\angle C = \alpha_{CB} - \alpha_{CA}$。

$$P_A = \frac{1}{\cot A - \cot\alpha} = \frac{\tan\alpha \tan A}{\tan\alpha - \tan A}$$
$$P_B = \frac{1}{\cot B - \cot\beta} = \frac{\tan\beta \tan B}{\tan\beta - \tan B}$$
$$P_C = \frac{1}{\cot C - \cot\gamma} = \frac{\tan\gamma \tan C}{\tan\gamma - \tan C}$$

后方交会仿权公式中的坐标反算较多，适宜使用电子计算机和可编程计算器进行运算。

2）后方交会的危险圆

使用后方交会求未知点位置时，一定要注意危险圆。如图 5-13 所示，当待定点在三个已知点 A、B、C 的外接圆上时，无论 P 点在该圆的任何位置，γ_1、γ_2 均不变，因此 P 点无解。此圆称为危险圆。旋转 P 点的位置时，应使交会角 γ_1、γ_2 和固定角 ρ 之和不在 160°～180°之间，否则误差会很大。

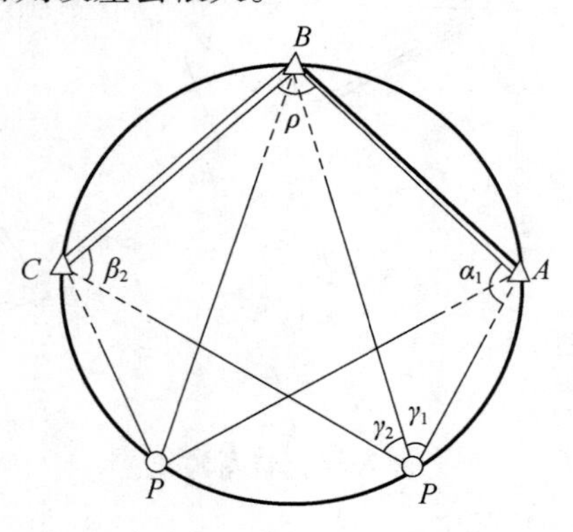

图 5-13　后方交会危险圆

（2）后方交会计算实例

表 5-5 为利用 A、B、C 三点后方交会求待定点 P 的计算实例。

表 5-5　三点角度后方交会计算实例

略图		点号	x（m）	y（m）
	已知数据	A	2858.06	6860.08
		B	4374.87	6564.14
		C	5144.96	6083.07
	观测数据	α	118°58′18″	
		β	204°37′22″	
		γ	36°24′20″	

x_A-x_B	-1516.81	y_A-y_B	295.94	α_{BA}	168°57′35.7″
x_B-x_C	-770.09	y_B-y_C	481.07	α_{CB}	148°00′27.0″
x_A-x_C	-2286.90	y_A-y_C	777.01	α_{CA}	161°44′03.0″
A	7°43′32.7″	P_A	0.126185	x_P	4657.78
B	159°02′51.3″	P_B	-0.208617	y_P	6074.26
C	13°13′36.0″	P_C	0.345003		

现在常用的全站仪都具有后方交会的程序功能，操作非常方便，省去了烦琐的计算过程。在测站上安置仪器，用 2 ~ 7 个已知点的坐标和这些点的测量数据计算新坐标。需要注意的是，测定 2 个或更多的已知点，已知点的最大夹角不能超过 180°。测站点坐标按最小二乘法解算（当使用距离测量作后方交会时，若只观测 2 个已知点，则无须作最小二乘法计算）。

3. 距离交会

如图 5-14 所示，A、B 为已知控制点，P 为待定点，测量了边长 D_{AP} 和 D_{BP}，根据 A、B 点的已知坐标及边长 D_{AP} 和 D_{BP}，通过计算求出 P 点坐标，这就是距离交会。随着电磁波测距仪的普及，距离交会也成为加密控制点的一种常用方法。

（1）距离交会的计算方法

1）根据已知点 A、B 的坐标，按坐标反算公式计算边长 D_{AB} 和坐标方位角 α_{AB}。

2）计算 $\angle BAP$ 和 $\angle ABP$。按三角形余弦定理，得：

$$
\left.\begin{aligned}
\angle BAP &= \arccos \frac{D_{AB}^2 + D_{AP}^2 - D_{BP}^2}{2D_{AB}D_{AP}} \\
\angle ABP &= \arccos \frac{D_{AB}^2 + D_{BP}^2 - D_{AP}^2}{2D_{AB}D_{BP}}
\end{aligned}\right\} \tag{5-19}
$$

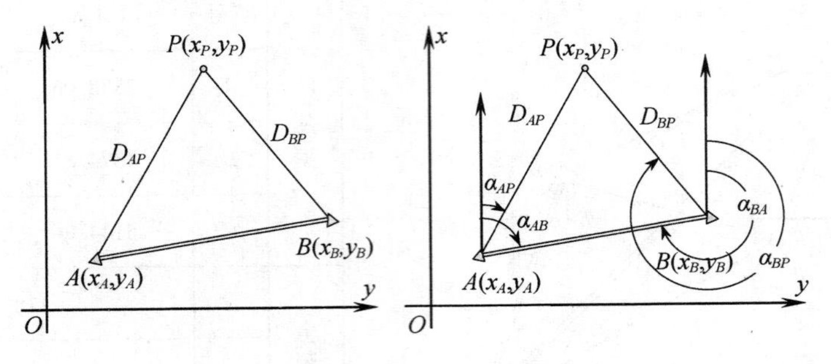

图 5-14　距离交会

3）计算待定边 AP、BP 的坐标方位角。

$$
\left.\begin{aligned}
\alpha_{AP} &= \alpha_{AB} - \angle BAP \\
\alpha_{BP} &= \alpha_{BA} + \angle ABP
\end{aligned}\right\} \tag{5-20}
$$

4）计算待定点 P 的坐标。

$$
\left.\begin{aligned}
x'_P &= x_A + D_{AP}\cos\alpha_{AP} \\
y'_P &= y_A + D_{AP}\sin\alpha_{AP} \\
x''_P &= x_B + D_{BP}\cos\alpha_{BP} \\
y''_P &= y_B + D_{BP}\sin\alpha_{BP}
\end{aligned}\right\} \tag{5-21}
$$

以上两组坐标分别由 A、B 点推算，所得结果应相同，可作为计算的检核。

（2）距离交会的观测检核

在实际工作中，为了保证定点的精度，避免边长测量错误的发生，一般要求从三个已知点 A、B、C 分别向 P 点测量三段水平距离 D_{AP}、D_{BP}、D_{CP}，作两组距离交会。计算出 P 点的两组坐标，当两组坐标较差满足要求时，取其平均值作为 P 点的最后坐标。

（3）距离交会计算实例

表 5-6 演示了利用 A、B、C 三点距离交会求待定点 P 的过程。

表 5-6　距离交会坐标计算表

略图						
略图	P, A, B, C, D_{AP}, D_{BP}, D_{CP}	已知数据（m）	X_A	1807.041	Y_A	719.853
			X_B	1646.382	Y_B	830.660
			X_C	1765.500	Y_C	998.650
		观测值（m）	D_{AP}	105.983	D_{BP}	159.648
			D_{CP}	177.491		

续表

D_{AP}与D_{BP}交会				D_{BP}与D_{CP}交会			
D_{AB}（m）		195.165		D_{BC}（m）		205.936	
α_{AB}		145°24′21″		α_{BC}		54°39′37″	
∠BAP		54°49′11″		∠CBP		56°23′37″	
α_{AP}		90°35′10″		α_{BP}		358°16′00″	
ΔX_{AP}（m）	-1.084	ΔY_{AP}/m	105.977	ΔX_{BP}/m	159.575	ΔY_{BP}/m	-4.829
X'_P（m）	1805.957	Y'_P/m	825.830	X''_P/m	1805.957	Y''_P/m	825.831
X_P/m		1805.957		Y_P/m		825.830	

第二节　高程控制测量

高程控制网的建立主要是利用水准测量的方法，布设的原则类似于平面控制网，也是由高级到低级，从整体到局部。测区的高程系统，宜采用1985国家高程基准。在已有高程控制网的地区测量时，可沿用原有的高程系统；当小测区联测有困难时，可采用假定高程系统。高程控制点间的距离，一般地区应为1~3km，工业厂区、城镇建筑区宜小于1km，单个测区及周围至少应有3个高程控制点。高程控制测量精度等级的划分，依次为二、三、四、五等。各等级高程控制宜采用水准测量，四等及以下等级可采用电磁波测距三角高程测量，五等也可采用GPS拟合高程测量。水准测量的主要技术指标见表5-7。

表5-7　水准测量的主要技术要求

等级	每千米高差全中误差（mm）	路线长度（km）	水准仪型号	水准尺	观测次数		往返较差、附合或环线闭合差	
					与已知点联测	附合或环线	平地（mm）	山地（mm）
二等	±2	—	DS_1	因瓦	往返各一次	往返各一次	$\pm4\sqrt{L}$	—
三等	±6	≤50	DS_1	因瓦	往返各一次	往返各一次	$\pm12\sqrt{L}$	$\pm4\sqrt{n}$
			DS_3	双面		往返各一次		
四等	±10	≤16	DS_3	双面	往返各一次	往一次	$\pm20\sqrt{L}$	$\pm6\sqrt{n}$
五等	±15	—	DS_3	单面	往返各一次	往一次	$\pm30\sqrt{L}$	—

注：L为往返测段、附合或环线的水准路线长度（km）；n为测站数。

建筑工程施工区域的高程控制测量首先布设三等或四等水准测量作为首级控制网，然后利用普通水准测量进行加密。

一、三、四等水准测量

1. 三、四等水准测量的技术要求

(1) 三、四等水准测量布设原则及其精度

三、四等水准网是在一、二等水准网的基础上进一步加密，根据需要在高等级水准网内布设附合路线、环线或结点网，直接提供地形测图和各种工程建设所必需的高程控制点。

单独的三等水准附合路线，长度不应超过150km，环线周长应不超过200km，同级网中结点间距离应不超过70km。

新设的水准路线的起点与终点，应是已测的高等或者同等水准路线的水准点，新设的三、四等水准路线距已测的各等水准点在4km以内时，应予以联测或接测，对已测路线上水准点的接测，按新测路线和已测水准路线中较低等级的精度要求施测。

三、四等水准路线一般沿道路布设，尽量避开土质松软地段，水准点间的间距一般为2~4km，在城市建筑区为1~2km，水准点应选在地基稳固，能长久保存和便于观测的地点。三、四等水准观测的主要技术要求参见表5-8。

表5-8　三、四等水准观测技术指标

等级	水准仪	视线长度（m）	前后视距差（m）	前后视距累积差（m）	视线高度	基、辅分划或黑、红面读数之差（mm）	黑、红面高差之差（mm）
三	DS_1	100	3	6	三丝能读数	1.0	1.5
	DS_3	75				2.0	3.0
四	DS_3	100	5	10	三丝能读数	3	5

注：1. 三、四等水准采用变动仪器高度观测单面水准尺时，所测两次高差较差，应与黑面、红面所测高差之差的要求相同；

2. 数字水准仪观测，不受基、辅分划或黑、红面读数较差指标的限制，但测站两次观测的高差较差，应满足表中相应等级基、辅分划或黑、红面所测高差较差的限值。

当两次观测高差较差超限时应重测，当三等水准测量与国家水准点附合时，高山地区除应进行正常水准面不平行修正外，还应进行其重力异常的归算修正；各等级水准网，应按最小二乘法进行平差并计算每千米高差全中误差。

三、四、五等水准测量的结果应精确至毫米位。

(2) 水准路线的选择和水准标石的埋设

主要包括以下几方面工作：

1) 图上设计。

在收集有关资料和充分了解测区情况的前提下，根据建设目标在地形图上进行各等级

水准路线的设计和拟订计划。为了使观测少受外界干扰，水准路线应避免通过大城市、大火车站等繁闹地区，还要尽量避免跨过湖泊、沼泽、山谷、较宽的河流及其他障碍物等。

2）实地选线和选点。

图上设计完成后，按图上设计的路线进行实地选点，以确定水准点的位置。水准点位置的选择应能保证埋设的标石稳定、安全和长久保存，并便于 GPS 和水准观测使用。

3）标石埋设。

水准标石分为基岩水准标石、基本水准标石和普通水准标石三种。三、四等水准测量标石的埋设可参考《工程测量规范》（GB 50026—2007）、《国家三、四等水准测量规范》（GB/T 12898—2009）等规范要求。

2. 三、四等水准测量的施测方法

接下来以双面尺法介绍三、四等水准测量的施测流程。

（1）三、四等水准测量一个测站的观测顺序

三、四等水准测量的观测应在通视良好、望远镜成像清晰、稳定的情况下进行。一个测站上的观测程序简称“后—前—前—后”或“黑—黑—红—红”。四等水准测量也可采用“后—后—前—前”或“黑—红—黑—红”的观测程序。

以表 5-9 为例，介绍使用自动安平水准仪，用双面水准尺法在一个测站上的观测程序（后—前—前—后）。

1）在测站上安置仪器，使圆水准器气泡居中，后视水准尺黑面，用上下视距丝读数，记入记录表中的（1）、（2），用中丝读数，记入表中（3）。

2）前视水准尺黑面，用上下视距丝读数，记入表中（4）、（5），用中丝读数，记入表中（6）。

3）前视水准尺红面，用中丝读数，记入表中（7）。

4）后视水准尺红面，用中丝读数，记入表中（8）。

（2）三、四等水准测量一个测站的计算、检核。

1）视距计算

①根据前、后视的上、下视距丝读数计算前、后视的视距：

后视距离　　$(9)=100\times|(1)-(2)|$

前视距离　　$(10)=100\times|(4)-(5)|$

②计算前、后视视距差（11）：

$$(11)=(9)-(10)$$

③计算前、后视距离累积差（12）：

$$(12)=\text{上站}(12)+\text{本站}(11)$$

2）水准尺读数检核

对同一根水准尺黑面和红面读数差的检核：

$$(13)=(6)+K-(7)$$

$$(14) = (3) + K - (8)$$

K 为双面水准尺的红面分划与黑面分划的零点差（常数4687mm 和4787mm），测量时应加以区分。

3）高差计算与检核

按前、后视水准尺红、黑面中丝读数分别计算该站高差：

①黑面高差（15）=(3)-(6)

②红面高差（16）=(8)-(7)

③红、黑面高差之差（17）=(15)-(16)±0.1=(14)-(13)

红、黑面高差之差在容许范围以内，取其平均值，作为该站的观测高差：

④（18）=[(15)+(16)±0.1]/2

4）每页水准测量记录计算检核

①高差检核：

$$\sum(3) - \sum(6) = \sum(15)$$

$$\sum(8) - \sum(7) = \sum(16)$$

测段测站数为偶数时：

$$\sum(15) + \sum(16) = 2\sum(18)$$

测段测站数为奇数时：

$$\sum(15) + \sum(16) = 2\sum(18) \pm 0.1$$

②视距差检核：$\sum(9) - \sum(10)$ = 本页末站（12）－前页末站（12）

③本页总视距应等于 $\sum(9) + \sum(10)$。

相关计算见表5-9。

表5-9　三、四等水准测量记录表

<table>
<tr><td rowspan="4">测站编号</td><td rowspan="4">点号</td><td rowspan="2">后尺</td><td>上丝</td><td rowspan="2">前尺</td><td>上丝</td><td rowspan="4">方向及尺号</td><td colspan="2" rowspan="2">水准尺读数</td><td rowspan="4">K+黑－红（mm）</td><td rowspan="4">高差中数（m）</td></tr>
<tr><td>下丝</td><td>下丝</td></tr>
<tr><td colspan="2">后距</td><td colspan="2">前距</td><td rowspan="2">黑面</td><td rowspan="2">红面</td></tr>
<tr><td colspan="2">视距差</td><td colspan="2">累积差</td></tr>
<tr><td rowspan="4"></td><td rowspan="4"></td><td colspan="2">(1)</td><td colspan="2">(4)</td><td>后</td><td>(3)</td><td>(8)</td><td>(14)</td><td rowspan="4">(18)</td></tr>
<tr><td colspan="2">(2)</td><td colspan="2">(5)</td><td>前</td><td>(6)</td><td>(7)</td><td>(13)</td></tr>
<tr><td colspan="2">(9)</td><td colspan="2">(10)</td><td>后—前</td><td>(15)</td><td>(16)</td><td>(17)</td></tr>
<tr><td colspan="2">(11)</td><td colspan="2">(12)</td><td colspan="4"></td></tr>
<tr><td rowspan="4">1</td><td rowspan="4">$A_1 - TP_1$</td><td colspan="2">1.138</td><td colspan="2">2.403</td><td>后1</td><td>1.081</td><td>5.867</td><td>+1</td><td rowspan="4">−1.2670</td></tr>
<tr><td colspan="2">1.028</td><td colspan="2">2.291</td><td>前2</td><td>2.348</td><td>7.034</td><td>+1</td></tr>
<tr><td colspan="2">11.0</td><td colspan="2">11.2</td><td>后—前</td><td>−1.267</td><td>−1.167</td><td>0</td></tr>
<tr><td colspan="2">−0.2</td><td colspan="2">−0.2</td><td colspan="4"></td></tr>
</table>

续表

测站编号	点号	后尺 上丝	前尺 上丝	方向及尺号	水准尺读数		K + 黑 - 红 (mm)	高差中数 (m)
		后尺 下丝	前尺 下丝		黑面	红面		
		后距	前距					
		视距差	累积差					
2	TP_1-TP_2	0.700	2.256	后 2	0.657	5.344	0	-1.5555
		0.613	2.167	前 1	2.212	7.000	-1	
		8.7	8.9	后—前	-1.555	-1.656	+1	
		-0.2	-0.4					
3	TP_2-TP_3	1.055	1.490	后 1	0.941	5.728	0	-0.4255
		0.828	1.243	前 2	1.367	6.053	+1	
		22.7	24.7	后—前	-0.426	-0.325	-1	
		-2.0	-2.4					
4	TP_3-A_2	1.420	1.460	后 2	1.338	6.024	+1	-0.0405
		1.256	1.295	前 1	1.378	6.165	0	
		16.4	16.5	后—前	-0.040	-0.141	+1	
		-0.1	-2.5					
计算检核	后视距之和：58.8 前视距之和：61.3 视距累积差：-2.5 测站总数：4 视距总和：120.1				所有后视读数之和：26.980 所有前视读数之和：33.557 所有黑面高差之和：-3.288 所有红面高差之和：-3.289 所有高差中数之和：-3.2885			

3. 三、四等水准测量成果整理与计算

三、四等水准测量的闭合线路或附合线路的成果整理应按以下步骤进行：

（1）整理数据观测记录

按照表 5-9 的各项要求，对每页观测记录进行以下检核：前后视距差、前后视距累积差、黑红面读数差及高差、高差中数，确保计算无误。

（2）各测段往返高差检核

如果要求各测段进行往返测量，应按表 5-8 的要求，进行各测段往返高差的检核。如果在误差容许范围内，则测段高差取往返测的平均值。不需往返测的，如四等水准测量，不需进行此步骤。

（3）绘制水准测量线路示意图

将起算数据（已知点高程值）、各测段高差、各测段测站数或距离标注在图上，并仔细检核有无抄写错误。

（4）按照前面所讲的水准路线成果计算的步骤进行计算

1）求水准线路的高差闭合差并进行精度判断；

2）将高差反号按照测段的长度或测站数的多少成正比例进行分配；

3）求改正后的各测段高差；

4）计算各水准点的高程。

4. 三、四等水准测量误差来源

（1）仪器误差

仪器误差主要有视准轴与水准器轴不平行的误差、水准标尺每米真长误差和两根水准标尺零点差。

（2）外界因素引起的误差

外界因素引起的误差主要有温度变化对 i 角的影响、大气垂直折光影响、仪器脚架和尺台（桩）升降的影响等。

（3）观测误差

主要包括作业员整平误差、照准误差和读数误差，使用数字水准仪进行水准测量，其观测误差主要是作业员对准标尺的调焦误差。

二、三角高程测量

当地形高低起伏，两点间高差较大而不便于进行水准测量时，可以用三角高程测量的方法测定两点间的高差和点的高程。进行三角高程测量时，应测定两点间的平距或斜距以及垂（竖）直角。应当注意的是，三角高程测量相对于水准测量虽然工作效率较高，适应地形的能力强，但是其精度较低（地形平坦，采用光电测距可以达到四等水准测量），适用于对高程精度要求较低的情况。

1. 三角高程测量原理

三角高程测量是根据已知点高程及两点间的垂直角和距离，通过应用三角公式计算两点间的高差，求出未知的高程。

如图 5-15 所示，已知 A 点的高程为 H_A，测定 B 点的高程 H_B。

图中：D 为 A、B 两点间的水平距离，α 为在 A 点观测 B 点时的垂直角，i 为测站点的仪器高，v 为棱镜高（目标高），H_A 为 A 点高程，H_B 为 B 点高程，V 为全站仪望远镜和棱镜之间的高差，$V = D\tan\alpha$。

为了确定高差 h_{AB}，可在 A 点架设全站仪，在 B 点竖立棱镜杆，观测垂直角 α，并直接量取仪器高 i 和棱镜高 v，若 A、B 两点间的水平距离为 D，则根据图 5-15 可知：

$$h_{AB} = V + i - v = D\tan\alpha + i - v \tag{5-22}$$

故：

$$H_B = H_A + D\tan\alpha + i - v \tag{5-23}$$

若用全站仪测得斜距 S，则高差计算公式为：

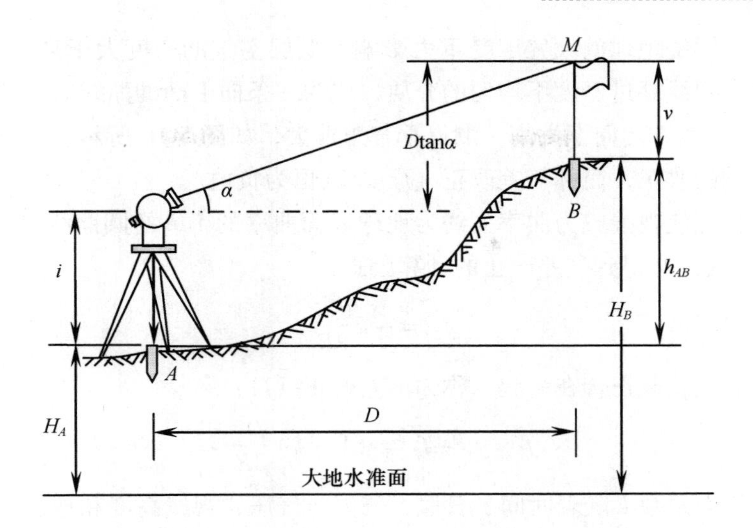

图 5-15　三角高程测量原理图

$$h_{AB} = S \times \sin\alpha + i - v \tag{5-24}$$

三角高程测量一般要进行往返观测，即由 A 向 B 观测称为直觇，再由 B 向 A 观测称为反觇，这种测量称为对向观测。

如果 A、B 两点相距不太远，可以将水准面看成水平面，也不考虑大气折光的影响。但对于较远的距离，则水准面及大地水准面均是曲面这一点不容忽视，因而对于长距离的三角高程测量，应进行地球曲率改正，简称球差改正（f_1），如图 5-16 所示。有：

$$f_1 = \Delta h = \frac{D^2}{2R} \tag{5-25}$$

式中，R 为平均地球曲率半径，取 6371km，由于地球曲率影响总是使测得的高差小于实际高差，因此，球差改正 f_1 恒为正值。

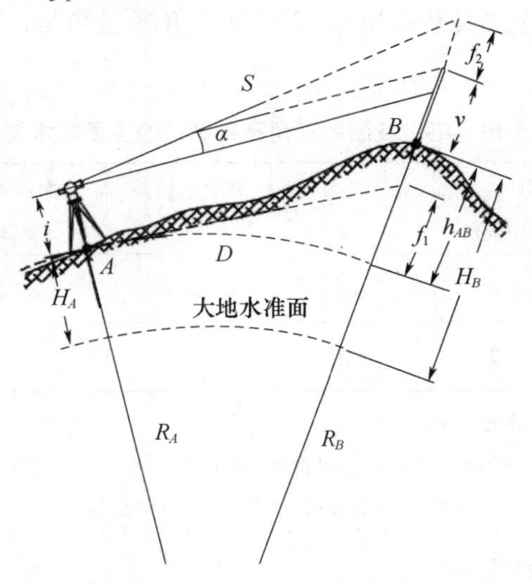

图 5-16　三角高程测量的地球曲率与大气折光影响

另外，由于围绕地球的大气层受重力影响，低层空气的密度大于高层空气的密度，观测垂直角时的视线穿过密度不均匀的介质，成为一条向上凸的曲线（称为大气垂直折光），使视线的切线方向向上太高，测得垂直角偏大，如图 5-16 所示。因此，还应该进行大气折光影响的改正，简称气差改正（f_2），其恒为负值。

大气垂直折光使视线成为曲率大约为地球表面曲率的 $1/k$ 的圆曲线（k 称为大气垂直折光系数），因此可得到气差改正的计算公式：

$$f_2 = -k\frac{D^2}{2R} \tag{5-26}$$

球差改正和气差改正合在一起，称为两差改正（f）：

$$f = f_1 + f_2 = (1-k)\frac{D^2}{2R} \tag{5-27}$$

大气垂直折光系数 k 随着时间、日照、气温、气压、视线高度和地面情况等因素而改变，一般取其平均值，令 $k=0.14$。

注意：两差改正计算公式中 D 的单位为 m，R 的单位为 km，f 的单位为 mm。

顾及两差改正，三角高程测量的高差计算公式为：

$$\left.\begin{aligned} h_{AB} &= D\tan\alpha + i - v + f \\ h_{AB} &= S\sin\alpha + i - v + f \end{aligned}\right\} \tag{5-28}$$

折光系数的不确定性，使两差改正值也具有误差，但是如果能在短时间内，在两点间进行对向观测，并取其平均值，则由于 k 值在短时间内不会改变，而高差 h_{BA} 必须反其符号与 h_{AB} 取平均，两差改正得到抵消，因此，对三角高程测量一般应进行对向观测。

2. 三角高程主要技术要求

（1）三角高程测量主要技术要求

目前，三角高程测量主要是指电磁波测距三角高程测量，其主要技术要求应符合表 5-10 的规定。

表 5-10　电磁波测距三角高程测量的主要技术要求

等级	仪器	测回数		指标差较差（″）	垂直角较差（″）	对向观测高差较差（mm）	附合或环形闭合差（mm）
		三丝法	中丝法				
四等	DJ_2	—	3	≤7	≤7	$\pm 40\sqrt{D}$	$\pm 20\sqrt{\sum D}$
五等	DJ_2	1	2	≤10	≤10	$\pm 60\sqrt{D}$	$\pm 30\sqrt{\sum D}$

注：1. D 为测距边的长度，单位为 km。

2. 起止点的精度等级，四等起止不低于三等水准点的高程点上，五等起止不低于四等的高程点上。

3. 路线长度不应超过相应等级的水准路线的长度限值。

（2）三角高程观测的技术要求

1）电磁波测距三角高程观测的技术要求，应符合表 5-11 中的规定。

表 5-11　电磁波测距三角高程观测的主要技术要求

等级	垂直角观测				边长观测	
	仪器精度等级	测回数	指标差较差	测回较差	仪器精度等级	观测次数
四等	2″级仪器	3	≤7″	≤7″	10mm 级仪器	往返各一次
五等	2″级仪器	2	≤10″	≤10″	10mm 级仪器	往一次

注：当采用 2″级光学经纬仪进行垂直角观测时，应根据仪器的垂直角检测精度，适当增加测回数。

2）垂直角的对向观测，当直觇完成后应即刻迁站进行反觇测量。

3）仪器、反射棱镜或觇牌的高度，应在观测前、后各测量一次并精确至 1mm，取其平均值作为最终高度。

3. 三角高程测量实施与计算

（1）三角高程测量的观测步骤

1）在测站上安置经纬仪（全站仪），并量取仪器高 i；

2）在目标点上安置标杆或觇标，量取觇标高 v；注意，i 和 v 用小钢卷尺量两次取平均，读数精确至 1mm；

3）用经纬仪望远镜中丝瞄准目标，将竖盘水准管气泡居中（竖盘有自动归零装置的除外），读竖盘读数，盘左盘右观测为一测回，此为单向观测步骤；

4）进行对向观测。

（2）案例分析

以图 5-17 中 A 到 B 为例说明三角高程的测量方法，图中 A 点的高程为 H_A = 234.880m，测量 B 点的 H_B。测量过程如下（对向观测）：

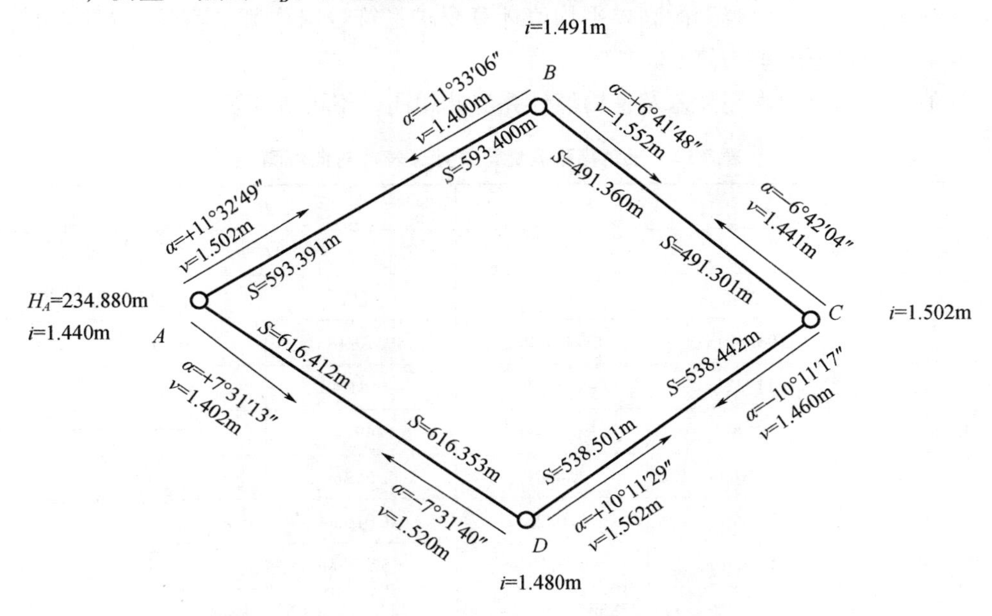

图 5-17　三角高程测量路线示意图

1）直觇观测（A 至 B）

①在测站 A 上安置仪器，对中整平，瞄准 B 点。测量仪器高 $i = 1.440\text{m}$，棱镜高（目标高）$v = 1.502\text{m}$，记录于表 5-12 中；

②用仪器采用测回法观测竖直角 2～3 个测回，取竖直角的平均值 $\alpha = +11°32'49''$，测量 A 至 B 点的距离 $S = 593.391\text{m}$，记录于表 5-12 中。

2）反觇观测（B 至 A）

①在测站 B 上安置仪器，对中整平，瞄准 A 点。测量仪器高 $i = 1.491\text{m}$，棱镜高（目标高）$v = 1.400\text{m}$，记录于表 5-12 中；

②用仪器采用测回法观测竖直角 2～3 个测回，取竖直角的平均值 $\alpha = -11°33'06''$，测量 B 至 A 点的距离 $S = 593.400\text{m}$，记录于表 5-12 中。

（3）三角高程测量数据处理

1）计算各边的单边高差

以图 5-17 中 A 到 B 的对向观测为例说明单边高差计算过程。根据式（5-22）计算如下：

①直觇高差：$h_{AB} = 593.391 \times \sin 11°32'49'' + 1.440 - 1.502 + 0.022 = +118.740$（m）；

②反觇高差：$h_{BA} = 593.400 \times \sin(-11°33'06'') + 1.491 - 1.400 + 0.022 = -118.716$（m）；

③对向观测高差较差：$w = +118.740 - 118.716 = +0.024$（m）；

对向观测高差较差容许值：$w_{容} = 60\sqrt{D} = 60 \times \sqrt{0.593} = 46$（mm）；

④精度合格，取其平均值 $h_{AB} = (+118.740 + 118.716)/2 = +118.728$（m），作为最终结果。注意对向观测的高差平均值计算要求：符号取往测（直觇）高差的符号，数值取两者绝对值的平均值。

其他各边的对向观测高差及平均值计算与此相同，不再赘述。

表 5-12　三角高程测量记录计算表（对向观测）

起算点	A		B		…
待定点	B		C		…
直、反觇观测	直觇	反觇	直觇	反觇	…
斜距 S	593.391m	593.400m	491.360m	491.301	…
垂直角 α	+11°32′49″	−11°33′06″	+6°41′48″	−6°42′04″	…
仪器高 i	1.440m	1.491m	1.491m	1.502m	…
目标高 v	1.502m	1.400m	1.552m	1.441m	…
两差改正 f	0.022m	0.022m	0.016m	0.016m	…
单向高差	118.740m	−118.716m	+57.254m	−57.253m	…
平均高差	+118.728m		+57.254m		…

2）图 5-17 所示的三角高程路线为一闭合路线，按照闭合水准路线计算方式进行计算，主要是进行高差闭合差的调整计算，从而推算出各点的高程，计算结果见表 5-13。

表 5-13　三角高程成果计算表

点号	距离（m）	实测高差（m）	改正数（mm）	改正后高差（m）	高程（m）
A					234.880
	581	+118.728	−0.009	+118.719	
B					353.599
	488	+57.254	−0.008	+57.246	
C					410.845
	530	−95.198	−0.008	−95.206	
D					315.639
	611	−80.749	−0.010	−80.759	
A					234.880
$\sum$	2210	+0.035	−0.035	0	
辅助计算	高差闭合差 = +0.035m 容许误差 = $\pm 30\sqrt{D} = \pm 44$（mm）				

4. 三角高程测量误差来源

一般认为三角高程测量的误差来自以下四个方面：

（1）垂直角测量误差

三角高程测量过程中垂直角测量误差对结果的影响非常大，垂直角测量误差包括观测误差、仪器误差和外界条件影响的误差，观测误差包括照准误差、读数误差及气泡居中误差等；仪器误差主要包括竖盘指标差和竖盘分划误差；外界条件影响主要是大气折光，当然空气对流和空气的能见度也影响照准精度。垂直角测量误差对三角高程测量的影响与边长有很大关系，边长越长，其影响越大。

（2）边长测量误差

边长测量误差取决于边长的测量方法。目前常用电磁波测距，其边长的测量精度较高，主要是测站点对中误差和目标点对中误差影响边长的测量精度。

（3）大气垂直折光系数的影响

前面所讲的大气折光影响与地球曲率影响相似，并取大气垂直折光系数为 0.14，而实际上大气垂直折光系数并非一常数，主要取决于空气的密度。空气密度从早到晚在不断变化，一般认为早晚变化较大，中午前后比较稳定，阴天和夜间空气密度也比较稳定，所以说大气垂直折光系数是个变量，而在进行三角高程测量时，为了计算方便常把大气垂直折光系数当成固定值，这是有误差的。当然大气垂直折光系数误差对短距离的三角高程测量来说影响不大，但对长距离的三角高程测量影响较大，应予注意。

（4）仪器高和目标高量取误差

在三角高程测量中仪器高和目标高是用卷尺或钢尺直接丈量的，因此丈量误差将对三角高程测量的高差产生影响。一般要求三角高程测量中仪器高和目标高精确量至1mm，对最终结果不构成主要影响。

第三节　测量误差

一、测量误差来源及分类

测量工作中，不管仪器多么精密，观测多么仔细，在对某一量进行重复观测时，这些观测值之间总是存在差异。例如，对同一段距离重复丈量若干次，每次结果互有差异。另一种情况是，如果已经知道某几个量之间应该满足理论上的某种关系，但当对这几个量进行观测后，也会发现实际观测的结果不能满足理论关系，如一个平面三角形的内角和是180°，对这三个内角进行观测，观测值之和一般不等于180°。这种在同一量的各观测值之间或各观测值与理论值之间存在差异的现象，在测量工作中是普遍存在的，产生这种现象的原因是测量误差的存在。将观测者使用某种仪器、工具，在一定的外界条件下进行测量所获取的数值称为观测值，各观测值与其真实值之间存在的偏差，称为测量误差。用 L 代表观测值，X 代表真值，则误差表示为：

$$\Delta = X - L \tag{5-29}$$

测量工作中要合理处理误差对测量成果的影响，因此有必要了解测量误差的基本知识。

1. 测量误差的来源

测量误差的产生原因很多，概括起来包括以下三个方面：

（1）测量仪器

测量工作通常是借助测量仪器完成的，测量仪器的构造不完善，会使测量结果受到一定影响。例如，使用视准轴不平行于水准管轴的水准仪进行水准测量就会给观测读数带来误差。

（2）观测者

观测者作为测量工作的重要参与人员，其工作态度和技术水平对观测成果的质量有着直接的影响。另外，观测者感觉器官的鉴别能力有一定的局限性，观测者对仪器的各项操作如安置、瞄准、读数等都会产生误差。

（3）外界条件

测量时所处的外界环境，诸如温度、湿度、风力、大气折光等外界条件都会对观测结果产生直接影响。同时，随着温度的高低、湿度的大小、风力的强弱和大气折光的不同，它们对观测结果的影响程度也随之不同。

上述测量仪器、观测者、外界条件三方面的因素是引起测量误差的主要来源，综合起来称为观测条件。观测条件的好坏与观测成果的质量有着密切的关系。观测条件好，则测量结果的精度就高；反之，精度就低。我们把观测条件相同的一系列观测称为等精度观测，观测条件不同的一系列观测称为不等精度观测。

2. 测量误差的分类

测量误差按性质可分为系统误差和偶然误差。

（1）系统误差

对某一观测量在相同的观测条件下进行一系列的观测，如果误差在大小、符号上表现出系统性，或者在观测过程中按一定的规律变化，或者为某一个常数，那么这种误差称为系统误差。

例如，用视准轴与水准管轴不平行的水准仪进行水准测量，读取水准尺读数所产生的误差，在大小上与水准仪到立尺点的距离成正比。这些系统误差具有积累性，其数值的大小和符号有一定的规律，可以采取一定的方法将其减弱或消除。对于钢尺量距的尺长误差，可以通过检定钢尺求出尺长改正数，然后对丈量结果进行尺长改正，进而消除尺长误差的影响。对于水准测量，可以通过前、后视距相等的方法消除视准轴不平行于水准管轴带来的高差误差。

（2）偶然误差

对某一观测量在相同的观测条件下进行一系列的观测，如果误差在大小、符号上表现出偶然性，即从单个误差看，误差的大小和符号没有规律性，但就大量误差的总体而言，具有一定的统计规律，这种误差称为偶然误差。

例如，读数的估读误差，是由观测者的估读习惯引起的，结果会忽大忽小。偶然误差随着各种偶然因素综合影响而不断变化，其数值忽大忽小，其符号或正或负，找不到消除其影响的方法，因此任何观测结果都不可避免地存在偶然误差。

系统误差和偶然误差在观测过程中总是同时产生。由于系统误差对测量结果的危害很大，所以总是设法减弱或消除其影响，使其处于次要地位，这样可以认为观测成果中主要存在偶然误差。对一系列带有偶然误差的观测值，求未知量的最或然值以及评定观测值精度是误差理论要解决的主要问题。

在测量工作中，除了上述两种性质的误差以外，还可能发生错误。错误的产生，大多是由于工作人员的粗心大意造成的。错误的存在对测量成果的影响非常大，甚至造成返工浪费，往往带来难以估量的损失。因此，必须采取适当的方法和措施，保证观测结果中不存在错误。

为了防止错误的发生，提高观测成果的精度，在测量工作中，一般需要进行多余必要的观测，称为“多余观测”。例如一段距离用往返测量，如果将往测作为必要观测，则返测就属于多余观测。有了多余观测，就可以发现观测值中的粗差，以便将其剔除或重测。

由于观测值中的偶然误差不可避免，有了多余观测，观测值之间必然产生矛盾（往返差、不符值、闭合差）。根据差值的大小，可以评定测量的精度，差值如果大到一定程度，就认为观测值中有错误（不属于偶然误差），称为误差超限，应予返工。差值如果不超限，则按偶然误差的规律加以处理，称为闭合差的调整，以求得最可靠的数值。

至于观测值中的系统误差，应该尽可能按其产生的原因和规律加以改正，抵消后削弱，例如用钢卷尺量距时，按其检定结果对量得长度进行尺长改正。用经纬仪测角时，采用盘左盘右观测以抵消视准轴误差、水平轴误差和垂直度盘指标差；用中间法水准测量，以削弱水准仪的 i 角误差对水准尺读数的影响，但是在观测值中也有可能存在情况不明的系统误差，无法加以改正或削弱，则观测结果将同时受到偶然误差和系统误差的影响，不同时间的多次观测有可能削弱部分情况不明的系统误差的影响。

二、偶然误差特性

1. 偶然误差的统计特性

偶然误差从表面上看没有任何规律性，但是随着对同一量观测次数的增加，大量的偶然误差就表现出一定的统计规律性，观测次数越多，这种规律性越明显。

为了分析偶然误差的统计特性，我们以某测区在相同观测条件下进行的358个三角形内角和观测为例。任何一个观测量，客观上总存在一个能代表其真正大小的数值，这个数值称为该观测量的真值。真值与观测值之差称为真误差，用 Δ 表示。设三角形内角和的观测值为 l_i，真值为 X，则三角形内角和的真误差为：

$$\Delta_i = X - l_i(i = 1,2,\cdots,358) \tag{5-30}$$

然后把358个真误差进行统计，得到如表5-14所示的结果。

表 5-14　误差统计表

测量误差的大小范围	真误差（三角形闭合差）的个数		
	正误差	负误差	总数
0″～3″	45	46	91
4″～6″	40	41	81
7″～9″	33	33	66
10″～12″	23	21	44
13″～15″	17	16	33
16″～18″	13	13	26
19″～21″	6	5	11
22″～24″	4	2	6
24″以上	0	0	0
总和	181	177	358

统计时按照3″为一个区间，并按绝对值大小进行排列，按误差的正负号分别统计。从表5-4中可以看出该组误差表现出如下规律：

（1）误差的绝对值有一定的限值；

（2）绝对值较小的误差比绝对值较大的误差多；

（3）绝对值相等的正负误差的个数接近。

可将表5-14数据绘成图5-18（a）所示的误差统计直方图，其中，n_i/n 为各区间的频率，n 为观测值总数，$d\Delta$ 为区间的间隔值。当 n 趋近于无穷大时，把区间 $d\Delta$ 无限缩小，图5-18（a）中各小长方形的顶边折线就会变成一条光滑曲线，这条曲线称为误差分布曲线，如图5-18（b）所示；分布曲线如图5-18（b）所示的称为正态分布曲线；可见，偶然误差是服从正态分布的。

通过更多的实验统计发现，其他测量结果也表现出同样的统计规律，从而表明偶然误差具有如下统计特性：

（1）有界性：在一定的观测条件下，误差的绝对值有一定的限值，或者说，超出一定限值的误差，其出现的概率为零。

（2）单峰性：相同观测条件下，小误差比大误差出现得更多，或者说，绝对值较小的误差比绝对值较大的误差出现的概率大。

（3）对称性：绝对值相等的正负误差出现的概率相同。

（4）补偿性：当观测次数无限增加时，偶然误差算术平均值的极限为零。即：

$$\lim_{n\to\infty}\frac{\Delta_1+\Delta_2+\cdots+\Delta_n}{n}=\lim_{n\to\infty}\frac{[\Delta]}{n}=0 \tag{5-31}$$

测量工作中，为了提高测量成果的精度，通常需要进行多余观测（即超过确定未知量的必要观测数的观测）。这样做可以利用偶然误差的有界性检查测量过程中存在的粗差，还可以利用补偿性提高观测成果的精度。

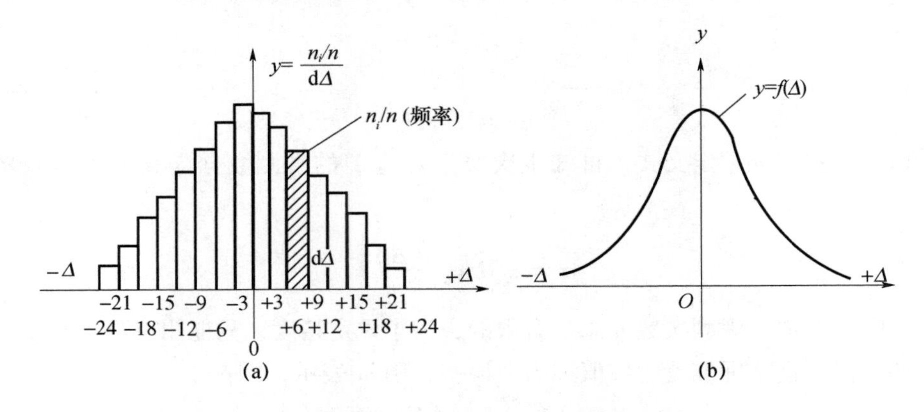

图5-18　误差直方图与误差分布曲线

2. 衡量精度的指标

精度指一组误差分布的密集与离散的程度，即离散度的大小。通常可以绘出误差频率直方图或分布曲线来比较和衡量观测值精度的高低。如图 5-19 所示，两组不同观测条件下的误差分布曲线Ⅰ、Ⅱ，误差分布曲线Ⅰ较陡峭，说明该组误差更加密集在 $\Delta=0$ 附近，即绝对值较小的误差出现得较多，表明该组观测值的质量较高；误差分布曲线Ⅱ较平缓，说明该组误差分布离散，表明该组观测值的质量较低。利用误差分布曲线来比较观测结果的质量好坏在实际工作中很不方便，下面引入一些简单的关于精度的数值概念，这些能反映误差分布密集或离散程度的数值称为精度指标。

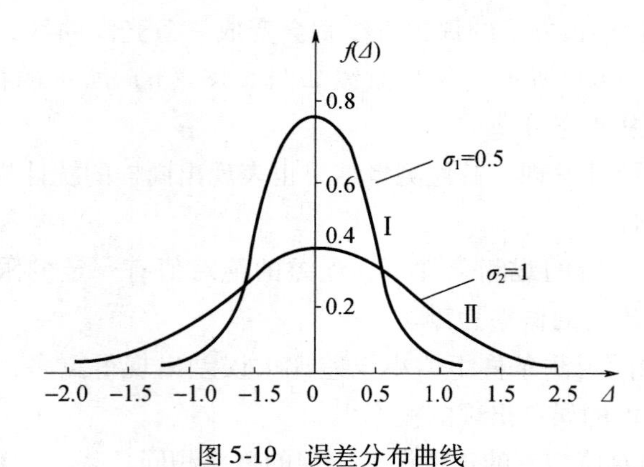

图 5-19　误差分布曲线

（1）中误差

在数学上，通常用标准差反映数据偏离真实值的程度，在测量中，也可用标准差来反映观测数据与真实值之间的偏离程度，从而反映观测数据的质量。设在相同的观测条件下，对某真值 X 进行 n 次重复观测，其观测值为 l_1，l_2，…，l_n，相应的真误差为：

$$\Delta_1 = X - l_1$$
$$\Delta_2 = X - l_2$$
$$\vdots$$
$$\Delta_n = X - l_n$$

所以，根据标准差定义式，可知本次对某真值 X 的观测数据与真值 X 本身的离散程度为：

$$\sigma = \pm \lim_{n\to\infty}\sqrt{\frac{[\Delta\Delta]}{n}} \tag{5-32}$$

在实际工作中，观测次数 n 总是有限的，为了评定精度，只能用有限个真误差求取标准差的估值，这个标准差的估值称为中误差，用 m 表示，即：

$$m^2 = \frac{[\Delta\Delta]}{n} \tag{5-33}$$

或

$$m = \pm\sqrt{\frac{[\Delta\Delta]}{n}} \tag{5-34}$$

式中，Δ 可以是同一个量观测值的真误差，也可以是不同量观测值的真误差，但必须都是等精度的同类观测值的真误差，n 为 Δ 的个数。由上式可见，中误差与真误差的关系：中误差不等于真误差，只是一组观测值的精度指标，中误差越小，误差分布得越密集，相应的观测成果的精度就越高；中误差越大，误差分布得越离散，相应的观测成果的精度越低。

【例 5-1】　设有甲、乙两组观测值，各组均为等精度观测，它们的真误差分别为：

甲组：$+3''$，$-2''$，$-4''$，$+2''$，$0''$，$-4''$，$+3''$，$+2''$，$-3''$，$-1''$

乙组：$0''$，$-1''$，$-7''$，$+2''$，$+1''$，$+1''$，$-8''$，$0''$，$+3''$，$-1''$

试计算甲、乙两组各自的观测精度。

解　根据式（5-34）计算甲、乙两组观测值的中误差为：

$$m_{甲} = \pm\sqrt{\frac{(+3)^2+(-2)^2+(-4)^2+(+2)^2+(0)^2+(-4)^2+(+3)^2+(+2)^2+(-3)^2+(-1)^2}{10}}$$

$$= \pm 2.7''$$

$$m_{乙} = \pm\sqrt{\frac{(0)^2+(-1)^2+(-7)^2+(+2)^2+(+1)^2+(+1)^2+(-8)^2+(0)^2+(+3)^2+(-1)^2}{10}}$$

$$= \pm 3.6''$$

比较 $m_{甲}$ 和 $m_{乙}$ 可知，甲组的观测精度比乙组高。

中误差所代表的是某一组观测值的精度，而不是这组观测中某一次的观测精度。

（2）极限误差

由偶然误差的第一特性可知，在一定的观测条件下偶然误差的绝对值不会超过一定的限值，这个限值就是极限误差。根据误差理论和大量的统计资料证明，误差出现在各区间内的概率分别为：

$$\begin{aligned} &P(-\sigma \leqslant \Delta \leqslant +\sigma) \approx 68.3\% \\ &P(-2\sigma \leqslant \Delta \leqslant +2\sigma) \approx 95.5\% \\ &P(-3\sigma \leqslant \Delta \leqslant +3\sigma) \approx 99.7\% \end{aligned} \tag{5-35}$$

就是说，绝对值大于 2σ 的偶然误差出现的概率为 4.5%，而绝对值大于 3σ 的偶然误差出现的概率仅为 0.3%，这实际上是接近于零的小概率事件，在有限次观测中不太可能发生。因此，在测量工作中通常规定 2σ 或 3σ 作为偶然误差的限值，称为极限误差或容许误差：

$$\begin{aligned} \Delta_{容} &= 2\sigma \approx 2m \\ \Delta_{容} &= 3\sigma \approx 3m \end{aligned} \tag{5-36}$$

（3）相对误差

在距离测量中，如果分别丈量了 500m 和 80m 的两段距离，中误差都是 ±2cm。这时不能认为两者的测量精度是相同的，由此可见，只用中误差还不能完全表达测量结果的精度高低。因此，引入相对精度来客观地反映上述测量结果的实际精度。观测值中误差的绝对值与观测值的比值称为相对中误差，将其化成分子为 1 的分数，用 K 表示，即：

$$K = \frac{|m|}{D} = \frac{1}{\frac{D}{|m|}} \tag{5-37}$$

那么，前述例子中两段距离的相对中误差为：

$$K_1 = \frac{1}{\frac{D_1}{|m_1|}} = \frac{1}{\frac{500}{|0.02|}} = \frac{1}{25000} \qquad K_2 = \frac{1}{\frac{D_2}{|m_2|}} = \frac{1}{\frac{80}{|0.02|}} = \frac{1}{4000}$$

相对中误差越小，精度越高。因为 $K_1 < K_2$，所以500m 距离的测量精度高于80m 距离的测量精度。

容许误差也可用相对误差表示。例如，图根导线测量中规定导线全长相对闭合差不得超过1/2000，这就是相对容许误差。还应指出的是，与相对误差对应的真误差、中误差、极限误差称为绝对误差。

3. 观测值的算术平均值及改正值

（1）观测值的算术平均值

在相同的观测条件下，对某个未知量进行 n 次观测，其观测值分别为 l_1，l_2，…，l_n，将这个观测值取算术平均值 $\bar{x}$，作为该量的最可靠的数值，称为“最或是值”：

$$\bar{x} = \frac{l_1 + l_2 + \cdots + l_n}{n} = \frac{[l]}{n} \tag{5-38}$$

多次获得观测值而取算术平均值的合理性和可靠性，可以用偶然误差的特性来证明：设某一量的真值为 X，各次观测值为 l_1，l_2，…，l_n，其相应的真误差为 Δ_1，Δ_2，…，Δ_n，则：

$$\begin{aligned} \Delta_1 &= X - l_1 \\ \Delta_2 &= X - l_2 \\ &\vdots \\ \Delta_n &= X - l_n \end{aligned} \tag{5-39}$$

将上列等式相加，并除以 n，得到

$$\frac{[\Delta]}{n} = X - \frac{[l]}{n} \tag{5-40}$$

根据偶然误差的特性，当观测次数无限增多时，$\frac{[\Delta]}{n}$就会趋近于零，即：

$$\lim_{n\to\infty} \frac{[\Delta]}{n} = 0$$

就是说，当观测次数无限增大时，观测值的算术平均值趋近于该量的真值，但是，实际工作中，不可能对某一量进行无限次的观测，因此，就把无限个观测值的算术平均值作为该量的最或是值。

（2）观测值的改正值

算术平均值与观测值之差称为观测值的改正值（v）：

$$\begin{aligned} v_1 &= \bar{x} - l_1 \\ v_2 &= \bar{x} - l_2 \\ &\vdots \\ v_n &= \bar{x} - l_n \end{aligned} \tag{5-41}$$

将上列等式相加，得

$$[v] = n\bar{x} - [l]$$

得到

$$[v] = 0$$

一组观测值取算术平均值后，其改正值之和恒等于零，这一公式可以作为计算中的检核。对于一组等精度的观测值，取其算术平均值作为最或是值的合理性，还可以用各个改正值 v_i 符合“最小二乘原则”来说明。

若根据式（5-41），以 $\bar{x}$ 为自变量，则改正数 v_i 为自变量 $\bar{x}$ 的函数，如果要使各个改正值的平方和为最小值（称为“最小二乘原则”），即

$$[vv] = [(\bar{x} - l)^2] = \min \tag{5-42}$$

以此作为条件来求待定值 $\bar{x}$，则令：

$$\frac{\mathrm{d}[vv]}{\mathrm{d}x} = 2[(\bar{x} - l)] = 0$$

得到

$$n\bar{x} - [l] = 0$$

$$\bar{x} = \frac{[l]}{n}$$

由此可见，取一组等精度观测值的算术平均值作为最或是值，并据此得到各个观测的改正值，符合 $[vv] = \min$ 的“最小二乘原则”。

4. 中误差的计算

观测值的精度最理想的是以标准差 σ 来衡量，其数学表达式见式（5-32）。但在实际工作中不可能对某一量进行无穷多次观测，因此，只能根据有限次观测用估算中误差 m［式（5-34）］来衡量其精度。应用此式还需要具有观测对象的真值 X、真误差 Δ_i。例如，用水准仪进行往返观测两点之间的高差，而返测高差应该等于往测高差，即往返测高差之差的真值为零为已知。

在一般情况下，观测值的真值 X 是不知道的，真误差 Δ_i 也就无法求得，此时，大多数情况下就不可能用式（5-34）求中误差。

在同样的观测条件下对某一量进行多次观测，可取其算术平均值 $\bar{x}$ 作为最或是值，也可算得各个观测值的改正值；另外，当 $\bar{x}$ 在观测次数无限增多时将趋近于真值 X。对于有限的观测次数，以 $\bar{x}$ 代替 X 即相应于以改正值 v_i 代替真误差 Δ_i。参照式（5-34），得到按观测值的改正值计算观测值的中误差的公式：

$$m = \pm \sqrt{\frac{[vv]}{n-1}} \tag{5-43}$$

该式也称为白塞尔公式。在真值已知的情况下，所有 n 个观测值均为多余观测；在真值未知的情况下，则有 1 个观测值是必要的，其余 $n-1$ 个观测值是多余的。因此，n 和 $n-1$ 是分别代表真值已知和未知两种不同情况下的多余观测数。

如要求算术平均值的中误差，计算公式为：

$$M = \frac{m}{\sqrt{n}} = \pm \sqrt{\frac{[vv]}{n(n-1)}} \tag{5-44}$$

如对某段距离进行了 8 次等精度测量，观测值分别为 100.002m，100.003m，100.000m，99.998m，99.999m，100.001m，99.997m，100.000m。计算结果见表 5-15。

表 5-15　算例计算表格

序号	观测值（m）	v（mm）	vv	计算
1	100.002	-2	4	算术平均值：$\bar{x} = \frac{[l]}{n} = \frac{800}{8} = 100.000$（m）
2	100.003	-3	9	观测值中误差：
3	100.000	0	0	$m = \pm\sqrt{\frac{[vv]}{n-1}} = \pm\sqrt{\frac{28}{7}} = \pm 2$（mm）
4	99.998	+2	4	算术平均值中误差：
5	99.999	+1	1	$M = \pm\sqrt{\frac{[vv]}{n(n-1)}} = \pm\sqrt{\frac{28}{8\times 7}} = \pm 0.7$（mm）
6	100.001	-1	1	相对误差：$K = \frac{M}{\bar{x}} = \frac{0.7}{100000} = \frac{1}{142800}$
7	99.997	+3	9	
8	100.000	0	0	
$\sum$	800	0	28	

第四节　全站仪

一、全站仪的组成和使用

1. 全站仪的组成

全站仪全称为全站型电子速测仪（Electronic Total Station），因其安置一次仪器就可完成该测站上全部测量工作（水平角、垂直角、距离、高差），所以称之为全站仪。全站仪由电源部分、测角系统、测距系统、数据处理部分、通信接口及显示屏、键盘等部分组成，也可以认为全站仪就是在电子经纬仪基础上增加了光电测距、数据运算和存储系统等。早期的全站仪就是在经纬仪上加上一个测距仪，如图 5-20 所示，又称半站仪，测角系统和测距系统不同轴。

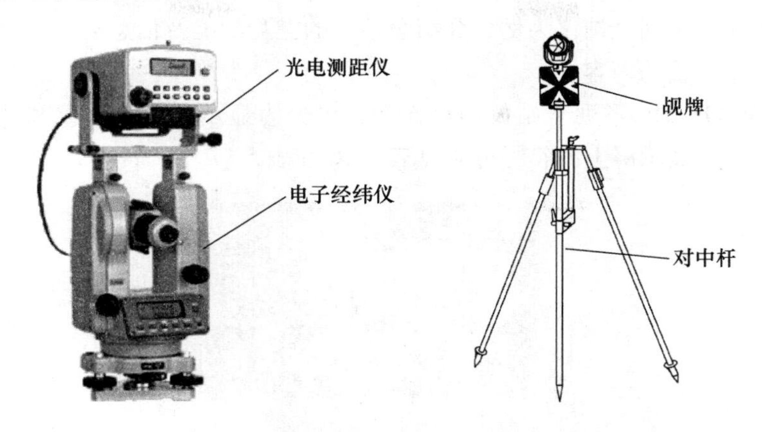

图 5-20　组合式全站仪及其配套棱镜

随着电子测距技术和计算机技术的发展，将测距、测角和记录单元在光学、机械等方面设计成一个不可分割的整体，其中测距仪的发射轴、接收轴和望远镜的视准轴为同轴结构，这对保证较大垂直角条件下的距离测量精度非常有利，称之为整体式全站仪。图 5-21 所示为 NTS-310 系列全站仪。

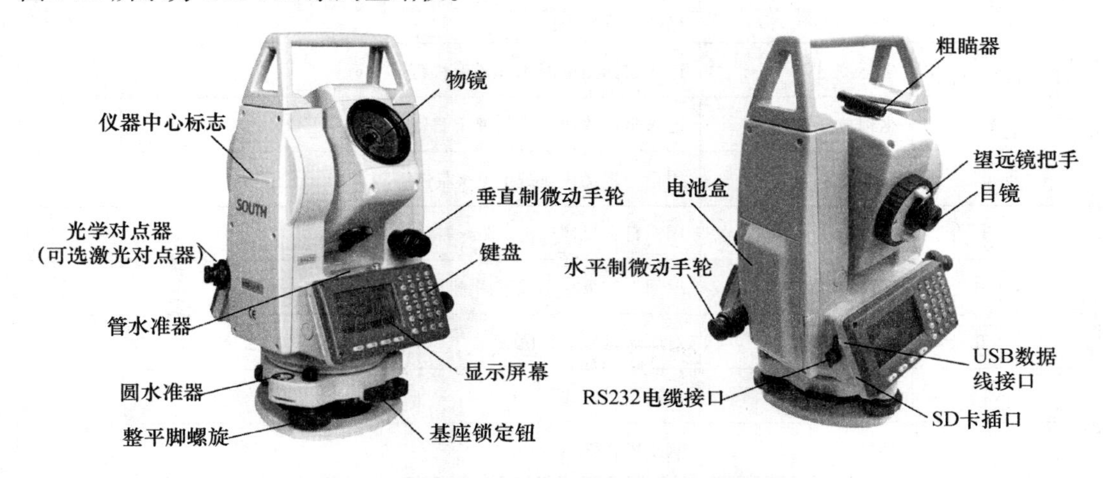

图 5-21　NTS-310 系列全站仪外观及其各部件

全站仪不仅能进行测角、测距、测高差，还能进行三维坐标数据采集、施工放样、偏心测量、悬高测量、对边测量、面积测量、自由设站等功能，因此全站仪在地形测绘和建设工程领域使用极其普遍。

2. 全站仪的使用

全站仪使用步骤分为对中、整平、瞄准和测量。在测点上安置棱镜，进行对中、整平，将棱镜对着仪器，全站仪在测站点上对中、整平，全站仪瞄准棱镜中心（距离较远时，测点一般增加觇牌以方便照准，这时可瞄准觇牌中心），全站仪开机后，从仪器操作面板中选择需要的测量模式进行测量。

现以 NTS-310 系列全站仪为例，介绍全站仪的键盘功能及信息显示，具体测量方法见后全站仪程序测量的内容。

图 5-22 为 NTS-310 系列全站仪的操作面板，分为显示屏、数字键和功能键。全站仪上各键的功能和显示屏上的符号分别见表 5-16 和表 5-17。

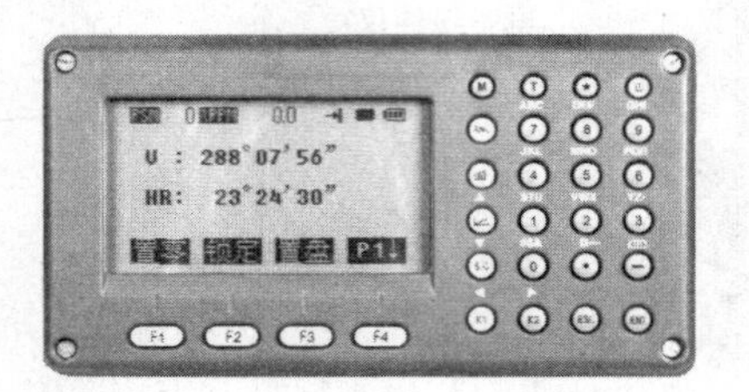

图 5-22　NTS-310 系列全站仪操作面板

表 5-16　NTS-310 系列全站仪各键功能

按键	名称	功　能
ANG	角度测量键	进入角度测量模式
	距离测量键	进入距离测量模式
	坐标测量键	进入坐标测量模式（▲上移键）
S.O	坐标放样键	进入坐标放样模式（▼下移键）
K1	快捷键 1	用户自定义快捷键 1（◀左移键）
K2	快捷键 2	用户自定义快捷键 2（▶右移键）
ESC	退出键	返回上一级状态或返回测量模式
ENT	回车键	对所做操作进行确认
M	菜单键	进入菜单模式
T	转换键	测距模式转换
★	星键	进入星键模式或直接开启背景光
⏻	电源开关键	电源开关
F1～F4	软键（功能键）	对应于显示的软键信息
0～9	数字字母键盘	输入数字和字母
—	负号键	输入负号，开启电子气泡功能（仅适用 P 系列）
·	点号键	开启或关闭激光指向功能、输入小数点

表 5-17　NTS-310 系列全站仪显示符号

显示符号	内容
V	垂直角
V%	垂直角（坡度显示）
HR	水平角（右角）
HL	水平角（左角）
HD	水平距离
VD	高差
SD	斜距
N	北向坐标
E	东向坐标
Z	高程
*	EDM（电子测距）正在进行
m/ft	米与英尺之间的转换
m	以米为单位
S/A	气象改正与棱镜常数设置
PSM	棱镜常数（以 mm 为单位）
PPM	大气改正值

二、全站仪的程序测量

1. 全站仪角度测量

按 ANG 键进入角度测量模式，全站仪上角度测量模式有三个界面菜单，如图 5-23 所示，其功能键的作用见表 5-18。

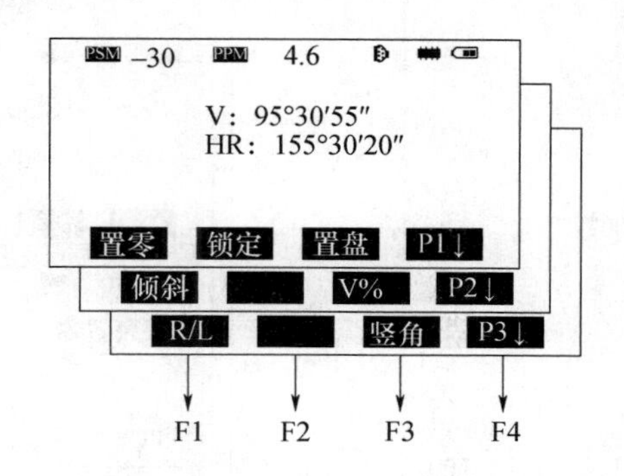

图 5-23　NTS-310 系列全站仪角度测量菜单

表 5-18 角度测量功能键作用

页数	软键	显示符号	功能
第 1 页（P1）	F1	置零	水平角置为 0°0′0″
	F2	锁定	水平角读数锁定
	F3	置盘	通过键盘输入设置水平角
	F4	P1↓	显示第 2 页软键功能
第 2 页（P2）	F1	倾斜	设置倾斜改正开或关，若选择开则显示倾斜改正
	F2	—	—
	F3	V%	垂直角显示格式（绝对值/坡度）的切换
	F4	P2↓	显示第 3 页软键功能
第 3 页（P3）	F1	R/L	水平角（右角/左角）模式之间的转换
	F2	—	—
	F3	竖角	高度角/天顶距的切换
	F4	P3↓	显示第 1 页软键功能

①用全站仪进行水平角测量时，仪器操作与电子经纬仪类似。现以测回法为例说明全站仪角度测量的方法，操作流程见表 5-19。

表 5-19 水平角测量操作流程

操作过程	操作	显示
①盘左照准第一个目标 *A*	照准目标 *A*	PSM −30 PPM 4.6 V： 88°30′55″ HR： 346°20′20″ 置零 锁定 置盘 P1↓
②设置目标 *A* 的水平角为 0°00′00″ 按F1（置零）键和F4（确认）键	F1	PSM −30 PPM 4.6 V： 88°30′55″ HR： 0°00′00″ 置零 锁定 置盘 P1↓
	F4	PSM −30 PPM 4.6 水平角置零 >OK? [否] [是]

续表

操作过程	操作	显示
③盘左照准第二个目标 *B*，显示目标 *B* 的 *V/H*	照准目标 *B*	PSM PPM 4.6 V： 93°25′15″ HR： 85°35′12″ 置零 锁定 置盘 P1↓
④盘右照准第二个目标 *B*，显示目标 *B* 的 *V/H*	照准目标 *B*	PSM −30 PPM 4.6 V： 266°34′35″ HR： 265°35′24″ 置零 锁定 置盘 P1↓
⑤盘右照准第一个目标 *A*，显示目标 *A* 的 *V/H*。 完成一个测回的测量。 其他测回测量方法同此	照准目标 *A*	PSM −30 PPM 4.6 V： 271°28′55″ HR： 180°00′18″ 置零 锁定 置盘 P1↓

②水平角（右角/左角）切换，见表 5-20。

表 5-20　水平角测量操作流程

操作过程	操作	显示
①按F4（P1↓）键两次转到第 3 页功能	F4 两次	PSM −30 PPM 4.6 V： 95°30′55″ HR： 155°30′20″ 置零 锁定 置盘 P1↓ 倾斜 V% P2↓ R/L 竖角 P3↓
②按F1（R/L）键，右角模式（HR）切换到左角模式（HL）	F1	PSM −30 PPM 4.6 V： 95°30′55″ HL： 204°29′40″ R/L 竖角 P3↓
③以左角 HL 模式进行测量		

注：每次按F1（R/L）键，HR/HL 两种模式交替切换。

③水平角的设置有两种方式，一是通过锁定角度值进行设置（表 5-21），二是通过键盘输入角度值进行设置（表 5-22）。

表 5-21　通过锁定角度值进行设置

操作过程	操作	显示
①用水平微动螺旋转到所需的水平角	显示角度	PSM −30　PPM 4.6 V : 95°30′55″ HR : 90°00′05″ 置零　锁定　置盘　P1↓
②按F2（锁定）键	F2	PSM −30　PPM 4.6 水平角锁定 HR : 90°00′05″ >设置?　[否]　[是]
③照准目标	照准	
④按F4（是）键完成水平角设置	F4	PSM −30　PPM 4.6 V : 95°30′55″ HR : 90°00′05″ 置零　锁定　置盘　P1↓

注：显示窗变为正常的角度测量模式。

表 5-22　通过输入角度值进行设置

操作过程	操作	显示
①照准目标	照准	PSM −30　PPM 4.6 V : 95°30′55″ HR : 133°12′20″ 置零　锁定　置盘　P1↓
②按F3（置盘）键	F3	PSM −30　PPM 4.6 水平角设置 HR = _0.0000 回退
③通过键盘输入所要求的水平角，如：90°00′05″，则输入 90. 0005，按ENT键确认 随后即可从所要求的水平角进行正常的测量	90. 0005 F4 ENT	PSM −30　PPM 4.6 水平角设置 HR = 90.0005 回退 PSM −30　PPM 4.6 V : 95°30′55″ HR : 90°00′05″ 置零　锁定　置盘　P1↓

④垂直角与斜率（%）的转换，见表5-23。

表5-23　垂直角与斜率的转换

操作过程	操作	显示
①按F4（P1↓）键转到第2页	F4	PSM −30　PPM 4.6 V：96°40′25″ HR：155°30′20″ 置零　锁定　置盘　P1↓ 倾斜　　V%　P2↓
②按F3（V%）键	F3	PSM −30　PPM 4.6 V：−11.70% HR：155°30′20″ 倾斜　　V%　P2↓

注：1. 每次按F3（V%）键，显示模式交替切换。

2. 当高度超过45°（100%）时，显示窗将出现"（超限）"（超出测量范围）。

⑤天顶距和高度角的转换，全站仪可以直接测得仪器与目标点的竖直角大小，操作方式见表5-24 。

表5-24　天顶距和高度角的转换

操作过程	操作	显示
①按F4（P1↓）键两次转到第3页	F4 两次	PSM −30　PPM 4.6 V：82°22′25″ HR：155°30′20″ 置零　锁定　置盘　P1↓ R/L　　竖角　P3↓
②按F3（竖角）键	F3	PSM − 30　PPM 4.6 V：7°37′35″ HR：155°30′20″ R/L　　竖角　P1↓

注：每次按F3（竖角）键，显示模式交替切换。

2. 距离测量

全站仪距离测量模式有两个界面菜单，如图5-24所示。在进行距离测量前通常需要确认大气改正的设置和棱镜常数的设置。当必须精确测量高程时，必须先检查仪器的竖盘指标差设置。NTS-310系列全站仪测距时有棱镜、反射板、无合作三种合作模式可选。

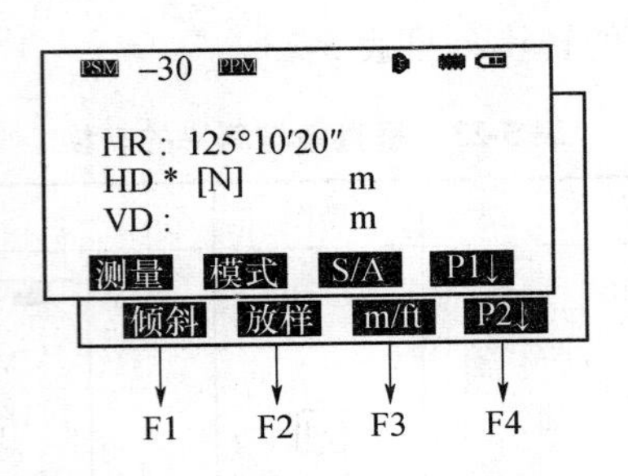

图 5-24　NTS-310 系列全站仪距离测量菜单

（1）大气改正与棱镜常数的设置

当设置大气改正时，通过将测量温度和气压输入仪器中可求得改正值；棱镜常数为 -30，设置棱镜改正为 -30，如使用其他常数的棱镜，则在使用之前应先设置一个相应的常数。假设测得测站周围的温度为 +25℃，气压 980. 5hPa。操作过程见表 5-25。

表 5-25　大气改正与棱镜常数设置

操作过程	操作	显示
①进入距离测量模式		PSM – 30 PPM 4.6 V : 95°10'25" HR : 125°10'20" HD : 235.641m VD : 0.029m 测量 模式 S/A P1↓
②按F1（棱镜）键	F1	气象改正设置 PSM 0 PPM 6.4 温度 27.0℃ 气压 1013.0hPa 回退 返回
输入棱镜常数改正值，按ENT键确认	输入数据	气象改正设置 PSM -30_ PPM 6.4 温度 27.0℃ 气压 1013.0hPa 回退 返回
③按F3（温度）键执行温度设置	F3	气象改正设置 PSM 0 PPM 6.4 温度 _ 25.0 ℃ 气压 1013.0hPa 回退 返回
④输入温度，按ENT键确认。按照同样方法对气压进行设置，按ENT键后，仪器会自动计算大气改正值 PPM	输入温度	气象改正设置 PSM 0 PPM 3.4 温度 25.0 ℃ 气压 980.5hPa 棱镜 PPM 温度 气压

（2）距离与高差测量

全站仪距离测量，将仪器安置在测站点，目标点上安置反射棱镜。距离测量有三种测量模式：连续测量、单次测量、跟踪测量。连续测量是全站仪连续不停地测量测站和目标之间的距离，测量精度为 mm；单次测量是全站仪只测量一次距离，精度为 mm，采用该模式能节省全站仪电量；跟踪测量也是全站仪连续不停地测量测站和目标之间的距离，每次测量速度加快，精度一般为 cm（表 5-26）。

表 5-26　距离测量方法

操作过程	操作	显示
①照准棱镜中心	照准	PSM −30　PPM 4.6 V：95°30′55″ HR：155°30′20″ 置零　锁定　置盘　P1↓
②按◿键，距离测量开始	◿	PSM −30　PPM 4.6 V：95°30′55″ HR：155°30′20″ SD：[N]　m 测量　模式　S/A　P1↓
③显示测量的距离。 再次按◿键，显示变为水平距离（HD）和高差（VD）	◿	PSM −30　PPM 4.6 V：95°30′55″ HR：155°30′20″ HD：[N]　m VD:　m 测量　模式　S/A　P1↓
③这时我们可以按F2（模式）键在连续测量、单次测量、跟踪测量三个模式之间进行转换。屏幕上 HD（或者 SD）后依次显示［N］、［1］、［T］	F2	PSM −30　PPM 4.6 V：95°30′55″ HR：155°30′20″ HD：[1]　m 测量　模式　S/A　P1↓ PSM −30　PPM 4.6 V：95°30′55″ HR：155°30′20″ HD：[T] m 测量　模式　S/A　P1↓

需要说明的是，全站仪上显示的测站与目标之间的高差 *VD* 是全站仪竖盘中心与目标点棱镜中心之间的高差，若要换算到地面高差，还需要将仪器高和棱镜高输入全站仪。

全站仪除角度、距离测量外，还可进行三维坐标测量、施工放样、偏心测量、悬高测量、对边测量、面积测量、自由设站等，具体方法可参考仪器使用说明书。

第五节　全球定位系统

GNSS（Global Navigation Satellite System）是全球卫星导航系统的缩写，它泛指所有的全球卫星导航系统以及区域和增强系统，目前包括美国的 GPS、俄罗斯的 GLONASS、欧洲的 GALILEO、中国的北斗卫星导航系统等，几大系统可用的卫星数目已达 100 颗以上。GNSS 能提供实时的三维位置、三维速度和高精度的时间信息，给测绘领域带来一场深刻的技术革命，标志着测量工程技术的重大突破和深刻变革，对测绘科学与技术的发展，具有划时代的意义，目前在工程建设中已得到了广泛的应用。

本节以美国的全球定位系统（GPS）为例介绍系统组成与测量应用。

一、GPS 组成与特点

1. GPS 的组成

GPS 主要由三大部分组成：空间部分、地面控制部分、用户设备。

（1）空间部分——GPS 卫星星座

如图 5-25 所示，GPS 卫星星座由 21 颗工作卫星和 3 颗在轨备用卫星组成，运行周期 11h58min，轨道面数 6 个，位于地平线以上的卫星颗数随着时间和地点的不同而有所差异，最少可见到 4 颗。

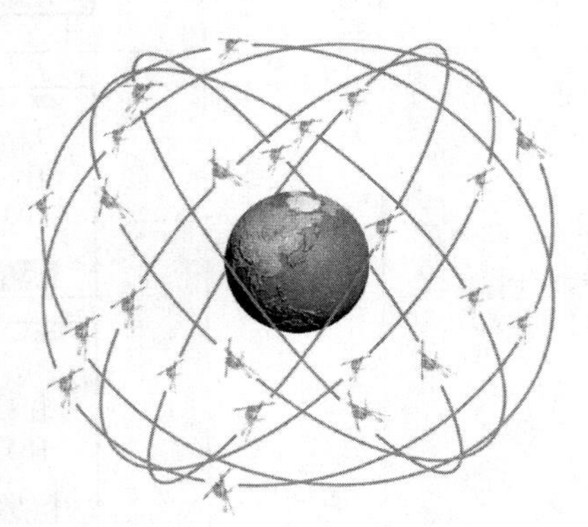

图 5-25　GPS 卫星星座

（2）地面控制部分——地面监控系统

在 GPS 接收机接收到的卫星广播星历中，包含描述卫星运动及其轨道的参数。而每颗卫星的广播星历是由地面监控系统提供的。GPS 工作卫星的地面监控系统包括一个主控站、三个注入站和五个监测站。

主控站设在美国本土科罗拉多的施瑞福空军基地；三个注入站分别设在大西洋的阿松森群岛、印度洋的迭哥伽西亚岛和太平洋的卡瓦加兰；五个监测站是除了位于主控站和三个注入站之处的四个站以外，还在夏威夷设立了一个监测站。

（3）用户设备

用户设备包括 GPS 接收机和相应的数据处理软件。GPS 接收机由接收天线、主机和电源组成。随着电子技术的发展，现在的 GPS 接收机已高度集成化和智能化，实现了接收天线、主机和电源的一体化，并能自动捕获卫星并采集数据。图 5-26 所示为南方灵锐 S80 主机。

图 5-26　南方灵锐 S80 主机

GPS 接收机的任务是捕获卫星信号，跟踪并锁定卫星信号，对接收到的信号进行处理，测量出测距信号从卫星传播到接收机天线的时间间隔，译出卫星广播的导航电文，实时计算接收机天线的三维坐标、速度和时间。

按用途的不同，GPS 接收机分为导航型、测地型和授时型；按使用的载波频率分为单频接收机和双频接收机。

2. GPS 信号的组成

GPS 卫星发送的导航定位信号一般包括载波、测距码（C/A 码和 P 码）和数据码（导航电文或称 D 码）三类信号，它们均在同一个原子钟频率（f_0 = 10.23MHz）下产生。

3. GPS 的时间系统与坐标系统

时间系统采用的是 UTC 时间。整个地球分为二十四时区，每个时区都有自己的本地时间。在国际无线电通信场合，为了统一起见，使用一个统一的时间，称为通用协调时（Universal Time Coordinated，UTC）。UTC 与格林尼治平均时（Greenwich Mean Time，GMT）一样，都与英国伦敦的本地时相同。北京时区是东八区，领先 UTC 八个小时。

坐标系统采用的是 WGS-84，WGS-84 坐标系是一种国际上采用的地心坐标系。坐标原点为地球质心，其地心空间直角坐标系的 Z 轴指向国际时间局（BIH）1984.0 定义的协议地极（CTP）方向，X 轴指向 BIH1984.0 的协议子午面和 CTP 赤道的交点，Y 轴与 Z 轴、X 轴垂直构成右手坐标系，称为 1984 年世界大地坐标系。这是一个国际协议地球参考系统（ITRS），是目前国际上统一采用的大地坐标系。在国内我们往往采用的是国家坐标（CGCS 2000 北京 54、西安 80、新北京 54 等）或地方坐标，因此需要进行坐标转换求取当地转换参数。

4. GPS 定位测量的特点

GPS 系统是目前在导航定位领域应用最为广泛的系统，它以高精度、全天候、高效率、多功能、易操作等特点著称，GPS 测量主要具有以下特点：

（1）相邻测站之间不必通视，布网灵活

经典测量技术既要保持良好的通视条件，又要保障测量控制网的良好图形结构。而 GPS 测量只要求测站 15°以上的空间视野开阔，与卫星保持通视即可，并不需要观测站之间相互通视，因而不再需要建造觇标。这一优点既可大大减少测量工作的经费（一般造标费用占总经费的 30%～50%）和时间，同时也使选点工作变得非常灵活，完全可以根据工作的需要来确定点位，无须通视，也使点位的选择变得更灵活，可省去经典测量中的传算点、过渡点的测量工作。不过也应指出，GPS 测量虽然不要求观测站之间相互通视，但为了方便用常规方法联测，在布设 GPS 点时，应该保证至少一个方向通视。

（2）定位精度高

大量的实验和工程应用表明，用载波相位观测量进行静态相对定位，在小于 50km 的基线上，相对定位精度可达 $1\times10^{-6}\sim2\times10^{-6}$，而在 100～500km 的基线上，相对定位精度可达 $10^{-6}\sim10^{-7}$，随着观测技术与数据处理方法的改善，可望在大于 1000km 的距离上，相对定位精度达到或优于 10^{-8}。同时在实时动态定位和实时差分定位方面，定位精度可达厘米级和分米级，能满足各种工程测量的要求。

（3）全天候观测，不受天气影响

GPS 卫星较多，且分布均匀，保证了全球地面被连续覆盖，使得在地球上任何地点、任何时候进行观测工作，通常情况下，除雷雨天气不宜观测外，一般不受天气状况的影响。

（4）观测、记录、计算高度自动化

GPS 测量的自动化程度很高。对于“智能型”接收机，在观测中测量员的主要任务只是安装并开关仪器，量取天线高，采集环境的气象数据，监视仪器的工作状态，而其他工作，如卫星的捕获、跟踪观测和记录等均由仪器自动完成。结束观测时，仅需关闭电源，收好接收机，便完成野外数据采集任务。

如果在一个测站上需要作较长时间的连续观测，还可实行无人值守的数据采集，通过网络或其他通信方式，将所采集的观测数据传送到数据处理中心，实现全自动化的数据采集与处理。GPS 用户接收机一般质量较轻、体积较小，野外测量时仅“一键”开关，携带和搬运都很方便。

（5）实时定位的优越性，广泛应用于众多领域

利用 GPS 进行导航，可实时确定运动目标的三维位置和速度，可实时保障运动载体沿预定航线运行，亦可选择最佳路线，特别是对军事上动态目标的导航，具有十分重要的意义。但在室内、地下及地面空间不够开阔的地带，不能接收到卫星信号，观测受到限制。

（6）观测时间短

目前，利用经典的静态相对定位模式，20km 以内的基线所需观测时间，对于单频

接收机在1h左右，对于双频接收机仅需15～20min。采用实时动态定位模式，流动站初始化观测1～5min后，可随时定位，每站观测仅需几秒钟。利用GPS技术建立控制网，可缩短观测时间，提高作业效率。

（7）可提供全球统一的三维地心坐标

经典大地测量将平面和高程采用不同方法分别施测。GPS测量中，在精确测定观测站平面位置的同时，可以精确测量观测站的大地高程。GPS测量的这一特点，不仅为研究大地水准面的形状和确定地面点的高程开辟了新途径，同时也为其在航空物探、航空摄影测量及精密导航中的应用提供了重要的高程数据。GPS定位是在全球统一的WGS-84坐标系中计算的，因此全球不同点的测量成果是相互关联的。

二、GPS定位的基本原理和方法

1. GPS定位原理

GPS的定位原理是利用空间分布的卫星以及卫星与地面点的距离交会得出地面点位置。简言之，GPS定位原理是一种空间的距离后方交会。

设想在地面待定位置上安置GPS接收机，同一时刻接收4颗以上GPS卫星发射的信号。通过一定的方法测定这4颗以上卫星在此瞬间的位置以及它们分别至该接收机的距离，据此利用距离交会法解算出测站P的位置及接收机钟差δ_t。

如图5-27所示，设时刻t_i在测站点P用GPS接收机同时测得P点至4颗GPS卫星S_1、S_2、S_3、S_4的距离ρ_1、ρ_2、ρ_3、ρ_4，通过GPS电文解译出4颗GPS卫星的三维坐标（X^j，Y^j，Z^j），$j=1$，2，3，4，用距离交会的方法求解P点的三维坐标（X，Y，Z）的观测方程为：

$$\begin{cases}\rho_1^2 = (X - X^1)^2 + (Y - Y^1)^2 + (Z - Z^1)^2 + c\delta_t \\ \rho_2^2 = (X - X^2)^2 + (Y - Y^2)^2 + (Z - Z^2)^2 + c\delta_t \\ \rho_3^2 = (X - X^3)^2 + (Y - Y^3)^2 + (Z - Z^3)^2 + c\delta_t \\ \rho_4^2 = (X - X^4)^2 + (Y - Y^4)^2 + (Z - Z^4)^2 + c\delta_t \end{cases} \tag{5-45}$$

式中，c为光速，δ_t为接收机钟差。

2. GPS定位方法

利用GPS进行定位的方法有很多种。

1）若按照参考点的位置不同，则定位方法可分为绝对定位和相对定位。

①绝对定位。即在协议地球坐标系中，利用一台接收机来测定该点相对于协议地球质心的位置，也叫单点定位。这里可认为参考点与协议地球质心相重合。GPS定位所采用的协议地球坐标系为WGS-84坐标系，因此绝对定位的坐标最初成果为WGS-84坐标。

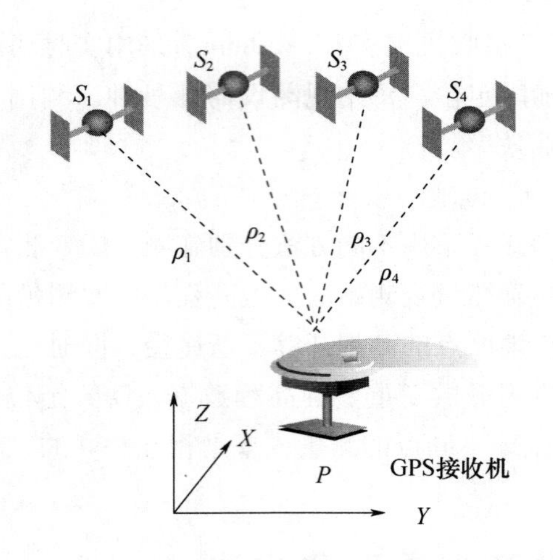

图 5-27　*GPS* 定位原理

②相对定位。GPS 相对定位又称为差分 GPS 定位，是采用两台以上（含两台）的接收机同步观测相同的 GPS 卫星，以确定接收机天线间的相互位置关系的一种方法。其最基本的情况是用两台接收机分别安置在基线的两端，同步观测相同的 GPS 卫星，确定基线端点在世界大地坐标系统中的相对位置或坐标差（基线向量），在一个端点坐标已知的情况下，用基线向量推求另一待定点的坐标。相对定位可以推广到多台接收机安置在若干条基线的端点，通过同步观测 GPS 卫星确定多条基线向量。

同步观测值之间存在多种误差，其影响是相同的或大体相同的，这些误差在相对定位过程中可以得到消除或减弱，从而使相对定位获得极高的精度。当然，相对定位时需要多台（至少两台以上）接收机进行同步观测，故增加了外业观测组织和实施的难度。

2）若按用户接收机在作业中的运动状态不同，则定位方法可分为静态定位和动态定位。

①静态定位。静态定位是指 GPS 接收机在进行定位时，待定点的位置相对其周围的点位没有发生变化，其天线位置处于固定不动的静止状态。此时接收机可以连续地在不同历元同步观测不同的卫星，获得充分的多余观测量，根据 GPS 卫星的已知瞬间位置，解算出接收机天线相位中心的三维坐标。由于接收机的位置固定不动，就可以进行大量的重复观测，所以静态定位可靠性强，定位精度高，在大地测量、工程测量中得到了广泛的应用，是精密定位中的基本模式。

②动态定位。动态定位是指在定位过程中，接收机位于运动着的载体上，天线也处于运动状态的定位。动态定位是用 GPS 信号实时地测得运动载体的位置。如果按照接收机载体的运行速度，还可将动态定位分为低动态（几十米/秒）、中等动态（几百米/秒）、高动态（几千米/秒）三种形式。其特点是测定一个动点的实时位置，多余观测量少、定位精度较低。

GPS 绝对定位和相对定位中，又都包含静态和动态两种方式，即动态绝对定位、静态绝对定位、动态相对定位和静态相对定位。

3）根据 GPS 信号的不同观测量，可以区分为卫星射电干涉测量、多普勒定位法、伪距定位法和载波相位测量四种定位方法。

详细内容可参考科学出版社出版的《GPS 导航原理与应用》（王惠南编著）一书。

三、GNSS 控制测量的实施

利用 GNSS 接收机进行控制测量的流程如图 5-28 所示，实际工作中可根据测量成果的用途选择相应的 GPS 测量规范实施，例如《工程测量规范》（GB 50026—2007）、《全球定位系统（GPS）测量规范》（GB/T 18314—2009）等。

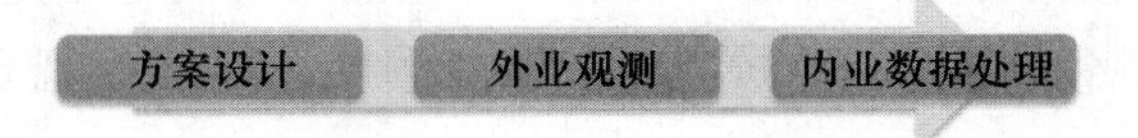

图 5-28　GPS 控制测量的流程图

1. 控制网等级及其用途

按照国家标准《全球定位系统（GPS）测量规范》（GB/T 18314—2009），GPS 测量按其精度分为 A、B、C、D、E 五级。

（1）A 级 GPS 网由卫星定位连续运行基准站构成，用于建立国家一等大地控制网，进行全球性的地球动力学研究、地壳形变测量和卫星精密定轨测量。

（2）B 级 GPS 测量主要用于建立国家二等大地控制网，建立地方或城市坐标基准框架、区域性的地球动力学研究、地壳形变测量和各种精密工程测量等。

（3）C 级 GPS 测量用于建立国家三等大地控制网，以及区域、城市及工程测量的基本控制网等。

（4）D 级 GPS 测量用于建立国家四等大地控制网。

（5）E 级 GPS 测量用于测图、施工等控制测量。

B、C、D、E 级边长和精度见表 5-27。

表 5-27　GPS B、C、D、E 级精度指标

级别	相邻点基线分量中误差（mm）		相邻点间平均距离（km）
	水平分量	垂直分量	
B	5	10	50
C	10	20	20
D	20	40	5
E	20	40	3

对于 GPS 网的精度要求，一般用网中点之间的距离误差来表示，其形式为：

$$\sigma = \pm \sqrt{a^2 + (b \times d)^2} \tag{5-46}$$

式中，σ 为网中点之间距离的标准差，mm；a 为 GPS 接收机标称精度中的固定误差，mm；b 为 GPS 接收机标称精度中的比例误差系数，1×10^{-6}；d 为 GPS 网中相邻两点之间的距离，km。

2. 网形布设

（1）GNSS 网技术设计

根据现行国家标准《全球定位系统（GPS）测量规范》（GB/T 18314—2009），GPS B、C、E 级网主要为建立国家二、三、四等大地控制网以及测图控制点。由于点位多，布设工作量大，布设前应进行技术设计，以获取最优的布测方案。

在技术设计前应根据任务的需要，收集测区范围已有的卫星定位连续运行基准站、各种大地点位资料、各种图件、地质资料，以及测区总体建设规划和近期发展方面的资料。

在开始技术设计时，应对上述资料分析研究，必要时进行实地勘察，然后进行图上设计。图上设计主要依据任务中规定的 GPS 网布设的目的、等级、边长、观测精度等要求，综合考虑测区已有的资料、测区地形、地质和交通状况，以及作业效率等情况，按照优化设计原则在设计图上标出新设计的 GPS 点的点位、点名、点号和级别，还应标出相关的各类测量站点、水准路线及主要的交通路线、水系和居民地等。制定出 GPS 联测方案，以及与已有的 GPS 连续运行基准站、国家三角网点、水准点联测方案。

技术设计后应上交野外踏勘技术总结和测量任务书与专业设计书，需附技术设计图。

（2）GNSS 网点选址基本原则与要求

1）GPS 网选点基本原则。

①GPS B 级点必须选在一等水准路线结点或一等与二等水准路线结点处，并建在基岩上，如原有水准结点附近 3km 处无基岩，可选在土层上。

②GPS C 级点作为水准路线的结点时应选建在基岩上，如结点处无基岩或不利于今后水准联测，可选在土层上。

③点位应均匀布设，所选点位应满足 GPS 观测和水准联测条件。

④点位所占用的土地，应得到土地使用者或管理者的同意。

2）GPS 网选点基本要求。

①选点人员应由熟悉 GPS、水准观测的测绘工程师和地质工程师组成。选点前充分了解测区的地理、地质、水文、气象、验潮、交通、通信、水电等信息。

②实地勘察选定点位。点位确定后用手持 GPS 接收机测定大地坐标，同时考察卫星通视环境与电磁干扰环境，确定可用标石类型，记录点之记有关内容，实地竖立标志牌并拍摄照片。

③点位应选择在稳定坚实的基岩、岩石、土层、建筑物顶部等能长期保存及满足观

测、扩展、使用条件的地点，并做好选点标记。

④选点时应避开环境变化大、地质环境不稳定的地区。应远离发射功率强大的无线发射源、微波信道、高压线（电压高于20万伏）等，距离不小于200m。

⑤选点时应避开多路径影响，点位周围应保证高度角15°以上无遮挡，困难地区高度角大于15°的遮挡物在水平投影范围总和不应超过30°。50m以内的各种固定与变化反射体应标注在点之记环视图上。

⑥选点时必须绘制水准联测示意图。

⑦选点完成后提交选点图、点之记信息、实地选点情况说明、对埋石工作的建议等。

3）GPS点建造。

标石类型与适用等级见表5-28。具体标石建造要求见相应规范的规定。

表5-28　GPS控制网标石类型

等级	可用标石类型
B级点	基岩GPS、水准共用标石
C级点	基岩GPS、水准共用标石；土层GPS、水准共用标石
E级点	基岩GPS、水准共用标石；土层GPS、水准共用标石；楼顶GPS、水准共用标石

（3）GPS接收机检验

作业所用的GPS接收机及天线都必须送国家计量部门认可的仪器检定单位检定，检定合格后在有效期限内使用。在某些特殊情况或在使用过程中如发现仪器有异常情况，可依照行业标准《全球定位系统（GPS）测量型接收机检定规程》（CH/T 8016—1995）所述方法进行检验。

（4）GPS观测实施

GPS土层点埋石结束后，一般地区应经过一个雨期，冻土深度大于0.8m的地区还应经过一个冻、解期；岩层上埋设的标石应经一个月，方可进行观测。

1）基本技术要求。

①最少观测卫星数：4颗；

②采样间隔30s；

③观测模式：静态观测；

④观测卫星截止高度角：10°；

⑤坐标和时间系统：WGS-84，UTC；

⑥观测时段及时长：B级点连续观测3个时段，每个时段长度大于等于23h；C级点观测大于等于2个时段，每个时段长度大于等于4h；D级点观测大于等于1.6个时段，每个时段长度大于等于1h；E级点观测大于等于1.6个时段，每个时段长度大于等于40min。

2）观测设备。

各等级大地控制网观测均应采用双频大地型GPS接收机。

3）观测方案。

GPS 观测可以采用以下两种方案：

①基于 GPS 连续运行站的观测模式；

②同步环边连接 GPS 静态相对定位观测模式：同步观测仪器台数大于等于 5 台，异步环边数小于等于 6 条，环长应小于等于 1500km。

4）作业要求。

①架设天线时要严格整平、对中，天线定向线应指向磁北，定向误差不得大于 ±5°。根据天线电缆的长度在合适的地方平稳安放仪器，将天线与接收机用电缆连接并固紧。

②认真检查仪器、天线及电源的连接情况，确认无误后方可开机观测。

③开机后应输入测站编号（或代码）、天线高等测站信息。

④在每时段的观测前后各量测一次天线高，读数精确至 1mm。

⑤观测手簿必须在观测现场填写，严禁事后补记和涂改编造数据。

⑥观测员应定时检查接收机的各种信息，并在手簿中记录需填写的信息，有特殊情况时，应在备注栏中注明。

⑦观测员要认真、细心地操作仪器，严防人或牲畜碰动仪器、天线和遮挡卫星信号。

⑧雷雨季节观测时，仪器、天线要注意防雷击，雷雨过境时应关闭接收机并卸下天线。

5）数据下载与存储。

①观测时段结束后，应及时将观测数据下载。

下载软件使用接收机配备的工具软件。数据下载过程中应监视数据传输时出现坏块的情况。数据下载后，应查阅提示信息，若未完全下载（下载进度 <100%），或出现坏块，应重新调整通信参数设置，并再次下载数据。同时应立即将观测数据转换为 RINEX 格式文件，以检查原始数据下载是否正确。

②每天的原始数据使用一个子目录，每天的 RINEX 数据使用另一个子目录。子目录命名方式可采用“测站编号 + 年代 + 该天的年积日 + D”和“测站编号 + 年代 + 该天的年积日 + R”的形式（其中，D 表示原始观测数据，R 表示 RINEX 格式数据）。

③原始数据与 RINEX 数据必须在微机硬盘中保留到上交的数据检查验收完成后，并在不同的介质上备份。接收机中的内存容量尚有空余时，存储的观测数据不得删除。无论原始观测数据，还是 RINEX 格式数据均应做备份。

（5）外业数据检查与技术总结

1）数据质量检查。

数据质量检查宜采用专门的软件进行。检查内容包括：

①观测卫星总数；

②数据可利用率（≥80%）；

③L_1、L_2 频率的多路径效应影响 MP_1、MP_2 应小于 0.5m；

④GPS 接收机钟的日频稳定性不低于10^{-8}。

2）技术总结。

外业技术总结编写执行《测绘技术总结编写规定》（CH/T 1001—2005），应包括：任务来源、任务内容、完成情况、测区概况、作业依据、采用基准及已有资料利用情况、作业组织实施、仪器检验、质量控制、技术问题的处理、存在问题和建议、提交成果内容等。

3. GPS 测量数据处理

（1）外业观测数据质量检核

外业观测数据质量检核主要有以下内容。

1）数据剔除率。

同一时段内观测值的数据剔除率不应超过 10%。

2）复测基线的长度差。

C、D 级网基线处理和 B 级网外业预处理后，若某基线向量被多次重复，则任意两个基线长度的较差 d_s 应满足下式：

$$d_s \leqslant 2\sqrt{2}\sigma \tag{5-47}$$

式中，σ 为相应级别规定的基线中误差，计算时边长按实际平均边长计算。

单点观测模式不同点间不进行重复基线、同步环和异步环的数据检验，但同一点间不同时段基线数据（与连续运行站网）长度较差，两两比较也应满足上式。

3）同步观测环闭合差。

三边同步环中只有两个同步边成果可以视为独立的成果，第三边成果应为其余两边的代数和。由于模型误差和处理软件的内在缺陷，第三边处理结果与前两边的代数和常不为零，其差值应小于下列数值：

$$\omega_X \leqslant \frac{\sqrt{3}}{5}\sigma \quad \omega_Y \leqslant \frac{\sqrt{3}}{5}\sigma \quad \omega_Z \leqslant \frac{\sqrt{3}}{5}\sigma \tag{5-48}$$

式中，σ 为相应级别规定的基线中误差，计算时边长按实际平均边长计算。

对于四站或更多同步观测而言，应用上述方法检查一切可能的三边环闭合差。

4）独立环闭合差及附合路线坐标闭合差。

C、D 级网及 B 级网外业基线预处理的结果，其独立闭合环或附合路线坐标闭合差应满足下列公式：

$$\omega_X \leqslant 3\sqrt{n}\sigma \quad \omega_Y \leqslant 3\sqrt{n}\sigma \quad \omega_Z \leqslant 3\sqrt{n}\sigma \quad \omega_s \leqslant 3\sqrt{3n}\sigma \tag{5-49}$$

式中，n 为闭合边数；σ 为基线测量中误差；

$$\omega_s = \sqrt{\omega_X^2 + \omega_Y^2 + \omega_Z^2} \tag{5-50}$$

（2）GPS 网基线精处理结果质量检核

GPS 网基线精处理结果质量检核包括以下内容：

1）精处理后基线分量及边长的重复性。

GPS A、B 级网基线精处理后应计算基线的 ΔX 分量、ΔY 分量、ΔZ 分量及边长的重复性。对基线边长、南北分量、东西分量和垂直分量的重复性还需进行固定误差和比例误差的拟合，以作为衡量基线精度的参考指标。

2）各时间段的较差。

GPS B 级网，同一基线不同时间段的较差，应满足规范规定。

3）独立环闭合差或附合路线的坐标闭合差。

GPS B、C 级网基线精处理后，独立环闭合差或附合路线的坐标闭合差、环线全长闭合差均应满足规范的相应规定。

（3）GPS 网平差

使用 GPS 数据处理软件进行 GPS 网平差，首先提取基线向量；其次进行三维无约束平差；再次进行约束平差和联合平差；最后进行质量分析与控制。

1）基线向量提取。

进行 GPS 网平差，首先提取基线向量，构建 GPS 基线向量网。提取基线向量时需要遵循以下原则：

①必须选取相对独立的基线，否则平差结果会与真实的情况不相符合。

②所选取的基线应构成闭合的几何图形。

③选取质量好的基线向量。基线质量的好坏可以依据 RMS、RDOP、RATIO、同步环闭合差、异步环闭合差及重复基线较差来判定。

④选取能构成边数较少的异步环的基线向量。

⑤选取边长较短的基线向量。

2）三维无约束平差。

在构成 GPS 基线向量网后，需要进行 GPS 网的三维无约束平差。通过无约束平差，主要达到以下两个目的：

①根据无约束平差结果，判别在所构成的 GPS 网中是否有粗差基线，如发现含有粗差的基线，必须进行处理，以使构网的所有基线向量均满足质量要求。

②调整各基线向量观测值的权数，使得它们相互匹配。

3）约束平差和联合平差。

三维无约束平差后，需要进行约束平差或联合平差。平差可根据需要在三维空间或二维空间中进行。

约束平差的具体步骤是：

①指定进行平差的基准和坐标系统。

②指定起算数据。

③检验约束条件的质量。

④进行平差解算。

4）质量分析与控制。

进行 GPS 网质量的评定。在评定时可以采用下面的指标：

①基线向量改正数。根据基线向量改正数的大小，判断出基线向量中是否含有粗差。

②相邻点的中误差和相对中误差。

若在质量评定时发现问题，则需根据具体情况进行处理。若发现构成 GPS 网的基线中含有粗差，则需要采用删除含有粗差的基线重新对含有粗差的基线进行解算或重测含有粗差的基线等方法加以解决；如果发现个别起算数据有质量问题，则应放弃有质量问题的起算数据。

四、GPS 测量的作业模式

1. 静态测量模式

（1）作业方式

采用两台（或两台以上）接收设备，分别安置在一条或数条基线的两个端点，同步观测 4 颗以上卫星，每时段长 45min ~ 2h，或更多。作业布置如图 5-29 所示。

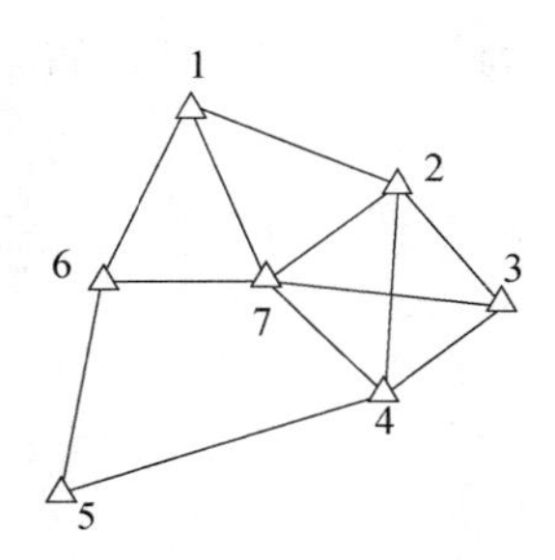

图 5-29　静态定位

（2）精度

基线的相对定位精度可达 5mm ±（$10^{-6} \times D$），D 为基线长度（km）。

（3）适用范围

建立全球性或国家级大地控制网、建立地壳运动监测网、建立长距离检校基线、进行岛屿与大陆联测、钻井定位及建立精密工程控制网等。

（4）注意事项

所有已观测基线应组成一系列封闭图形，以利于外业检核，提高成果可靠度。

静态测量模式可以通过平差进一步提高定位精度。

2. 快速静态测量模式

（1）作业方法

在测区中部选择一个基准站，并安置一台接收设备连续跟踪所有可见卫星，另一台接收机依次到各点流动设站，同步观测 4 颗以上卫星，每点观测数分钟。作业布置如图 5-30 所示。

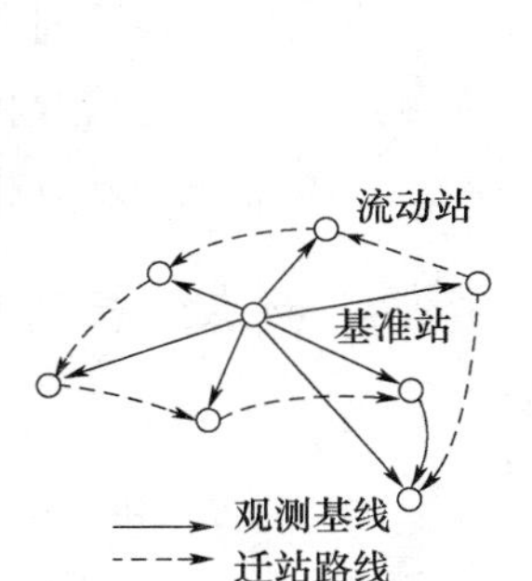

图 5-30　快速静态定位

（2）精度

流动站相对于基准站的基线中误差为 5mm ±（$10^{-6} \times D$）。

（3）应用范围

控制网的建立及加密、工程测量、地籍测量、大批相距百米左右的点位定位。

（4）注意事项

在测量时段内应确保有 4 颗以上卫星可供观测；流动点与基准点相距应不超过

20km；流动站上的接收机在转移时，不必保持对所测卫星连续跟踪，可关闭电源以降低能耗。

快速静态测量模式作业速度快、精度高，流动站无须连续跟踪卫星，故能耗低。但两台接收机工作时，基线不适宜构成几何图形，检核条件不充分，可靠性较差。

3. 准动态测量模式

（1）作业方法

在测区选择一个基准点，安置接收机连续跟踪所有可见卫星，将另一台流动接收机先置于1号站（起始点）初始化观测；在保持对所测卫星连续跟踪而不失锁的情况下，将流动接收机依次置于2，3，4……各点（待定点）观测数秒钟，具体如图5-31所示。

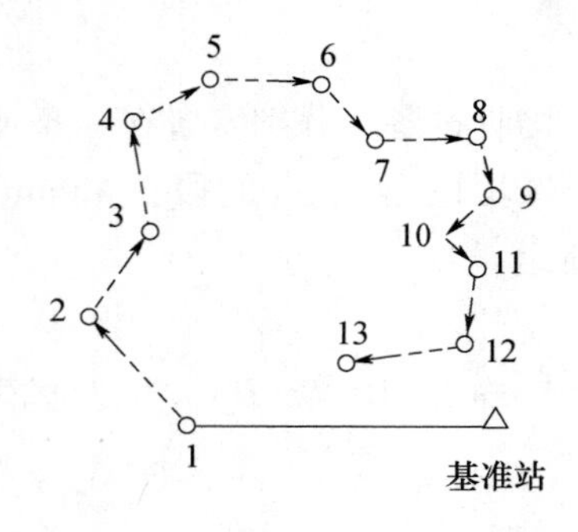

图5-31 准动态定位

（2）精度

基线的中误差为1～2cm。

（3）应用范围

开阔地区的加密控制测量、工程测量、碎部测量、剖面测量及线路测量等。

（4）注意事项

应确保在观测时段中有5颗以上卫星可供观测；流动点与基准点距离不超过20km；观测过程中流动接收机不能失锁，否则应在失锁的流动点上延长观测时间1～2min。

这种方法中基线也不适宜构成几何图形，检核条件不充分，可靠性较差。

4. 动态定位测量模式

（1）作业方法

1）设置基准站：建立一个基准点安置接收机连续跟踪所有可见卫星。

2）设置流动站：在运动平台上设置接收机，指定自动定位的时间间隔。

3）初始化：流动接收机先在出发点上静态观测数分钟，然后流动接收机从出发点开始连续运动；按指定的时间间隔自动测定运动载体的实时位置。

4）流动观测：初始化后，保持对卫星连续跟踪观测状态，接收机依预定时间间隔自动同步观测5颗以上卫星，一般采样率小于1s。

作业布置如图 5-32 所示。

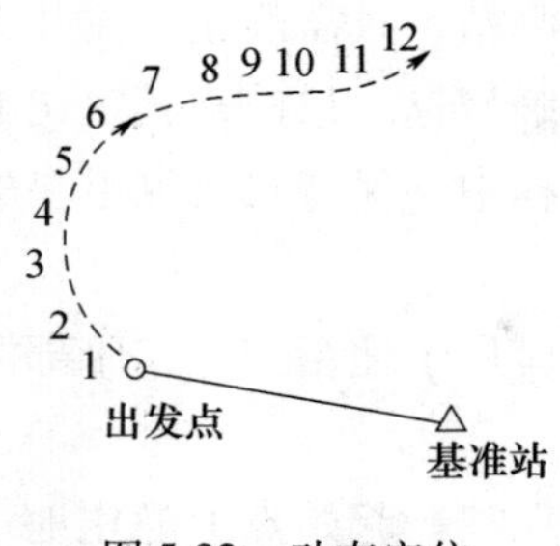

图 5-32　动态定位

（2）精度

相对于基准点的瞬时点位精度 1 ~ 2cm。

（3）应用范围

精密测定运动目标的轨迹、测定道路的中心线、剖面测量、航道测量等。

（4）注意事项

需同步观测 5 颗卫星，其中至少 4 颗卫星要连续跟踪；流动点与基准点距离不超过 20km；流动接收机连续跟踪卫星失锁时需重新初始化 1 ~ 2min。

5. 实时动态测量模式（Real Time Kinematic，RTK）

（1）RTK 简介

RTK 是以载波相位观测量为根据的实时差分 GPS（GPS-RTK）测量技术，是 GPS 测量技术发展中的一个新突破。

实时动态测量的基本思想是在基线上安置一台 GPS 接收机，对所有可见 GPS 卫星进行连续测量，并将其观测数据通过无线电传输设备，实时地发送给用户站。在用户站上，接收机在接收卫星信号的同时，通过无线电接收设备接收基准站传输的观测数据，然后根据相对定位的原理，实时地计算并显示用户站的三维坐标及其精度。

（2）RTK 作业模式与应用

根据用户的要求，目前实时动态测量采用的作业模式主要有：

1）快速静态测量。

采用这种测量模式，要求 GPS 接收机在每一用户站上，静止地进行观测。在观测过程中，连同接收到的基准站的同步观测数据，实时地解算整周未知数和用户站的三维坐标。如果解算结果的变化趋于稳定，且其精度已满足设计要求，便可适时地结束观测。

采用这种模式作业时，用户站的接收机在流动过程中，可以不必保持对 GPS 卫星的连续跟踪，其定位精度可达 1 ~ 2cm。这种方法可应用于城市、矿山等区域性的控制测量，工程测量和地籍测量等。

2）准动态测量。

采用这种测量模式，通常要求流动的接收机在观测工作开始之前，首先在某一起始点上静止地进行观测，以便采用快速解算整周未知数的方法实时地进行初始化工作。初始化后，流动的接收机在每一观测站，只需静止观测几个历元，并连同基准站的同步观测数据，实时地解算流动站的三维坐标。目前，其定位的精度可达厘米级。

该方法要求接收机在观测过程中，保持对所测卫星的连续跟踪。一旦发生失锁，便需重新进行初始化工作。

准动态实时测量模式，主要应用于地籍测量、碎部测量、路线测量和工程放样等。

3）动态测量。

动态测量模式，一般需首先在某一起始点上静止地观测数分钟，以便进行初始化工作。之后，运动的接收机按预定的采样时间间隔自动地进行观测，并连同基准站的同步观测数据，实时地确定采样点的空间位置。目前，其定位的精度可达厘米级。

这种测量模式，仍要求在观测过程中，保持对观测卫星的连续跟踪。一旦发生失锁，则需重新进行初始化的工作。这时，对陆上的运动目标来说，可以在卫星失锁的观测点上，静止地观测数分钟，以便重新初始化，或者利用动态初始化（AROF）技术，重新初始化，而对海上和空中的运动目标来说，则只有应用 AROP 技术，重新完成初始化的工作。

RTK 技术通过实时计算的定位结果，便可监测基准站与用户站观测成果的质量和解算结果的收敛情况，从而实时判断解算结果是否成功，以减少冗余观测，缩短观测时间。RTK 测量技术为 GPS 测量工作的稳定性和高效率提供了保障。

目前 RTK 技术主要应用于开阔地区的加密控制测量、地形测图、地籍测量、工程定位及碎部测量、航空摄影测量和航空物探中采样点的实时定位、航道测量、道路中线测量以及运动目标的精度导航等。

五、全球定位系统在建筑施工工程中的应用

GNSS 技术给测绘界带来了一场革命，与传统的手工测量手段相比，GNSS 技术有着巨大的优势：①测量精度高；②操作简便，仪器体积小，便于携带；③全天候操作；④观测点之间无须通视；⑤测量结果统一在 WGS-84 坐标下，信息自动接收、存储，减少烦琐的中间处理环节。

在建筑施工中 GPS 得到了广泛的应用普及，其在工程中的应用主要有：施工前的施工控制网建立，用 GPS-RTK 进行精度要求不高的基坑、基础及结构的放样，道路工程中的中线测设和纵、横断面测量，工程土石方量的测量，施工中的变形观测和竣工测量，建筑营运管理阶段的变形监测等方面。

第六章　施工测量

施工阶段所进行的测量工作称为施工测量。施工测量的目的是把图纸上设计的建（构）筑物的平面位置和高程，按设计和施工的要求测设（放样）到相应的地点，作为施工的依据；并在施工过程中进行一系列的测量工作，以指导和衔接各施工阶段和工种间的施工。施工测量贯穿于整个施工过程中，起着重要的辅助作用。

一、施工测量的主要内容

1）施工前建立与工程相适应的施工控制网。

2）建（构）筑物的放样及构件与设备安装的测量工作，以确保施工质量符合设计要求。

3）检查和验收工作。每道工序完成后，都要通过测量检查工程各部位的实际位置和高程是否符合要求，根据实测验收的记录，编绘竣工图和资料，作为验收时鉴定工程质量和工程交付后管理、维修、扩建、改建的依据。

4）变形观测工作。随着施工的进展，测定建（构）筑物的位移和沉降，作为鉴定工程质量和验证工程设计、施工是否合理的依据。

二、施工测量的特点

1）施工测量是直接为工程施工服务的，因此它必须与施工组织计划相协调。测量人员必须了解设计的内容、性质及其对测量工作的精度要求，随时掌握工程进度及现场变动，使测设精度和速度满足施工的需要。

2）施工测量的精度主要取决于建（构）筑物的大小、性质、用途、材料、施工方法等因素。一般高层建筑施工测量精度应高于低层建筑，装配式建筑施工测量精度应高于非装配式，钢结构建筑施工测量精度应高于钢筋混凝土结构建筑，往往局部精度高于整体定位精度。

3）施工测量受施工干扰大。由于施工现场各工序交叉作业，材料堆放和运输、场地变动及施工机械的振动，易使测量标志遭到破坏，因此，测量标志从形式、选点到埋设均应考虑便于使用、保管和检查，如有破坏，应及时恢复。

第一节　基本测设

测设就是根据已有的控制点或地物点，按设计和工程施工要求，将待建的建筑物（构筑物）特征点的平面位置和高程在实地标定出来，也称为放样。测设的过程大致是：首先计算特征点与控制点（或已有地物点）之间的相对位置关系，也就是角度、距离和高差等测设数据，然后利用测量仪器和工具，根据测设数据将特征点测设到实地。

测设的基本工作包括测设已知水平角、测设已知水平距离和测设已知高程。在施工过程中，通常将测设一段已知水平距离和测设一个已知水平角结合起来完成点平面位置的测设，也可将测设两段水平距离结合起来或测设两个水平角结合起来测设点的平面位置；已知高程的测设通常用于设计标高位置的确定和地面坡度线的测设。

一、已知水平角的测设

测设已知水平角，就是在已知角度顶点位置和一个已知边方向，标定出另一边方向，使两方向的水平夹角等于已知水平角角值。根据测设精度要求不同，主要有一般测设和精密测设两种方法。

1. 一般测设方法

当测设水平角的精度要求不高时，可采用盘左、盘右分中的方法测设，又称正倒镜法。如图 6-1 所示。设地面已知方向 OA，O 为角度顶点，β 为设计水平角角值，OB 为欲定的方向线。

以经纬仪为例，测设方法如下：

1）在 O 点安置经纬仪，盘左位置瞄准 A 点，设置水平度盘读数为 $0°00'00''$。

2）转动经纬仪照准部，使水平度盘读数恰好为设计值 β，在仪器视线瞄准的方向上定出 B' 点。

3）盘右位置，重复上述步骤，再测设一次，定出 B'' 点。

4）取 B' 和 B'' 的中点 B，则 $\angle AOB$ 就是要测设的设计水平角 β。

全站仪亦可完成上述工作。

2. 精密测设方法

当水平角测设精度要求较高时，需要使用精密测设。精密测设的大致过程是：先用前面所述的一般测设方法定出设计水平角的另一边，再对测设后形成的水平角进行多测回测量，然后求出实测水平角与设计水平角的差值，最后对差值进行归化改正。精密测设方法又叫归化法。

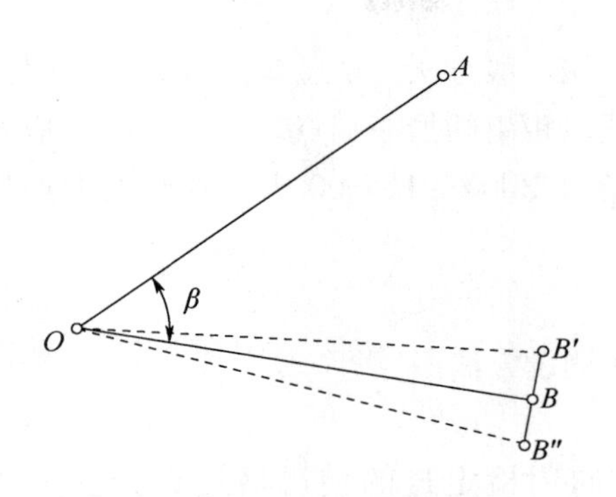

图6-1　已知水平角测设的一般方法

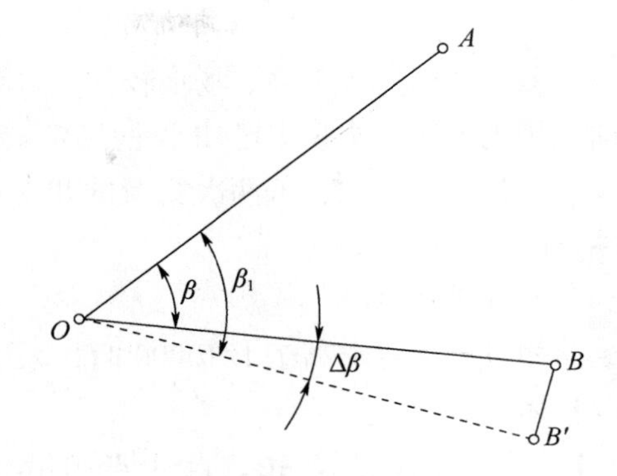

图6-2　已知水平角测设的精密方法

水平角精密测设的具体步骤如下（图6-2）：

1）按一般方法测设出 B'（也就是图6-1中的 B 点，为了区别表示，这里表示为 B'）。

2）用测回法对 $\angle AOB'$ 观测若干个测回（测回数根据要求的精度而定），求出各测回平均值 β_1 作为观测结果，并计算出 $\Delta\beta=\beta_1-\beta$。

3）量取 OB' 的水平距离，并利用式（6-1）计算改正距离 BB'，$BB'\perp OB'$。

$$BB' = OB' \times \tan\Delta\beta \approx OB' \frac{\Delta\beta}{\rho} \tag{6-1}$$

4）自 B' 点沿 OB' 的垂直方向量出距离 BB'，定出 B 点，则 $\angle AOB$ 就是要测设的角度。

注意：改正距离 BB' 的方向与 $\Delta\beta$ 的符号有关。$\Delta\beta$ 为正，则 BB' 沿 OB' 的垂直方向向内量取；$\Delta\beta$ 为负，则 BB' 沿 OB' 的垂直方向向外量取。

【例6-1】　已知设计水平角 $\beta=45°00'00''$，现用一般方法测设出 OB' 方向，参考图6-2。经多测回观测 $\beta_1=45°00'17''$，测量 OB' 距离为60m，定出归化改正后的位置。

解： $\Delta\beta=\beta_1-\beta=17''$，$OB'=60\text{m}$，则根据式（6-1）可知：

$$BB' = OB'\tan\Delta\beta = 60 \times \tan17'' = -0.005(\text{m})$$

因此，自 B' 点沿 OB' 的垂直方向向内量出距离 $BB'=5\text{mm}$，定出 B 点。

二、已知水平距离的测设

测设已知水平距离，是从地面上一个已知点出发，沿着给定方向量出设计的水平距离，确定这段距离另一端点的位置。主要有钢尺测设和全站仪法测设两种。采用钢尺测设方法时，应注意测设地面尽量平坦（或起伏不大），设计长度小于钢尺的名义长度，否则尽量使用全站仪法测设。

1. 钢尺测设

（1）一般方法

当测设精度要求不高、场地较为平整时，采用一般方法。从已知点开始，沿着给定方向，用钢尺直接丈量出已知水平距离，定出这段距离的另一端点。为了校核，应变换钢尺起点再丈量一次，若两次丈量的相对误差在 1/3000 ~ 1/5000 内，取两点中点作为该端点的最后位置。

（2）精确方法

当测设精度要求高于 1/10000 时，采用精密测设方法。

具体步骤为：

1）用经纬仪定线 AC，自 A 点起沿 AC 方向用检定过的钢尺概量设计长度 $D=25.000\text{m}$，定出临时终点 B'，并测得 $h_{AB'}=1.000\text{m}$，如图 6-3 所示。

2）假设测设时温度为 $t=30℃$，测设时拉力与检定钢尺时拉力相同，所用尺长方程式为：$l_t=30+0.003+1.25\times10^{-5}\times（t-20℃）\times30$。

计算各尺段尺长改正数、温度改正数、倾斜改正数。

①尺长改正数：

$$\Delta l_d=\frac{\Delta l}{l_0}D=\frac{0.003}{30}\times25=+0.003(\text{m})$$

②温度改正数：

$$\Delta l_t=\alpha(t-t_0)l=1.25\times10^{-5}\times(30℃-20℃)\times25=+0.003(\text{m})$$

③倾斜改正数：

$$\Delta l_h=-\frac{h^2}{2l}=\frac{(+1.000)^2}{2\times25}=-0.020(\text{m})$$

3）计算实地放样长度 L。

$$L=D-\Delta l_d-\Delta l_t-\Delta l_h=25.000-0.003-0.003-(-0.020)=25.014(\text{m})$$

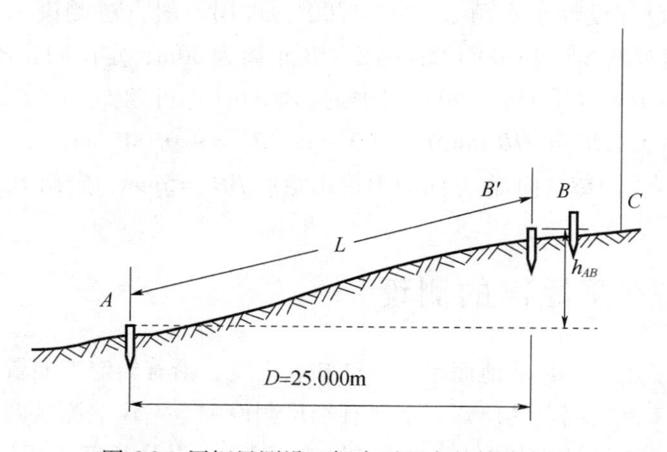

图 6-3　用钢尺测设已知水平距离的精确方法

4）在地面上从已知点 A 出发沿 AC 方向用钢尺实量 25.014m 定出 B 点，则 AB 两点间的水平距离正好是已知值 25.000m，同样为了检核，需要变换钢尺起点重新丈量一次，直至满足精度要求为止。

2. 全站仪测设

全站仪测设已知水平距离时，不受地面高差大小限制和测设距离长短限制，在施工测量中使用较为广泛。

操作具体步骤如下：

1）如图 6-4 所示，在 A 点安置全站仪，并定出 AC 已知方向，在已知方向上，定出概略位置 C'点。

2）在 C'点安置反光棱镜，用全站仪测距功能测出 AC'的水平距离 D'，求出 D'与应测设的水平距离 D 之差 $\Delta D = D' - D$。

3）根据 ΔD 的数值大小，在实地用钢尺沿测设方向将 C'改正至 C 点，并用木桩标定其点位。

4）将反光棱镜安置于 C 点，再实测 AC 水平距离，其不符值应在限差之内，否则应再次进行改正，直至符合限差为止。

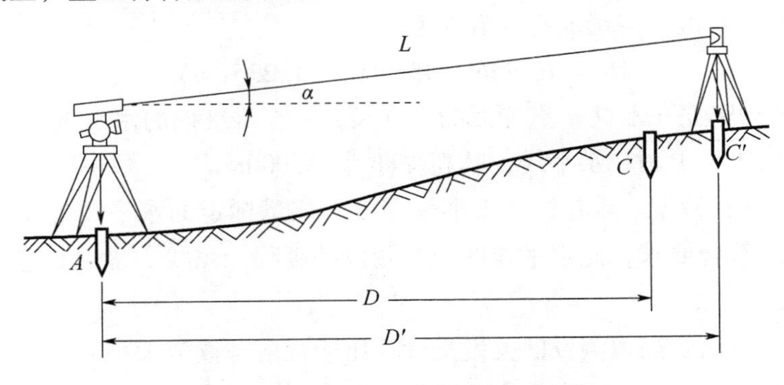

图 6-4　用全站仪测设已知水平距离

三、已知高程的测设

测设已知高程，是利用水准测量的方法，根据已知水准点，在施工现场作业面上确定已知设计高程的过程，施工中常称为抄平。一般分为在地面上测设已知高程和高程传递两种情况。

1. 在地面上测设已知高程

如图 6-5 所示，某建筑物的室内地坪设计高程为 45.000m，附近有一水准点 BM_A，其高程为 $H_A = 44.680$m。现在要求把该建筑物的室内地坪高程测设到木桩 B 上，作为施工时控制高程的依据。测设过程如下：

1）在水准点 BM_A 和木桩 B 之间安置水准仪，测得 A 点对应的后视读数 $a=1.556\text{m}$，此时视线高程 H_i 为：

$$H_i = 44.680 + 1.556 = 46.236(\text{m})$$

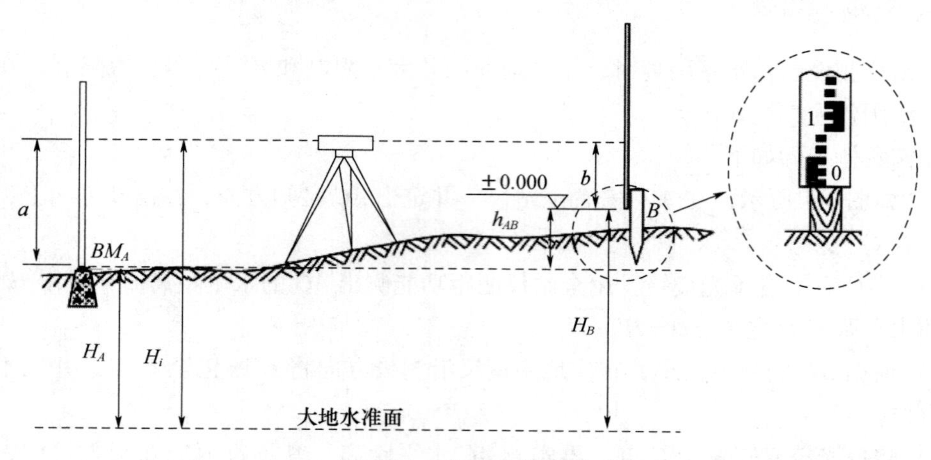

图 6-5　已知高程的测设

2）计算 B 点水准尺应读前视读数 b 为：

$$b = 46.236 - 45.000 = 1.236(\text{m})$$

3）上下移动竖立在木桩 B 点侧面的水准尺，直至水准仪的水平视线读数为 1.236m 时，紧靠尺底的木桩上画一水平线，其高程即为 45.000m。

4）测设点高程检核。重新调整水准仪高度，测量标定的水平线的实测高程，并与设计值比较，若符合要求，此水平线即为要测设的高程标志线，常用红色油漆做倒三角表示。

由上述可知，已知高程测设的关键是计算出应视前视读数大小：

$$b_{应} = H_{已知} + a - H_{设计} \tag{6-2}$$

2. 高程传递

当向较深的基坑测设已知高程点时，如果水准尺长度不满足要求，可利用钢尺向下引测，实现传递高程的目的。

如图 6-6 所示，欲在深基坑内设置一点 B，使其高程为 $H_{设} = -5.000\text{m}$。地面附近有一水准点 A，其高程为 $H_A = \pm 0.000\text{m}$。测设步骤如下：

1）在基坑旁架设吊杆，杆上吊一根零点向下的钢尺，尺的下端悬挂 10kg 的重锤。

2）在地面安置一台水准仪，设水准仪在 A 点所立水准尺上读数为 $a = 1.415\text{m}$，在钢尺上读数 $c_1 = 5.765\text{m}$。

3）在坑底安置另一台水准仪，设水准仪在钢尺上读数为 $c_2 = 0.943\text{m}$。根据水准测量原理，B 处水准尺读数 b 应为：

$$b = H_A + a - (c_1 - c_2) - H_{设} \tag{6-3}$$

由式（6-3）可得：$b = 0.000 + 1.415 - (5.765 - 0.943) - (-5.000) = 1.593$（m）

按照地面上点高程测设的方法，上下移动水准尺使其在 B 处的水平读数恰好为 $b = 1.593$m，则此时 B 处水准尺底部高程即为要测设高程。

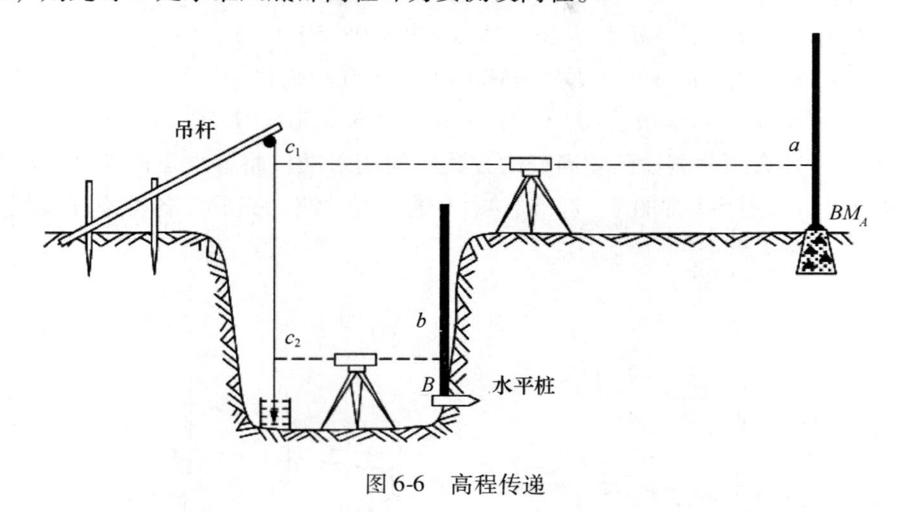

图 6-6　高程传递

采用类似的方法，也可以实现从低处向高处引测高程。

四、坡度的测设

坡度是指直线两端高差 h 与水平距离 D 之比，一般为百分率或千分率形式，用符号 i 表示。因为高差有正负，所以坡度也有正负，坡度上升时 i 为正，反之为负。

$$i = \frac{h}{D} \tag{6-4}$$

道路建设、敷设管道及排水沟等工程中，常要测设已知坡度值的直线，这种工作称为已知坡度线的测设。

已知坡度线的测设，是根据设计坡度和坡度端点的设计高程，从附近水准点起算，用水准仪或全站仪将坡度线上各点的设计高程标定在地面上，使之形成已知坡度。一般有水准仪抄平法和经纬仪倾斜视线法两种。

1. 水准仪抄平法

当测设坡度较小或距离较短时，一般采用水准仪抄平法。如图 6-7 所示，A、B 为坡度线的两端点，其水平距离为 $D = 50.000$m，设 A 点的高程为 $H_A = 100.000$m，仪器高为 $a = 1.428$m，要沿 AB 方向测设一条坡度为 $i_{AB} = -5\%$ 的坡度线。

1）根据施工需要，沿 AB 方向按一定的间隔在地面上标定出中间点 1、2、3、4、5

的位置，并测定每相邻两桩间的距离分别为 $d_1 = 10\text{m}$、$d_2 = 10\text{m}$、$d_3 = 10\text{m}$、$d_4 = 10\text{mm}$、$d_5 = 10\text{mm}$。

2）根据坡度定义，推算每个桩点的设计高程：

$H_1 = H_A + i \times d_1 = 100 - 5\% \times 10 = 99.50$（m）

$H_2 = H_A + i \times (d_1 + d_2) = 100 - 5\% \times 20 = 99.00$（m）

$H_3 = H_A + i \times (d_1 + d_2 + d_3) = 100 - 5\% \times 30 = 98.50$（m）

$H_4 = H_A + i \times (d_1 + d_2 + d_3 + d_4) = 100 - 5\% \times 40 = 98.00$（m）

$H_B = H_A + i \times (d_1 + d_2 + d_3 + d_4 + d_5) = 100 - 5\% \times 50 = 97.50$（m）

3）使用本节介绍的测设已知高程的方法，使用水准仪将各桩点的设计高程依次测设到桩顶位置，如图6-7中的1、2、3、4、B 的位置。测设完成后各桩顶连线就是设计坡度线。

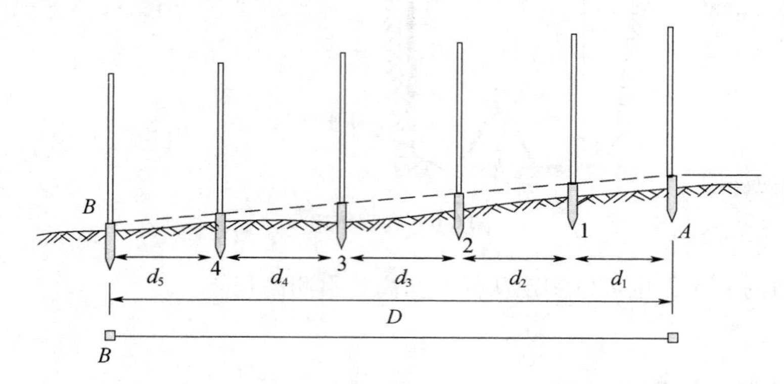

图6-7　水准仪抄平法测设坡度线

2. 经纬仪倾斜视线法

测设坡度较大时，可使用经纬仪倾斜视线法测设。如图6-8所示，步骤如下：

1）根据 A 点的高程 $H_A = 100.000\text{m}$、坡度 $i_{AB} = -5\%$ 和 A、B 两点间的水平距离 $D = 50.000\text{m}$，计算出 B 点的设计高程。

$$H_B = H_A + i \times D = 100 - 5\% \times 50 = 97.50(\text{m})$$

2）按测设已知高程的方法，先使用水准仪将 B 点设计高程 H_B 测设于 B 桩顶。此时，A、B 两桩顶连线即构成坡度为 i_{AB} 的坡度线。

3）在 A 点安置经纬仪对中、调平，假设量取的仪器高度是 i，用望远镜瞄准 B 点水准尺，使水准尺读数等于仪器高 i，此时，经纬仪观测视线与设计坡度线平行。

4）在 A、B 两点之间分别打下木桩1、2、3、4，并依次在各木桩上竖立水准尺。望远镜十字丝横丝读数等于 i 时，在水准尺底部作标记，各标记的连线就是欲测设的坡度线。

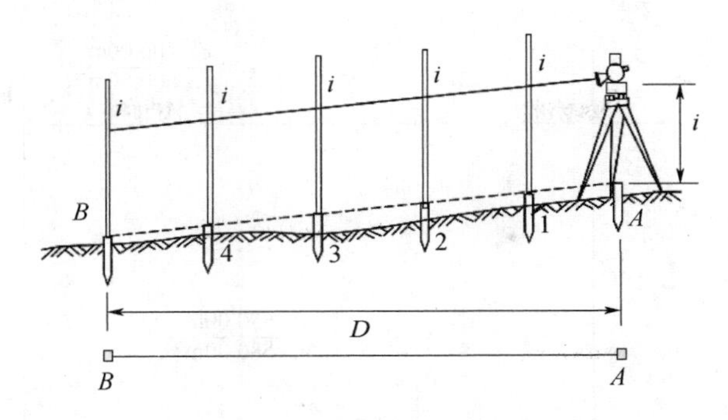

图 6-8　倾斜视线法坡度线测设

五、平面点位的测设

测设点的平面位置的主要方法有直角坐标法、极坐标法、全站仪坐标放样法、角度交会法、距离交会法、RTK 放样等。至于采用哪种方法，应根据控制网的形式、地形情况、现场仪器设备和技术条件及精度要求等因素确定。

1. 直角坐标法

直角坐标法是根据直角坐标原理，利用纵、横坐标之差，测设点的平面位置。直角坐标法适用于施工控制网为建筑方格网或建筑基线的形式，待测设建筑物主要轴线与控制点连线平行（垂直），而且量距方便的建筑施工场地。

（1）计算测设数据

如图 6-9 所示，Ⅰ、Ⅱ、Ⅲ、Ⅳ为建筑施工场地的建筑方格网点，a、b、c、d 为欲测设建筑物的四个角点，根据设计图上各点坐标值，可求出建筑物的长度、宽度及测设数据。

建筑物的长度 $=y_c-y_a=580.00-530.00=50.00$（m）

建筑物的宽度 $=x_c-x_a=650.00-620.00=30.00$（m）

测设 a 点的测设数据（Ⅰ点与 a 点的纵、横坐标之差）：

$\Delta x=x_a-x_1=620.00-600.00=20.00$（m）

$\Delta y=y_a-y_1=530.00-500.00=30.00$（m）

（2）点位测设方法

1）在Ⅰ点安置经纬仪，瞄准Ⅳ点，沿视线方向测设距离 30.00m，定出 m 点，继续向前测设 50.00m，定出 n 点。

2）在 m 点安置经纬仪，瞄准Ⅳ点，按逆时针方向测设 90°角，由 m 点沿视线方向测设距离 20.00m，定出 a 点，做出标志，再向前测设 30.00m，定出 b 点，做出标志。

3）在 n 点安置经纬仪，瞄准Ⅰ点，按顺时针方向测设 90°角，由 n 点沿视线方向测设距离 20.00m，定出 d 点，做出标志，再向前测设 30.00m，定出 c 点，做出标志。

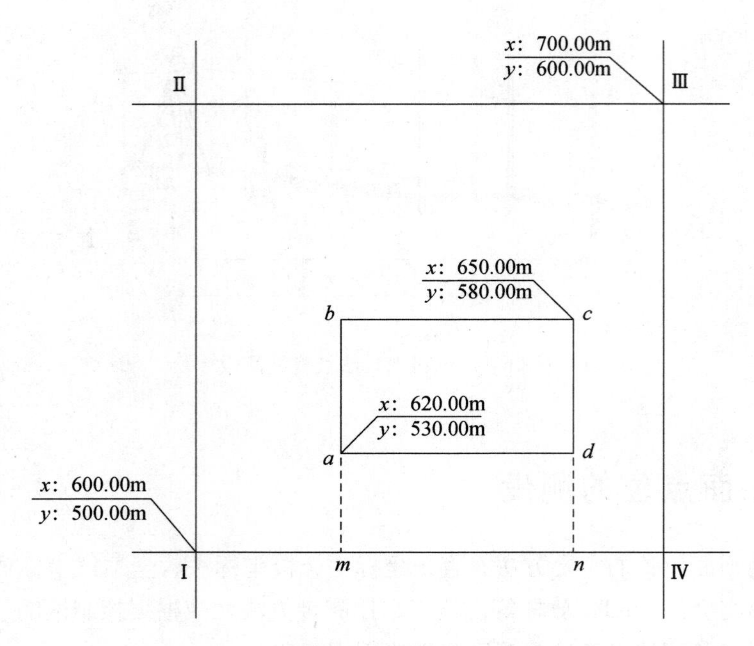

图 6-9　直角坐标法

4）检查建筑物四角是否等于 90°，各边长是否等于设计长度，其误差均应在限差以内。边长较短的建筑物测设边长相对误差不超过 1/3000，角度偏差不超过 60″；边长较长的建筑物，测设边长相对误差不超过 1/5000，角度偏差不超过 40″。

测设上述距离和角度时，可根据精度要求分别采用一般测设方法或精密测设方法。

2. 极坐标法

极坐标法是根据一个水平角和一段水平距离，测设点的平面位置。极坐标法适用于控制点连线与建筑物主要轴线不平行（或不垂直），量距方便且待测设点距控制点较近的建筑施工场地。

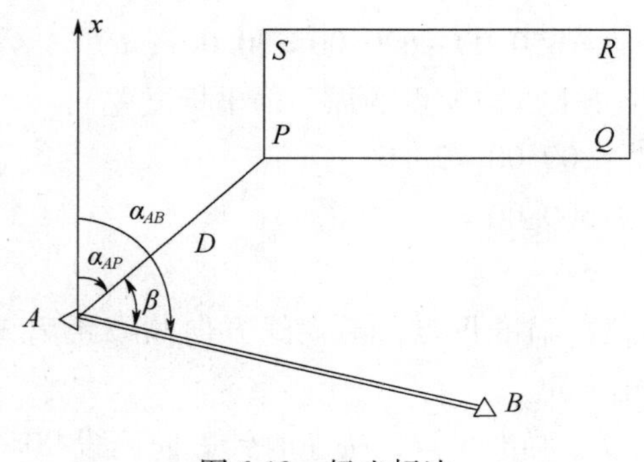

图 6-10　极坐标法

（1）极坐标法放样原理

如图 6-10 所示，A、B 为已知平面控制点，其坐标值分别为 A（x_A，y_A）、B（x_B、

y_B），P 点为建筑物的一个角点，其坐标为 P（x_P、y_P）。现根据 A、B 两点，用极坐标法测设 P 点，其测设数据计算方法如下：

1）计算 AB 边的坐标方位角 α_{AB} 和 AP 边的坐标方位角 α_{AP}，按坐标反算公式计算。

$$\alpha_{AB} = \arctan \frac{\Delta y_{AB}}{\Delta x_{AB}} \tag{6-5}$$

$$\alpha_{AP} = \arctan \frac{\Delta y_{AP}}{\Delta x_{AP}} \tag{6-6}$$

注意：在计算每条边的坐标方位角时，应根据 Δx 和 Δy 的正负情况，判断该边所属象限，然后计算方位角。

2）计算 AP 与 AB 之间的夹角 β。

$$\beta = \alpha_{AB} - \alpha_{AP} \tag{6-7}$$

当 $\beta > 0$，放样时应逆时针旋转仪器照准部；当 $\beta < 0$，放样时应顺时针旋转仪器照准部。

3）计算 A、P 两点间的水平距离 D。

$$D_{AP} = \sqrt{(x_P - x_A)^2 + (y_P - y_A)^2} = \sqrt{\Delta x_{AP}^2 + \Delta y_{AP}^2} \tag{6-8}$$

（2）极坐标法放样案例

假如图 6-10 中，$x_P = 370.000\text{m}$，$y_P = 458.000\text{m}$，$x_A = 348.758\text{m}$，$y_A = 433.570\text{m}$，$\alpha_{AB} = 103°48'48''$，试计算测设数据 β 和 D_{AP}。

1）计算测设数据（放样参数 β 和 D）。

$$\alpha_{AP} = \arctan \frac{\Delta y_{AP}}{\Delta x_{AP}} = \arctan \frac{458.000 - 433.570}{370.000 - 348.758} = 48°59'34''$$

$$\beta = \alpha_{AB} - \alpha_{AP} = 103°48'48'' - 48°59'34'' = 54°49'14''$$

$$D_{AP} = \sqrt{(370.000 - 348.758)^2 + (458.000 - 433.570)^2} = 32.374(\text{m})$$

2）点位测设方法。

在 A 点安置经纬仪，对中、调平，瞄准 B 点后视，水平度盘读数归零，按逆时针方向旋转仪器的照准部，当水平读数显示 54°49′14″时，即为计算的 β 角，仪器瞄准的方向即为放样点方向（AP 方向）。

保持仪器瞄准 AP 方向不变，在仪器的指挥下自 A 点测设水平距离 $D_{AP} = 32.374\text{m}$，定出 P 点，做出标志。

用同样的方法测设 Q、R、S 点。全部测设完毕后，检查建筑物四角是否等于 90°，各边长是否等于设计长度，其误差均应在限差以内。

3. 全站仪坐标放样法

目前工程施工放样中，全站仪坐标放样法使用比较普遍，其原理与极坐标法一致。全站仪坐标放样法通过全站仪内置程序计算放样参数（水平夹角 β 和水平距离 D），根据全站仪程序的提示完成测设工作。此方法大大提高了工作效率、减轻了劳动强度、减少了测量计算错误，是目前使用非常广泛的放样方法。

下面简述全站仪坐标放样基本步骤。

（1）测站设置

如图6-10所示，在A点安置全站仪，对中、调平。将A点已知坐标输入全站仪。

（2）后视设置

将B点坐标输入全站仪，全站仪根据输入的测站和后视坐标，自行计算测站至后视点的后视方位角（图6-10中的α_{AB}），仪器提示旋转仪器精确照准后视点B。

（3）实施放样

将放样点P点的设计坐标输入全站仪，全站仪根据输入的测站和放样点坐标，自行计算测站至放样点的方位角（图6-10中的α_{AP}），全站仪再根据计算的α_{AB}和α_{AP}，计算出水平夹角β（$\beta=\alpha_{AB}-\alpha_{AP}$）显示在显示屏上，操作者根据水平夹角$\beta$的大小，进行仪器照准部的旋转（从$\beta$旋转至0°00′00″）。另外，全站仪还根据测站$A$点坐标和放样点$P$点坐标，计算出另外一个放样参数$D$显示在显示屏上，操作者在仪器瞄准的方向上进行距离放样即可定出放样点的位置。

4. 角度交会法

角度交会法是利用至少两台经纬仪（也可使用全站仪），通过测设两个以上水平夹角提供视线方向相交，定出放样点，如图6-11所示。该方法适用于待测设点距控制点较远，且量距较困难的建筑施工场地，放样精度较高。

如图6-11（a）所示，A、B、C为已知平面控制点，P为待测设点，$x_P=1100.000\text{m}$，$y_P=1250.000\text{m}$，$x_A=1000.000\text{m}$，$y_A=1000.000\text{m}$，$x_B=858.579\text{m}$，$y_B=1141.421\text{m}$，$x_C=958.579\text{m}$，$y_C=1314.626\text{m}$，现根据A、B、C三点，用角度交会法测设P点，试计算测设数据，并描述测设方法。

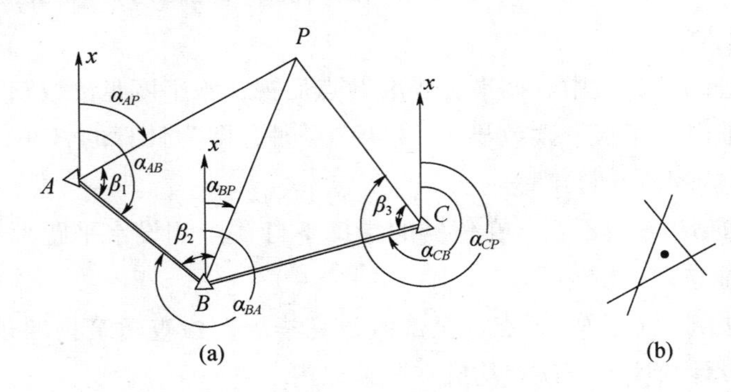

图6-11　角度交会法

（1）计算测设数据

1）按坐标反算公式，分别计算出α_{AB}、α_{BC}、α_{CB}、α_{AP}、α_{BP}和α_{CP}。

$$\alpha_{AB}=\arctan\frac{\Delta y_{AB}}{\Delta x_{AB}}=180°+\arctan\frac{1141.421-1000.000}{858.579-1000.000}=135°00'00''$$

$$\alpha_{BC}=\arctan\frac{\Delta y_{BC}}{\Delta x_{BC}}=\arctan\frac{1314.626-1141.421}{958.579-858.579}=60°00'00''$$

$$\alpha_{CB}=\alpha_{BC}+180°=240°00'00''$$

$$\alpha_{AP}=\arctan\frac{\Delta y_{AP}}{\Delta x_{AP}}=180°+\arctan\frac{1250.000-1000.000}{1100.000-1000.000}=68°11'55''$$

$$\alpha_{BP}=\arctan\frac{\Delta y_{BP}}{\Delta x_{BP}}=\arctan\frac{1250.000-1141.421}{1100.000-858.579}=24°12'57''$$

$$\alpha_{CP}=\arctan\frac{\Delta y_{CP}}{\Delta x_{CP}}=360°+\arctan\frac{1250.000-1314.616}{1100.000-958.579}=335°26'27''$$

2）计算水平角 β_1、β_2 和 β_3。

$$\beta_1=\alpha_{AB}-\alpha_{AP}=135°00'00''-68°11'55''=66°48'05''$$

$$\beta_2=\alpha_{BP}-\alpha_{BA}=24°12'57''-（135°00'00''+180°00'00''）+360°00'00''=69°12'57''$$

$$\beta_3=\alpha_{CP}-\alpha_{CB}=335°26'27''-240°00'00''=95°26'27''$$

（2）点位测设方法

1）在 A、B 两点同时安置经纬仪，A 点以 B 点为后视点归零，逆时针测设水平角 $\beta_1=66°48'05''$，定出一个方向；B 点以 A 点为后视点归零，顺时针测设水平角 $\beta_2=69°12'57''$，定出一个方向，在两方向相交处钉下一个木桩，并在木桩上依 AP、BP 绘出方向线及其交点。

2）在控制点 C 上安置经纬仪，以 B 为后视点归零，顺时针测设水平角 $\beta_3=95°26'27''$，给出第三个方向，同样在木桩上依 CP 绘出方向线。

3）如果交会没有误差，第三个方向应通过前两方向线的交点，否则将形成一个“示误三角形”，如图 6-11（b）所示。若示误三角形外接圆的直径大小在限差以内，则取示误三角形重心作为待测设点 P 的最终位置。

测设 β_1、β_2 和 β_3 时，视具体情况，可采用一般测试方法和精密测试方法。

5. 距离交会法

距离交会法是由两个控制点测设两段已知水平距离，交会定出点的平面位置。距离交会法适用于待测设点至控制点的距离不超过一尺段长，且地势平坦、量距方便的建筑施工场地。

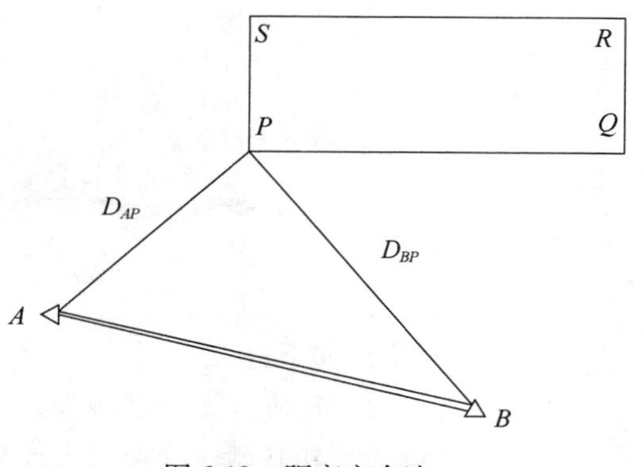

图 6-12　距离交会法

（1）计算测设数据

如图 6-12 所示，A、B 为已知平面控制点，P 为待测设点，现根据 A、B 两点，$x_P=120.000$m，$y_P=130.000$m，$x_A=100.000$m，$y_A=100.000$m，$x_B=90.000$m，$y_B=150.000$m，用距离交会法测设 P 点，其测设数据计算方法如下：

根据 A、B、P 三点的坐标值，分别计算出 D_{AP} 和 D_{BP}。

$$D_{AP} = \sqrt{(120-100)^2+(130-100)^2} = 36.056(\mathrm{m})$$

$$D_{BP} = \sqrt{(120-90)^2+(130-150)^2} = 36.056(\mathrm{m})$$

（2）点位测设方法

1）将钢尺的零点对准 A 点，以 A 点为圆心，以 D_{AP} 为半径在放样点大致范围内的地面上画一段圆弧。

2）将钢尺的零点对准 B 点，以 B 点为圆心，以 D_{BP} 为半径在放样点大致范围内的地面上画一段圆弧。两圆弧的交点即为 P 点的平面位置。

3）用同样的方法，可以测设出 Q、S、R 的平面位置。

6. RTK 放样

RTK（Real Time Kinematic，实时动态测量技术）近年来发展比较迅速，在地形测图、道路选线及工程放样中应用广泛，与常规测量技术相比，非常明显地提高了作业效率和作业精度。如图 6-13 所示，RTK 放样的工作原理为：在基准站上安置 1 台接收机作为基准站，对卫星进行连续观测，并将其观测数据和测站信息，通过无线电传输设备，实时地发送给流动站；流动站 GPS 接收机在接收 GPS 卫星信号的同时，通过无线接收设备，接收基准站传输的数据，然后根据相对定位的原理，实时解算出流动站的三维坐标及其精度。

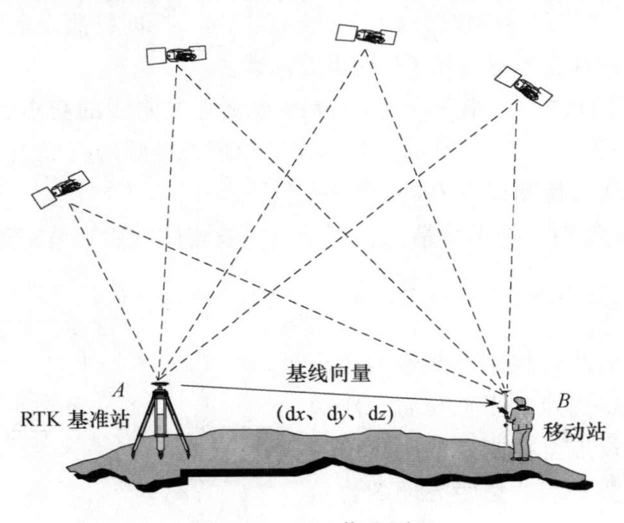

图 6-13　RTK 作业原理

RTK 放样流程如下：

1）基站设置：正确连接电源线和发射天线电缆，并确保基准站正常工作。

2）连接移动站和基站，确保两者信号在同一通道。

3）填写相关工程信息，如工程名称、投影参数等。

4）计算坐标转换参数，建立 WGS-84 与大地坐标系（或自定义坐标系）的转换关系。这一步主要通过 GPS 实地采集控制点位置信息并输入对应的大地坐标（或自定义坐标）来实现。

5）点放样。调用放样点坐标库，系统自动获取当前位置坐标，并计算与放样点坐标点的差值 dX、dY、dH。指导作业员移动，当 $dX = dY = dH = 0$ 时，移动站所在位置即为放样点位置。

RTK 放样相对于全站仪坐标放样法的优点是不需要通视，作业速度快，效率高，缺点是精度易受 GPS 信号影响。需要深入学习者可以查阅相关产品的说明书资料，这里不再赘述。

第二节　施工现场控制测量

为了保证施工测量的精度和施工进度，使工程建设范围内的各个建筑物、构筑物的平面位置和高程都能符合设计的要求，在标定建筑物（构筑物）的位置之前，应遵循“从整体到局部，先控制后碎部”的原则，根据勘测设计单位提供的测量控制点，在整个工程建设范围内建立统一的施工控制网，作为工程建设定位放线的依据。

由于在工程建设勘测设计阶段所建立的控制网，是为测图而建立的，有时并未考虑施工的需要，所以控制点的分布、密度和精度，都难以满足施工测量的要求；另外，在平整场地时，大多控制点被破坏。因此施工之前，在建筑场地应重新建立专门的施工控制网，为建立施工控制网而进行的测量工作，称为施工控制测量。施工控制网有以下特点：

1）控制点的密度大，精度要求较高，使用频繁，受施工的干扰多，这就要求控制点的位置应分布恰当，方便使用，并且在施工期间保证控制点尽量不被破坏。因此，控制点的选择、测定及桩点的保护等工作，应与施工方案、现场布置统一考虑确定。

2）在施工控制测量中，局部控制网的精度往往比整体控制网的精度高。如前所述，某个单元工程的局部控制网的精度可能是整个系统工程中精度最高的部分，因此，也就没有必要将整体控制网都建成与局部控制网同样高的精度。由此可见，大范围的整体控制网只是给局部控制网传递一个起始点坐标和起始方位角，而局部控制网可以布置成自由网的形式。

施工控制网分为平面控制网和高程控制网。施工平面与高程控制网的测量限差，见表 6-1。

表 6-1　施工平面与高程控制网的测量限差

平面控制网	适用范围	边长（m）	允许角度偏差（″）	边长相对精度
一级	重要的高层建筑	100～300	±15	1/15000
二级	一般高层建筑	50～200	±20	1/10000

注：高程控制网应按国家四等水准测量标准进行，高差闭合差限差为 $\pm 6\sqrt{n}$mm 或 $\pm\sqrt{L}$mm。

施工平面控制网经常采用的形式有三角网、导线网（导线）、建筑方格网和建筑基线四种形式。

1）三角网，又分为测角网、测边网、边角网，对于地势起伏较大，通视条件较好的施工场地，可采用三角网（图6-14中Ⅰ部分）。

2）导线网（导线），对于地势平坦，通视又比较困难的施工场地，可采用导线网（图6-14中Ⅱ部分）。

3）建筑方格网，对于建筑物多为矩形且布置比较规则和密集的大中型施工场地，可采用建筑方格网（图6-14中Ⅲ部分）。

4）建筑基线，对于地势平坦且又简单的小型施工场地，可采用建筑基线。

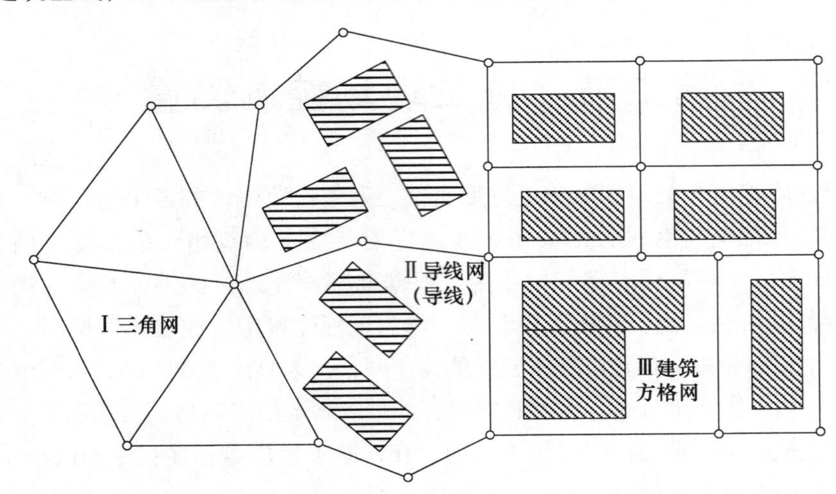

图6-14　建筑施工场地控制网形式

具体采用哪种施工平面控制网的形式，应根据建筑总平面图、建筑场地的大小、地形、施工方案等因素进行综合考虑。

三角网和导线网在前面章节已做叙述，本节主要介绍建筑基线和建筑方格网两种平面控制测量形式。

一、建筑基线

1. 施工坐标系与测量坐标系的坐标换算

施工坐标系亦称建筑坐标系，其坐标轴与主要建筑物主轴线平行或垂直，以便用直角坐标法进行建筑物的放样。

施工控制测量的建筑基线和建筑方格网一般采用施工坐标系，而施工坐标系与测量坐标系往往不一致，因此，施工测量前常常需要进行施工坐标系与测量坐标系的坐标换算。

如图 6-15 所示，设 xOy 为测量坐标系，$x'O'y'$为施工坐标系，x_O、y_O 为施工坐标系的原点 O'在测量坐标系中的坐标，α 为施工坐标系的纵轴 $O'x'$在测量坐标系中的坐标方位角。设已知 P 点的施工坐标为（x'_P、y'_P），则可按下式将其换算为测量坐标（x_P、y_P）：

$$\left.\begin{aligned} x_P &= x_O + x'_P\cos\alpha - y'_P\sin\alpha \\ y_P &= x_O + x'_P\sin\alpha + y'_P\cos\alpha \end{aligned}\right\} \tag{6-9}$$

如已知 P 的测量坐标（x_P、y_P），则可按下式将其换算为施工坐标（x'_P、y'_P）：

$$\left.\begin{aligned} x'_P &= (x_P - x_O)\cos\alpha + (y_P - y_O)\sin\alpha \\ y'_P &= -(x_P - x_O)\sin\alpha + (y_P - y_O)\cos\alpha \end{aligned}\right\} \tag{6-10}$$

上述两式中的 x_O、y_O、α 均由设计单位在设计文件中给出。

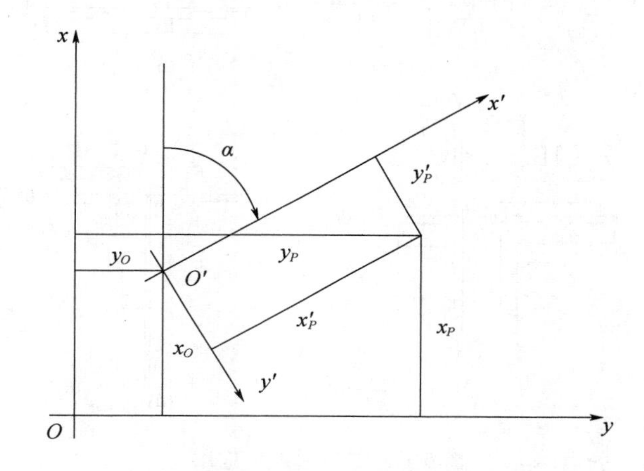

图 6-15　施工坐标系与测量坐标系的转换

建筑基线也称建筑轴线，是建筑场地的施工控制基准线，即在建筑场地布置一条或几条轴线，在轴线上布设所需的点位。它适用于建筑设计总平面图布置比较简单的小型建筑场地。

2. 建筑基线的布设形式

建筑基线的布设形式，应根据建筑物的分布、施工场地地形等因素来确定。常用的布设形式有“一”字形、“L”形、“十”字形和“T”形，如图 6-16 所示。上述建筑基线形式的应用如图 6-17 所示。

3. 建筑基线的布设要求

1）建筑基线应尽可能靠近拟建的主要建筑物，并与其主要轴线平行，以便使用比较简单的直角坐标法进行建筑物的定位。

2）建筑基线上的基线点应不少于三个，以便相互检核。

3）建筑基线应尽可能与施工场地的建筑红线相联系。

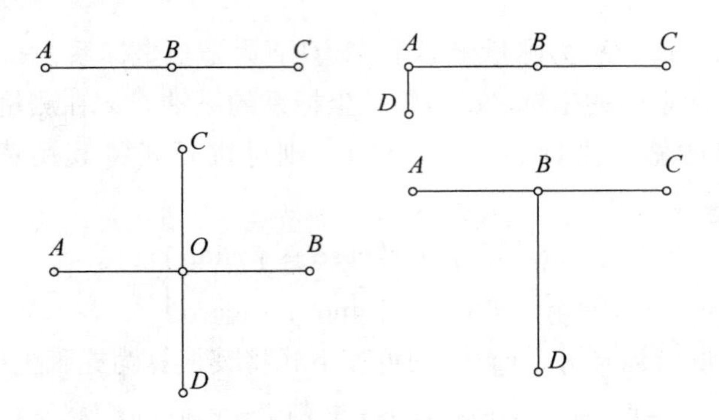

图 6-16　建筑基线的布设形式

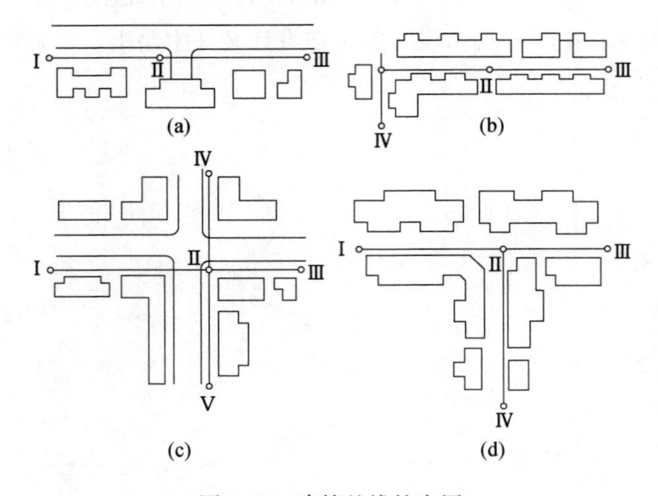

图 6-17　建筑基线的应用

4）基线点位应选在通视良好和不易被破坏的地方，为能长期保存，要埋设永久性的混凝土桩。

4. 建筑基线的测设方法

根据施工场地的条件不同，建筑基线的测设方法有以下两种：

（1）根据建筑红线测设建筑基线

由城市测绘部门测定的建筑用地界定基准线，称为建筑红线。在城市建设区，建筑红线可用作建筑基线测设的依据。如图 6-18 所示，AB、AC 为建筑红线，1、2、3 为建筑基线点，利用建筑红线测设建筑基线的方法如下：

首先，从 A 点沿 AB 方向量取 d_2 定出 P 点，沿 AC 方向量取 d_1 定出 Q 点。

其次，过 B 点作 AB 的垂线，沿垂线量取 d_1 定出 2 点，做出标志；过 C 点作 AC 的垂线，沿垂线量取 d_2 定出 3 点，做出标志；用细线拉出直线 $P3$ 和 $Q2$，两条直线的交点即为 1 点，做出标志。

最后，在 1 点安置经纬仪，精确观测 $\angle 213$，其与 $90°$ 的差值应小于 $\pm 20''$，否则应重新测设。

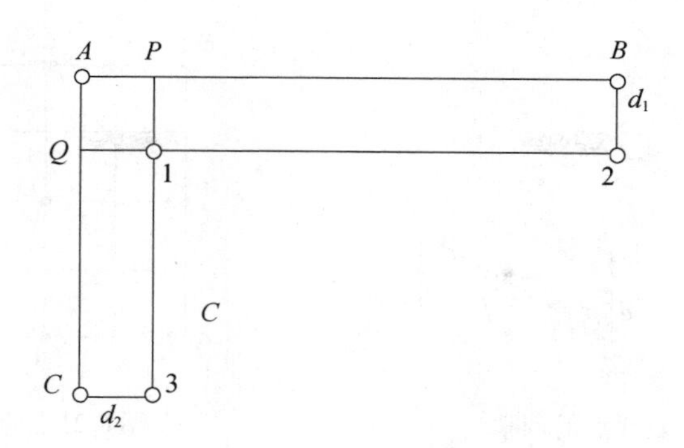

图 6-18　根据建筑红线测设建筑基线

（2）根据附近已有控制点测设建筑基线

在新建筑区，可以利用建筑基线的设计坐标和附近已有控制点的坐标，用极坐标法或全站仪坐标放样法测设建筑基线。如图 6-19 所示，A、B 为附近已有控制点，1、2、3 为选定的建筑基线点。

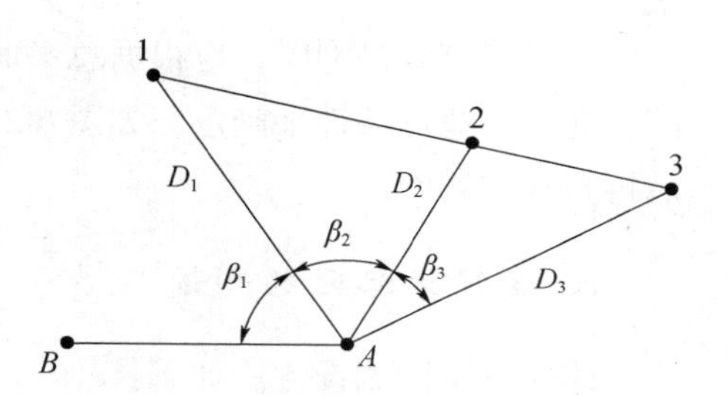

图 6-19　根据控制点测设建筑基线

极坐标法测设方法如下：

首先，根据已知控制点和建筑基线点的坐标，计算出测设数据 β_1、β_2、β_3、D_1、D_2、D_3；然后，用极坐标法测设 1、2、3 点。

由于存在测量误差，测设的基线点往往不在同一直线上，且点与点之间的距离与设计值也不完全相符，因此，需要精确测出已测设直线的折角 β' 和距离 D'，并与设计值相比较。如图 6-20 所示，如果 $\Delta\beta = \beta' - 180°$ 超过 $\pm 15''$，则应对 1′、2′、3′点在与基线垂直的方向上进行等量调整，调整量按下式计算：

$$\delta = \frac{ab}{a+b} \times \frac{\Delta\beta}{2\rho} \tag{6-11}$$

式中，δ 为各点的调整值，m；a、b 分别为 12、23 的长度，m。

如果测设距离超限，如 $\frac{\Delta D}{D} = \frac{D' - D}{D} > \frac{1}{10000}$，则以 2 点为准，按设计长度沿基线方向调整 1′、3′点。

若采用全站仪坐标放样法，以 A 点为测站点，B 点为后视点，根据 1、2、3 点的设计坐标实施放样，1、2、3 点的直线性检查及点位纠正方法同前。

二、建筑方格网

由正方形或矩形组成的施工平面控制网，称为建筑方格网，或称矩形网，如图 6-21 所示。建筑方格网适用于按矩形布置的建筑群或大型建筑场地。

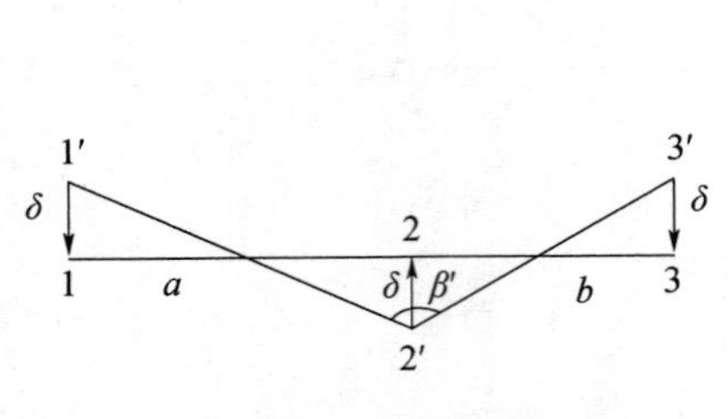

图 6-20　基线点的调整

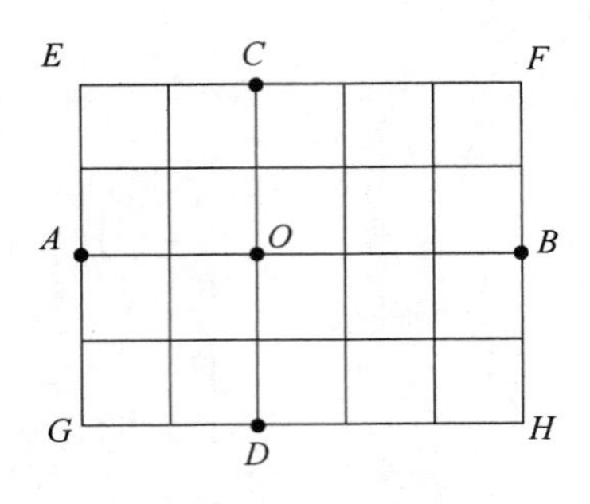

图 6-21　建筑方格网

1. 建筑方格网的布设

布设建筑方格网时，应根据总平面图上各建（构）筑物、道路及各种管线的布置，结合现场的地形条件来确定。如图 6-21 所示，先确定方格网的主轴线 *AOB* 和 *COD*，然后再布设方格网。

2. 建筑方格网的测设

建筑方格网测设方法如下：

（1）主轴线测设

主轴线测设与建筑基线测设方法相似。首先，准备测设数据。然后，测设两条互相垂直的主轴线 *AOB* 和 *COD*，如图 6-21 所示。主轴线实质上是由 5 个主点 *A*、*B*、*O*、*C* 和 *D* 组成。最后，精确检测主轴线点的相对位置关系，并与设计值相比较，如果超限，则应进行调整。建筑方格网的主要技术要求见表 6-2。

表 6-2　建筑方格网的主要技术要求

等级	边长/m	测角中误差	边长相对中误差	测角检测限差	边长检测限差
一级	100 ~ 300	5″	1/30000	10″	1/15000
二级	100 ~ 300	8″	1/20000	16″	1/10000

（2）方格网点测设

如图 6-21 所示，主轴线测设后，分别在主点 *A*、*B* 和 *C*、*D* 安置经纬仪，后视主点 *O*，向左右测设 90°水平角，即可交会出田字形方格网点。随后再作检核，测量相邻两点间的距离，看是否与设计值相等，测量其角度是否为 90°，误差均应在允许范围内，并埋设永久性标志。

建筑方格网轴线与建筑物轴线平行或垂直，因此，可用直角坐标法进行建筑物的定位，计算简单，测设比较方便，而且精度较高。其缺点是必须按照总平面图布置，其点位易被破坏，而且测设工作量也较大。

由于建筑方格网的测设工作量大，测设精度要求高，可委托专业测量单位进行。

三、施工场地的高程控制

1. 施工场地高程控制网的建立

建筑施工场地的高程控制测量一般采用水准测量方法，应根据施工场地附近的国家或城市已知水准点，测定施工场地水准点的高程，以便纳入统一的高程系统。

在施工场地上，水准点的密度，应尽可能满足安置一次仪器即可测设出所需的高程。勘测设计阶段测图时敷设的水准点密度往往是不够的，因此还需增设一些水准点。在一般情况下，建筑基线点、建筑方格网点以及导线点也可兼作高程控制点。

为了便于检核和提高测量精度，施工场地高程控制网应布设成闭合或附合路线。高程控制网可分为首级网和加密网，相应的水准点称为基本水准点和施工水准点。

2. 基本水准点

基本水准点是施工场地高程的首级控制点，应布设在土质坚实、不受施工影响、无振动和便于实测的地点，并埋设永久性标志。一般情况下，按四等水准测量的方法测定其高程，而对于为连续性生产车间或地下管道测设所建立的基本水准点，则需按三等水准测量的方法测定其高程。

3. 施工水准点

施工水准点是用来直接测设建筑物高程的。为了测设方便和减少误差，施工水准点应靠近建筑物。

此外，由于设计建筑物常以底层室内地坪高 ±0 标高为高程起算面，为了施工引测方便，常在建筑物内部或附近测设 ±0 水准点。±0 水准点的位置，一般选在稳定的建筑物墙、柱的侧面，用红漆绘成顶为水平线的“▼”形，其顶端表示 ±0 位置。

第三节　房屋建筑工程施工测量

一、建筑物的定位及轴线测设

建筑施工场地平整到设计位置时，应将拟建建筑物的位置测设到施工场地内，并把建筑物的主要轴线测设到地面上，以便后期施工工作的进行。建筑物基础放线尺寸定位限差，见表 6-3。

表 6-3　基础放线尺寸定位限差

项目	限差（mm）	项目	限差（mm）
长度 L（宽度 B）≤30m	±5	60m＜长度 L（宽度 B）≤90m	±15
30m＜长度 L（宽度 B）≤60m	±10	长度 L（宽度 B）＞90m	±20

1. 建筑物定位

建筑物的定位，是指根据测设略图将建筑物外墙轴线交点（简称角桩）测设到地面上，并以此作为基础测设（放样）和细部测设（放样）的依据。

常用的建筑物定位的放样有：

1）根据已有测量控制点，利用全站仪坐标放样法或极坐标法进行放样（图 6-22）；

2）根据建筑基线或建筑方格网，利用直角坐标法进行放样（图 6-23）；

3）根据已有测量控制点，利用角度交会法进行放样（图 6-24）；

4）根据与已有建筑物的位置关系，利用直角坐标法进行放样。

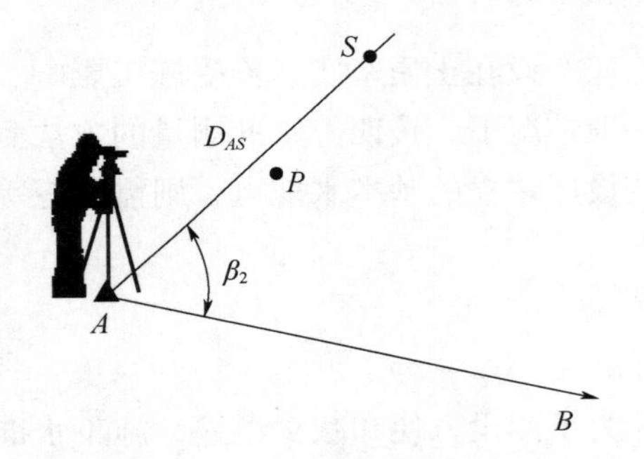

图 6-22　全站仪坐标放样法（极坐标法）

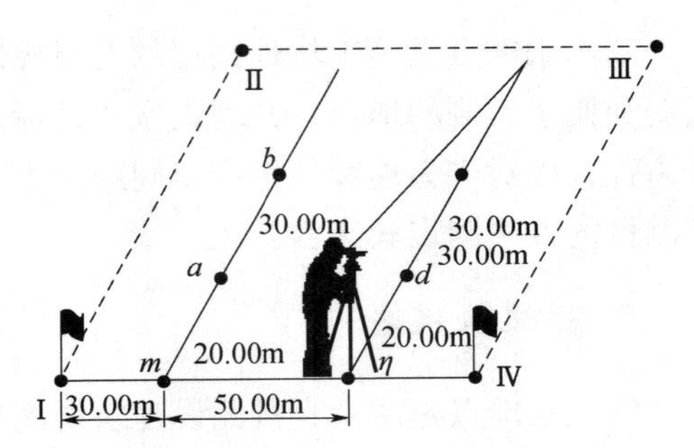

图 6-23　直角坐标法

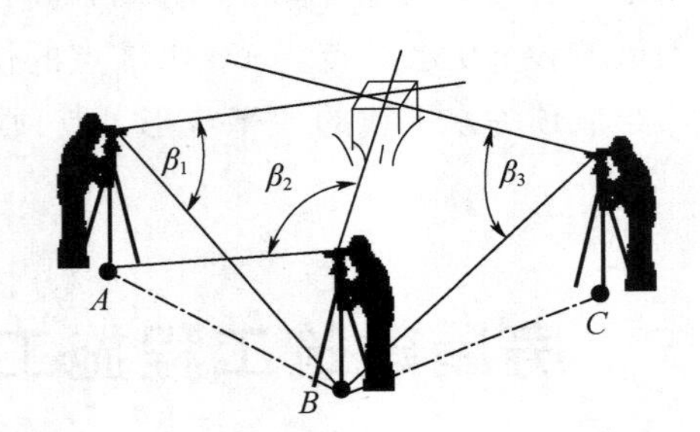

图 6-24　角度交会法

前三种方法在本章中已有叙述，现只介绍方法 4）根据与已有建筑物的位置关系，利用直角坐标法进行放样。

在原有建筑群中增建房屋时，待建建筑物与原有建筑物一般保持平行或垂直关系（图 6-25）。因此，可根据原有建筑物，利用延长直线法、直角坐标法、平行线法等方法测设建筑物的位置。

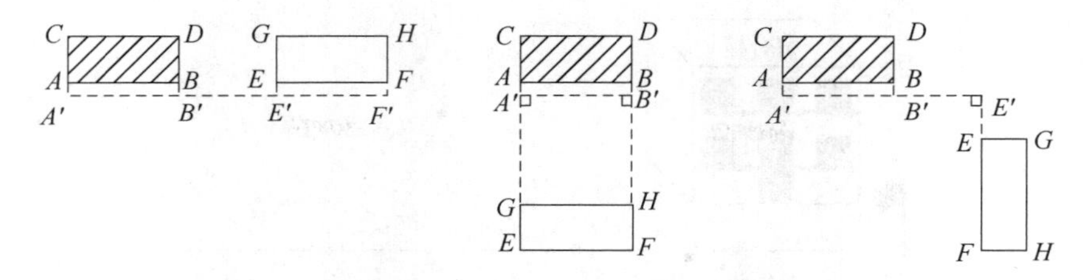

图 6-25　待建建筑物与原有建筑物位置关系

以图 6-26 为例介绍根据与已有建筑物的位置关系进行建筑物定位的方法，测设过程如下：

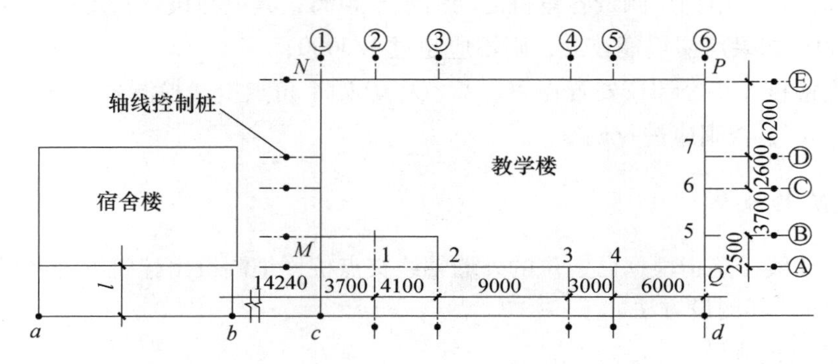

图 6-26　建筑物定位放线平面图

1）如图 6-27 所示，用钢尺紧贴已建的宿舍楼的外墙边，各量出 l（距离大小根据实地地形而定，l 一般取 1 ~ 4m），得 a、b 两点，并打入木桩，桩顶钉上铁钉标志（各点均以桩顶铁钉标志为准）。

2）把经纬仪安置在 a 点，瞄准 b 点，沿 ab 方向（经纬仪瞄准的方向上）量取 14. 240m 得 c 点，再继续量 25. 800m，得 d 点，如图 6-27 所示，打入木桩，桩顶钉上铁钉标志。

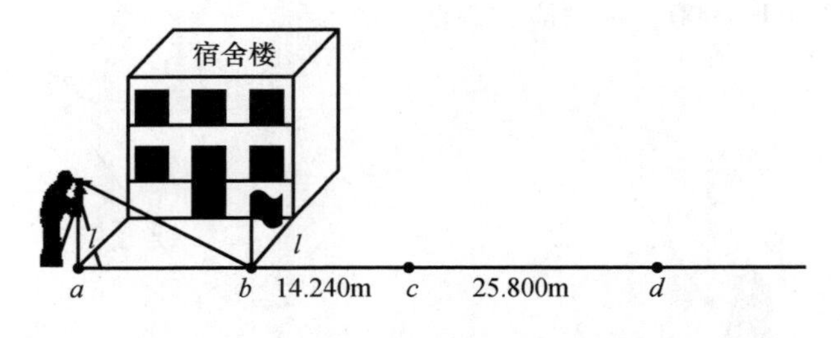

图 6-27　延长轴线

3）如图 6-28 所示，将经纬仪分别安置在 c 和 d 点上，再瞄准 a 点后视水平读数归零，然后按顺时针方向旋转至水平读数为 90°，在经纬仪瞄准的方向上测设水平距离 l + 0. 240m 和 l + 15. 240m，定出建筑物的两个外墙轴线交点 M、N 和 Q、P，并打入木桩，桩顶钉上铁钉标志。

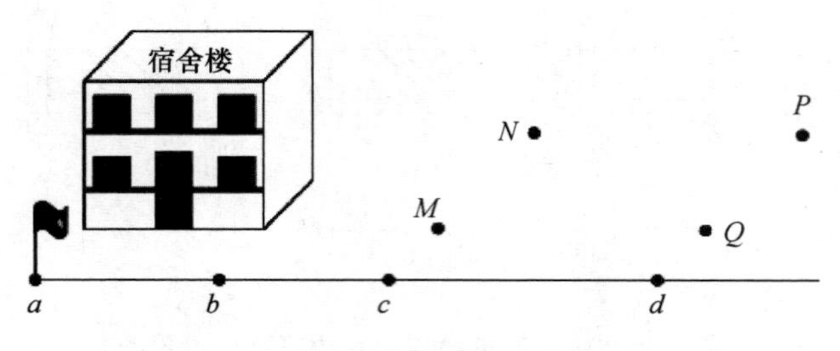

图 6-28　建筑物定位

4）建筑物定位测量检核：

①距离检核。用钢尺测量各角桩之间的水平距离，其值与设计长度的相对误差不应超过 1/2000，如果房屋规模较大，则不应超过 1/5000；

②角度检核。将经纬仪安置在 M、N、Q、P 四个角点上，检测各直角，与 90°之差不应超过 ±40″，否则应进行调整。

2. 建筑物放线

建筑物放线，是指根据已定位的外墙轴线交点桩详细测设出建筑物的各轴线的交点桩（中心桩）。其测设方法如下：

（1）交点桩测设

如图 6-29 所示，将经纬仪架设在 M 点上，对中、整平，精确瞄准 Q 点，在仪器瞄准的方向上根据 MQ 边的轴线尺寸量取水平距离 3.7m、7.8m、16.8m、19.8m，将 1、2、3、4 四条轴线与外墙轴线的交点桩定出；将经纬仪瞄准 N 点，在仪器瞄准的方向上依次根据 MN 边的轴线尺寸量取水平距离 2.5m、6.2m、8.8m，将 5、6、7 三条轴线与外墙轴线的交点桩定出；同理，将经纬仪架设在 P 点，可将 PN 和 PQ 边的外墙轴线交点依次定出。需要注意的是，为了避免误差的积累，在用钢尺测设每条边上轴线尺寸的过程中，钢尺的零点应始终在起点上。放线结束后，应检查轴线间的水平距离和设计距离的相对误差不超过 1/2000，否则应重新测设。

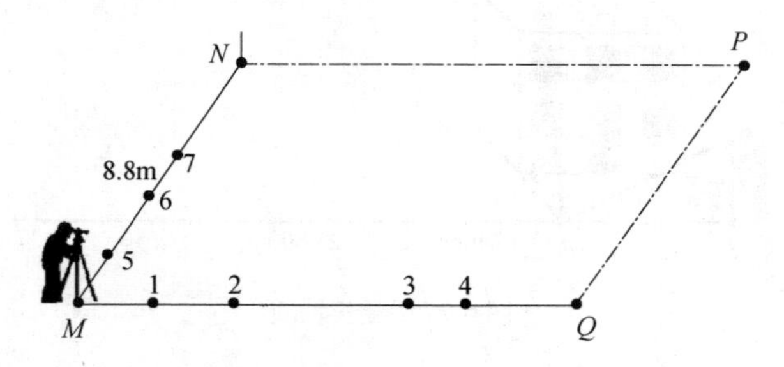

图 6-29　轴线交点桩测设

（2）轴线控制桩测设

建筑物以及各轴线的平面位置确定以后，接下来的工作就是基础施工。基础施工过程中，不可避免的是会将建筑物的角桩和中心桩挖掉。为了后期施工过程中能恢复各轴线的位置，应在建筑物定位和放线工作完成后及时将各轴线延长到基槽（坑）外安全地点，并做好标志。其方法有设置轴线控制桩（引桩）和龙门板两种，根据工程实际情况选用。

1）设置轴线控制桩（引桩）。经纬仪架设在 *M* 点上测设完 *MQ* 和 *MN* 两边上的轴线交点后，应分别将 *MQ* 和 *MN* 延长到基槽（坑）开挖影响范围以外，如图 6-30 中的轴线引桩 *AA* 和 11；同理将经纬仪架设在 *P* 点，测设完 *PN* 和 *PQ* 两边上的轴线交点后，应分别将 *PN* 和 *PQ* 延长到基槽（坑）开挖影响范围以外，轴线控制桩用小钉在桩顶准确标志出轴线位置，并用混凝土包裹木桩，轴线控制桩应设置成图 6-31 所示。

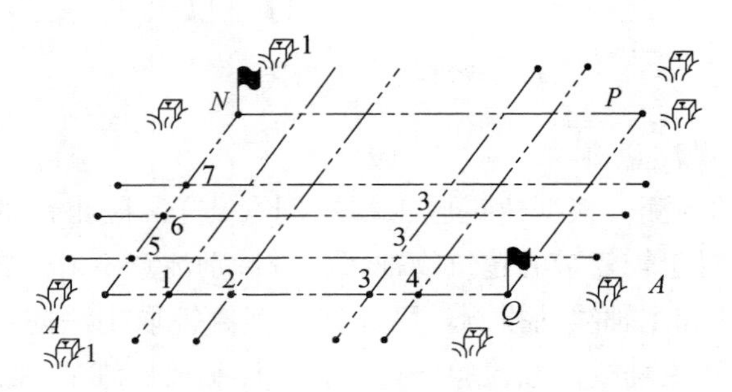

图 6-30　轴线控制桩测设

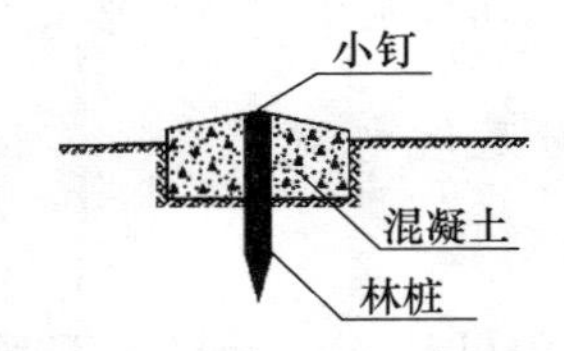

图 6-31　轴线控制桩设置形式

大型建筑物放线时，为了确保轴线控制桩的精度，通常是先测设轴线控制桩，然后再根据轴线控制桩测设角桩；而中小型建筑物的轴线控制桩则是根据角桩测设的。如有条件也可把轴线引测到周围原有的地物上，并做好标志，以此来代替控制桩。

2）设置龙门板。在一般的民用建筑施工中，常在基槽（坑）开挖范围外一定的距离处设置龙门板，如图 6-32 所示。在建筑物四角和中间定位轴线的基槽（坑）开挖线以外 1.5m 至 3m 处（根据土质和基槽深度而定）设置龙门桩，桩要钉得竖直、牢固，桩外侧面应与基槽平行。

龙门板由于在挖基槽（坑）施工时不易保存，且占用施工场地，耗费木材较多，目前已较少采用。

（3）撒出基槽开挖边界白灰线

不管是利用设置轴线控制桩还是龙门板的轴线控制方式，在测设完毕并检查合格后，根据轴线位置测设出基槽开挖边界，在基槽开挖边界标志之间拉直线绳，并沿此线绳撒出白灰线，施工时按此线进行基槽开挖。

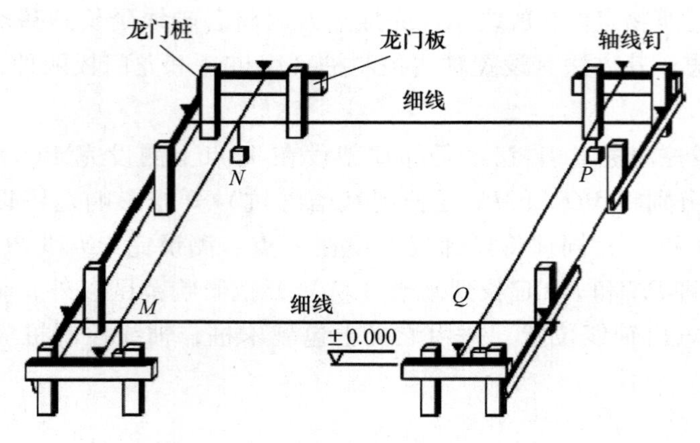

图 6-32　龙门板

（4）基础轴线测设注意事项

1）轴线控制桩的检测。根据建筑施工控制网（点），检测各轴线控制桩确实无位移和碰动方可使用，对于较复杂的建筑物轴线，应特别注意不要用错轴线控制桩。

2）建筑物四大角和主轴线的投测。用经纬仪正倒镜取中法向基础垫层上投测建筑物四大角、四轮廓线和主轴线，经检验合格后，再详细放出细部轴线。

3）基础细部线位的测设。根据基础图，以各轴线为准，用墨线弹出基础施工中所需要的中线、边界线、墙宽线、柱列线及集水坑线等。

3. 高层建筑物桩位放样与基坑标定

（1）桩位放样

高层建筑在软土地基区域常用桩基，一般打入钢管桩或钢筋混凝土桩。由于高层建筑物的上部荷载主要由钢管桩或钢筋混凝土桩承受，所以对桩位的要求较高，一般要求钢管桩或钢筋混凝土桩的定位偏差不超过 $D/2$（D 为圆桩直径或方桩边长）。因此，桩位的放样必须按照建筑物施工控制网，实地测设出桩位控制线，再按设计的桩位图中尺寸逐一定出桩的位置（图 6-33），同时还应丈量桩位间的尺寸并进行检核。

（2）建筑物基坑标定

高层建筑由于采用箱形基础和桩基础较多，所以其基坑较深，有时深达 20m。在开挖深基坑时，应当根据规范和设计所规定的平面和高程精度完成基坑土方工程。

基坑下轮廓线的标定和土方工程的定线，常用以下方法：

1）投影交会法。根据建筑物轴线控制桩（端点桩），利用经纬仪投影交会出建筑物所有外围轴线桩，然后根据设计图纸用钢尺定出基坑的开挖边界线。

2）主轴线法。施工建筑方格网一般都确定一条或几条主轴线，这些轴线是施工放样的依据，按照建筑物柱列轴线或轮廓线与主轴线的关系，在建筑施工现场标定出主轴线后，即可根据主轴线逐一定出基坑开挖边界线。

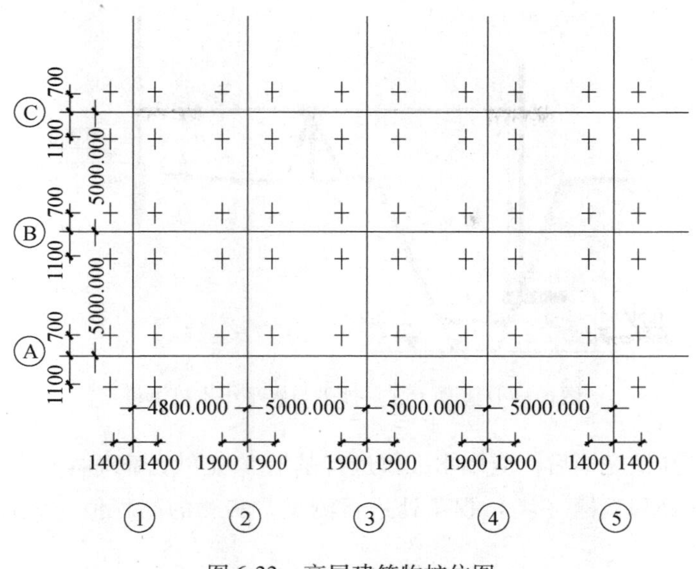

图 6-33 高层建筑物桩位图

3）全站仪坐标放样法。由于高层建筑物平面、立面造型新颖多变，给建筑物的放样带来一定的难度，采用全站仪坐标放样法（或极坐标法）可以较好地解决定位的问题。

二、基础施工测量

1. 水平小木桩的测设

在基础施工过程中，为了控制基槽（坑）的开挖深度，在即将挖到槽（坑）底设计标高时，应该用水准仪在槽（坑）壁上测设一些水平小木桩（图 6-34），使木桩的上表面离槽底设计标高为一固定值（0.5m 的整数倍），用以精确控制挖槽（坑）深度。为了施工时使用方便，一般在槽壁各拐角处和槽（坑）壁每隔 3～5m 处均测设一水平桩，必要时，可沿水平桩的上表面拉上白线绳，作为清理槽（坑）底和打基础垫层时控制标高的依据。水平桩高程测设的允许误差为 ±5mm。

工程施工过程中已知高程的测设称为抄平，图 6-34 中基槽（坑）设计开挖标高为 -1.700m，基槽（坑）外已知水准点 A 标高为 ±0.000m，则该槽（坑）的水平小木桩的测设方法为：在适当的位置架设水准仪，后视已知标高，假设读数为 $a=1.318$m，旋转水准仪瞄准槽（坑）壁大致位置 B，在水准仪的指挥下升降水准尺，直至水准仪读到的读数为 $b=0.000+1.318-(-1.700+0.500)=2.518$（m）时，紧贴水准尺底部向槽（坑）壁打入水平小木桩，无法打入小木桩的情况下，可用油漆做水平线。测设完毕后，应及时进行检查，检查无误后方可使用。

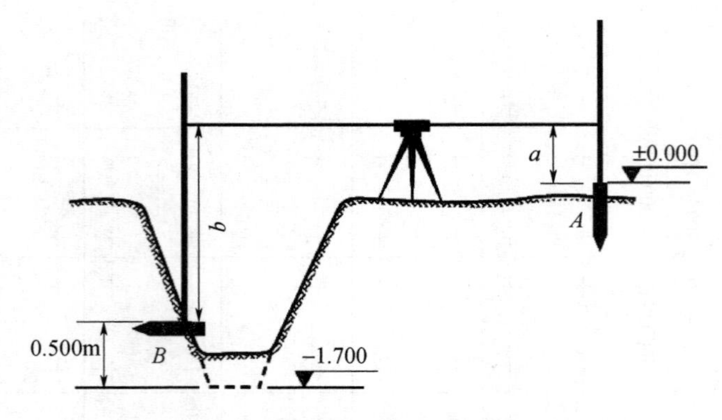

图 6-34　基槽（坑）抄平与水平小木桩测设

基槽（坑）开挖完毕后，应用水准仪进行基槽（坑）底部高程检查，沿基槽（坑）方向每隔 3～5m 处和基槽（坑）拐角处进行测量，实测的高程值与设计值比较偏差应控制在 ±10mm。

2. 基础墙中心线的投测

基础垫层完成后，根据龙门板上的轴线钉或轴线控制桩，用拉线绳挂垂球的方法或使用经纬仪，把轴线投测到垫层上（图 6-35 和图 6-36），并用墨线弹出基础墙体中心线和基础墙边线，以便砌筑或浇筑基础墙。由于整个墙身的砌筑或浇筑均以此线为准，因此这是确定建筑物位置的关键环节，一定要严格校核后方可进行砌筑或浇筑施工。

若未设垫层，可在槽底定设木桩，把轴线和基础边线投测到木桩上。

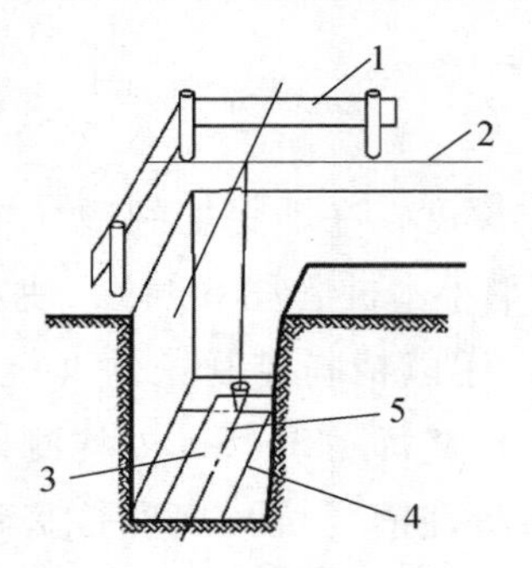

图 6-35　龙门板吊垂球法投测基础中线

1—龙门板；2—细线；3—垫层；
4—基础边线；5—基础墙中线

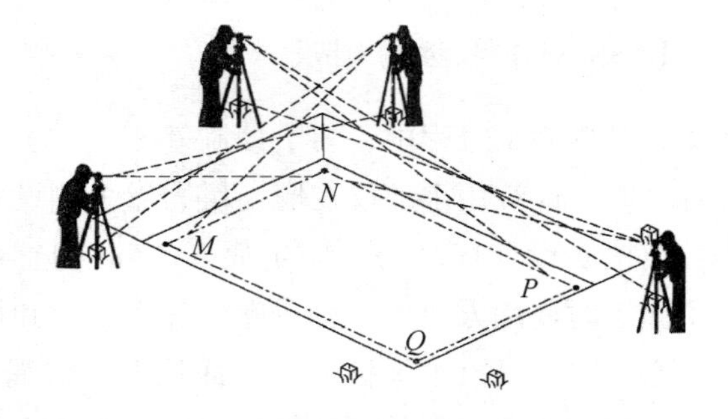

图 6-36　根据控制桩恢复基础轴线

3. 基础墙施工标高测设

建筑物基础若为砌砖基础墙，则 ±0.000 以下的基础墙高度是利用基础皮数杆来控制，基础皮数杆是一根木质的杆子，是控制砌体标高和控制砖缝水平的重要依据，皮数杆上事先按照设计的尺寸标明了 ±0.000、砖层、防潮层的标高位置，如图 6-37 所示。

立皮数杆时，应先在立杆处打一木桩，用水准仪在木桩侧面定出一条高于垫层标高某一数值（如 10cm）的水平线，然后将皮数杆上标高相同的一条线与木桩上的同高水平线对齐，并用大铁钉把皮数杆与木桩钉在一起，作为基础墙砌筑时拉线的标高依据。

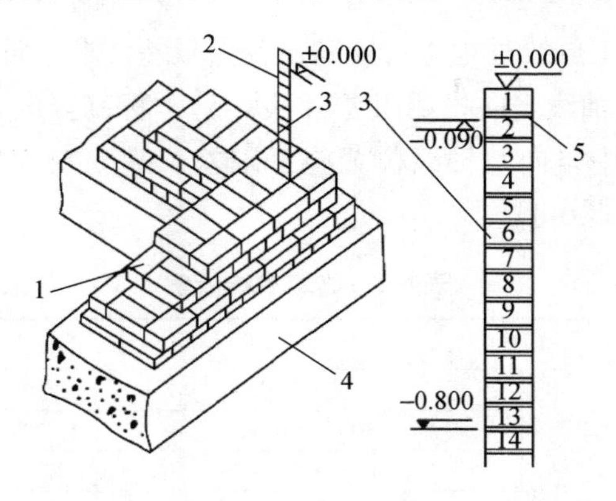

图 6-37　基础皮数杆

1—大放脚；2—防潮层；3—皮数杆；4—垫层；5—防潮层

高层建筑物基础较深，有时基础各部位又在不同标高上，为了控制基础和±0.000以下各层标高，在基坑开挖过程中，应在基坑四周护坡钢板或混凝土桩的竖直侧面上各漆一条宽 10cm 的竖向白漆带。用水准仪根据附近已知水准点或±0.000标高线，以二等水准测量的精度要求测定竖向白漆带顶部的标高；然后用钢尺在白漆带上量出±0.000 以下各负整数米的水平线；最后将水准仪安置在基坑内，校测四周护坡钢板或混凝土桩侧面各白漆带底部同一标高的水平线，若其误差在 5mm 以内，认为合格。在利用白漆带施测基础标高时，应后视两条白漆带上的水平线以作校核。

建筑物基础若为现浇混凝土基础墙，则用水准仪抄平的方法将基础墙设计标高测设在基础墙模板的内侧面，一般为每隔 3～5m 测设一处，用以控制混凝土基础墙的浇筑。

4. 基础墙顶面标高检查

基础施工结束后，应检查基础墙顶面的标高是否符合设计要求（也可检查防潮层）。可用水准仪测出基础墙顶面上若干点的高程，并与设计高程比较，允许误差为±10mm。

高层建筑物基础施工测量与多层一般民用建筑基础施工测量类似，包括基础放线和±0.000 以下标高的控制。当高层建筑基坑垫层浇筑完成后，在垫层上测定建筑物的各条轴线、边界线等称为基础放线（俗称“撂底”），这是确定建筑物位置的关键，施测时应严格保证精度，谨防出错。同时也要保证±0.000 以下标高控制的测设精度。

三、轴线投测及检测

建筑物主体工程施工放线过程中，应满足各项限差要求。对于主体工程来说，有施工放线限差（表6-4）、轴线竖向投测限差（表6-5）、标高竖向传递限差（表6-6）、钢筋混凝土高层结构施工中竖向与轴线位置施工限差（表6-7）、钢筋混凝土高层结构施工中标高的施工限差（表6-8）。

表6-4 施工放线限差

项目		限差（mm）
外廓主轴线长度 L	$L \leqslant 30m$	±5
	$30m < L \leqslant 60m$	±10
	$60m < L \leqslant 90m$	±15
	$90m < L$	±20
细部轴线		±2
承重墙、梁、柱边线		±3
非承重墙边线		±3
门窗洞口线		±3

表6-5 轴线竖向投测偏差

项目		限差（mm）
每层（层间）		±3
建筑总高（全高）H	$H \leqslant 30m$	±5
	$30m < H \leqslant 60m$	±10
	$60m < H \leqslant 90m$	±15
	$90m < H \leqslant 120m$	±20
	$120m < H \leqslant 150m$	±25
	$150m < H$	±30

注：建筑物全高 H，竖向投测偏差不应超过 $3H/10000$，且不应大于上表值，对于不同的结构类型或不同的投测方法，其竖向允许偏差要求略有不同。

表6-6 标高竖向传递限差

项目		限差（mm）
每层（层间）		±3
建筑总高（全高）H	$H \leqslant 30m$	±5
	$30m < H \leqslant 60m$	±10
	$60m < H \leqslant 90m$	±15
	$90m < H \leqslant 120m$	±20
	$120m < H \leqslant 150m$	±25
	$150m < H$	±30

注：建筑物全高 H，标高竖向传递测量偏差不应超过 $3H/10000$，且不应大于上表值。

表 6-7 钢筋混凝土高层结构施工中竖向与轴线位置施工限差

限差＼结构类型		现浇框架、框架-剪力墙	装配式框架、框架-剪力墙	大模板施工	滑模施工	检查方法
层间	层高≤5m	8mm	5mm	5mm	5mm	2m 靠尺检查
	层高＞5m	10mm	10mm			
全高 H		H/1000 但不大于 30mm	H/1000 但不大于 20mm	H/1000 但不大于 30mm	H/1000 但不大于 50mm	激光经纬仪或全站仪实测
轴线位置	梁、柱	8mm	5mm	5mm	5mm	钢尺检查
	剪力墙	5mm	5mm			

表 6-8 钢筋混凝土高层结构施工中标高的施工限差

限差＼结构类型	装配式框架、框架－剪力墙	大模板施工	滑模施工	检查方法
每层	±5mm	±10mm	±10mm	钢尺检查
全高	±30mm	±30mm	±30mm	水准仪实测

1. 墙体弹线定位

利用前述的轴线引桩或龙门板上的轴线钉标志，用经纬仪将轴线投测到基础顶面或防潮层上，然后用墨线弹出墙中心线和墙边线。检查外墙轴线交角是否为直角，符合要求后，把墙轴线延伸并标记在基础外墙上，做好标志，并作为向上投测建筑物主体各层轴线的依据。同时把门、窗和其他洞口的边线，也画在外墙基础立面上。

以图 6-38 为例，简单介绍利用经纬仪进行墙体定位的方法：将经纬仪安置在①－①轴线的一个轴线控制桩上，瞄准另一个轴线控制桩，在基础顶面上，仪器瞄准的方向上定出两点，然后用墨线对齐两点弹出墙中线，再根据墙中线定出墙边线；同样方法，

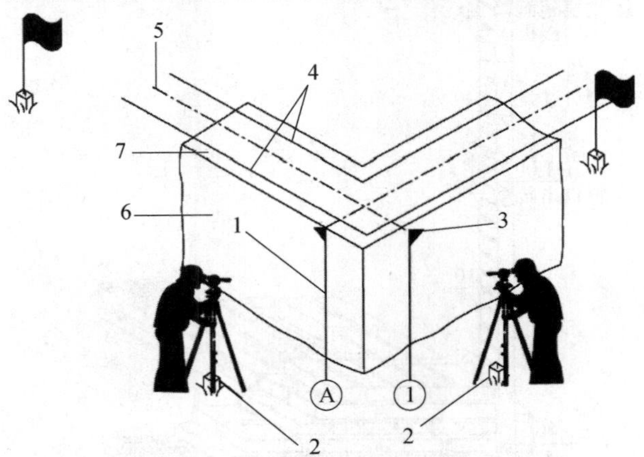

图 6-38 墙体中线投测定位

1—墙体轴线延长线；2—轴线控制桩；3—轴线符号；4—墙体边界线；5—墙体中线；6—基础墙体；7—基础墙顶面

利用经纬仪定出 A－A 轴线，并弹出墙中线和墙边线，直至把各墙体的墙中线和墙边线弹到基础顶面上。检查外墙轴线交角是否为直角（偏差小于 ±40″），符合要求后，把墙轴线延伸并标注在基础外墙上，做好标志，如图 6-38 中标注 3 所示。

为了保证轴线投测的精度，应该采用正倒镜取中法进行定位。

2. 墙体标高测设

在墙体施工中，墙身各部位高程通常也用皮数杆控制。墙身皮数杆上根据设计尺寸，在砖、灰缝厚度处画出线条，并且标明 ±0.000、砖层、窗台、过梁、预留洞、门、楼板等的标高位置，如图 6-39 所示。墙身皮数杆的测设与基础皮数杆相同，墙身皮数杆一般钉立在建筑物拐角和隔墙处，若墙长度超过 20m，中间应加设皮数杆。施工时采用里脚手架时，皮数杆应设置在墙体外边，采用外脚手架时，皮数杆应设置在墙体里边。钉立皮数杆时，先在立杆处打下一木桩，用水准仪在木桩侧面测设出 ±0.000 标高位置，允许误差为 ±3mm；然后将画好的皮数杆上 ±0.000 标高线与木桩侧面 ±0.000 标高线重合，用大钉钉牢，并绑扎牢固。为了使皮数杆在施工过程中稳固，可在皮数杆上加斜拉支撑。

一般在墙身砌起 1m 以后，就在室内墙身上定出 +0.5m 的标高线，作为该层地面施工及室内装修的依据。在第二层以上墙体施工中，为了使同层四角的皮数杆立在同一水平面上，要用水准仪测出楼板面四角的标高，取平均值作为本层的地坪标高，并以此作为本层立皮数杆的依据。

当精度要求较高时，可用钢尺沿墙身自 ±0.000 起向上直接丈量至楼板外侧，确定立杆标志。

框架式结构的民用建筑，墙体砌筑是在框架施工后进行，故可在柱面上画线，以此代替皮数杆。柱子浇筑的标高控制利用水准仪抄平的方式，在柱子模板上定出。

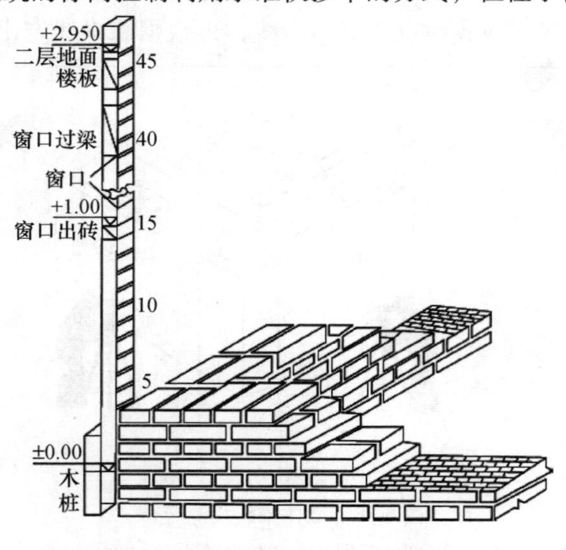

图 6-39　墙体皮数杆标高控制

3. 一般民用建筑轴线投测

多层民用建筑每层砌筑前都应进行轴线的投测，以保证建筑物轴线位置准确。在多层民用建筑墙身砌筑过程中，为了保证建筑物轴线位置正确，可用吊垂球或经纬仪将轴线投测到各层楼板边缘或柱顶上。

（1）吊垂球法

如图6-40所示，将较重的垂球悬吊在楼板或柱顶边缘，当垂球尖对准基础墙面上的轴线标志时，垂球线在楼板或柱顶边缘的位置即为楼层轴线端点位置，并画出标志线。

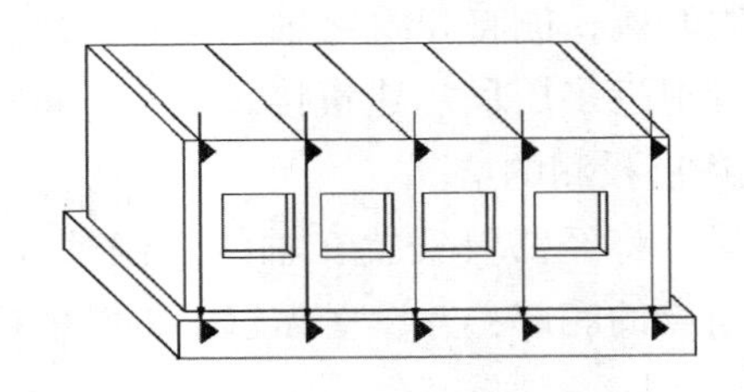

图6-40　吊垂球法轴线投测

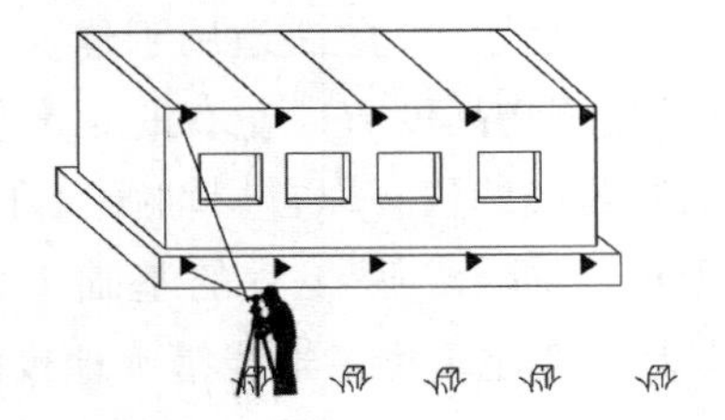

图6-41　经纬仪法轴线投测

各轴线在各楼板边投测完后，用钢尺检核各轴线的间距，相对误差不得大于1/2000，而且轴线投点误差不超过±5mm。检查合格后，把轴线逐层自下向上传递。

吊垂球法简便易行，不受施工场地限制，一般能保证施工质量。但当有风或建筑物较高时，投测误差较大。

（2）经纬仪投测法

如图6-41所示，在轴线控制桩上安置经纬仪，严格对中整平后，瞄准基础墙面上的轴线标志，用盘左、盘右分中法（正倒镜取中法），将轴线投测到楼层边缘或柱顶上。

将所有端点投测到楼板上之后，用钢尺检核其间距，相对误差不得大于1/2000，而且轴线投点误差不超过±5mm。检查合格后，才能在楼板分间弹线，继续施工。

为了保证投测的精度，使用的经纬仪应先检验校正，经纬仪距离建筑物的距离应大于建筑物高度，否则应采用正倒镜取中延长直线的方法将轴线向外延长，然后再向上投测。

4. 高层建筑轴线投测

高层建筑施工到±0.000后，随着结构的升高，要将首层轴线逐层向上竖向投测，作为各层放线和结构竖向控制的依据，这是高层建筑物施工测量的主要内容。高层建筑施工测量的重点是严格控制竖向偏差（垂直度），以确保高层建筑物竖向偏差值在允许范围内。

无论采用何种方法向上投测轴线，都必须在基础工程完工后，根据施工控制网，校测建筑物轴线控制桩，合格后，将建筑物轮廓线和各细部轴线精确地弹测到±0.000首层平面上，作为向上投测轴线的依据。目前，高层建筑物的轴线投测方法分为外控法和内控法。

（1）外控法

当拟建的建筑物外围施工场地比较宽阔时，常采用外控法。外控法是在高层建筑物的外部，根据建筑物的轴线控制桩，使用经纬仪将轴线向上投测，故又称为经纬仪竖向投测法。根据现场场地情况，可分为下面三种投测方法：延长轴线法、侧向借线法和正倒镜逐渐趋近法（调直法）。

1）延长轴线法。此法适用于建筑场地四周开阔，能将建筑物轴线延长到距离建筑物1.5H（建筑物高度H）左右的距离处，或者附近多层民用建筑楼顶上，并可在轴线延长线上安置经纬仪，以首层轴线为准，向上逐层投测的情况。

如图6-42所示，某工程的基础工程完工后，将经纬仪安置在轴线控制桩A_1、A'_1、B_1和B'_1上，把建筑物主轴线精确地投测到建筑物的底部，并设立标志，如图6-42中的a_1、a'_1、b_1和b'_1，以供下一步施工与向上投测之用。

随着建筑物不断升高，要逐层将轴线向上传递。如图6-43所示，将经纬仪分别安置在中心轴线控制桩A_1、A'_1、B_1和B'_1上，严格对中整平仪器，用望远镜瞄准建筑物首层已标出的轴线a_1、a'_1、b_1和b'_1点。用盘左、盘右分中法分别向上投测到每层楼板上，并取其中点作为该层中心轴线的投影点，如a_2、a'_2、b_2和b'_2。10层以下建筑物在施工时，可以采用上述方法，并以首层作为基准向上投测轴线点。

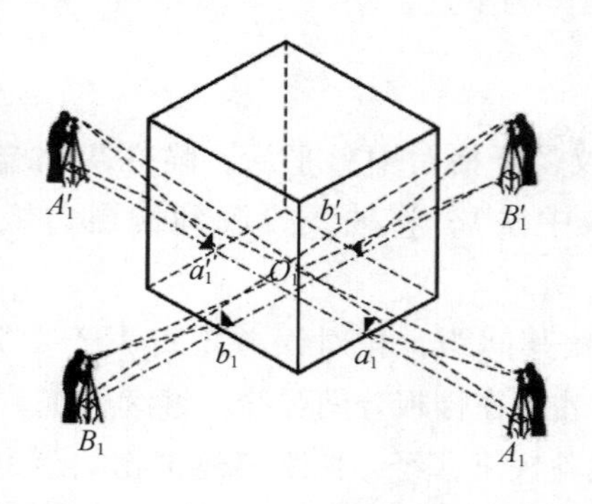

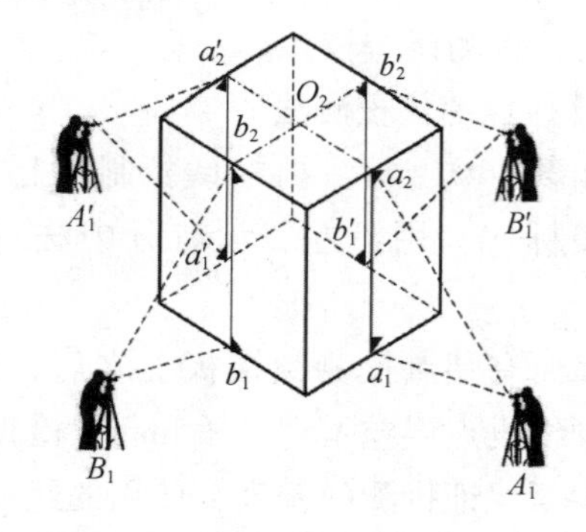

图6-42　根据轴线控制桩投测首层轴线位置

图6-43　经纬仪竖向轴线投测（10层内）

当施工楼层逐渐增高，超过10层以上时，因轴线控制桩距建筑物太近，望远镜的仰角较大，操作不便且投测精度也会降低。基于以上原因，可将原中心轴线控制桩引测到更远的安全地方，或者引测到附近建筑物的屋面上。

如图6-44所示，将经纬仪安置在第10层楼面轴线a_{10}、a'_{10}上。瞄准地面上原有的轴线控制桩A_1和A'_1点，用盘左、盘右分中法，将轴线延长到较高处A_2点和较远处A'_2点，并用标志固定其位置，A_2、A'_2即为新投测的$A_1A'_1$轴线延长线上的控制桩。

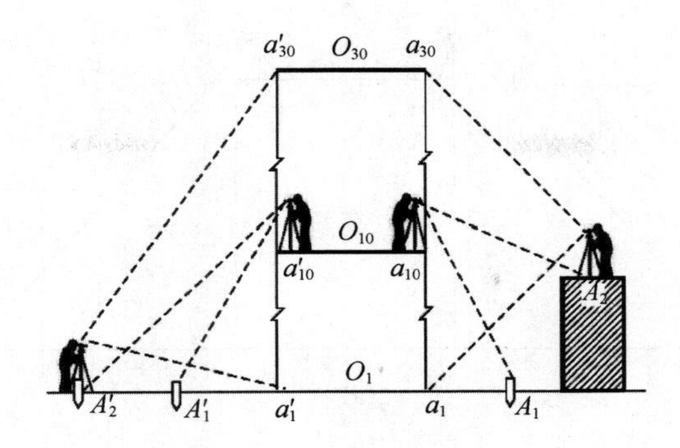

图 6-44　经纬仪延长轴线及竖向投测（10 层以上）

将经纬仪安置在 A_2 和 A_2' 点，以首层轴线标志为基准，用盘左、盘右分中法可将底层轴线继续向 10 层以上的施工楼层投测。

需要说明的是，在投测轴线前，应严格检核经纬仪，操作时仪器要仔细对中和调平，宜选择阴天、无风时进行投测。

2）侧向借线法。此法适用于场地四周范围较小，高层建筑物轴线四廓轴线无法延长，但可以将轴线向建筑物外侧平行移出（俗称“借线”）的情况。移出的尺寸应视外脚手架的情况而定，尽可能不超过 2m，如图 6-45 所示，AA_1 直线即为 A 轴线的借线。

将经纬仪先后安置在接线点 A、A_1 上，对中整平，以首层的借线点 A_1、A 为后视，向上投测并指挥施工楼层的人员，在垂直于视线方向水平移动木尺，以木尺上的视线方向为准，向内量取借线尺寸（即原向外平移量），即可在施工楼层上定出 $A'A_1$ 轴线位置。

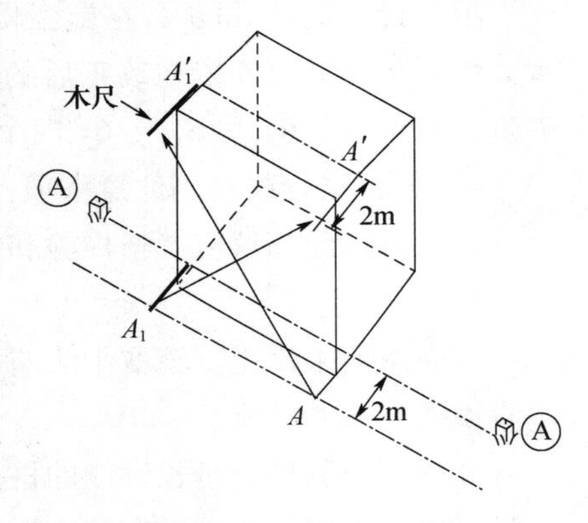

图 6-45　侧向借线法

3）正倒镜逐渐趋近法。此法适用于建筑物四廓轴线虽然可以延长，但不能在延长线上安置经纬仪的情况。图 6-46 所示为某建筑物的侧面图（a）与平面图（b），用经纬仪正倒镜逐渐趋近法在施工楼层上投测轴线⑥。

方法如下：先在施工楼层上估计⑥轴线 6_A 点向上投测的点位 $6'_{A上}$ 的位置，将经纬仪安置在 $6'_{A上}$ 对中整平，后视⑥轴线上的另一点 6_S，用正倒镜取中法延长直线，在施工楼层上定出 $6'_{B上}$，然后将经纬仪安置在 $6'_{B上}$ 点，对中整平，后视 $6'_{A上}$ 点，用正倒镜取中法延长直线定出⑥轴线的 $6'_N$ 点。实量⑥轴线上 $6'_N$ 点和 6_N 点的间距 δ，根据图 6-46（b）所示，利用下式计算两次仪器安置位置偏离施工楼层上正确轴线⑥的垂距 δ_1 和 δ_2：

$$\delta_1 = \delta \cdot \frac{D_1}{D} \tag{6-12}$$

$$\delta_2 = \delta \cdot \frac{D - D_2}{D} \tag{6-13}$$

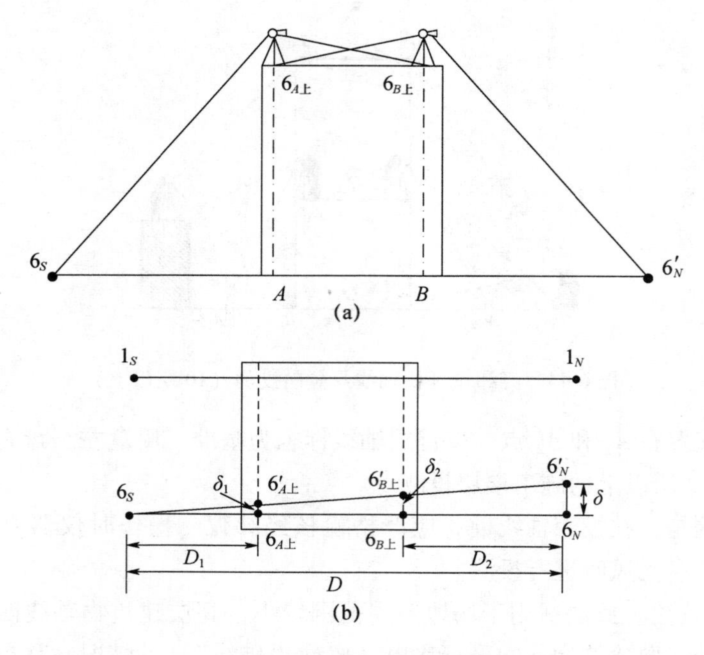

图 6-46　正倒镜逐渐趋近法

根据计算的 δ_1 和 δ_2，在施工楼层面上将 $6'_{A上}$ 改正到 $6_{A上}$ 位置，将 $6'_{B上}$ 改正到 $6_{B上}$ 位置。然后将经纬仪安置在改正后的 $6_{A上}$ 和 $6_{B上}$ 位置上，对中整平，仍采用上述方法逐渐逼近，直至 6_S、$6_{A上}$、$6_{B上}$、6_N 四个点在同一直线上。

4）外控法轴线投测注意事项：

①投测前经纬仪应严格检验和校正，操作时仔细对中和整平，以减少仪器竖轴误差的影响。

②应尽量采用正倒镜取中法向上投测轴线或延长轴线，以消除仪器视准轴与横轴不垂直误差带来的影响。

③轴线控制桩或延长轴线的桩位要稳固，标注要清楚明显，并能长期保存，投测时应尽可能以首层轴线为准直接向施工楼层投测，以减少逐层向上投测造成的误差积累。

④当使用延长轴线法或侧向借线法向上投测轴线时，建议每隔 5 层或 10 层，用正倒镜逐层逼近法校测一次，以提高投测精度，减少竖向偏差的积累。

（2）内控法

在建筑物密集的城市市区，当建筑施工场地狭小，在建筑物外部轴线控制桩上安置经纬仪无法进行轴线投测，可以使用内控法。

所谓内控法，就是根据建筑物平面图和施工现场条件，在建筑物内部 ±0.000 首层平面上布设轴线内控点，精确测定内控点的位置并在浇筑 ±0.000 首层楼板时预埋标志。内控点宜选在平行于建筑物的主要轴线的辅助轴线上，辅助轴线与主要轴线的间距宜设置成 500～800mm，在各层楼板的相应位置上预留 300mm×300mm 的传递孔，便于向上竖向投测。根据使用的仪器和工具不同，内控法目前主要有下面两种方法。

1）吊垂球法。吊垂球法是利用钢丝悬挂垂球的方法，进行轴线竖向投测。这种方法一般用于高度在50～100m的高层建筑施工中，垂球的质量为10～20kg，钢丝的直径为0.5～0.8mm。如图6-47所示，在预留孔上面安置十字架，挂上垂球，对准首层预埋标志。当垂球线静止时，固定十字架，并在预留孔四周做出标记，作为以后恢复轴线及放样的依据。此时，十字架中心即为轴线控制点在该楼面上的投测点。使用吊垂球法时，应严格使垂球尖对准预埋标志，为防止风力引起摆动，在下层应使用防风板，采用对讲机上下联系。一般来说，10层以下以首层的预埋标志为准，10层至20层以第10层的轴线标志为准，20层至30层以第20层的轴线标志为准，30层以上以第30层的轴线标志为准，主要是为了克服悬吊钢丝过长而产生的摆动。

南京金陵饭店塔楼（37层）曾采用吊垂球法做竖向轴线投测偏差的检测，检测结果是使用经纬仪竖向轴线投测与吊垂球法相比，两者间的最大差值仅为4mm，说明吊垂球法只要认真操作，措施得当，可以达到较高的精度。

2）天顶准直法。天顶准直法是使用能测设天顶方向的专用仪器，进行轴线竖向投测，该法具有操作简单，精度较高的优点，是高层建筑物轴线投测经常采用的方法。常用的测设天顶方向的仪器有激光经纬仪、配有90°弯管目镜的经纬仪、激光铅垂仪等，本节主要介绍使用激光铅垂仪进行轴线竖向投测的方法。

激光铅垂仪又称激光垂准仪，是一种专用的铅直定位仪器［图6-48（a）］，适用于高层建筑物、烟囱及高塔架的铅直定位测量。它是利用望远镜发射的铅垂激光束到达激光靶［图6-48（b）］，在激光靶上显示光点，从而投测定位。激光铅垂仪可向上投点，也可向下投点。其投点误差一般为1/100000，有的可达1/200000。

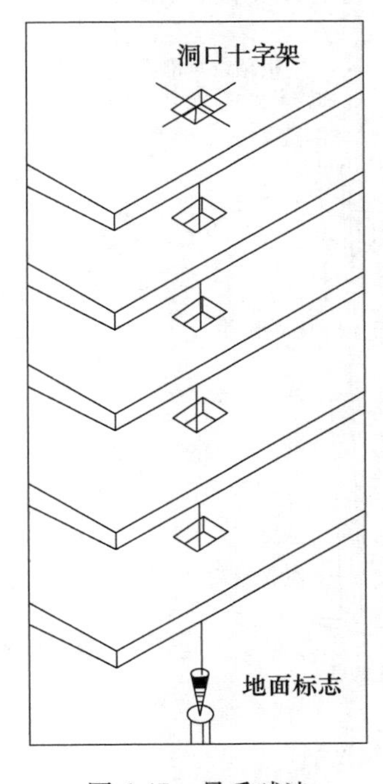

图6-47　吊垂球法

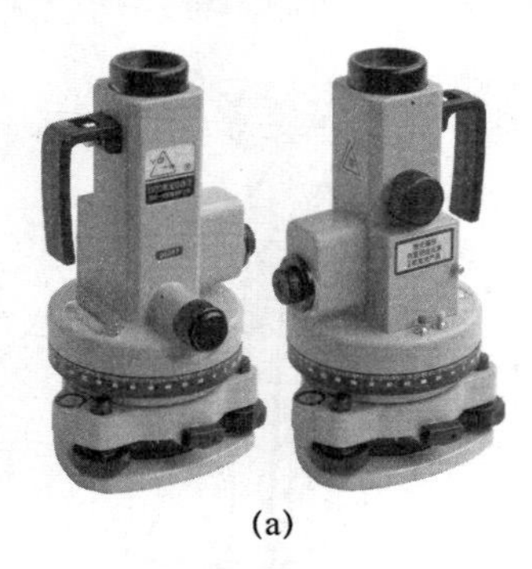

(a)

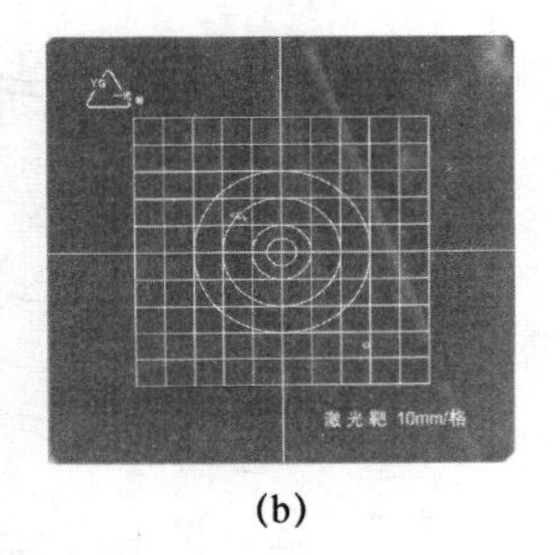

(b)

图6-48　激光铅垂仪和激光靶

现以某高层建筑为例，介绍使用激光铅垂仪进行轴线竖向投测的方法。图 6-49 为某高层建筑物的平面图，1、2、3、4 为首层内控点，在首层楼板浇筑时精确测定并埋设。12、23、34、41 四条轴线互相垂直，并且平行于相应的外廓轴线。

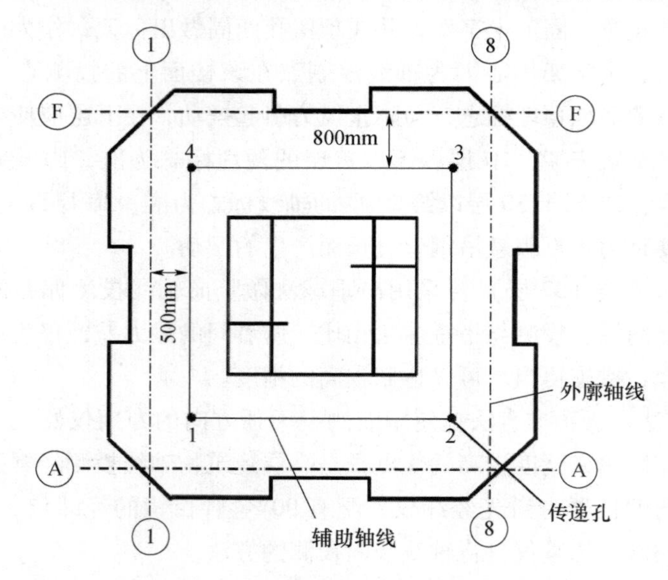

图 6-49　内控法建筑首层平面图

具体实施步骤：

①将激光铅垂仪分别安置在首层内控点 1、2、3、4 上，仔细对中，严格整平，在内控点的竖直方向上的各施工楼层均应预留孔洞，在孔洞上方安置激光靶，如图 6-50 所示。

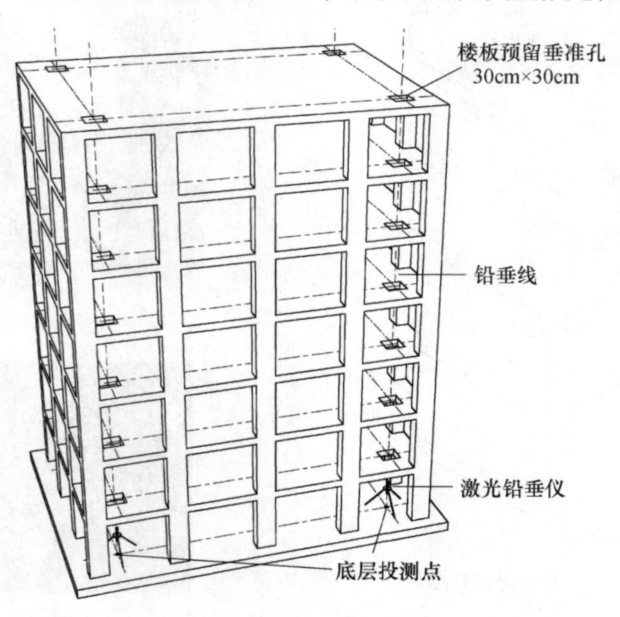

图 6-50　激光铅垂仪轴线投测

②启动激光铅垂仪，激光束向上投测，投测在施工楼层预留孔洞的激光靶上，施工楼层的人员移动激光靶，使激光束正好对准激光靶的中心，然后仪器操作人员缓慢转动仪器的照准部180°，又投测一次，如果两次投测的位置不重合，取两次的中间点位置作为本次投测的最终位置。有时可以用照准部0°、90°、180°、270°四个位置分别投测，在激光靶上投测四个位置，将0°和180°投测的位置相连，将90°和270°投测的位置相连，两直线交点为最终位置。一般应投测两次，如果两次的差值在限差内，取两次的平均位置为最后结果。

当施工楼层不高，且激光束光斑清楚细小时，每次施工楼层投测，宜以首层内控点为准向上投测；当施工楼层较高，采用分段向上投测对精度是有利的。

③复测检查。施工单位投测后，监理应对此进行复测检查，复测每一个点位，并用经纬仪检查∠123和∠234两个对角，并用钢尺实量12、23、34、41四边的水平距离，以便与设计值比较，应满足规定的要求。

在高层建筑物或超高层建筑物施工中，大多采用内控法进行轴线竖向投测。由于内控点所构成的边长均较短，一般为20～50m，虽然在轴线投测至施工楼层后，对每一楼层上的边角和自身尺寸进行了检查，但检查不出内控点在施工楼层的位移或转动。因此近年来在一些超高层建筑施工中，采用内、外控相结合的方法进行轴线投测，取得了较好的效果。例如，上海金茂大厦（高度420m）就是采用了内外控相结合的方法，取得了较高的精度。

在高层建筑轴线投测中，无论采用哪种方法，都会受到阳光照射，使建筑物有阴阳面，导致建筑物轴线投测向阴面弯曲，因此宜选择在阴天进行。

四、高程传递及检测

1. 多层民用建筑高层传递

多层民用建筑施工中，要从下层楼板向上层传递高程，以便使楼板、门窗口、室内装修等工作的高程符合设计要求。主要有以下方法：

（1）采用皮数杆传递高程

皮数杆上的±0.000、砖层、窗台、过梁、预留洞、门、楼板等的标高位置都已标注，一层施工完成后，再从第二层立皮数杆，一层一层向上传递，这样就可以把高程传递到各施工楼层。向上传递皮数杆时，应注意检查下层皮数杆是否松动。

（2）利用钢尺直接丈量

从设在外墙角或楼梯间的±0.000标高线起，用钢尺直接竖直向上丈量，把高程传递到各施工楼层，然后根据由下面传递上来的高程立皮数杆，作为该层墙身砌筑、安装门窗和过梁、室内装修以及地坪抹灰的标高依据。

（3）悬吊钢尺法

在楼梯间悬吊钢尺（钢尺零点朝下，底部悬挂重垂球），结合水准仪读数的方法将高程传递到施工楼层。如图6-51所示，水准仪在一层后视±0.000标高线，读数为a，前视钢尺读数为b，将水准仪放到二层，后视钢尺读数为c，前视二层墙面或柱面，读数为d，则二层墙面或柱面某位置（一般离该层楼板0.5m）的高程为：$H_2 = H_1 + a + (c - b) - d$。同样方法，可以将高程传递到其他各层，作为该施工楼层抄平的依据。这种方法传递高程的精度较高。

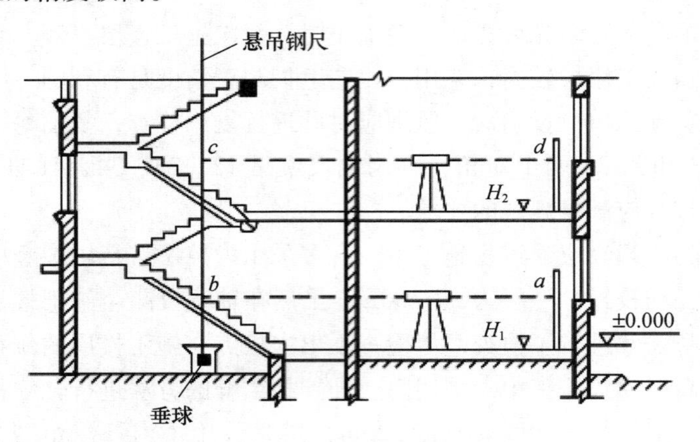

图6-51　悬吊钢尺法高程传递

（4）普通水准仪法

在条件许可的情况下，直接使用水准仪按普通水准测量的方法沿建筑物楼梯逐站向上，将高程传递到各施工楼层，作为该施工楼层抄平的依据。

2. 高层建筑高程传递

高层建筑高程传递的目的是根据现场水准点或±0.000标高线，将高程向上传递至施工楼层，在每施工楼层的柱子或墙面上测设出多个位置（每层楼板设计标高以上+0.5m），作为施工楼层其他标高测设的依据。高程建筑物高程传递常用的方法有以下两种：

（1）水准仪配合钢尺法

如图6-52所示，在高层建筑的垂直通道（楼梯间、电梯间、垃圾道、垂准孔等）中悬吊钢尺（钢尺零点朝下），钢尺下端挂一垂球，用钢尺代替水准尺，在下层与上层各架一个水准仪，根据底层+0.5的标高线将高程向上传递，从而测设出各楼层的设计标高线和高出设计标高+0.5的标高线。

操作方法如下（以测设第二层为例）：

1）在首层安置水准仪，在首层的+0.5标高上安置水准尺，整平水准仪后，后视读数为a_1（+0.5标高上的水准尺），在悬吊钢尺上读数b_1；

2）将水准仪搬到施工楼层，安置在适当位置，调平后，后视悬吊钢尺读数a_2，则第二层楼板+0.5标高处的水准尺读数b_2应为：

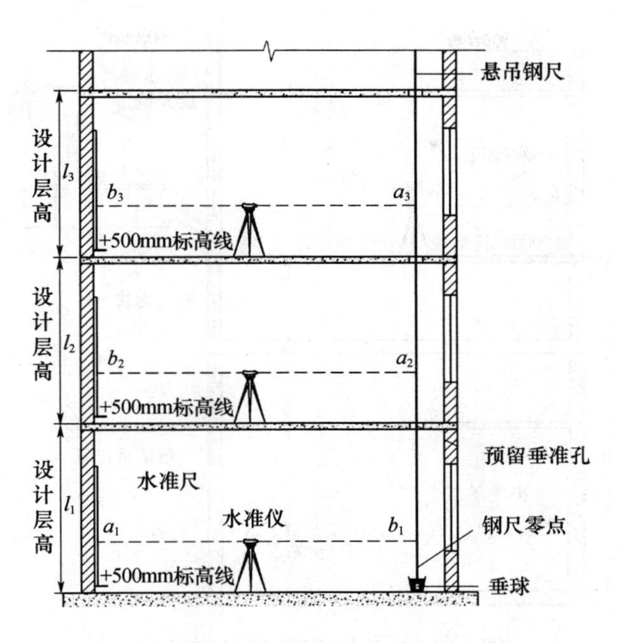

图 6-52　水准仪配合钢尺法高程传递

$$b_2 = +0.5 + a_1 + (a_2 - b_1) - (l_1 + 0.5) \tag{6-14}$$

3）在第 2 层楼面的水准仪指挥下，将水准尺竖立在待测的柱子或墙面上，上下移动水准尺，直至水准仪在水准尺上读取的读数为 b_i，在水准尺底部画一横线，此为该楼层高程楼板设计标高 +0. 5m 的位置。

其他施工楼层的测设方法与此相似，由于钢尺长度有限，一般来说，1 ~ 10 层可以根据首层的 +0. 5m 标高线进行测设，10 ~ 20 层以第 10 层的 +0. 5m 标高线进行测设，依此类推。此法可以结合钢尺沿外墙实际丈量进行检核。

（2）全站仪天顶测距法。

对于超高层建筑，悬吊钢尺是有困难的，可以在底层内控点上对中整平全站仪，通过对天顶方向测距的方法引测高程。操作方法如下（图 6-53）：

1）将全站仪对中整平在内控点上，首先将望远镜瞄准水平位置（竖直读数为 90°或 270°），读取竖立在底层 +0. 5m 标高线上的水准尺读数 a_1；

2）将望远镜指向天顶（竖直读数为 0°或 180°），在需传递高程的第 i 层楼面预留孔洞处放置一块预制的圆孔铁板，并将棱镜平放在圆孔上，测出全站仪至棱镜的垂直距离 d_i，获得第 i 层楼面铁板的顶面标高 H；

3）在铁板顶面竖立水准尺，通过安置在第 i 层楼面的水准仪在水准尺上读数 a_i，则通过下式可以计算出第 i 层楼面高出该层楼板设计标高 +0. 5m 位置的水准仪前视读数 b_i：

$$b_i = +0.5 + a_1 + d_i + a_i - (H_i + 0.5) \tag{6-15}$$

4）在第 i 层楼面的水准仪指挥下，将水准尺竖立在待测的柱子或墙面上，上下移动水准尺，直至水准仪在水准尺上读取的读数为 b_i，在水准尺底部画一横线，此为该楼层高程楼板设计标高 +0. 5m 的位置。

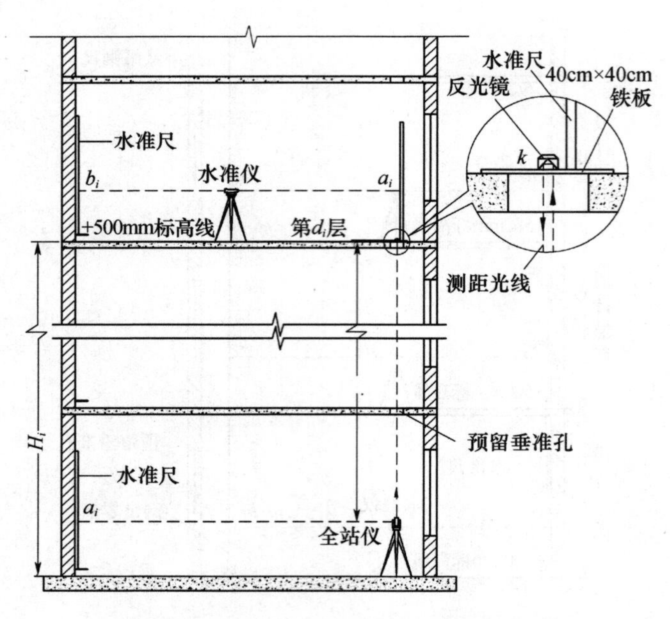

图 6-53 全站仪天顶测距法高程传递

其他各层的标高测设均按照此法，由于全站仪测程较长，因此建筑物各层的标高都可以根据首层的 +0.5m 标高线（或 ±0.000 标高线）进行测设，提高了建筑物高程传递的精度。

用全站仪天顶测距法来传递高程与水准仪配合钢尺法相比，不仅测量精度高，而且不受钢尺长度的影响，操作比较方便，另外，为了提高精度，可以用很薄的反射片代替棱镜。

五、工业厂房的施工测量

一般工业厂房多采用预制构件、在现场进行装配的方法施工。厂房的预制构件有柱子、吊车梁和屋架等。因此，工业厂房施工测量的工作主要是保证这些预制构件安装到位。具体任务为：厂房矩形控制网测设、厂房柱列轴线放样、杯形基础施工测量及厂房预制构件安装测量等。

1. 工业厂房矩形控制网的测设

工业厂房一般都应建立厂房矩形控制网作为厂房施工放样的依据，其建立形式一般有下列两种：单一厂房的矩形控制网和主轴线组成的矩形控制网，前者一般适用于中、小型厂房，后者适用于大型厂房和系统工程。

（1）单一厂房矩形控制网

根据厂区施工控制网（建筑方格网）测设厂房矩形控制网，如图6-54 所示，*A*、*B*、

C、E、F、G 为厂区建筑方格网点，其坐标已精确测定；P、Q、R、S 四点为厂房矩形控制网的控制点，称为厂房控制桩，其设计坐标可由设计图上得知；H、I、J、K 四点为厂房的房角点，其设计坐标也可从设计图上查取。厂房矩形控制网的边线到厂房轴线的距离为 4m，厂房控制桩 S、P、Q、R 的坐标，可按厂房角点的设计坐标加减 4m 算得。

厂房矩形控制网测设方法如下：

1）计算测设数据。根据厂房控制桩 S、P、Q、R 的坐标，计算利用直角坐标法进行测设时所需测设数据，计算结果标注在图 6-54 中。

2）厂房控制点的测设。从 F 点起沿 FE 方向量取 36m，定出 a 点；沿 FG 方向量取 29m，定出 b 点。在 a 与 b 上安置经纬仪，分别瞄准 E 与 F 点，顺时针方向测设 90°，得两条视线方向，沿视线方向量取 23m，定出 R 、Q 点。再向前量取 21m，定出 S、P 点。为了便于进行细部的测设，在测设厂房矩形控制网的同时，还应沿控制网测设厂房柱列轴线控制桩，如图 6-54 所示。

3）检查。检查∠S、∠P 是否等于 90°，其误差不得超过 ±10″。检查 SP 是否等于设计长度，其误差不得超过 1/10000。

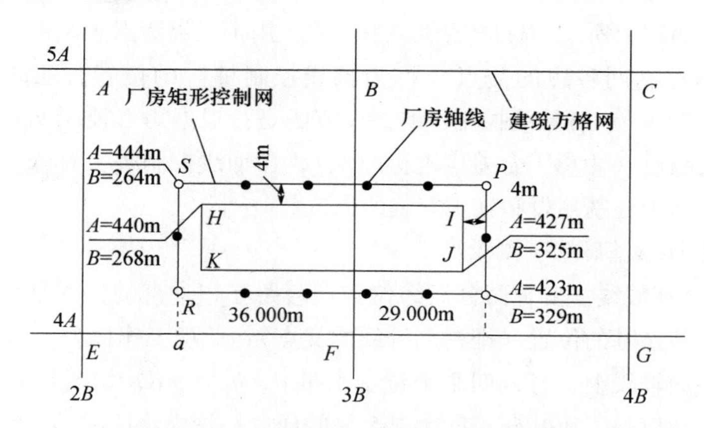

图 6-54　用建筑方格网测设厂房矩形控制网

（2）主轴线组成的矩形控制网

对于大型或设备复杂的厂房，应先根据厂区的建筑方格网和其他控制网测设厂房控制网的主轴线，再根据主轴线测设厂房矩形控制网，构成由主轴线组成的矩形控制网。图 6-55 所示为田字形的厂房矩形控制网，AOB 和 COD 为长、短主轴线，可以根据厂区的建筑方格网或其他控制网定出；E、F、G、H 四点为厂区矩形控制网点，可根据测设的主轴线上的 A、B、C、D、O 等位置用直角交会定出；然后精密测量矩形控制网中各边的距离，其精度要满足规定的要求。如误差在规定的要求内，应对点位予以调整。

为了便于以后进行厂房细部的施工放线，在测定矩形网各边长时，应按施测方案确定的位置和间距测设距离指示桩，如图 6-55 所示。距离指示桩的间距一般等于厂房柱子间距的整数倍，使距离指示桩位于厂房柱列轴线或主要设备中心线方向上。距离指示桩上直线投点的允许误差为 ±5mm。

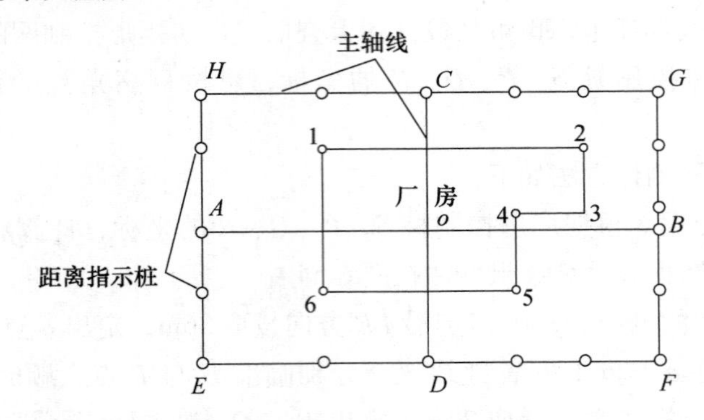

图 6-55　主轴线组成的矩形控制网

2. 厂房柱列轴线与柱基施工测量

（1）厂房柱列轴线测设

根据厂房平面图上所注的柱间距和跨距尺寸，用钢尺沿矩形控制网各边量出各柱列轴线与厂房矩形控制网各边的交点（称为轴线控制桩）的位置，如图 6-56 中的 1′、2′……以及 1″、2″……。各轴线控制桩的测设方法是：根据矩形控制网各边上的距离指示桩，以内分法测设（距离闭合差应进行配赋），在轴线控制桩上打入大木桩，桩顶用小钉标出点位，作为柱基测设和施工安装的依据。

（2）混凝土杯形基础施工测量

1）柱基定位和放线。安置两台经纬仪，在两条互相垂直的柱列轴线控制桩上，沿轴线方向交会出各柱基的位置（即柱列轴线的交点），此项工作称为柱基定位。

在柱基的四周轴线上，打入四个定位小木桩 a、b、c、d，如图 6-56 所示，其桩位应在基础开挖边线以外，比基础深度大 1.5 倍的地方，作为修坑和立模的依据。

按照基础详图所注尺寸和基坑放坡宽度，用特制角尺放出基坑开挖边界线，并撒出白灰线以便开挖，此项工作称为基础放线。依照此法，测设出厂房全部柱基。

在进行柱基测设时，应注意柱列轴线不一定都是柱基的中心线，而一般立模、吊装等习惯用中心线，此时，应将柱列轴线平移，定出柱基中心线。

2）柱基基坑抄平。当基坑挖到一定深度时，应在基坑四壁，离基坑底设计标高 0.3～0.5m 处，测设若干水平桩，作为检查基坑底标高和基坑修坡的依据。另外，还应在基坑内测设出垫层的高程，即在坑底打下几个小木桩，使桩顶面恰好位于垫层的设计高程上，作为控制垫层浇筑施工的依据。

3）柱基基础模板定位。杯形基础立模测量有以下三项工作：

①基础垫层打好后，根据基坑周边定位小木桩，用拉线吊垂球的方法，把柱基定位线投测到垫层上，弹出墨线，用红漆画出标记，作为柱基立模板和布置基础钢筋的依据。

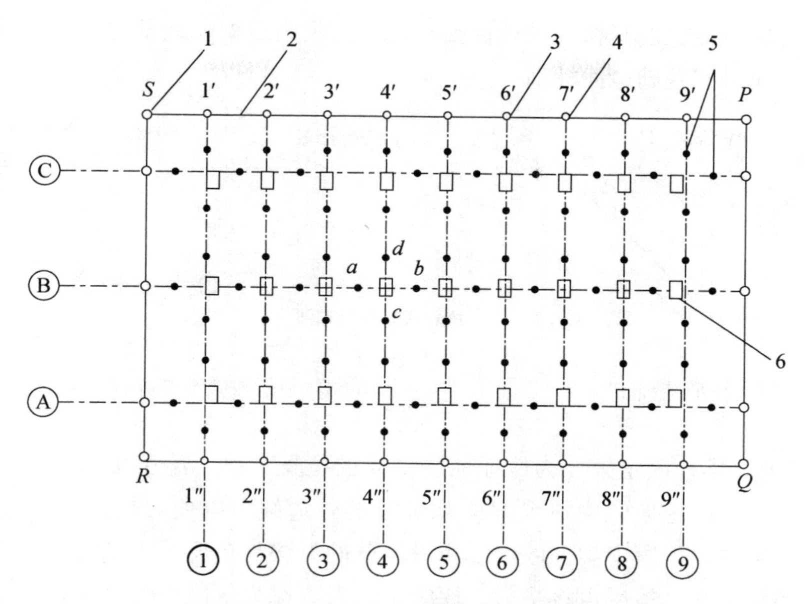

图 6-56　厂房柱列轴线和柱基测设

1—厂房控制桩；2—厂房矩形控制网；3—柱列轴线控制桩；4—距离指示桩；5—定位小木桩；6—柱基础

②立模时，将模板底线对准垫层上的定位线，并用垂球检查模板是否垂直。

③用水准仪抄平的方法将柱基顶面设计标高测设在模板内壁，作为浇筑混凝土的高度依据。在立杯底模板时，应注意使实际浇筑出来的杯底面比设计高程略低 3～5cm，以便拆模后填高修平杯底。

4）杯口中线投点与抄平。在柱基拆模后，根据厂房矩形控制网上的柱列轴线控制桩，用经纬仪正倒镜取中法将柱列轴线投测到杯口顶面上，如图 6-57 所示，并弹出墨线，用红漆画出“►”标志，作为安装柱子时确定轴线的依据。如果柱列轴线不通过柱子的中心线，应在杯形基础顶面上加弹柱中心线。

（3）钢柱基础施工测量

钢柱基础定位和基坑底层抄平的方法与混凝土杯形基础相同，但由于钢柱基础的基础较深，而且基础下面有垫层以及埋设地脚螺栓，故其施工测量的精度要求较高，一旦地脚螺栓的位置偏离超限，会给钢柱的安装造成困难。

施测方法及步骤如下：

1）垫层中线投点和抄平。垫层混凝土凝结后，应在垫层面上投测中心线，投测时将经纬仪安置在基坑旁（以能看到基坑坑底为准），照准厂房矩形控制网基础中心线两端的轴线控制桩，用正倒镜逐渐趋近法，将经纬仪逐渐导入轴线控制桩的连线上，然后再将轴线投测到基础垫层上。根据垫层上的中线和交点，以及地脚螺栓与轴线的位置关系，绘出地脚螺栓固定架的位置，以便下一步安置固定架并根据中线支立模板。

地脚螺栓固定架位置在垫层上绘出后，即测定固定架外框四角处的标高，以便检查和修平垫层混凝土面，使其符合设计标高和便于安装固定架。如基础过深，可用水准仪吊钢尺法从地面引测基础地面标高。

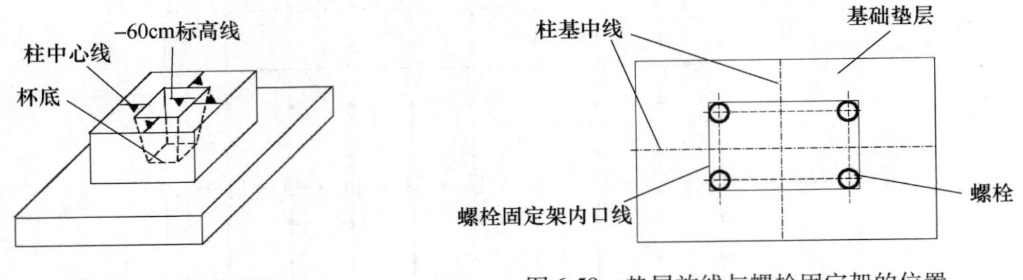

图 6-57　杯形基础　　　图 6-58　垫层放线与螺栓固定架的位置

2）安置地脚螺栓固定架。为保证地脚螺栓的位置正确，施工中常用型钢制成固定架用来固定螺栓，固定架的内口尺寸应是螺栓的外边线，以便焊接螺栓。如图 6-58 所示，安置固定架时，把固定架上的中线用吊垂球的方法与垫层上中线对齐，将固定架的四角用钢板垫稳垫平，然后再将垫板、固定架、斜支撑与垫层中的预埋件焊牢。

3）固定架的标高测量。用水准仪在固定架四角的立角钢上，测设出基础顶面设计标高线，并做出标记，作为安装螺栓和控制混凝土标高的依据。

4）安装地脚螺栓。在固定架上，对准已测定的立角钢上标高点，拉上一细钢丝，在螺栓上也刻画出同一标高的位置线，安装地脚螺栓时，将螺栓上的标高位置线与固定架上的标高线对齐，待螺栓的距离、高度、垂直度校正好后，将螺栓与固定架上、下横梁焊牢。

5）检查校正。用经纬仪检查固定架中心线，其投点误差相对于控制桩不应超过 ±2mm，用水准仪检查基础顶面标高线允许偏差为 -5mm，施工时混凝土顶面可稍低于设计标高。地脚螺栓不宜低于设计标高，可允许偏高 5~25mm。

3. 柱子安装测量

工业厂房大多采用装配式结构，一个单位工程中预制构件的规格、型号很多，结构形式也较复杂，主要有柱、梁、屋架等（图 6-59）。安装测量前应认真熟悉设计图纸，按结构平面布置图把各种型号构件的数量、规格、断面尺寸，各部位的标高，预埋件位置等有关数据核对清楚。结构安装测量主要是在预制构件上放出（弹出）各种标志线，并为各构件在安装过程中的定位和校正提供依据。

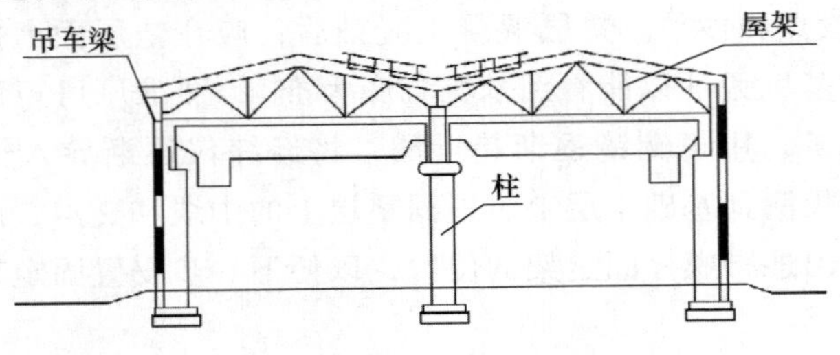

图 6-59　工业厂房的柱、吊车梁、屋架

（1）柱子安装测量的精度要求

在装配式结构中，柱子安装是关键部位，柱子在安装前应对基础中线及其间距、基础顶面和杯底标高等进行认真的复核，把每根柱子按轴线位置进行编号，并检查各尺寸是否满足图纸设计要求，无误后，方可进行弹线。

柱子安装应满足的基本要求：

1）柱中心线应与相应的柱列轴线一致，其允许偏差为 ±5mm；

2）牛腿顶面和柱顶面的实际标高应与设计标高一致，其允许误差为 ±(5～8)mm，柱高大于 5m 时为 ±8mm；

3）柱身垂直允许误差，当柱高≤5m 时为 ±5mm；当柱高为 5～10m 时，为 ±10mm；当柱高超过 10m 时，则为柱高的 1/1000，但不得大于 20mm。

（2）柱子安装的准备工作

1）在柱基顶面投测柱列轴线。用水准仪在杯口内壁，测设一条一般为 -0.600m 的标高线（一般杯口顶面的标高为 -0.500m），并画出“▼”标志，如图 6-57 所示，作为杯底找平的依据。

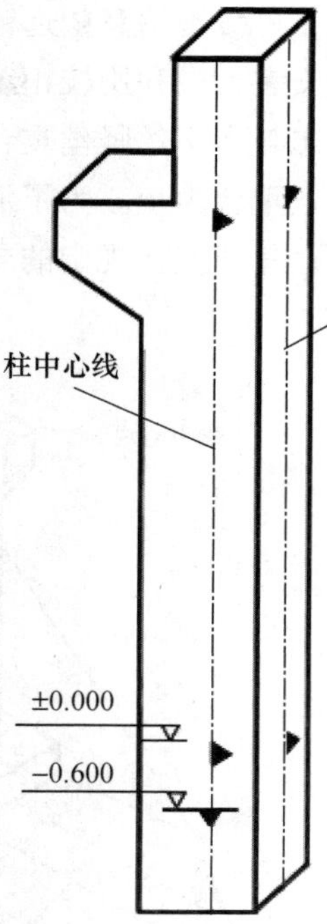

图 6-60　柱身弹线

2）柱身弹线。柱子安装前，应将每根柱子按轴线位置进行编号。如图 6-60 所示，在每根柱子的三个侧面弹出柱中心线，并在每条线的上端和下端近杯口处画出“▶”标志。

3）柱长检查及杯底找平。柱子安装时对精度要求较高的部位是承受吊车梁的牛腿面，因此应以牛腿面为基准检查柱长和确定柱子其他位置的标高尺寸。根据牛腿面的设计标高，从牛腿面向下用钢尺量出 -0.600m 的标高线，并画出“▼”标志。

将柱子的 -0.600m 标高线至柱底面的长度 L_1，以及相应的柱基杯口内 -0.600m 标高线至杯底的高度 L_2 进行比较，以确定杯底找平厚度 $\Delta L = L_2 - L_1$，用水泥砂浆根据找平厚度在杯底进行找平，即可使各柱子安装后各牛腿面符合设计高程，并在同一水平面上。

（3）柱子的安装测量

柱子安装测量的目的是保证柱子平面和高程符合设计要求，柱身铅直。主要步骤如下：

1）柱子就位。预制的钢筋混凝土柱子插入杯口后，应使柱子三面的中心线与杯口中心线对齐，如图 6-61（a）所示，用木楔或钢楔临时固定。

2）柱身标高检查。柱子立稳后，立即用水准仪检测柱身上的 ±0.000m 标高线，其容许误差为 ±3mm。

3）柱子垂直度校正。如图 6-61（a）所示，将两台经纬仪分别安置在柱基纵、横轴线上，离柱子的距离不小于柱高的1.5倍，先用望远镜瞄准柱底的中心线标志，固定照准部后，再缓慢抬高望远镜观察柱子上端中线标志。若中线标志偏离十字丝竖丝的方向，指挥安装人员利用校正工具转动柱身，调节钢丝绳或支撑，再敲打楔子，使柱子上端中线标志与十字丝竖丝重合，直至从两台经纬仪中观测到的柱子上、下部中心线都与十字丝竖丝重合为止。为了消除仪器误差的影响，应采用正倒镜取中法检测柱子的垂直度偏差值，其值应在规定的要求内。

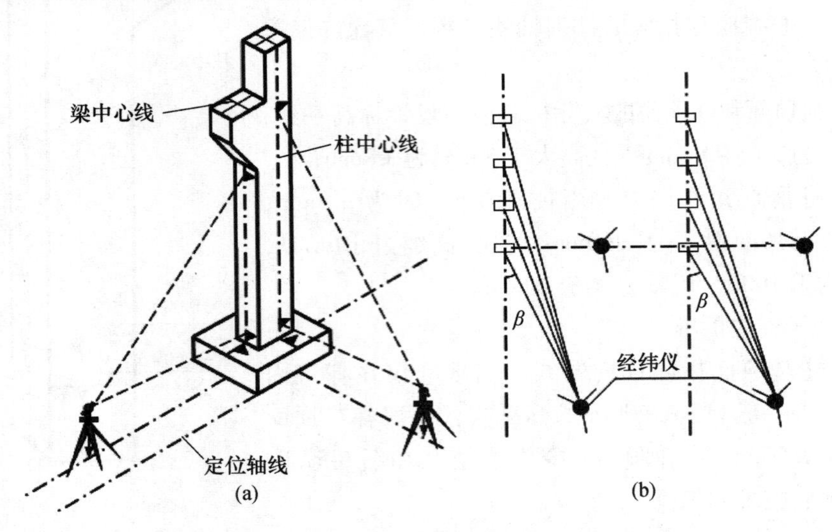

图6-61　柱子垂直度校正

4）柱子固定。当柱子垂直度满足要求后，要立即在杯口与柱子的缝隙中浇筑混凝土，以固定柱子的位置。

注意事项：在实际安装时，一般是一次把许多柱子都竖起来，然后进行垂直校正。这时，可把两台经纬仪分别安置在纵横轴线的一侧，一次可校正几根柱子，如图6-61（b）所示，但仪器偏离轴线的角度应在15°以内。

对于钢柱的垂直度校正测量方法与上述预制混凝土柱的方法基本相同，不同的是钢柱不是插入杯口，而是坐在基础面上，基础面的高差通过改变垫板厚度来找平。校正方法是：利用经纬仪照准钢柱上端的中线标志，用正倒镜取中法在钢柱底部投点，如果投下来的点偏离钢柱底部中线，设偏离值为δ，则在偏离一端的钢柱底部垫板的厚度h为：

$$h = b \cdot \frac{\delta}{L} \tag{6-16}$$

式中，h为垫板厚度；δ为柱顶相对于柱脚的垂直偏差；b为柱中线至垫板的距离；L为柱长。

采用上述方法进行校正，不需反复试垫就能使钢柱垂直，减少重复劳动，提高工作效率。

（4）柱子安装测量的注意事项

1）柱子安装测量前，应认真做好各项准备工作：熟悉图纸、构件的检查与清理、柱子的弹线等。

2）所使用的经纬仪必须严格校正，操作时，应使照准部水准管气泡严格居中。

3）柱子就位后，临时固定应牢固。校正时，除注意柱子垂直外，还应随时检查柱中心线是否对准杯口柱列轴线标志，以防柱子安装就位后产生水平位移。在校正变截面的柱子时，经纬仪必须安置在柱列轴线上，以免产生差错。

4）经纬仪校正柱子时，离开柱子的水平距离不宜小于柱高的 1.5 倍。初步校正后，应进行复测，当柱身纵横两个方向的偏差都不超过规定的要求时，应及时浇筑混凝土，做最后的固定。

5）在日照下校正柱子的垂直度时，应考虑日照使柱顶向阴面弯曲的影响，为避免此种影响，宜在早晨或阴天校正。

4. 吊车梁安装测量

吊车梁安装测量主要是保证吊车梁中线位置和吊车梁的标高满足设计要求。

（1）吊车梁安装前的准备工作

吊车梁安装前的准备工作有以下几项：

1）吊车梁标高校正。在柱面上量出吊车梁顶面标高，根据柱子上的 ±0.000m 标高线（或 +0.500m 标高线），用钢尺沿柱面向上量出吊车梁顶面设计标高线并作标记，作为调整吊车梁面标高的依据。

2）在吊车梁上弹出梁的中心线。如图 6-62 所示，在吊车梁的顶面和两端面上，用墨线弹出梁的中心线，作为安装定位的依据。梁两端立向的中线应互相平行。

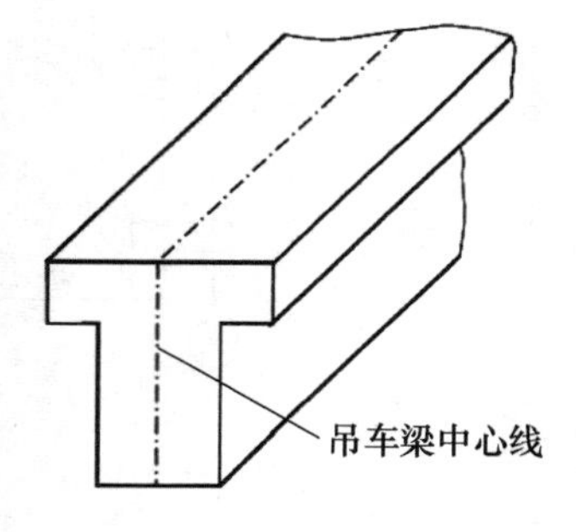

图 6-62　吊车梁中心线

3）在牛腿面上弹出梁的中心线。根据厂房中心线，在牛腿面上投测出吊车梁的中心线，投测方法如下：如图 6-63（a）所示，利用厂房中心线 A_1A_1，根据设计轨道间距，在地面上测设出吊车梁中心线（也是吊车轨道中心线）$A'A'$ 和 $B'B'$。在吊车梁中心线的一个端点 A'（或 B'）上安置经纬仪，瞄准另一个端点 A'（或 B'），固定照准部，抬高望远镜，即可将吊车梁中心线投测到每根柱子的牛腿面上，并用墨线弹出梁的中心线。

（2）吊车梁的安装测量

安装时，使吊车梁两端的梁中心线与牛腿面上的梁中心线重合，这是吊车梁的初步定位。采用平行线法，对吊车梁的中心线进行检测，校正方法如下：

1）如图 6-63（b）所示，在地面上，从吊车梁中心线，向厂房中心线方向量出长度 a（1m），得到平行线 $A''A''$ 和 $B''B''$。

2）在平行线一端点 A''（或 B''）上安置经纬仪，瞄准另一端点 A''（或 B''），固定照准部，抬高望远镜进行测量。

3）此时，另外一人在梁上移动横放的木尺，当视线正对准尺上 1m 刻划线时，尺的零点应与梁面上的中心线重合。如不重合，可用撬杠移动吊车梁，使吊车梁中心线到 $A''A''$（或 $B''B''$）的间距等于1m为止。

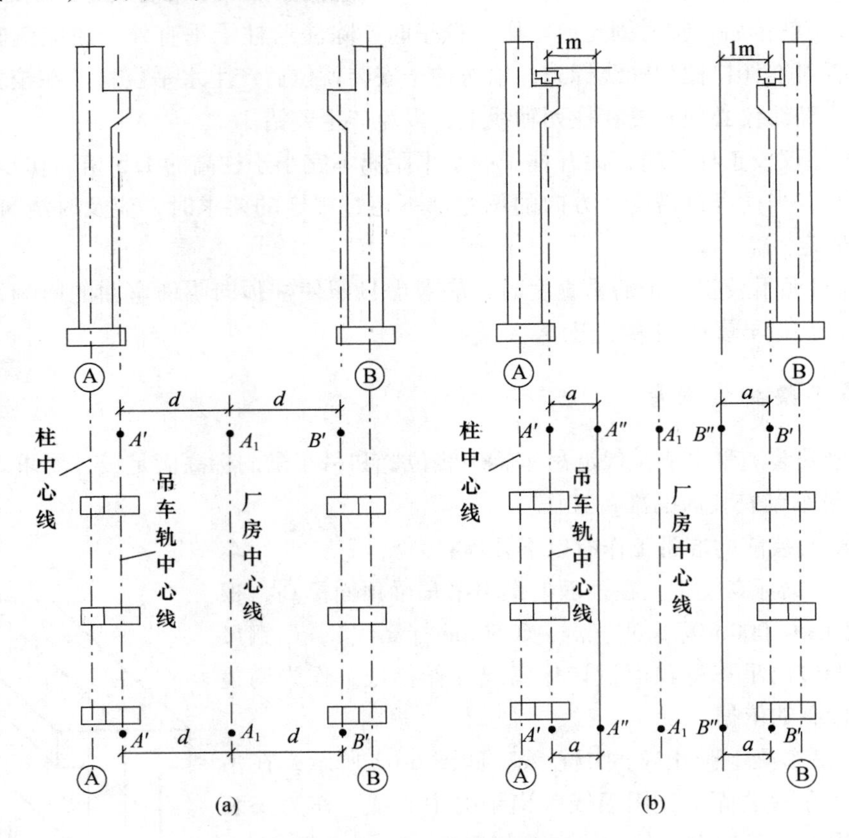

图6-63　吊车梁的安装测量

吊车梁安装就位后，先按柱面上定出的吊车梁设计标高线对吊车梁面进行调整，然后将水准仪安置在吊车梁上，每隔3m测一点高程，并与设计高程比较，误差应在3mm以内。

5. 屋架安装测量

（1）屋架安装前的准备工作

屋架吊装前，用经纬仪或其他方法在柱顶面上测设出屋架定位轴线。在屋架两端弹出屋架中心线，以便进行定位。

（2）屋架的安装测量

屋架吊装就位时，应使屋架的中心线与柱顶面上的定位轴线对准，允许误差为5mm。屋架的垂直度可用垂球或经纬仪进行校正检查。

现介绍用经纬仪校正的具体做法：

1）如图6-64所示，在屋架上安装三把卡尺，一把卡尺安装在屋架上弦中点附近，另外两把分别安装在屋架的两端。自屋架几何中心沿卡尺向外量出一定距离，一般为500mm，做出标志。

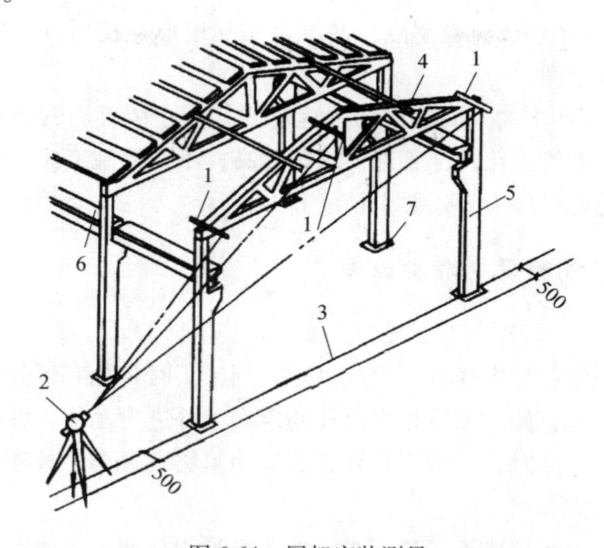

图 6-64　屋架安装测量

1—卡尺；2—经纬仪；3—定位轴线；4—屋架；5—柱；6—吊车梁；7—柱基

2）在地面上，距屋架中线同样距离处，安置经纬仪，观测三把卡尺的标志是否在同一竖直面内，如果屋架竖向偏差较大，则用机具校正，最后将屋架固定。垂直度允许偏差为：薄腹梁为5mm；桁架为屋架高的1/250。

第四节　地下管道施工测量

管道工程施工测量的主要任务是根据设计图纸的要求，为施工测设各种标志，使施工技术人员便于随时掌握中线方向和高程位置，并使管道的设计坡度满足要求。

管道施工一般在地面以下进行，并且管道种类繁多，例如给水、排水、天然气、输油管道等。在城市建设中，尤其城镇工业区管道更是上下穿插、纵横交错组成管道网，如果管道施工测量稍有误差，将会导致管道互相干扰，给施工造成困难，因此施工测量在管道施工中的作用尤为突出。

一、普通管道施工测量

1. 地下管道工程测量的准备工作

1）管线布置及工艺设计和施工安装要求。

2）勘察施工现场情况，了解设计管线走向，以及管线沿途已有平面和高程控制点分布情况。

3）根据管道平面图和已有控制点，并结合实际地形，找出有关的施测数据及其相互关系，并绘制施测草图。

4）根据管道在生产上的不同要求、工程性质、所在位置和管道种类等因素，确定施测精度。如厂区内部管道比外部管道要求精度高；不开槽施工比开槽施工测量精度要求高，无压力的管道比有压力管道要求精度高。

2. 地下管道中线测设及槽口放线

(1) 恢复中线

管道中线测量中所钉的中线桩、交点桩等，到施工时难免有部分碰动或丢失，为了保证中线位置准确可靠，施工前应根据设计的定线条件进行复核，并将丢失和碰动的桩重新恢复。在恢复中线同时，一般均将管道附属构筑物（涵洞、检查井）的位置测出。

(2) 测设施工控制桩

在施工时，中线上各桩要被挖掉，为了便于恢复中线和附属构筑物的位置，应在不受施工干扰、引测方便、易于保存桩位的地方测设施工控制桩。施工控制桩分为中线控制桩和附属构筑物控制桩两种。

1）测设中线控制桩。如图 6-65 所示，施测时，一般以管道中心线桩为准，在各段中线的延长线上钉设控制桩。若管道直线段较长，也可在中线一侧的管槽边线外测设一条与中线平行的轴线桩，各桩间距以 20m 为宜，作为恢复中线和控制中线的依据。

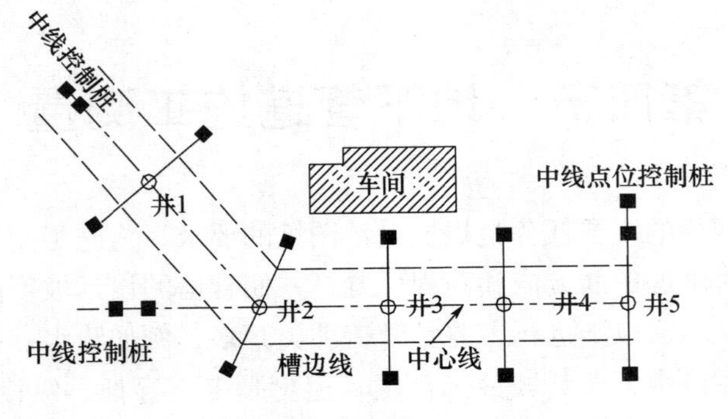

图 6-65　中线控制桩测设

2）测设附属构筑物控制桩。以定位时标定的附属构筑物位置为准，在垂直于中线的方向上钉两个控制桩，如图 6-65 所示。控制桩要钉在槽口外 0.5m 处，与中线的距离最好是整分米数。恢复构筑物时，将两桩用小线连起，则小线与中线的交点即为构筑物的中线位置。

(3) 槽口放线

槽口放线是根据管径大小、埋设深度和土质情况决定管槽开挖宽度，并在地面上钉设边桩，沿边桩拉线撒出灰线，作为开挖的边界线。

1）当地面较为平坦时，如图 6-66（a）所示，槽口宽度的计算公式为：

$$B = b + 2mh \tag{6-17}$$

2）当地面坡度较大，管槽深度在 2.5m 以内时，如图 6-66（b）所示，槽口宽度的计算公式为：

$$\left.\begin{aligned} B_1 &= \frac{b}{2} + mh_1 \\ B_2 &= \frac{b}{2} + mh_2 \end{aligned}\right\} \tag{6-18}$$

3）当地面坡度较大，管槽深度在 2.5m 以上时，如图 6-66（c）所示，槽口宽度的计算公式为：

$$\left.\begin{aligned} B_1 &= \frac{b}{2} + m_1h_1 + m_3h_3 + C \\ B_2 &= \frac{b}{2} + m_2h_2 + m_3h_3 + C \end{aligned}\right\} \tag{6-19}$$

以上三式中：b 为管槽底部开挖宽度；m_i 为槽壁坡度系数（由设计或规范给定）；h_i 为管槽左或右开挖深度；B_i 为中线左或右开挖宽度；C 为槽肩宽度。

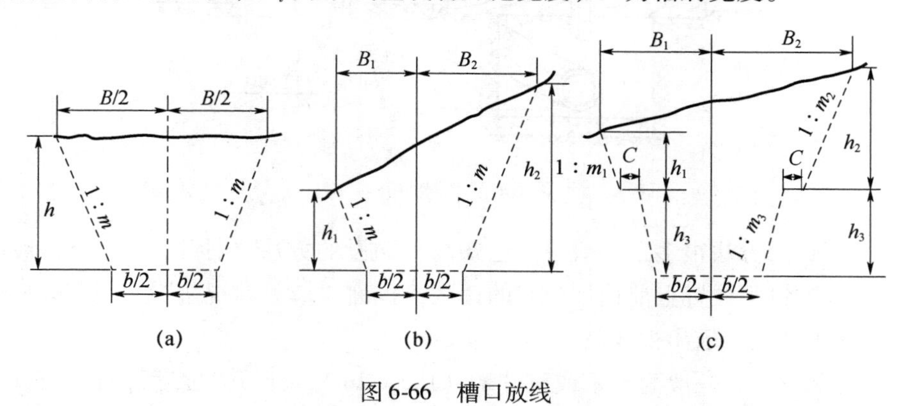

图 6-66　槽口放线

3. 地下管道施工测量

管道施工中的测量工作，主要是控制管道的中线和高程位置。因此，在开槽前后应设置控制管道中线和高程位置的施工标志，用来按设计要求进行施工。现介绍两种常用的方法。

（1）坡度板法

为了控制管道中线设计位置和管底设计高程，需要在槽口设置坡度板。如图 6-67 所示，坡度板跨槽设置，间隔一般为 10～20m，编写板号。当槽深在 2.5m 以上时，应待开挖至距槽底 2m 左右时再将坡度板埋设在槽内，坡度板应埋设牢固，板面要保持水平。

坡度板设置好后，根据中线控制桩，用经纬仪把管道中心线投测至坡度板上，钉上中心钉，并标上里程桩号。施工时，用中心钉的连线可方便地检查和控制管道的中心线。

再用水准仪测出坡度板顶面高程，板顶高程与该处管道设计高程之差即为板顶往下开挖的深度。由于地面有起伏，因此，由各坡度板顶向下开挖的深度不一致，对施工中掌握管底的高程和坡度会不方便。为此，需在坡度板上中线一侧设置坡度立板，称为高程板，在高程板侧面测设一坡度钉，使各坡度板上坡度钉的连线平行于管道设计坡度线，并距离槽底设计高程为一整分米数，称为下返数。施工时，利用这条线可方便地检查和控制管道的高程和坡度。高差调整数可按下式计算：

$$高差调整数 = (管底设计高程 + 下返数) - 坡度板顶高程 \tag{6-20}$$

调整数为“+”时，表示至板顶向上改正；调整数为“-”时，表示至板顶向下改正。

按上述要求，最终形成如图6-67所示的管道施工所常用的坡度板。

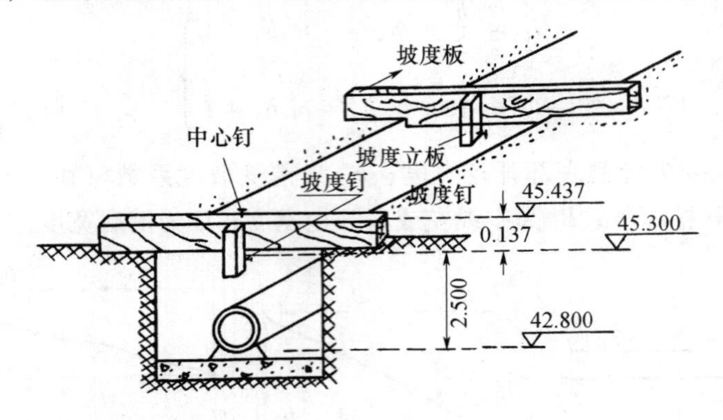

图6-67　坡度板法

放样坡度钉的方法很多，一般采用已知高程测设的方法（抄平），即求得坡度板上面高程板所钉的钉子位置上前视尺应有的读数，也称“应读前视法”。放样步骤如下：

1）后视水准点，求出视线高。

2）选定下返数，一般为整米或整分米（1.5～2m），计算出坡度钉的“应读前视”。

$$应读前视 = 视线高 - (管底设计高程 + 下返数) \tag{6-21}$$

上式中管底的设计高程可从纵断面图上查出，也可用已知点高程按坡度及距离推算而得。

3）在坡度板上，沿高程板移动标尺，使之等于应读前视。当然也可以测定坡度板顶面的前视读数，求出高程板上应钉小钉位置，称为“改正法”。

$$改正数 = 板顶前视 - 应读前视 \tag{6-22}$$

式中，改正数为正时，向上量钉；改正数为负时，向下量钉。

4）检核。不管是采用“应读前视法”还是“改正法”，钉好小钉后应立尺检查，容许误差±2mm。

第一块坡度板上的坡度钉钉好后，即可按管道的设计坡度及坡度板间距推算出其他各坡度板上的“应读前视”，以上述方法放样出各板上的坡度钉。

表6-9为某工程的坡度钉测设记录，其中施工现场附近有一个已知高程点BM_0，其

高程为49.053m，水准仪测设#5桩位（0+419.6）的视线高=49.053+1.796=50.849（m），对应应读前视=50.849-（46.951+1.900）=1.998（m）。若使用改正法，则改正数=2.012-1.998=0.014（m）。

其余各板坡度钉的应读前视可利用前面板上坡度钉的应读前视、设计坡度及距离来推算。各板上坡度钉的连线就是一条与管道设计坡度平行，相距为下返数（1.900m）的坡度线。

表6-9　坡度钉测设手簿

工程名称：××污水　　日期：2018.7.30　　观测：李××

仪器型号：S3-722295　　天气：晴　　记录：张××

测站（桩号）	后视读数（m）	视线高（m）	前视读数（m）	高程（m）	管底设计高程（m）	下返数（m）	应读前视（m）	改正数（m）	
								+	-
BM_0	1.796	50.849		49.053					
#5 0+419.6			2.012		46.951 $i=5‰$	1.900	1.998	0.014	
0+429.6			2.050		47.001	1.900	1.948	0.102	
0+439.6			1.748		47.051	1.900	1.898		0.150
#4 0+449.6			1.693		47.101	1.900	1.848		0.155
0+459.6			1.579		47.151	1.900	1.798		0.219
0+469.6			1.522		47.201	1.900	1.748		0.226
#3 0+476.6			1.407		47.236	1.900	1.713		0.306
BM_1			1.472	49.377					

已知BM_1点高程为49.375m，由BM_0推算的BM_1高程为49.053+1.796-1.472=49.377（m），闭合差2mm，合格。

为控制安装每节管道的坡度，可做成一个“T”形活动尺，使尺长为下返数。安装时让尺顶与坡度钉连线相切，尺底插入管底使其相切。

放样坡度钉时要注意检核，每测一段后应附合到另一水准点上。地面起伏较大的地方要分段选合适的下返数，并采用两个高程板，钉设两个坡度钉。

为了施工方便，每块坡度板上应标出高程牌，下面是高程牌的一种形式。

0+419.6高程牌	
管底设计高程	46.951
坡度钉高程	48.851
坡度钉至管底设计高	1.900
坡度钉至基础面	1.930
坡度钉至槽底	2.030

(2) 平行轴腰桩法

当现场条件不便采用坡度板时，对精度要求较低的管道，可采用平行轴腰桩法来测设坡度控制桩，其方法如下：

1）测设平行轴线桩。开工前首先在中线一侧或两侧，测设一排平行轴线桩（管槽边线之外），平行轴线桩与管道中心线相距，各桩间距约在20m。检查井位置也相应地在平行轴线上设桩。

2）钉腰桩。为了比较精确地控制管道中心和高程，在槽坡上（距槽底约1m）再钉一排与平行轴线相应的平行轴线桩，使其与管道中心的间距为 b，这样的桩称为腰桩，如图6-68所示。

3）引测腰桩高程。腰桩钉好后，用水准仪测出各腰桩的高程，腰桩高程与该处对应的管道设计高程之差 h，即是下返数。施工时，由各腰桩的 b、h 来控制埋设管道的中线和高程。

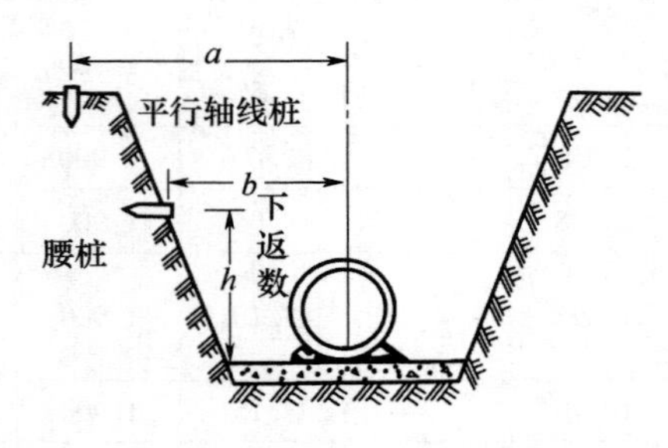

图6-68　平行轴腰桩法

二、顶管施工测量

当地下管道穿越铁路、公路、江河或者其他重要建筑物，不能或禁止开槽施工时，常采用顶管施工方法。这种方法，随着机械化程度的提高，越来越被广泛采用。顶管施工是在先挖好的工作坑内安放铁轨或方木，将管道沿所要求的方向顶进土中，然后再将管内的土方挖出来。顶管施工中要严格保证顶管按照设计中线和高程正确顶进或贯通，因此测量及施工精度要求较高。

1. 顶管测量的准备工作

1）设置顶管中线控制桩。中线桩是控制顶管中心线的依据，设置时应根据设计图上管道要求，在工作坑的前后钉立两个桩，称为中线控制桩。

2）引测控制桩。在地面上，中线控制桩上架经纬仪，将顶管中心桩分别引测到坑壁的前后，并打入木桩和铁钉，如图6-69所示。

3）设置临时水准点。为了控制管道按设计高程和坡度顶进，需要在工作坑内设置临时水准点。一般要求设置两个，以便相互校核。为应用方便，临时水准点高程与顶管起点管底设计高程一致。

4）安装导轨或方木。在先挖好的工作坑内安放铁轨或方木，方便将管道沿所要求的方向顶进土中。另外还需安装管道的顶进设备。

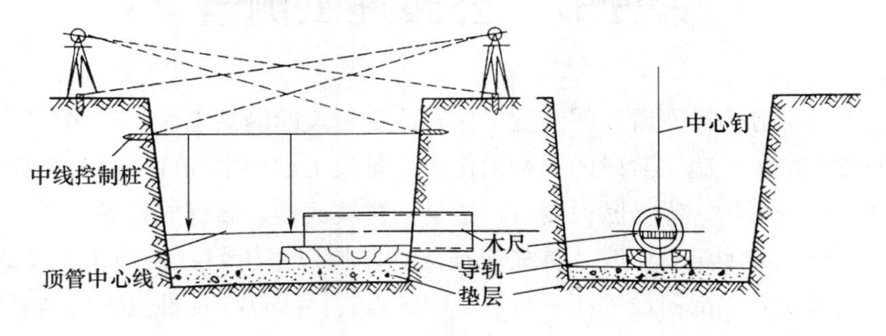

图 6-69　顶管中心桩测设

2. 中线测量

在进行顶管中线测量时，先在两个顶管中心桩（钉）之间绷紧一条细线，细线上挂两个垂球，然后贴靠两垂球线再拉紧一水平细线，这根水平细线即标明了顶管的中线方向［图 6-70（a）］。为保证中线测量的精度，两垂球的距离尽可能大些。制作一把木尺，使其长度等于略小于管径，分划以尺的中央为零向两端增加。将水平尺横置在管内前端，如果两垂球的方向线与木尺上的零分划线重合［图 6-70（b）］，则说明管道中心在设计管道方向上；否则，管道有偏差，偏差值超过 1.5cm 时，需要校正。

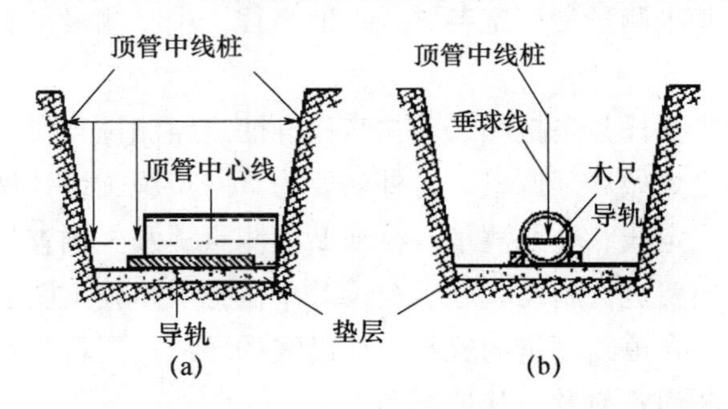

图 6-70　顶管中线测量

3. 高程测量

先在工作坑内设置临时水准点 *BM*，将水准仪安置在坑内，后视临时水准点 *BM*，前视立于管内待测点的短标尺，即可测得管底各点高程。将测得的管底高程和管底设计高程进行比较，即可知道校正顶管坡度的数据，其差超过 1cm 时，需要校正。

在管道顶进过程中，管子每顶进 0.5～1.0m 便要进行一次中线检查。当顶管距离较长时，应每隔 100m 开挖一个工作坑，采用对向顶管施工方法，其贯通误差应不超过 3cm。当顶管距离太长，直径较大时，可以使用激光水准仪或激光经纬仪进行导向。

第五节　公路施工测量

公路施工测量分为勘测阶段的测量工作和施工阶段的测量工作。勘测阶段的测量工作主要是初测和定测。施工阶段的测量工作主要是施工过程中的各项测量工作，主要包括道路复测、中线测量、纵横断面测量、边桩和边坡放样、高程放样等。

进行勘测阶段的测量工作时，首先应搜集和掌握以下资料：各种比例尺的地形图、航测相片、国家及有关部门设置的三角点、GPS 点、导线点、水准点等资料；搜集沿线自然地理概况、地质、水文、气象、地震基本烈度等资料；搜集沿线农林、水利、铁路、航道、城建、电力、通信、文物、环保等部门与本路线有关系的规划、设计、规定、科研成果等资料。在此基础上，根据工程可行性研究报告规定的路线基本走向方案，在 1∶10000～1∶50000 地形图上或航测相片上进行室内研究，经过路线方案的初步比选，拟订出需勘测的方案（包括比较线）及需现场重点落实的问题，然后进行路线初测和定测。

公路工程初测又称踏勘测量，初测是在可行性研究的基础上对拟订的几条线路方案进行勘测，初测在线路的全部勘测工作中占有重要的位置，它决定着线路的基本方向。初测主要包括路线平面控制测量、高程测量、带状地形图测绘。其中高程测量又分为基平测量和中平测量，基平测量是测定各导线点的高程，中平测量是测定公路中线各中桩高程。

公路工程定测的主要任务是把图纸上初步设计的道路测设到实地，并根据现场具体情况，对不按原设计之处做局部调整，另外还要为下一步施工设计做必要的资料。定测的工作内容包括：路线定线、中线测量、纵横断面测量、水文调查、桥涵勘测等。

初测和定测之后便要进行施工，施工前设计单位把道路施工图通过业主移交给施工单位。道路施工图中包含道路测量的资料，如沿线的导线点资料、水准点资料、中线设计和测设资料、纵横断面资料及带状地形图等。

公路工程施工测量需要进行平面控制测量和高程控制测量。有关平面控制测量和高程控制测量的原理、方法和要求可参考本书第五章。公路工程平面控制测量包括路线、桥梁、隧道及其他大型建筑物的平面控制测量。平面控制网的布设应符合因地制宜、技术先进、经济合理、确保质量的原则，主要方法有：三角网、GPS 平面控制网、导线（网）等。高程控制测量宜采用 1985 国家高程基准。同一条公路应采用同一个高程系统，独立工程或三级以下公路联测有困难时，可采用假定高程。公路高程控制测量尽可能采用水准测量方法。在进行水准测量确有困难的山岭地带以及沼泽、水网地区，也可采用光电测距三角高程测量方法。

各等级的公路工程需依据《公路路基施工技术规范》（JTG F10—2006）与《公路

勘测规范》（JTG C10—2007）进行平面控制测量的精度指标设计。

一、中线桩测设

公路中线桩测量的任务是把图纸上设计好的道路中线在地面上标定出来，这项工作一般分两步进行，即“定线测量”和“中线测量”。

1. 定线测量

定线测量就是把道路的交点和必要的转点测设到地面，这项工作对标定道路的位置起着决定性的作用。如图 6-71 所示，JD_1、JD_2、JD_3、JD_4 是道路的交点，ZD_1、ZD_2、ZD_3、ZD_4 是道路直线上的转点，相邻的点之间互相通视，定线测量就是将这些交点和转点的设计位置在实地测设出来。常用的定线测量方法有：穿线法、拨角法、极坐标法、RTK 法。

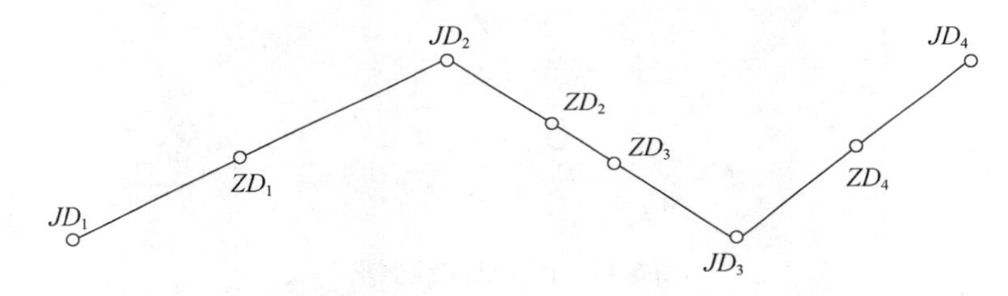

图 6-71　定线测量

（1）穿线法

穿线法也叫支距法。当初测导线与纸上定线相距较近时，为控制好线路位置，可采用穿线法放线。它是以导线点（或航测外控点）为基础，独立测设出中线的各直线段，然后将两相邻直线段延伸相交得到交点，如图 6-72 所示。穿线法放出的各点均是独立的点，故放线误差不会累积，但由于放线资料的量取和实际测设中都会有误差，故实地放出的同一直线上的各点并非在同一直线上，需用经纬仪将相应的各点调整到同一直线上，放线程序较烦琐。

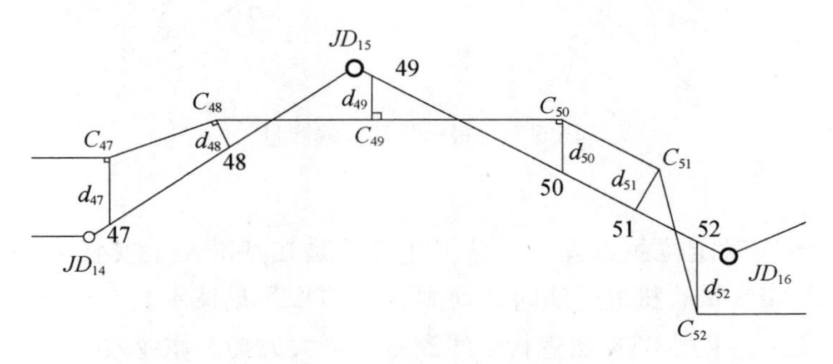

图 6-72　穿线法定线测量

（2）拨角法

根据纸上定线交点的坐标，预先在内业计算出两相交点间的距离及直线的转向角，然后根据计算资料在现场放出各个交点，定出中线位置。如图 6-73 所示，首先置经纬仪于初测导线点 C_{45}上，后视 C_{46}，盘左、盘右拨角 β_0，分中后定出 $C_{45} \sim JD_{13}$方向，在此方向上量出 L_0 定出 JD_{13}点。在 JD_{13}上安置经纬仪，根据相应的转向角 β_1 和直线段长度 L_1，定出 JD_{14}，然后依次定出其他交点。

拨角法放线虽然速度较快，但其缺点是存在放线累积误差，为了保证测设的中线位置不致偏离理论位置过大，规定中线每隔 5～10km，应与初测导线（或航测外控点、GPS 点）联测一次，当闭合差超限时，应查找原因，纠正放线点位；若闭合差在限差以内，则应在联测处截断累积误差，使下一个放线点回到设计位置上。

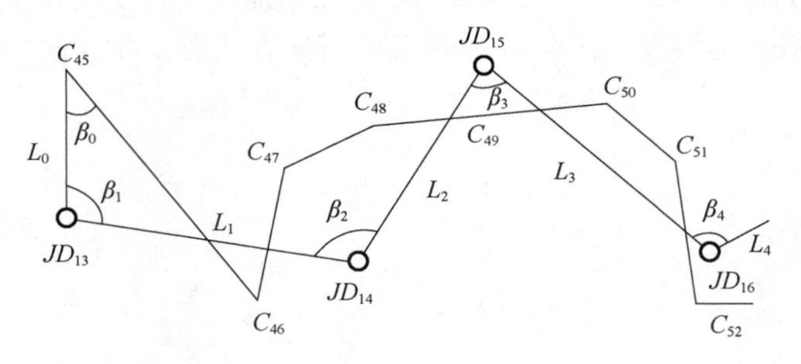

图 6-73 拨角法定线测量

（3）极坐标法（全站仪坐标放样法）

极坐标法是利用全站仪测距速度快、精度高的特点，在一个导线点上安置全站仪，同时测设几条直线上的若干个点。如图 6-74 所示，将全站仪安置在导线点 C_4上，可同时测设出 A、B、…、G，大大提高了放线的效率。

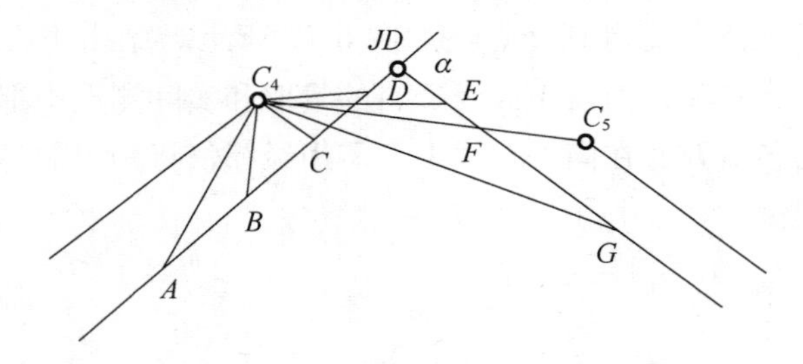

图 6-74 极坐标法定线测量

（4）RTK 法

RTK 即 GPS 实时定位测量技术，其工作模式是在基准站上安置一台 GPS 接收机，另外一台或几台 GPS 接收机进行实时移动测量。RTK 测量技术具有全天候、无须通视、定位精度高等优点。采用 RTK 法进行定线测量，可大大提高作业效率。

2. 中线测量

中线测量是在定线测量的基础上，将道路中线的平面位置在地面上详细地标定出来。它与定线测量的区别在于：定线测量只是将道路交点和直线段的必要转点标定出来，而中线测量是根据交点和转点用一系列的木桩（相邻中桩间距为10～50m）将道路的直线段和曲线段在地面上详细标定出来。

（1）中桩及其里程

地面上表示中线位置的桩点称为中线桩，简称“中桩”。中桩的密度根据地形情况而定，对于平坦地区，直线段间隔50m、曲线段间隔20m设置一个中桩，对于地形较复杂地区，直线段间隔20m、曲线段间隔10m设置一个中桩。中桩除了标定道路平面位置外，还标记道路的里程。所谓里程是指从道路起点沿道路前进方向计算至该中桩点的距离，其中曲线上的中桩里程是以曲线长计算的。具体表示方法是将整公里数和后面的尾数分开，中间用“+”号连接，在里程前还常常冠以字母K。如离起点距离为14368.472m的中桩里程表示为：K14+368.472。

（2）中桩分类

道路上所有桩点分为三种：道路控制桩、一般中线桩和加桩。

1）道路控制桩。道路控制桩是指对道路位置起决定作用的桩点。主要包括直线上的交点 *JD*、转点 *ZD*、曲线上的曲线主点。控制桩点通常用5cm×5cm×（30～40）cm的大方桩打入地内，桩顶高于地面约2cm，桩上要钉以小钉表示准确位置。同时，控制桩旁要设立标志桩，标志桩可用大板桩，上部露出地面20m，写明该点的名称和里程。标志桩钉在控制桩的一侧约30m处，在直线上钉在左侧，曲线上钉在外侧，字面对着控制桩。

2）一般中线桩。一般中线桩是指中线上除控制桩外沿直线和曲线每隔一段距离钉设的中线桩，它都钉设在整50m或20m的倍数处。中桩一般用2cm×5cm×40cm的大板桩（或竹片桩）表示，露出地面20m，上面写明该点的里程，字母对着道路的起始方向，中桩一般不钉小钉。

3）加桩。加桩主要是沿道路中线上有特殊意义的地方钉设的中线桩，包括地形加桩和地物加桩。地形加桩是指沿中线方向地形起伏变化较大的地方钉设的加桩，它对于以后设计、施工，尤其是纵坡的设计起很大的作用；地物加桩则是指沿中线方向遇到对道路有较大影响的地物时布设的加桩，如遇到河流、村庄等，则在两侧均布设加桩，遇到灌溉渠道、高压线、公路交叉口等也都要布置加桩。加桩还包括下面几种桩：百米桩，即里程为整百米的中线桩；公里桩，即里程为整公里的中线桩。所有的加桩都要注明里程，里程标注至米即可。

（3）中桩测设方法

公路中桩测设主要分为直线段和曲线段中桩测设。不管是直线段还是曲线段，只要将中线上的各中桩坐标计算出来，就可利用公路两侧已有的控制点，使用全站仪坐标放样法和 RTK 进行中桩放样。

（4）断链及其处理

中线测量一般是分段进行。地形、地质等各种情况使路线局部改线或者计算或丈量发生错误，会造成已测量好的各段里程不能连续，这种情况称为断链。

如图 6-75 所示，由于交点 JD_3 改线后移至 JD_3'，原中线改线至图中虚线位置，使得从起点至转点 ZD_{3-1} 的距离比原来减少。而从 ZD_{3-1} 往前已进行了中线测量，如将所有里程改动或重新进行中线测量，则外业工作量太大。为此，可在现场断链处即转点 ZD_{3-1} 的实地位置设置断链桩，用一般的中线桩钉设，并注明两个里程，将新里程写在前面，也称“来向里程”，将原来的里程写在后面，也称“去向里程”，并在断链桩上注明新线比原来道路长或短了多少。

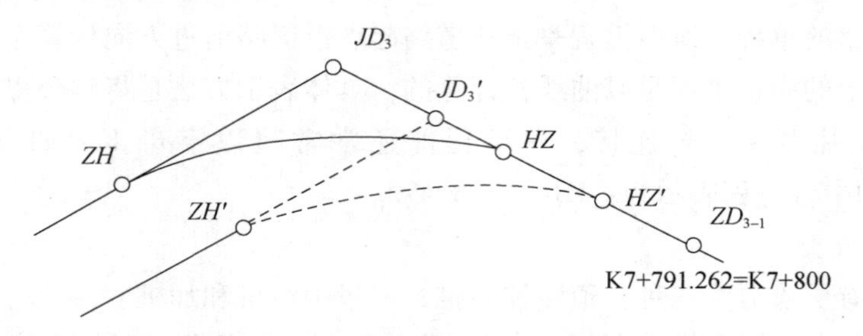

图 6-75 断链

由于改线后道路缩短，来向里程小于去向里程，这种情况称为“短链”。如果由于改线后新道路变长，则使得来向里程大于去向里程，那么就称为“长链”。断链的处理方法如图 6-76 所示。

断链桩一般应设置在百米桩或十米桩处，不要设置在有桥梁、村庄、隧道和曲线的范围内，并做好详细的断链记录，供初步设计和计算道路总长度作参考。

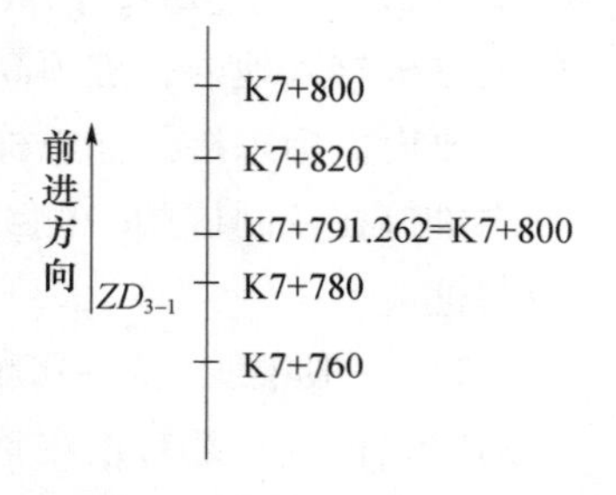

图 6-76 断链的处理方法

二、平面曲线测设

公路工程由于受地形、地质或其他原因的影响，经常要改变方向，为了满足行车方面的要求，需要在两直线段之间插入平面曲线把它们连接起来，如图 6-77 所示。公路工程常见的平面曲线有：圆曲线、综合曲线、回头曲线、复曲线等，其中综合曲线是由圆曲线和缓和曲线组成，回头曲线、复曲线是由不同的圆曲线组成。因此，平面曲线按照性质分为圆曲线和缓和曲线。在工程上，选用哪种平面曲线主要取决于公路工程的等级、曲线半径及地形因素。比如：对于二级公路来说，在平原地区的曲线半径大于 2500m，在山岭重丘地区的曲线半径大于 600m，可只采用圆曲线连接。

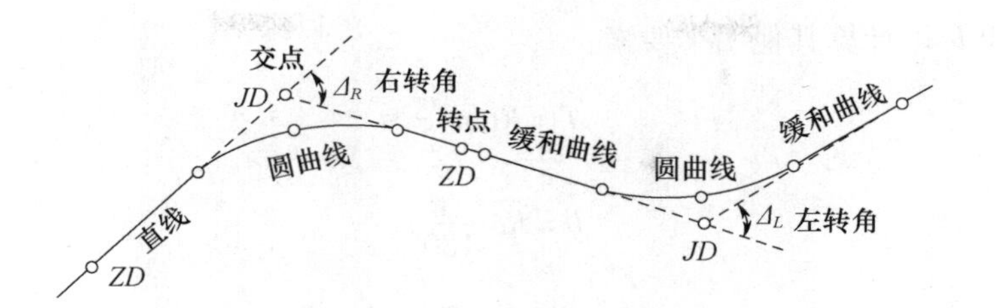

图 6-77　平面曲线

1. 圆曲线的测设

圆曲线（又称单曲线）是最常用的平面曲线形式，由一定半径的圆弧线构成。它的测设同样遵循测量中“先控制后碎部”原则，圆曲线测设一般分为两步：首先是圆曲线主点的测设，即圆曲线的起点（直圆点 ZY）、中点（曲中点 QZ）、终点（圆直点 YZ）的测设；然后在各主点之间进行加密，按照规定桩距测设曲线的其他各桩点，称为圆曲线的详细测设。

（1）圆曲线要素计算

如图 6-78 所示，设在交点 JD 处相邻两直线边与半径为 R 的圆曲线相切，其切点 ZY 和 YZ 称为曲线的起点和终点；分角线与曲线相交的交点 QZ 称为曲线中点，它们统称为圆曲线主点，分别是直圆点（ZY）、曲中点（QZ）、圆直点（YZ），其位置根据曲线要素确定。

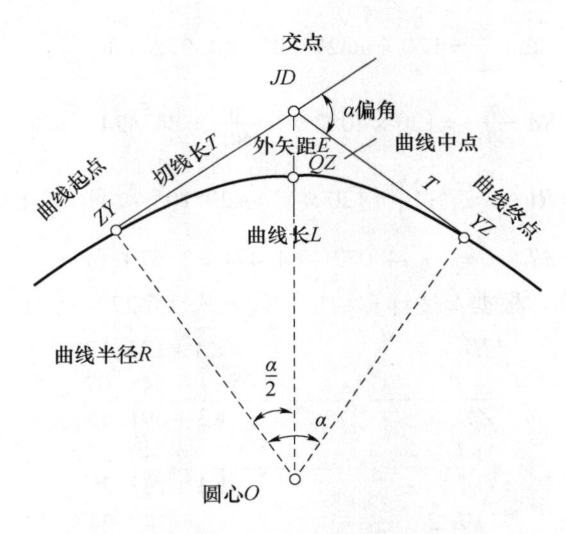

图 6-78　圆曲线及其要素

测设圆曲线的主要元素有：曲线半径 R、路线转折角（又称路线偏角）α、切线长 T、曲线长 L、外距 E、切曲差 D。其中转折角 α 用经纬仪在交点处测得，圆曲线半径 R 由设计给出。

根据 α 和 R 可计算其他四个要素：

切线长：
$$T = R\tan\frac{\alpha}{2} \tag{6-23}$$

曲线长：
$$L = R\alpha\frac{\pi}{180°} \tag{6-24}$$

外距：
$$E = R\left(\sec\frac{\alpha}{2} - 1\right) \tag{6-25}$$

切曲差：
$$D = 2T - L \tag{6-26}$$

（2）主点里程计算

交点的里程由中线丈量求得，由此可以根据交点的里程桩号及圆曲线测设元素推求出圆曲线各主点的里程桩号。其计算公式为：

$$\left.\begin{aligned} ZY &= JD - T \\ QZ &= ZY + \frac{L}{2} \\ YZ &= QZ + \frac{L}{2} \\ YZ &= JD + T - L \end{aligned}\right\} \tag{6-27}$$

【例 6-2】 如图 6-78 所示，交点里程为 K3 + 135. 12m，测得偏角 $\alpha_{右} = 40°20'$，圆曲线半径为 $R = 120$m，求圆曲线主点的元素、主点里程，并进行圆曲线的测设。

1）曲线要素计算：

$$T = R\tan\frac{\alpha}{2} = 120 \times \tan 20°10' = 44.072\ (\text{m})$$

$$L = R\alpha\frac{\pi}{180°} = 120 \times 40°20' \times \frac{\pi}{180°} = 84.474\ (\text{m})$$

$$E = R\left(\sec\frac{\alpha}{2} - 1\right) = 120 \times (\sec 20°10' - 1) = 7.837\ (\text{m})$$

$$D = 2T - L = 2 \times 44.072 - 84.474 = 3.670\ (\text{m})$$

2）主点里程计算。根据上述计算结果，代入式（6-27）可得

JD	K3 + 135. 12
$-T$	44. 07
ZY	K3 + 091. 05
$+L/2$	42. 24
QZ	K3 + 133. 29
$+L/2$	42. 24
YZ	K3 + 175. 53

3）计算检核。$JD + T - L$ = K3 + 135. 12 + 44. 07 − 3. 67 = K3 + 175. 52，与上述计算结果相差 0. 01m，是四舍五入的影响，可以忽略。

（3）圆曲线主点测设

如图 6-78 所示，以交点 JD 为测站，以上一个交点（或 ZD）为后视方向，沿后视

线方向量取切线长 $T=44.072\text{m}$，可测设得曲线起点 ZY，以下一个交点（或 ZD）为前视沿前视线方向量取切线长 $T=44.072\text{m}$，可测设得曲线终点 YZ，以下一个交点（或 ZD）为后视，水平度盘归零，逆时针旋转 $20°10'$，沿分角线方向量取外距 $E=3.760\text{m}$，就是曲线中点 QZ。

（4）圆曲线的详细测设

一般情况下，当地形条件较好、曲线长度不超过 40m 时，只测设曲线的三个主点即能满足工程施工的要求。但当地形变化复杂、曲线较长时，为了满足曲线线型和工程施工的需要，除了测设三个主点和地形、地物加桩外，还需要在曲线上每间隔一定的距离测设一个加桩，以便把曲线的形状和位置详细地表示出来，这个过程称为曲线的详细测设。曲线详细测设的桩距，一般规定为 20m 设置一点；当地势平坦且曲线半径大于 800m 时，桩距可加大为 40m；当半径小于 100m 时，桩距不大于 10m；半径小于 30m 或用回头曲线时，桩距不大于 5m。

按桩距在曲线上设桩，通常有整桩号法和整桩距法两种。整装号法：将曲线上靠近曲线起点 ZY 的第一个桩的桩号凑整成桩倍数的整桩号，然后按桩距连续向曲线终点 YZ 设桩，这样设置的桩号称为整桩。整桩距法：从曲线起点 ZY 和终点 YZ 开始，分别以桩距连续向曲线中点 QZ 设桩。由于这样设置的桩均为零桩号，因此应注意加设百米桩和公里桩。

圆曲线的测设方法有很多，比如切线支距法、偏角法等。实际工作中，现场条件、测设数据求算的繁简、测设工作量的大小，以及测设时仪器和工具情况等因素都不同，采用哪种测设方法要视具体情况而定。

1）切线支距法。这种方法以圆曲线的起点 ZY 或终点 YZ 为坐标原点，以指向 JD 的切线方向为 x 轴，过原点的半径方向为 y 轴，计算曲线上各点坐标 x、y 并进行测设，又称为直角坐标法。需要注意的是：切线支距法放样时，将曲线以 QZ 为界分为两部分，需要建立两个坐标系。ZY 至 QZ 间的细部点放样是以 ZY 至 JD 为 x 轴正向，过 ZY 指向圆曲线圆心的半径方向为 y 轴；YZ 至 QZ 间的细部点放样是以 ZY 至 JD 为 x 轴正向，过 YZ 指向圆曲线圆心的半径方向为 y 轴正向。

如图 6-79 所示，设 P_i 为曲线上欲测设的点位，该点至 ZY 点或 YZ 点的弧长为 l_i，φ_i 为 l_i 所对的圆心角，R 为圆曲线半径，则 P_i 的坐标：

$$\left.\begin{aligned}\varphi_i &= \frac{l_i}{R}\times\frac{180°}{\pi}\\ x &= R\times\sin\varphi_i\\ y &= R\times(1-\cos\varphi_i)\end{aligned}\right\}\qquad(6\text{-}28)$$

根据式（6-28），可得各桩号的坐标，见表 6-10。

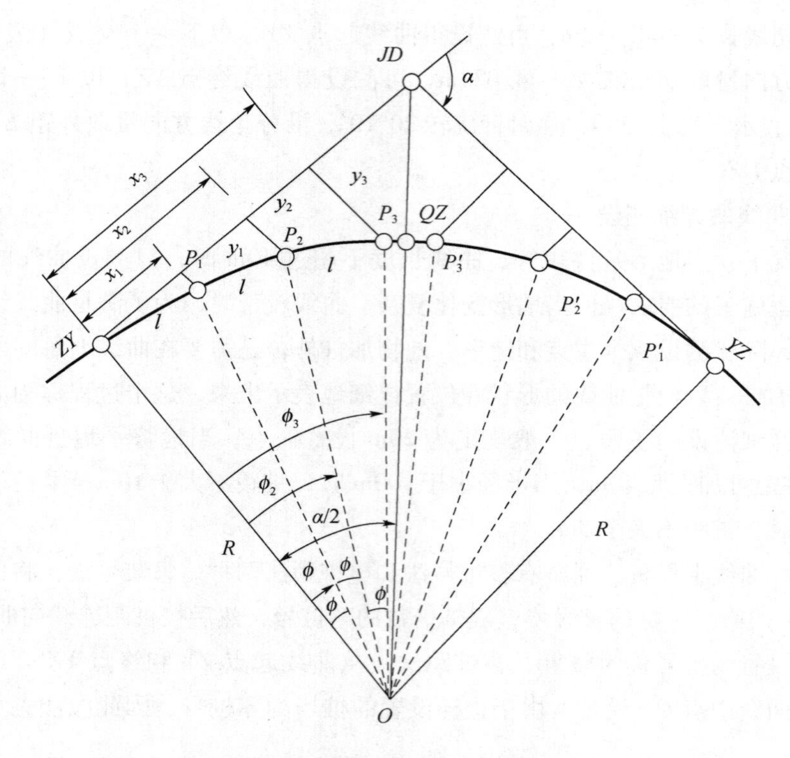

图 6-79　切线支距法测设圆曲线

表 6-10　切线支距法圆曲线细部点的坐标

曲线里程桩号	各桩至 *ZY* 或 *YZ* 的弧长 l_i（m）	l_i 所对的圆心角 φ_i（°　′　″）	x（m）	y（m）
ZY　K3 +091.05	—	—	—	—
P_1　K3 +100.00	8.95	4°16′24″	8.94	0.33
P_2　K3 +110.00	18.95	9°02′53″	18.87	1.49
P_3　K3 +120.00	28.95	13°49′21″	28.67	3.48
P_4　K3 +130.00	38.95	18°35′50″	38.27	6.27
QZ　K3 +133.29	42.24	20°10′05″	41.37	7.36
P_5　K3 +140.00	35.53	16°57′52″	35.01	5.22
P_6　K3 +150.00	25.53	12°11′23″	25.34	2.70
P_7　K3 +160.00	15.53	7°24′54″	15.49	1.00
P_8　K3 +170.00	5.53	2°38′25″	5.53	0.13
YZ　K3 +175.53	—	—	—	—

其测设步骤如下：

①根据表 6-10，如图 6-79 所示，经纬仪安置在 *ZY* 点，瞄准 *JD*，在此方向上依次

量取水平距离 x_i（$x_1=8.94\text{m}$，$x_2=18.87\text{m}$，…），得垂足 N_i。

②在垂足点 N_i 用经纬仪定出切线的垂线方向，沿此方向量出纵坐标 y_i（$y_1=0.33\text{m}$，$y_2=1.49\text{m}$，…），即可定出曲线上 P_i 点位置。

③校核方法：丈量所定各桩点间的弦长来进行校核，如果不符或超限，应查明原因。

测设时，为了避免支距 y 过大，一般由曲线两端向中间设置。切线支距法适用于平坦开阔地区偏角不大的曲线，具有误差不累积的优点。

当然根据计算的细部点坐标，使用全站仪进行放样将更为方便。

2）偏角法。偏角法近似于极坐标法，以曲线起点 ZY 或终点 YZ 至曲线任意一点 P_i 的弦线与切线 T 之间的弦切角（又称为偏角）Δ_i 和弦长 C_i 来确定 P_i 点的位置，如图 6-80 所示。

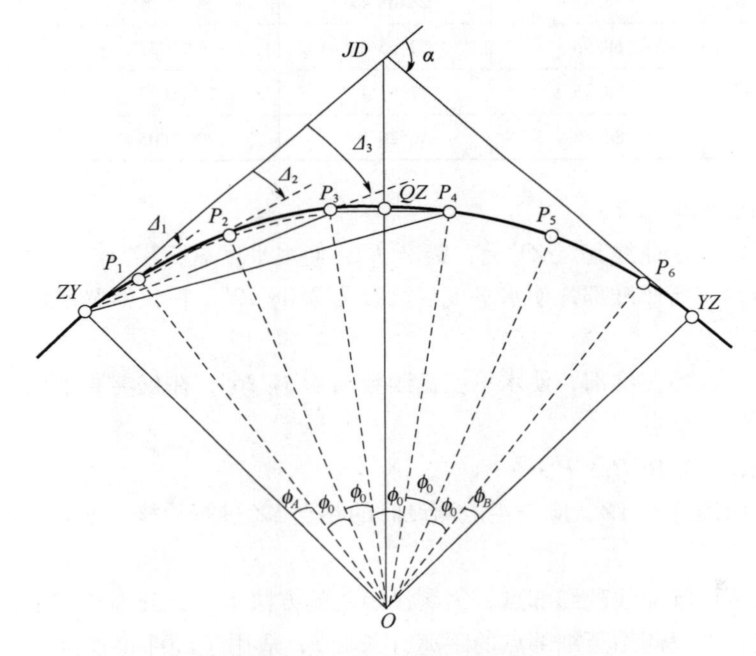

图 6-80　偏角法测设圆曲线

根据几何原理，偏角 Δ_i 等于相应弧长所对的圆心角 φ_i 的一半，即：

$$\Delta_i = \frac{\varphi_i}{2} \tag{6-29}$$

圆曲线起点至任一细部点的弦长 C_i 按下式计算：

$$C_i = 2R\sin\Delta_i = 2R\sin\frac{\varphi_i}{2} \tag{6-30}$$

根据前面的圆曲线数据，以及式（6-29）和式（6-30）将圆曲线上各细部点的偏角和弦长计算列入表 6-11 中。

表 6-11　偏角法圆曲线细部点的坐标

曲线里程桩号	各桩至 ZY 或 YZ 的弧长 l_i（m）	l_i 所对的圆心角 φ_i（° ′ ″）	偏角 Δ_i	弦长 C_i（m）
ZY　K3 +091.05				
P_1　K3 +100.00	8.95	4°16′24″	2°08′12″	8.95
P_2　K3 +110.00	18.95	9°02′53″	4°31′26″	18.93
P_3　K3 +120.00	28.95	13°49′21″	6°54′40″	28.88
P_4　K3 +130.00	38.95	18°35′50″	9°17′55″	38.78
QZ　K3 +133.29	42.24	20°10′05″	10°05′02″	42.02
P_5　K3 +140.00	48.95	23°22′19″	11°41′10″	48.61
P_6　K3 +150.00	58.95	28°08′48″	14°04′24″	58.36
P_7　K3 +160.00	68.95	32°55′16″	16°27′38″	68.01
P_8　K3 +170.00	78.95	37°41′45″	18°50′53″	77.53
YZ　K3 +175.53	84.48	40°20′10″	20°10′05″	82.75

偏角法测设步骤如下：

①安置经纬仪于曲线起点 ZY 上，瞄准 JD，使水平度盘归零。

②水平转动仪器照准部，使水平度盘读数为 2°08′12″，在仪器瞄准的方向上测设弦长 8.95m，定出 P_1 点。

③水平旋转仪器照准部，使水平度盘读数为 4°31′26″，在仪器瞄准的方向上测设弦长 18.93m，定出 P_2 点。

依此类推，可定出 P_3、P_4……

④测设至曲线终点 YZ，应与主点测设时的终点 YZ 进行检核，误差不超过规范规定的要求。

用偏角法测设圆曲线的细部点，因测设距离的方法不同，分为长弦偏角法和短弦偏角法两种。前者测设测站至细部点的距离（长弦），适用于经纬仪加测距仪或者全站仪测量，后者测设相邻细部点之间的距离（短弦），适用于经纬仪加钢尺测量。

偏角法测设精度较高，适用性较强，但存在误差积累的缺点。

2. 综合曲线的测设

车辆在由直线路段进入曲线路段时（或由曲线路段进入直线路段），若圆曲线的半径较大，则离心力对车辆的行驶安全基本不构成影响；若圆曲线半径较小，离心力的突变会使快速行驶的车辆在进入或离开圆曲线时偏离原车道，侵入邻近车道，影响行车安全。通用的解决方法是在圆曲线路面外侧设置超高，或者在直线和圆曲线之间增设缓和曲线。这样就需要在直线段和圆曲线段之间、两个不同半径的圆曲线之间插入一条起过渡作用的曲线，这样的曲线是曲率半径连续渐变的曲线，称为缓和曲线。由缓和曲线和圆曲线组成的平面曲线称为综合曲线。

（1）缓和曲线的直角坐标

缓和曲线可用多种曲线来代替，如回旋线、三次抛物线和双曲线等。我国公路部门一般采用回旋线作为缓和曲线。从直线段连接处起，缓和曲线上各点的曲率半径 ρ 与该点离缓和曲线起点的距离 l 成反比。即 $\rho = c/l$，其中 c 是一个常数，称为缓和曲线变更率。在与圆曲线连接处，l 等于缓和曲线的长度 l_s，ρ 等于圆曲线半径 R，故 $c = Rl_s$，c 一旦确定，缓和曲线的形状也就确定。c 越小，半径变化越快；反之，半径变化越慢，曲线也就越平顺。当 c 为定值时，缓和曲线的长度视所连接的圆曲线半径而定。

缓和曲线是按线性规则变化的，其任意点的半径为

$$\rho = \frac{c}{l} = \frac{Rl_s}{l} \tag{6-31}$$

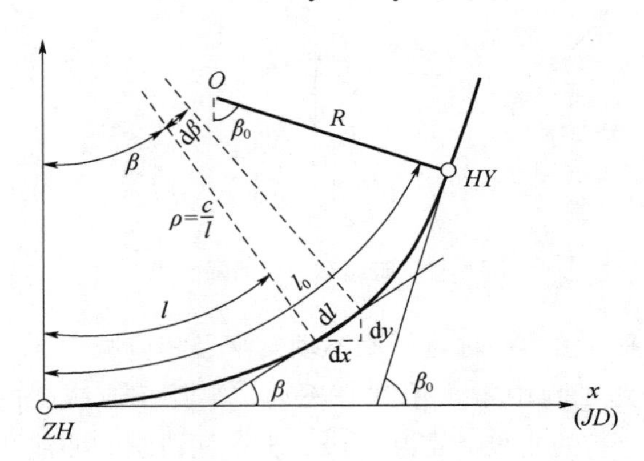

图 6-81　缓和曲线

由图 6-81 可知，缓和曲线上各点的直角坐标可表示为（推导过程略）：

$$\left.\begin{aligned} x &= l_i - \frac{l_i^5}{40R^2 l_s^2} \\ y &= \frac{l_i^3}{6Rl_s} \end{aligned}\right\} \tag{6-32}$$

缓和曲线终点坐标为：

$$\left.\begin{aligned} x_0 &= l_s - \frac{l_s^3}{40R^2} \\ y_0 &= \frac{l_i^2}{6R} \end{aligned}\right\} \tag{6-33}$$

（2）带缓和曲线的综合曲线要素计算

如图 6-82 所示，虚线部分为一转向角为 α、半径为 R 的圆曲线，当圆曲线加设缓和曲线段后，为使缓和曲线起点与直线段的终点相衔接，必须将圆曲线向内移动一段距离 p（称为圆曲线内移值），这时曲线的长度发生变化，使切线距离增长 q（称为切线增长值）。

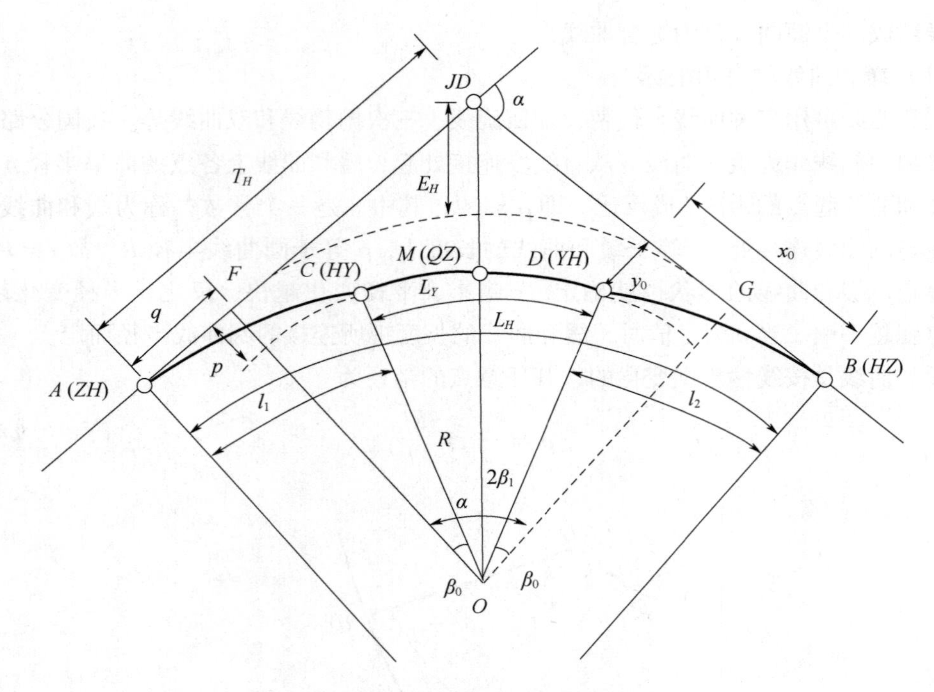

图 6-82　带缓和曲线的圆曲线

圆曲线内移有两种方法：一种是圆心不动，半径相应减少 p；另一种是半径不变，改变圆心的位置。公路工程中常采用圆心不动，半径相应减少的平行移动方法。如图 6-82 所示，圆曲线 FG 的曲线半径为 $R+p$，插入两段缓和曲线 AC 和 DB 后，圆曲线内移，保留 CMD 段，半径为 R，该段圆曲线对应的圆心角为 $\alpha-2\beta_0$。

1）缓和曲线内移值 p 和切线增长值 q 计算。由图 6-82 可知（推导过程略）：

$$\left.\begin{aligned} p &= \frac{l_s^2}{24R}-\frac{l_s^4}{2688R^3} \\ q &= \frac{l_s}{2}-\frac{l_s^3}{240R^2} \end{aligned}\right\} \tag{6-34}$$

综前所述，缓和曲线的常数为三项，依次是缓和曲线倾角 β_0、缓和曲线内移值 p 和切线增长值 q。

2）带缓和曲线的综合曲线要素计算过程。在圆曲线增设缓和曲线后，要将圆曲线和缓和曲线作为一个整体考虑。如图 6-82 所示，一段完整的综合曲线由三部分组成，分别是：第一段缓和曲线 AC、圆曲线 CMD 和第二段缓和曲线 DB。其中直线段与第一段缓和曲线的连接处称为直缓点（ZH），第一段缓和曲线和圆曲线连接处称为缓圆点（HY），曲线中点称为曲中点（QZ），圆曲线与第二段缓和曲线的连接处称为圆缓点（YH），第二段缓和曲线与直线的连接处称为缓直点（HZ）。ZH、HY、QZ、YH、HZ 称为综合曲线的五个主点。

在计算出缓和曲线的三项常数后，综合曲线的要素计算为：

$$\left.\begin{aligned}
&\text{切线长}:T_H = (R+p)\cdot\tan\frac{\alpha}{2}+q\\
&\text{曲线长}:L_H = R(\alpha-2\beta_0)\frac{\pi}{180^\circ}+2l_s\\
&\text{圆曲线长}:L_Y = R(\alpha-2\beta_0)\frac{\pi}{180^\circ}\\
&\text{外距}:E_H = \frac{(R+p)}{\cos\frac{\alpha}{2}}-R\\
&\text{切曲差}:D_H = 2T_H-L_H
\end{aligned}\right\}\tag{6-35}$$

3）综合曲线主点里程计算。

曲线上各点的里程从一已知里程的点开始逐点推算，一般已知 JD 的里程，它是从前一直线段推算而得，根据 JD 里程可以推算曲线各主点里程。

$$\left.\begin{aligned}
ZH_{\text{里程}} &= JD_{\text{里程}} - T_H\\
HY_{\text{里程}} &= ZH_{\text{里程}} + l_s\\
QZ_{\text{里程}} &= HY_{\text{里程}} + \left(\frac{L_H}{2}-l_s\right)\\
YH_{\text{里程}} &= QZ_{\text{里程}} + \left(\frac{L_H}{2}-l_s\right)\\
HZ_{\text{里程}} &= YH_{\text{里程}} + l_s\\
HZ_{\text{里程}} &= JD_{\text{里程}} + T_H - D_H
\end{aligned}\right\}\tag{6-36}$$

【例 6-3】　已知一段带有缓和曲线的圆曲线，转向角 $\alpha=24°36'48''$，设计半径 $R=500\text{m}$，缓和曲线长度 $l_s=80\text{m}$，交点里程为 K12＋382.400，计算缓和曲线常数、曲线要素和曲线主点里程。

①缓和曲线常数：

$$\beta_0 = \frac{l_s}{2R}\times\frac{180^\circ}{\pi} = \frac{80}{2\times500}\times\frac{180^\circ}{\pi} = 4°35'01''$$

$$p = \frac{l_s^2}{24R} = \frac{80^2}{24\times500} = 0.553(\text{m})$$

$$q = \frac{l_s}{2}-\frac{l_s^3}{240R^2} = \frac{80}{2}-\frac{80^3}{240\times500^2} = 39.991(\text{m})$$

②曲线要素计算：

切线长：$T_H=(R+p)\cdot\tan\dfrac{\alpha}{2}+q=149.186$（m）

曲线长：$L_H=R(\alpha-2\beta_0)\dfrac{\pi}{180^\circ}+2l_s=294.792$（m）

外距：$E_H=\dfrac{(R+p)}{\cos\dfrac{\alpha}{2}}-R=12.305$（m）

切曲差：$D_H = 2T_H - L_H = 3.580$（m）

③主点里程计算：

$ZH_{里程} = JD_{里程} - T_H = \mathrm{K}12 + 382.400 - 149.186 = \mathrm{K}12 + 233.214$

$HY_{里程} = ZH_{里程} + l_s = \mathrm{K}12 + 233.214 + 80 = \mathrm{K}12 + 313.214$

$QZ_{里程} = HY_{里程} + \left(\frac{L_H}{2} - l_s\right) = \mathrm{K}12 + 313.214 + 67.396 = \mathrm{K}12 + 380.610$

$YH_{里程} = QZ_{里程} + \left(\frac{L_H}{2} - l_s\right) = \mathrm{K}12 + 380.610 + 67.396 = \mathrm{K}12 + 448.006$

$HZ_{里程} = YH_{里程} + l_s = \mathrm{K}12 + 448.006 + 80 = \mathrm{K}12 + 528.006$

$HZ_{里程} = JD_{里程} + T_H - D_H = \mathrm{K}12 + 382.400 + 149.186 - 3.580 = \mathrm{K}12 + 528.006$

（3）综合曲线细部点坐标计算

目前，公路工程施工放样一般都采用全站仪坐标放样法或使用 RTK 放样。不管使用二者的哪种方法，均需要计算出综合曲线上各细部点的坐标。采用此法，首先必须建立一个贯穿全线的统一坐标系，这个坐标系可以采用国家坐标系统，也可以采用自定义坐标系统。根据路线地理位置和几何关系计算出道路中线上各桩点在该坐标系中的坐标。因此，实施放样的关键工作之一是曲线中桩和边桩坐标的计算。曲线坐标的计算公式比较复杂，这里直接写出计算公式，对于其推导过程，有兴趣的读者可参看有关文献。目前，很多高校和科研生产部门都有自己开发的公路路线坐标计算软件。

1）直线上中桩坐标计算。如图 6-83 所示，设交点 JD 坐标为（x_{JD}，y_{JD}），交点相邻直线的方位角分别为 A_1 和 A_2。为了区分，现设定与第一段缓和曲线相衔接的直线段称为后直线段，与第二段缓和曲线相衔接的直线段称为前直线段，则后直线段上任意点坐标为：

$$\left.\begin{aligned} x_{hz} &= x_{JD} + l_i \times \cos(A_1 + 180°) \\ y_{hz} &= y_{JD} + l_i \times \sin(A_1 + 180°) \end{aligned}\right\} \tag{6-37}$$

式中，l_i 为交点的里程与后直线段上计算点的里程之差。

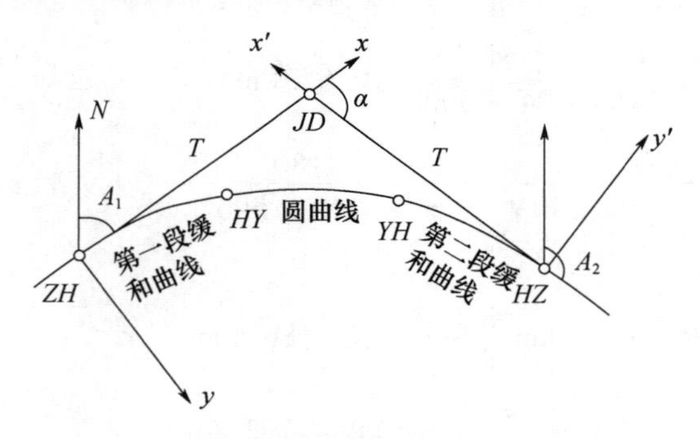

图 6-83　综合曲线坐标计算示意

前直线段上任意点坐标为：

$$\left.\begin{aligned} x_{qz} &= x_{JD} + l_i \times \cos A_2 \\ y_{qz} &= y_{JD} + l_i \times \sin A_2 \end{aligned}\right\} \tag{6-38}$$

式中，l_i 为前直线段上计算点的里程与交点的里程之差。

根据式（6-37）和式（6-38）可得综合曲线直缓点和缓直点的坐标：

$$\left.\begin{aligned} x_{ZH} &= x_{JD} + l_s \times \cos(A_1 + 180°) \\ y_{ZH} &= y_{JD} + l_s \times \sin(A_1 + 180°) \end{aligned}\right\} \tag{6-39}$$

$$\left.\begin{aligned} x_{HZ} &= x_{JD} + l_s \times \cos A_2 \\ y_{HZ} &= y_{JD} + l_s \times \sin A_2 \end{aligned}\right\} \tag{6-40}$$

2）第一段缓和曲线上细部点坐标计算。如图 6-83 所示，以 *ZH* 点为坐标原点，以 *ZH* 点指向 *JD* 方向为 x 轴正向，以过 *ZH* 点且垂直于 x 轴并指向曲线内侧为 y 轴正向。在此自定义坐标系中，缓和曲线上细部点坐标为式（6-32），将自定义坐标转换到公路统一坐标系中的坐标为：

$$\left.\begin{aligned} x_i &= x_{ZH} + \left(l_i - \frac{l_i^5}{40R^2 l_s^2}\right)\cos A_1 - K\left(\frac{l_i^3}{6Rl_s}\right)\sin A_1 \\ y_i &= y_{ZH} + \left(l_i - \frac{l_i^5}{40R^2 l_s^2}\right)\sin A_1 + K\left(\frac{l_i^3}{6Rl_s}\right)\cos A_1 \end{aligned}\right\} \tag{6-41}$$

式中，l_i 为第一段缓和曲线上计算点的里程与直缓点的里程之差；l_s 为缓和曲线长度（下同）；R 为圆曲线半径（下同）；A_1 为后直线段方位角（下同）；K 为线路转向系数（下同），$K=1$ 则线路右偏；$K=-1$，则线路左偏。

3）圆曲线上细部点坐标计算。如图 6-84 所示，以 *ZH* 点为坐标原点，以 *ZH* 点指向 *JD* 方向为 x 轴正向，以过 *ZH* 点且垂直于 x 轴并指向曲线内侧为 y 轴正向。在此自定义坐标系中，圆曲线上细部点 P 的坐标为：

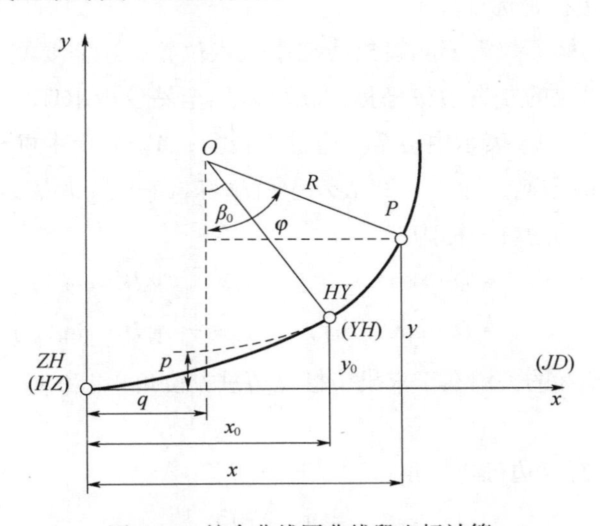

图 6-84　综合曲线圆曲线段坐标计算

$$\left.\begin{aligned} x_i &= R\sin\varphi_i + q \\ y_i &= R(1-\cos\varphi_i) + p \end{aligned}\right\} \tag{6-42}$$

将式（6-42）转换到公路统一坐标系中的坐标为：

$$\left.\begin{aligned} x_i &= x_{ZH} + (R\sin\varphi_i + q)\cos A_1 - K[R(1-\cos\varphi_i) + p]\sin A_1 \\ y_i &= y_{ZH} + (R\sin\varphi_i + q)\sin A_1 + K[R(1-\cos\varphi_i) + p]\cos A_1 \end{aligned}\right\} \tag{6-43}$$

式中，$\varphi_i = \frac{180°}{\pi R}(l_i - l_s) + \beta_0$，$l_i$ 为圆曲线上细部点里程与直缓点里程的差值。

4）第二段缓和曲线上细部点坐标计算。如图6-83所示，以 HZ 点为坐标原点，以 HZ 点指向 JD 方向为 x' 轴正向，以过 HZ 点且垂直于 x' 轴并指向曲线外侧为 y' 轴正向。在此自定义坐标系中，缓和曲线上细部点坐标为：

$$\left.\begin{aligned} x_i &= l_i - \frac{l_i^5}{40R^2 l_s^2} \\ y_i &= -\frac{l_i^3}{6Rl_s} \end{aligned}\right\} \tag{6-44}$$

将式（6-44）转换到公路统一坐标系中的坐标为：

$$\left.\begin{aligned} x_i &= x_{HZ} + \left(l_i - \frac{l_i^5}{40R^2 l_s^2}\right)\cos(A_2 + 180°) - K\left(-\frac{l_i^3}{6Rl_s}\right)\sin(A_2 + 180°) \\ y_i &= y_{HZ} + \left(l_i - \frac{l_i^5}{40R^2 l_s^2}\right)\sin(A_2 + 180°) + K\left(-\frac{l_i^3}{6Rl_s}\right)\cos(A_2 + 180°) \end{aligned}\right\} \tag{6-45}$$

式中，l_i 为缓直点的里程与第二段缓和曲线上计算点的里程之差；A_2 为前直线段方位角。

（4）综合曲线边桩坐标计算

公路工程施工放样不仅需要测设出线路中桩点位置，还需要测设对应的边桩位置。若能计算出任意点对应的左右边桩坐标，就可采用全站仪或RTK实施放样。为了方便描述，特作以下规定：$A_{左}$ 表示中桩至左边桩方位角；$A_{右}$ 表示中桩至右边桩方位角；D 表示边桩至中桩水平距离；（x_0，y_0）表示中桩坐标，（x，y）表示边桩坐标。根据坐标正算公式，任意点的边桩坐标为：

$$\left.\begin{aligned} x &= x_0 + D\cdot\cos A_{左} \\ y &= y_0 + D\cdot\sin A_{左} \end{aligned}\right\} \qquad \left.\begin{aligned} x &= x_0 + D\cdot\cos A_{右} \\ y &= y_0 + D\cdot\sin A_{右} \end{aligned}\right\}$$

因此，求边桩坐标的关键在于求出中桩至边桩方位角 $A_{左}$ 和 $A_{右}$。下面分为五个部分说明。

1）后直线段任意点边桩方位角：

$$\left.\begin{aligned} A_{左} &= A_1 - 90° \\ A_{右} &= A_1 + 90° \end{aligned}\right\} \tag{6-46}$$

2）第一段缓和曲线任意点边桩方位角：

$$\left.\begin{aligned} A_{左} &= A_1 - 90° + K\left(\frac{l_i^2}{2Rl_s} \times \frac{180°}{\pi}\right) \\ A_{右} &= A_1 + 90° + K\left(\frac{l_i^2}{2Rl_s} \times \frac{180°}{\pi}\right) \end{aligned}\right\} \tag{6-47}$$

式中，l_i 为第一段缓和曲线上计算点的里程与直缓点的里程之差；l_s 为缓和曲线长度（下同）；R 为圆曲线半径（下同）；A_1 为后直线段方位角（下同）；K 为线路转向系数（下同），$K=1$ 则线路右偏，$K=-1$ 则线路左偏。

3）圆曲线上任意点边桩方位角：

$$\left.\begin{aligned} A_{左} &= A_1 - 90° + K\left(\frac{l + \frac{l_s}{2}}{R} \times \frac{180°}{\pi}\right) \\ A_{右} &= A_1 + 90° + K\left(\frac{l + \frac{l_s}{2}}{R} \times \frac{180°}{\pi}\right) \end{aligned}\right\} \tag{6-48}$$

式中，l 为圆曲线上计算点的里程与缓圆点的里程之差。

4）第二段缓和曲线上任意点边桩方位角：

$$\left.\begin{aligned} A_{左} &= A_2 - 90° - K\left(\frac{l_i^{\ 2}}{2Rl_s} \times \frac{180°}{\pi}\right) \\ A_{右} &= A_2 + 90° - K\left(\frac{l_i^{\ 2}}{2Rl_s} \times \frac{180°}{\pi}\right) \end{aligned}\right\} \tag{6-49}$$

式中，l_i 为缓直点的里程与第二段缓和曲线上计算点的里程之差；A_2 为前直线段方位角。

5）前直线段上任意点边桩方位角：

$$\left.\begin{aligned} A_{左} &= A_2 - 90° \\ A_{右} &= A_2 + 90° \end{aligned}\right\} \tag{6-50}$$

三、竖向曲线测设

道路的纵断面是由许多不同坡度的坡段连接而成，在相邻的不同坡段相交处形成变坡点。为了满足视距的要求和行车平稳，在竖直面内用圆曲线将两段纵坡连接起来，这种曲线称为竖曲线。图 6-85 所示为凸形竖曲线和凹形竖曲线，变坡点在曲线上方称为凸形竖曲线；反之，称为凹形竖曲线。一般情况下，相邻坡度差较小，所选用的竖曲线半径很大，即使采用二次抛物线等曲线，所得到的结果与圆曲线相同，所以竖曲线一般采用圆曲线。

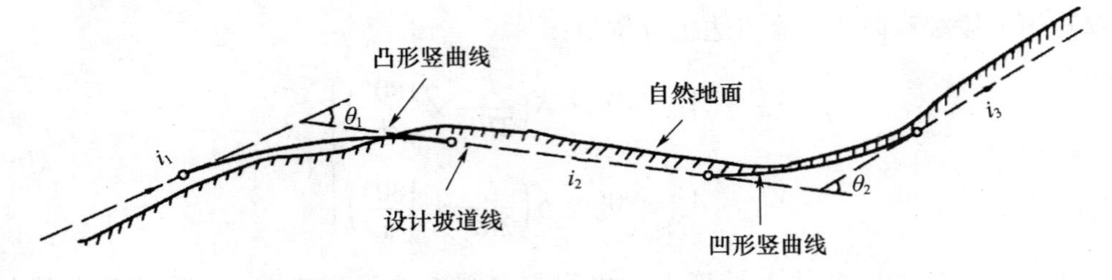

图 6-85　竖曲线示意

1. 竖曲线要素计算

（1）变坡角 α

如图 6-86 所示，相邻的两坡段坡度为 i_1、i_2，因为 i_1、i_2 很小，故可近似认为：

$$\alpha = i_1 - i_2 \tag{6-51}$$

（2）切线长度 T

如图 6-86 所示，切线长度 T 为：

$$T = R\frac{\alpha}{2} = \frac{1}{2}R|(i_1 - i_2)| \tag{6-52}$$

（3）曲线长度 L

由于 α 很小，可近似认为：

$$L = 2T \tag{6-53}$$

（4）外矢距 E

如图 6-86 所示，由于 α 很小，可近似认为 y 坐标与半径方向一致，它是切线上与曲线上的高程差，故：

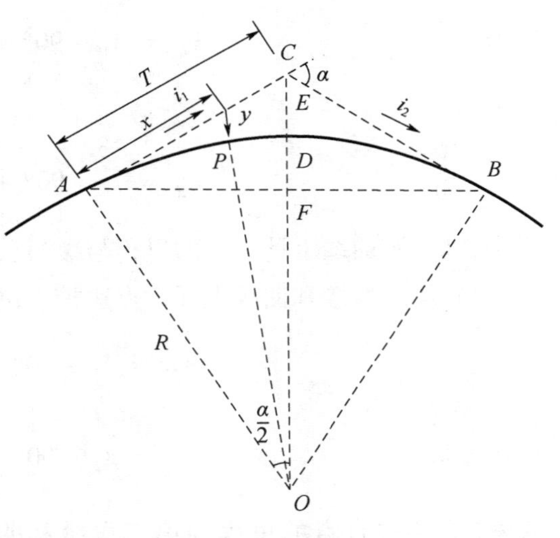

图 6-86　竖曲线

$$y = \frac{x^2}{2R} \tag{6-54}$$

当 $x = T$ 时，y 值最大，近似等于 E：

$$y = E = \frac{T^2}{2R} \tag{6-55}$$

2. 竖曲线测设算例

【例 6-4】　某凹形竖曲线，已知 $i_1 = -1.114\%$，$i_2 = +0.154\%$，变坡点的桩号为 K1 + 670，高程为 48.60m，设计半径 $R = 5000$m。求各测设元素、起点和终点的桩号与高程、曲线上每 10m 间隔里程桩的高程改正数与设计高程。

（1）竖曲线要素计算

$$T = R\frac{\alpha}{2} = \frac{1}{2}R|(i_1 - i_2)| = \frac{1}{2} \times 5000 \times |(-1.114\% - 0.154\%)| = 31.7\ (\text{m})$$

$L = 2T = 2 \times 31.7 = 63.4$（m）

$E = \frac{T^2}{2R} = \frac{31.7^2}{2 \times 5000} = 0.10$（m）

（2）起点、终点的桩号与高程计算

起点桩号 = K1 +（670 − 31.7）= K1 + 638.3

终点桩号 = K1 +（638.3 + 63.4）= K1 + 701.70

起点高程 = 48.6 + 31.7 × 1.114% = 48.95（m）

终点高程 = 48.6 + 31.7 × 0.154% = 48.65（m）

（3）各细部点高程值的计算

根据竖曲线上细部点距离曲线起点（或终点）的弧长，求相应的 y_i 值，再根据各细部点的坡道高程计算各自的设计高程值

$$H_i = H_{坡} \pm y_i \tag{6-56}$$

式中，H_i 为竖曲线上各细部点的高程值；$H_{坡}$ 为各细部点的坡道高程值。

各桩高程改正数按 $R = 5000$m 和相应的桩距，即可求得竖曲线上各桩的高程改正数 y_i，计算结果见表 6-12。

表 6-12　竖曲线各桩高程计算

桩号	至竖曲线起点或终点的平距（m）	高程改正（m）	坡道高程（m）	曲线高程（m）	备注
起点 K1 + 638.3	0.0	0.0	48.95	48.95	竖曲线起点
K1 + 650	11.7	0.01	48.82	48.83	$i = -1.114\%$
K1 + 660	21.7	0.05	48.71	48.76	
边坡点 K1 + 670	31.7	0.10	48.60	48.70	变坡点
K1 + 680	21.7	0.05	48.62	48.67	$i = +0.154\%$
K1 + 690	11.7	0.01	48.63	48.64	
终点 K1 + 701.7	0.0	0.0	48.65	48.65	竖曲线终点

（4）各细部点高程值的测设

根据已知水准点和表 6-12 所列竖曲线上各细部点的高程值，用水准仪抄平的方式依次进行测设，水准仪抄平内容见本章第一节。

四、纵横断面测量

1. 纵断面测量

通过中线测量，直线和曲线上所有的线路控制桩、中线桩和加桩等测设定位完成，就可以进行纵横断面测量。纵断面测量就是沿着地面上已经定出的线路，测出所有中线

桩的高程，并根据测得的高程和各桩的里程，绘制线路的纵断面图，供设计单位使用。线路的纵断面设计是公路设计中最重要的组成部分之一，主要根据地形条件和行车要求确定线路的坡度、路基的标高和填挖高度以及沿线桥梁、涵洞、隧道等位置。虽然根据地形图也可获得线路的纵断面图，但不能满足设计要求，还需根据地面上已经测设的中线，准确地测出中线上地面起伏情况。

纵断面测量分为水准点高程测量（称为基平测量）和中桩高程测量（称为中平测量）。

（1）基平测量

对于在线路初测中已布设了水准点并进行了水准测量的线路，施工阶段的基平测量就是对道路初测中的高程控制测量的检核。基平测量的另一个任务就是施工沿线水准点的加密。由于道路初测阶段的水准点的间距一般在 1km 左右，不能满足施工的需要，加密以后的水准点密度一般为 200m 一个水准点。由于施工阶段所观测的水准点数量多，密度大、精度相对较高，测量方法以水准测量为主。在相邻已知水准点之间布设成附合水准路线。具体测量方法见本书第三章。

（2）中平测量

中平测量又名中桩抄平，即测量路线中桩的地面高程。中平测量是以基平测量提供的水准点为基础，以相邻两水准点为一测段，从一个水准点出发，逐个施测中桩的地面高程，闭合在下一个水准点上，形成附合水准路线。高速公路、一级公路的中平高差闭合允许误差为：$f_{h允} = \pm 30\sqrt{L}$mm，二级及二级以下公路中平高差闭合允许误差为：$f_{h允} = \pm 50\sqrt{L}$mm。

1）外业观测。中平测量就是根据基平设置的水准点，测量所有控制桩和中线桩的高程。中平测量从已知水准点开始，如图 6-87 所示，在测站Ⅰ安置水准仪，后视水准点 BM_{20}，读数至 mm，记于表 6-13 中“后视”一栏，然后从起点 K15 +100 开始观测一系列中桩上的水准尺读数，读数至 cm。各个中线桩读数记入表 6-13 中“中间点”一栏。当视线受阻或视线长度大于 150m 时，可在前进方向选择一坚固点位作为前视转点 ZD_1，读数至 mm，记入“前视”一栏。然后迁站至测站Ⅱ，以 ZD_1 转点作为后视，同样方法继续沿线向前观测。一直附合到下一个水准点以构成一条附合水准路线。

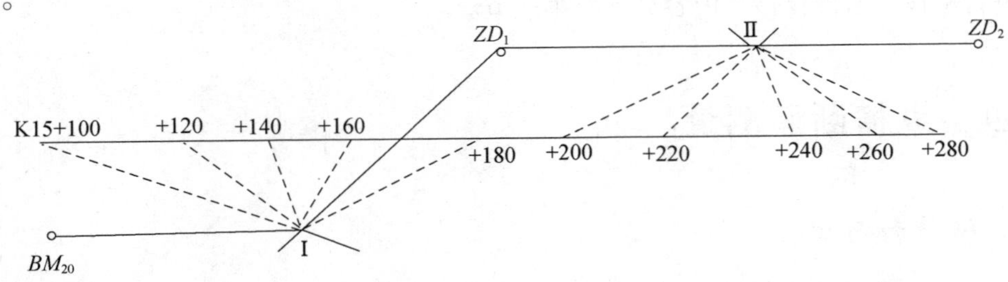

图 6-87　中平测量示意

2）内业计算。在两个水准点之间的中平测量完成后，首先计算水准路线的闭合差。由于中线桩的中视读数不影响路线的闭合差，因此只要计算后视点的后视读数 a 和前视点的前视读数 b，水准路线观测高差为 $\sum h = \sum a - \sum b$，水准路线的高差闭合差为 $f_h = \sum h - (H_{终} - H_{起})$。

在闭合差满足条件的情况下，不必进行闭合差的调整，可直接进行中线桩高程的计算。中间点的地面高程以及前视转点高程一律按所属测站的视线高程进行计算，每一测站的各项计算按下列公式进行：

视线高程 = 后视点高程 + 后视点的读数

转点高程 = 视线高程 - 转点前视读数

中桩高程 = 视线高程 - 中间点前视读数

进行中桩高程测量时，测量控制桩应在桩顶立尺，测量中线桩应在地面立尺。

表 6-13　中平测量记录

测点	后视	仪器高视线高程	前视		已知或设计高程（m）	地面高程（m）	填挖高（m）	备注
			转点	中间点				
BM_{20}	1. 852	104. 208			102. 356			
K15 + 100				1. 45		102. 76		
K15 + 120				1. 50		102. 71		
K15 + 140				1. 49		102. 72		
K15 + 160				1. 65		102. 56		
K15 + 180				1. 74		102. 47		
ZD_1	1. 504	104. 080	1. 632			102. 576		
K15 + 200				1. 32		102. 76		
K15 + 220		1. 82		1. 30		102. 78		
K15 + 240		1. 56		1. 21		102. 87		
K15 + 260		1. 05		1. 18		102. 90		
K15 + 280		0. 83		1. 10		102. 98		
ZD_2	1. 955	104. 414	1. 621			102. 459		
	5. 311		5. 728					
BM_{21}			2. 475		101. 952	101. 939		
计算检核	$\sum$后视 $-\sum$前视 $= 5.311 - 5.728 = -0.417$(m)，$H_{BM21} - H_{BM20} = 101.952 - 102.356 = -0.404$(m)							
精度计算	$f_h = \sum h_{测} - (H_{BM21} - H_{BM20}) = -0.013$m；$f_{h容} = \pm 30\sqrt{L}$mm $= \pm 30\sqrt{1.05}$mm $= \pm 0.030$mm；合格。							

当采用一次放样法测设线路中线时，可在测设中桩的同时测量中桩高程。在中桩钉设完毕后，在中桩点上安置反光镜，测站上的全站仪观测中桩点的距离和竖直角，并量

取仪器高和觇标高至厘米，从而可以求得中线桩的高程。由此可见，用全站仪进行线路定测，可以将放线、中线测量（包括曲线测量）和纵断面测量三项工作同时进行，是一种较好的定测手段。另外，使用 RTK 也可以完成上述工作。

3）绘制纵断面图。纵断面图一般采用直角坐标系绘制，横坐标为中桩的里程，纵坐标则表示高程。常用的里程比例尺有 1∶5000、1∶2000 和 1∶1000 几种，为了明显地表示地面起伏，一般取高程比例尺比里程比例尺大 10 或 20 倍，例如里程比例尺用 1∶1000时，高程比例尺则取 1∶100 或 1∶50。断面图应包括图头、图尾、注记、展线四部分。图头包括高程比例尺和测图比例尺。设计应注明的主要内容有桩号、地面高、设计高、设计纵坡、平曲线等，因工程不同，注记内容不一样。

纵断面图是反映中平测量成果的最直观的图件，是进行线路竖向设计的主要依据，下面以图 6-88 为例说明纵断面图的绘制方法。在图的上半部，从左往右绘有两条贯穿全图的线，一条细线表示中线方向的地面线，是以中桩的里程为横坐标，以中桩的地面高程为纵坐标绘制。另一条是粗线，表示带有竖曲线的纵坡设计线，根据设计要求绘制。

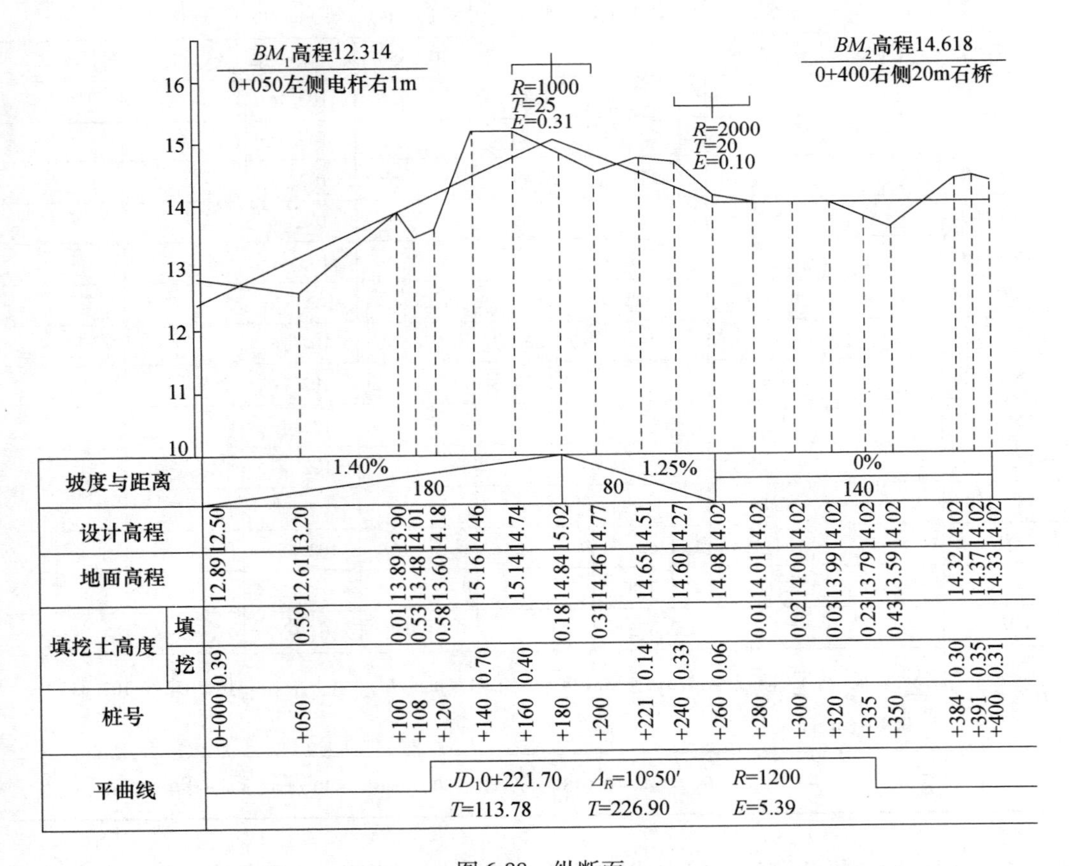

图 6-88 纵断面

在图的顶部经常有一些标注，例如水准点的位置、编号及其高程，桥涵的类型、孔径、跨数、长度、里程及其设计水位等信息，根据实际情况标注。

图 6-88 的下部绘有几栏表格，自下而上依次是平曲线、桩号、填挖高度、地面高程、设计高程、坡度与距离，可根据工程实际情况增舍。其中平曲线是中线的示意图，圆曲线部分用成直角的折线表示，上凸表示曲线右偏，下凹表示曲线左偏，并注明交点编号和曲线半径，带有缓和曲线的应注明缓和曲线长度，在图中用梯形折线表示；桩号栏按横坐标比例尺标注里程桩号，一般标注百米桩和公里桩；填挖高度栏是设计高程减地面高程的高差；地面高程栏按中平测量成果填写各里程桩的地面高程；设计高程栏填写设计的路面高程；坡度与距离栏用斜线表示设计纵坡，从左至右向上斜的表示上坡，向下斜的表示下坡，并在斜线上以百分比注记坡度的大小，在斜线下注记坡长。

2. 横断面测量

横断面测量是测量中桩两侧垂直于中线方向地面起伏情况，并绘制横断面图。横断面测量常与纵断面测量同时进行。横断面图供路基、边坡、隧道、特殊构造物的设计、土石方计算和施工放样之用。

横断面测量的关键在于确定线路中线的垂直方向。可在中线测量时，将中桩对应的左右边桩一并测设，这样左右边桩的连线就是横断面的测量方向。横断面测量的方法很多，有水准仪法和全站仪数字化法，现介绍常用的水准仪法。

当线路两侧地势平坦，且要求测绘精度较高时，可采用水准仪法。先用方向架定向，水准仪后视中桩标尺，求得视线高程，然后前视横断面方向变坡点上的标尺。视线高程减去诸前视点读数，即得各测点高程。点位距中桩距离可用钢尺（或者皮尺）量距。实测时，若仪器安置得当，一站可测十几个断面。

如图 6-89 所示，用水准仪法测量线路的横断面，记录表格见表 6-14，分子表示变坡点的水准仪读数，分母表示变坡点至中桩的距离。

根据各断面测量数据，在毫米格纸上或者绘图软件中绘制各个横断面图。绘制方法不再赘述。

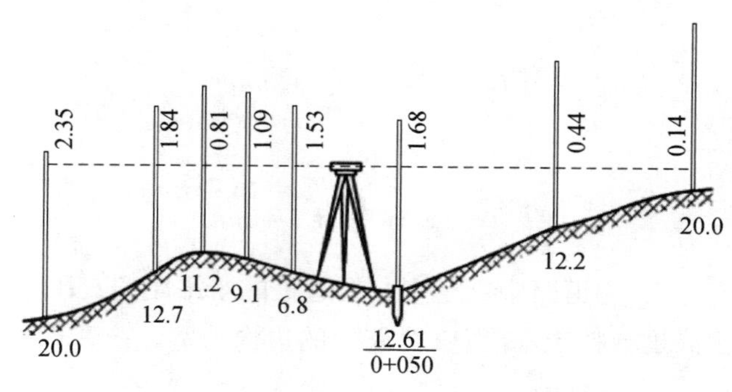

图 6-89 水准仪测量横断面

表 6-14　横断面测量记录表

前视读数					后视读数	前视读数	
距离					桩号	距离	
$\frac{2.35}{20}$	$\frac{1.84}{12.7}$	$\frac{0.81}{11.2}$	$\frac{1.09}{9.1}$	$\frac{1.53}{6.8}$	1.68 0+050	$\frac{0.44}{12.2}$	$\frac{0.14}{20.0}$

五、路基边坡测设

路基边坡测设分为路基边桩测设和路基边坡放样两项工作。

1. 路基边桩测设

中线恢复以后，首先进行的是路基施工，因此必须定出路基的边桩，即路堤的坡脚线或路堑的坡顶线。路基的土石方工程就是从边桩开始填筑和开挖。下面介绍测设边桩的方法。

（1）图解法

图解法是将地面横断面图和路基设计断面图绘制在同一张毫米格纸上，设计断面高于地面部分采用填方路基，其填土边坡线按设计坡度绘出，与地面相交处即为坡脚；设计断面低于地面部分采用挖方路基，其开挖边坡线按设计坡度绘出，与地面相交处即为坡顶。得到坡脚和坡顶后，用比例尺直接在横断面图上量取中桩至坡脚点或坡顶点的水平距离，然后到实地，以中桩为中心，用皮尺沿着横断面方向向两边测设出相应的水平距离，即可定出边桩。图解法工作量大，需要手工绘制若干横断面图，另外在地形起伏大的情况下，使用皮尺丈量水平距离存在较大误差。

（2）解析法

解析法是通过计算求出路基中桩至边桩的距离。路基断面大体可分为平坦地面和倾斜地面两种情况。

1）平坦地面。

如图 6-90 所示，平坦地面的路堤和路堑的路基放线数据可按下列公式计算：

路堤

$$l_{左} = l_{右} = \frac{B}{2} + mh \tag{6-57}$$

路堑

$$l_{左} = l_{右} = \frac{B}{2} + s + mh \tag{6-58}$$

上述两式中，$l_{左}$、$l_{右}$ 为道路中桩至左、右边桩的水平距离；B 为路基宽度；m 为路基边坡率；h 为填土高度或挖土深度；s 为路堑的边沟顶宽。

2）倾斜地面。

图 6-91 为倾斜地面的路基横断面图，设地面为左边低、右边高，则由图可知：

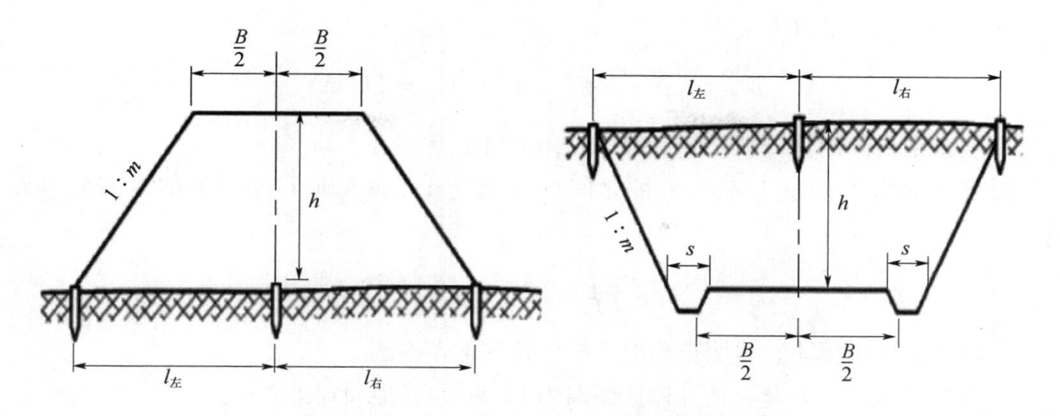

图 6-90 平坦地面的路基边桩测设

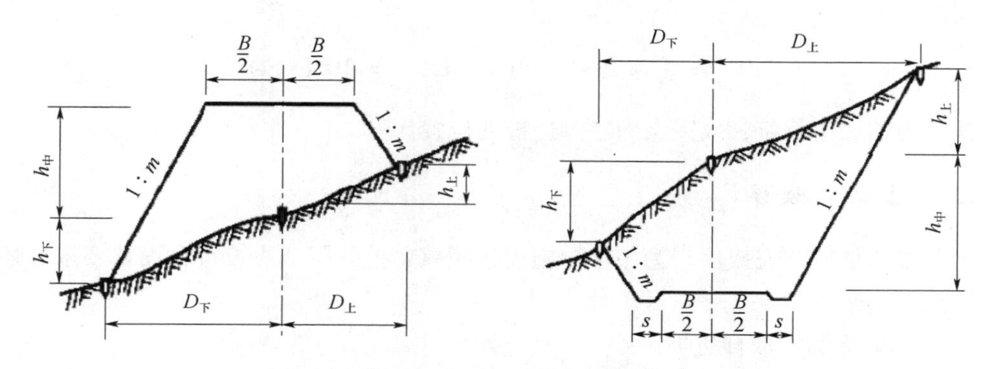

图 6-91 倾斜地面的路基边桩测设

路堤

$$\left.\begin{aligned}D_{下} &= \frac{B}{2} + m(h_{中} + h_{下})\\D_{上} &= \frac{B}{2} + m(h_{中} - h_{上})\end{aligned}\right\}\tag{6-59}$$

路堑

$$\left.\begin{aligned}D_{下} &= \frac{B}{2} + s + m(h_{中} - h_{下})\\D_{上} &= \frac{B}{2} + s + m(h_{中} + h_{上})\end{aligned}\right\}\tag{6-60}$$

上述两式中，B、m、s、$h_{中}$ 均为设计时已知，因此，$D_{下}$、$D_{上}$ 的大小随 $h_{下}$、$h_{上}$ 的大小而变化，而 $h_{下}$、$h_{上}$ 分别为左、右边桩地面与道路中桩地面高程的差值，二者均为未知，因此要确定路基边桩的位置，必须准确测定 $h_{下}$、$h_{上}$ 的大小。一般这种情况下，采用逐渐趋近法测设边桩。

现以测设路堑左边桩为例进行说明，如图 6-91 右图所示，设路基宽度为 10m，左侧边沟顶宽为 2m，中心桩挖深为 5m，边坡坡度为 1 : 1，测设步骤如下：

①估计边桩位置。根据地形情况，估计左边桩处地面比中桩地面低 1m，即 $h_{下}$ =

1m，代入式（6-60）可得：

$$D_{下} = \frac{10}{2} + 2 + 1 \times (5 - 1) = 11(\mathrm{m})$$

在实地沿横断面方向向左侧量取 11m，定出 1 点。

②实测高差。测量 1 点与中桩之间的高差为 1.5m，则 1 点与中桩之间的平距应为

$$D_{下} = \frac{10}{2} + 2 + 1 \times (5 - 1.5) = 10.5(\mathrm{m})$$

此值比初次估值小，说明正确的边桩位置在 1 点内侧。

③重估边桩位置。重新估计边桩距离为 10.8m，在地面定出 2 点。

④重测高差，测量 2 点与中桩的实际高差，假设测量的结果为 1.2m，则 2 点与中桩之间的平距为

$$D_{下} = \frac{10}{2} + 2 + 1 \times (5 - 1.2) = 10.8(\mathrm{m})$$

此值与估计值相符，故 2 点为左侧边桩的位置。

2. 路基边坡放样

当路基边桩放样完成后，为了指导施工，使填、挖的路基边坡符合设计要求，还应把边坡放样出来。

（1）用麻绳竹竿放样边坡

当路堤不高时，采用一次挂绳法，如图 6-92 所示，图中两小杆竖立在路基中线两侧，间距各为路基设计宽度的一半，并在两小杆上标记路基填土高度，然后用绳子将两边桩与两小杆上的填土高度标记连接。

当路堤较高时，可选用分层挂线法，如图 6-93 所示，每层挂线前应标定公路中线位置，并将每层的面抄平，放开挂线。

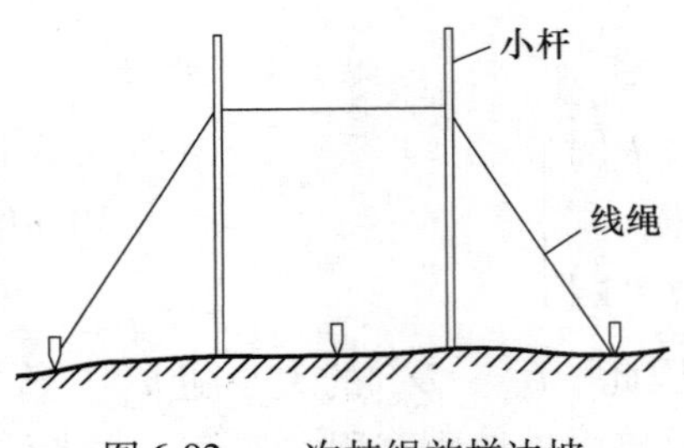

图 6-92　一次挂绳放样边坡

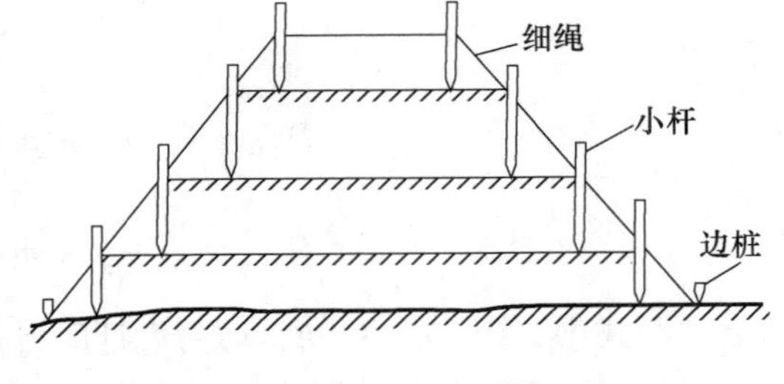

图 6-93　分层挂线放样边坡

（2）用边坡尺和边坡板放样边坡

施工前按照设计边坡做好边坡样板，施工时，按照边坡样板进行放样。用活动边坡尺放样边坡如图 4-94 所示。用边坡板放样边坡如图 6-95 所示，在开挖路堑时，将边坡板安置在坡顶并固定，施工时可随时指示并检核开挖和修整情况。

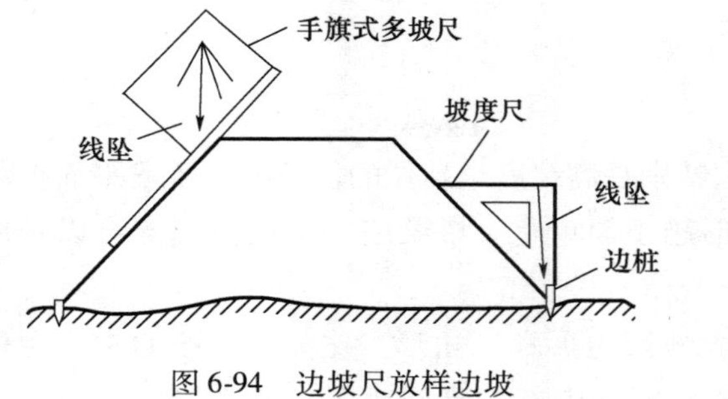

图 6-94　边坡尺放样边坡

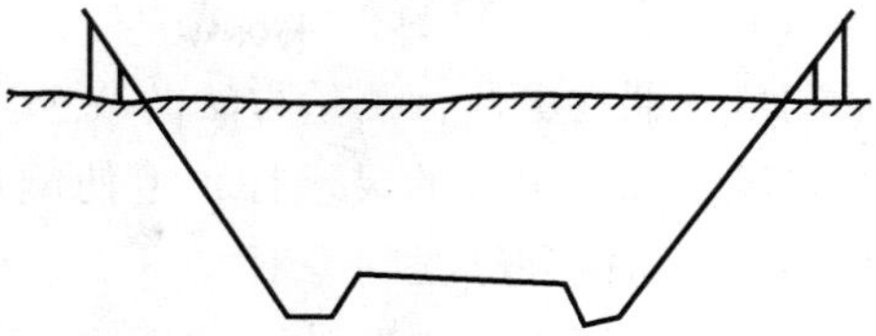

图 6-95　边坡板放样边坡

第六节　桥梁工程施工测量

道路通过河流或跨越山谷时需要架设桥梁，城市交通的立体化也需要建造桥梁，如立交桥、高架桥等。桥梁按其主跨距长度通常可分为小型（8 ~ 30m）、中型（30 ~ 10m）、大型（100 ~ 500m）和特大型（ > 500m）四类。不同类型的桥梁，其施工测量的方法和精度要求也不相同，但总体而言，桥梁工程施工测量的内容主要有：

1）对设计单位交付的所有桩位和水准点及其测量资料进行检查、核对；

2）建立满足精度与密度要求的施工控制网，并进行平差计算，已建好施工控制网的要做复测检查；

3）定期复测控制网，并根据施工的需要加密或补充控制点；

4）测定墩（台）基础桩的位置；

5）进行构造物的平面和高程放样，将设计标高及几何尺寸测设于实地；

6）对有关构造物进行必要的施工变形观测和施工控制观测，尤其在大型和特大型桥梁施工中，塔柱和梁悬拼（浇）的中轴线及标高的施工控制是确保成桥线形的关键；

7）测定并检查施工结构物的位置和标高，为工程质量的评定提供依据；

8）对已完工程进行竣工测量。

桥梁工程施工测量的目的是把图上所设计的结构物的位置、形状、大小和高低，在实地标定出来，作为施工的依据。施工测量贯穿整个桥梁施工全过程，是保证施工质量的一项重要工作。

一、桥梁施工控制网的建立

桥梁施工开始前，必须在桥址区建立统一的施工控制基准，布设施工控制网。桥梁施工控制网的作用主要是用于桥墩基础定位放样和主梁架设，因此，必须结合桥梁的桥长、桥型、跨度以及工程的结构、形状和施工精度要求布设合理的施工控制网。

桥梁施工控制网分为施工平面控制网和施工高程控制网两部分。

1. 桥梁施工平面控制网

(1) 平面控制网的布设形式

测量仪器的更新，测量方法的改进，特别是高精度全站仪的普及，给桥梁平面控制网的布设带来了很大的灵活性，也使网形趋于简单化。桥梁施工平面控制网可以采用GPS网、三角网和导线网等形式。

桥梁施工平面控制网的基本图形为大地四边形和三角形。比如，一般的中小型桥梁、高速公路互通、城市立交桥、高架桥和跨越山谷的高架桥等，通常采用一级导线网，或在四等导线控制下加密一级导线。对于跨越江河湖海的桥梁，其所处的特定地理环境，决定了其施工平面控制网的基本形式为以桥轴线为一边的大地四边形。若桥长较短且需要交会的水中墩、台数量不多。可以采用图6-96（a）所示网形；图6-96（b）、（c）所示网形中的控制点数目多、图形强度高、精度高，适用于大型和特大型桥梁；图6-97为利用江河中的沙洲（江心岛）建立的平面控制网。因此，建立桥梁施工平面控制网要从实际出发，选择最适宜的网形。

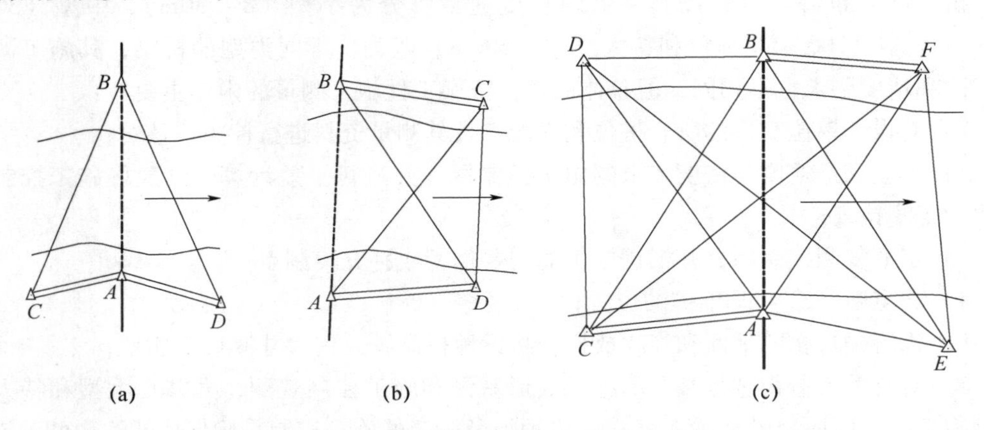

图6-96　桥梁施工平面控制网的基本形式

特大桥通常有较长的引桥，一般是将桥梁施工平面控制网再向两侧延伸，增加几个点构成多个大地四边形网，或者从桥轴线点引测敷设一条光电测距精密导线，导线宜采用闭合环。

对于大型和特大型的桥梁施工平面控制网，自20世纪80年代以来已广泛采用边角网或测边网的形式，并按自由网严密平差。图6-97是润扬长江大桥施工平面控制网，从图中可以看出，控制网在两岸轴线上都设有控制点，这是传统设计控制网的通常做法。传统的桥梁施工放样主要依靠光学经纬仪，在桥轴线上设有控制点，便于角度放样和检测，易于发现放样错误。全站仪普及后，施工通常采用坐标放样，在桥轴线上设有控制点的优势已不明显，因此，在首级控制网设计中，可以不在桥轴线上设置控制点。

无论施工平面控制网布设采用何种形式，首先控制网的精度必须满足施工放样的精度要求，其次考虑控制点尽可能便于施工放样，且能长期稳定而不受施工的干扰。一般中、小型桥梁控制点采用地面标石，大型或特大型桥梁控制点应采用配有强制对中装置的固定观测墩或金属支架。

（2）平面控制网的坐标系统

1）选用国家统一坐标系统。在大型和特大型桥梁建设中，选用国家统一坐标系统时应具备的条件是：①桥轴线位于高斯正形投影统一3°带中央子午线附近；②桥址平均高程面应接近于国家参考椭球面或平均海水面。

2）抵偿坐标系。由计算可知，当桥址区的平均高程大于160m或其桥轴线平面位置离开统一的3°带中央子午线东西方向的距离（横坐标）大于45km时，其长度投影变形值将会超过25mm/km（1/40000）。此时，对于大型或特大型桥梁施工来说，仍采用国家统一坐标系统就不适宜了。通常的做法是人为地改变归化高程，使距离的高程归化值与高斯投影的长度归化值相抵偿，但不改变统一的3°带中央子午线进行高斯投影计算的平面直角坐标系统。这种坐标系称为抵偿坐标系。所以，在大型桥梁施工中，当不具备使用国家统一坐标系的条件时，通常采用抵偿坐标系。

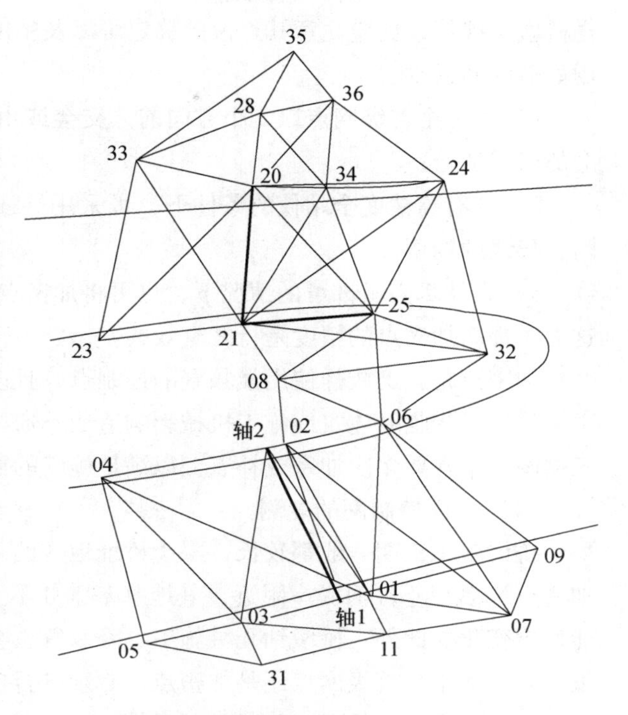

图6-97 润扬长江大桥平面控制网

3）桥轴坐标系。在特大型桥梁的主桥施工中，尤其是桥面钢构件的施工，定位精度要求很高（一般小于5mm），此时选用国家统一坐标系和抵偿坐标系都不适宜，通常选用高斯正形投影任意带（桥轴线的经度作为中央子午线）平面直角坐标系，称为桥轴坐标系，其高程归化投影面为桥面高程面，桥轴线作为 x 轴。

在实际应用中，常常会根据具体情况共用几套坐标系。比如，在南京长江二桥建设中就使用了桥轴坐标系、抵偿坐标系和北京54坐标系；在主桥上使用桥轴坐标系，引桥及引线使用抵偿坐标系，而在与周边接线及航道上则使用北京54坐标系。

（3）平面控制网的加密

桥梁施工首级控制网由于受图形强度条件的限制，其岸侧边长都较长。例如，当桥线长度在1500m左右时，其岸侧边长大约在1000m，则当交会半桥长度处的水中桥墩时，其交会边长达到1200m以上。这对于在桥梁施工中用交会法频繁放样桥墩是十分不利的，而且桥墩越是靠近本岸，其交会角就越大。从误差椭圆的分析中可知，过大或过小的交会角，对桥墩位置误差的影响都较大。此外，控制网点远离放样物，受大气折光等因素影响也会降低放样点位的精度。因此，必须在首级控制网下进行加密，这时通常是在堤岸边上合适的位置布设几个附点作为加密点，加密点除考虑其与首级网点及放样桥墩通视外，更应注意其点位的稳定可靠及精度。结合施工情况和现场条件，可以采用如下的加密方法：

1）由 3 个首级网点以 3 个方向前方交会或由 2 个首级网点以 2 个方向进行边角交会的形式加密；

2）在有高精度全站仪的条件下，可采用导线法，以首级网两端点为已知点，构成附合导线的网型；

3）在技术力量许可的情况下，也可将加密点纳入首级网中，构成新的施工控制网，这对于提高加密点的精度是行之有效的。

加密点是施工放样使用最频繁的控制点，且多设在施工场地范围内或附近，易受施工干扰，或受临时建筑或施工机械影响造成不通视；或遭到破坏而失去效用。在整个施工期间，常常要多次加密或补点，以满足施工的需要。

（4）平面控制网的复测

桥梁施工工期一般都较长，限于桥址地区的条件，大多数控制点（包括首级网点和加密点）多位于江河堤岸附近，其地基基础并不十分稳定，随着时间的变化，点位有可能发生变化。此外，桥墩钻孔桩施工、降水等也会引起控制点下沉和位移。因此，在施工期间，无论是首级网点还是加密点，必须进行定期复测，以确定控制点的变化情况和稳定状态，这也是确保工程质量的重要工作。控制网的复测可以采用定期进行的办法，如每半年进行一次；也可根据工程施工进度、工期，并结合桥墩中心检测要求情况确定。一般在下部结构施工期间，要对首级控制网及加密点进行至少两次复测。

第一次复测宜在桥墩基础施工前期进行，以便为精密放样或测定其墩台的承台中心位置提供依据。第二次复测宜在墩、台身施工期间进行，并宜在主要墩、台顶帽竣工前完成，以便为墩、台顶帽位置的精密测定提供依据。顶帽竣工中心即可作为上部建筑放样的依据。

复测应采用不低于原测精度的要求进行。由于加密点是施工控制的常用点，在复测时通常将加密点纳入首级控制网中观测，整体平差，以提高加密点的精度。

值得提出的是，在未经复测前要尽量避免采用极坐标法进行放样，否则应有检核措施，以免产生较大的误差。无论是复测前还是复测后，在施工放样中，除后视一个已知方向外，应加测另一个已知方向（或称双后视法），以观察该测站上原有的已知角值与所测角值有无超出观测误差范围的变化。这个办法也可避免在后视点距离较长时，特别是气候不好而视线不甚良好时，发生观测错误。

（5）桥梁三角网的观测与计算

1）外业观测。桥梁三角网布设好后，就可进行外业观测与内业计算。桥梁三角网的外业主要包括角度测量和边长测量。由于桥轴线长度不同，对桥轴线长度的精度要求也不同，因此三角网的测角和测边精度也有所不同。

在《工程测量规范》（GB 50026—2007）中，将三角网的精度等级分为五个等级，角度观测的测回数由三角网的等级和仪器的类型而定。具体规定见表 6-15。

表 6-15 三角网等级和仪器类型与测回数的关系

仪器类型	不同等级的测回数				
	二等	三等	四等	一级	二级
J_1	12	6	4	—	—
J_2	—	9	6	2	1
J_6	—	—	—	4	2

角度观测一般采用方向观测法。观测时应选择距离适中、通视良好、成像清晰稳定、竖直角仰俯小、折光影响小的方向作为零方向。

桥梁三角网中的距离测量一般有因瓦线尺丈量法和光电测距法，使用因瓦线尺丈量二、三等控制网边长是极其困难的，目前已有高精度的光电测距手段，可为桥梁施工控制网测量带来诸多方便。

桥梁平面控制网采用测角网时，一般只测量网中两条基线长，其他边长则根据基线和角度推算。在平差中，由于只对角度进行调整而将基线长作为固定值，因此基线长度的测量精度要远远高于测角精度。

桥梁平面控制网采用边角网时，一般要测量部分或全测边长，平差时与角度一起进行调整，故边长与角度测量的精度相当。

2）内业计算。桥梁平面控制网通常是独立的自由网。由于对网本身点与点之间相对位置的精度要求很高，所以即使与国家网或城市网进行联测，也只是取得坐标间的联系，平差时仍按独立的自由网处理。

三角网的平差方法常采用条件观测平差，对于二、三等三角网，可采用方向平差，三等以下一般采用角度平差，视情况还可采用近似平差方法。对于边角网来说，由于边、角均参与平差，所以其除有测角网、测边网的条件外，还应有边、角两类观测量组成的边角条件。另外还需要合理地定出角度和边长的权之间的比值关系，否则会影响平差结果。

桥梁平面控制网通常采用独立的平面直角坐标系，直线桥以桥轴线两控制桩中里程较小的一个为坐标原点，以桥轴线按里程增加方向为 x 轴正向，建立测量坐标系；曲线桥一般以曲线起点 ZH 或始切线上的转点为坐标原点，以始切线指向 JD 方向为 x 轴正向，建立测量坐标系；也可以桥轴线控制点为坐标原点，以该点处曲线的切线方向为 x 轴，以线路前进方向为 x 轴正向建立测量坐标系。这样桥梁墩、台的设计里程就是其 x 坐标，给以后的施工放样计算带来方便。

（6）桥梁 GPS 网

1）首级 GPS 平面控制网基本要求。首级 GPS 平面控制网按《公路勘测规范》

（JTG C10—2007）和《全球定位系统（GPS）测量规范》（GB/T 18314—2009）中关于B级网的精度指标要求，对外业施测和内业数据处理等技术环节均应当提高技术指标，在外业数据采集时，用高精度双频接收机静态相对定位作业模式。采用精密测距仪加测同岸可通视的较短基线边长，用以检核GPS基线尺度。

2）桥位GPS控制网布设。当桥位两岸无法通视时，采用全球卫星定位技术（GPS）布设大桥平面控制网，测量方式采用高精度静态相对定位模式。同时，利用常规测量手段相辅助。由于两岸跨度大，设立的桥位控制点既要满足布网要求，同时还须满足施工放样的要求，势必形成布网长短边相差较大的现象，构成的网不利于提高点位精度，利用常规测量方法作为辅助手段，用高精度测距仪加测部分边长，检核GPS基线，验证GPS基线尺度，可直观地反映测量的元素及精度。

3）桥位GPS控制网的选点、埋石。根据布设网形进行实地选点，选点须遵循以下几个原则：

①按GPS观测要求，保证卫星信号的正常接收，要减弱信号干扰。远离大功率无线电发射源，注意避开电视转播台、无线电微波站、大功率雷达站，另外要尽量避开高压线，以确保观测质量。

②控制点要布设在四周开阔的区域，在地面高度角大于15°范围内不应有障碍物，避免控制点周围有强反射面，尽可能与大面积水域保持一定距离。若确实无法避开，则通过提高卫星观测高度角等有效措施，保证观测质量。

③点位应有利于安全作业、长期保存。选点时应根据甲方提供的桥位设计平面与施工平面布置图，根据施工特点与施工计划等情况，在甲方的协助下，准确估计施工区域范围，避免施工时点位被破坏。若有需要，点位也可选择在基础稳定、结构坚固的平面房顶上。

④当大桥初步设计的桥轴线为曲线时，两岸桥轴线上的控制点尽量布设在两岸轴线两端的切线或两岸桥位桩延长线的附近。

⑤绘制点之记，签订测量标志委托保管书。

⑥控制点位须作为等级水准点使用，须符合等级水准点埋设的有关要求进行选埋。

⑦首级控制点点位初步选定后，先用木桩及测旗标示桩位，然后由建设单位请有关施工单位派专家检查、认可后，才最后确定具体点位。

为了提高平面控制点的精度、减少对中误差、方便施工放样及形变观测，桥区靠近桥轴线的控制点须建立强制对中的钢筋混凝土观测墩，观测墩顶部埋设不锈钢强制对中基盘。

GPS点点位选择与墩标埋设须同时满足水准测量的有关要求。为了增强点位的稳定性，在埋标时需对观测墩进行基础打桩处理：在点位底座下打入1个直径为50cm的混凝土桩或4个直径较小的混凝土桩，打入的深度根据各点的地质或土质条件确定。

2. 桥梁施工高程控制网

（1）桥梁施工高程控制网的布设

1）高程控制网的精度。无论是公路桥、铁路桥或公路铁路两用桥，在测设桥梁施工高程控制网前，都必须收集两岸桥轴线附近国家水准点资料。对城市桥还应收集有关的市政工程水准点资料；对铁路及公铁两用桥还应收集铁路线路勘测或已有铁路的水准点资料，包括其水准点的位置编号、等级、采用的高程系统及其最近测量日期等。

桥梁高程控制网的起算高程数据是由桥址附近的国家水准点或其他已知水准点引入。这只是取得统一的高程系统，而桥梁高程控制网仍是一个自由网，不受已知高程点的约束，以保证网本身的精度。

由于放样桥墩、台高程的精度除受施工放样误差的影响外，控制点间高差的误差亦是一个重要的影响因素，因此高程控制网必须要有足够高的精度。对于水准网、水准点之间的联测及起算高程的引测一般采用三等。跨河水准测量当跨河距离小于800m时采用三等，大于800m则应采用二等。

2）水准点的布设。水准点的选点与埋设工作一般都与平面控制网的选点和埋石工作同步进行，水准点应包括水准基点和工作点。水准基点是整个桥梁施工过程中的高程基准，因此在选择水准基点时，应注意其隐蔽性、稳定性和方便性，即水准基点应选择在不致被损坏的地方，同时要特别避免地质不良、过往车辆影响和易受其他振动影响的地方。此外，还应注意其不受桥梁和线路施工的影响，又要考虑其便于施工应用。在埋石时，应尽量埋设在基岩上。在覆盖层较浅时，可采用深挖基坑或用地质钻孔的方法使之埋设在基岩上；在覆盖层较深时，应尽量采用加设基桩（即开挖基坑后打入若干根大木桩的方法）以增加埋石的稳定性。水准基点除考虑其在桥梁施工期间使用外，要尽可能做到在桥梁施工完毕，交付运营能长期用于桥梁沉降观测之用。

在布设水准点时，对于桥长在200m以内的大、中型桥，可在河两岸各设置一个。当长超过200m时，由于两岸联测比较困难，而且水准点高程发生变化时不易复查，因此每岸至少应设置两个水准点。对于特大桥，每岸应选设不少于3个水准点，当能埋设基岩水准点时，每岸也应不少于2个水准点；当引桥较长时，应不大于1km设置一个水准点并且在引桥端点附近应设有水准点。

为了施工时便于使用，还可设立若干个施工水准点。施工水准点应设在距桥中线50～100m范围内，坚实、稳固、能够长久保留及便于引测使用，且不易受施工和交通干扰的地方。相邻水准点之间的距离一般不大于50m。此外，在桥墩较高、两岸陡峭的情况下，应在不同高度设置水准点，以便于放样桥墩的高程。

在桥梁施工过程中，单靠水准基点难以满足施工放样的需要，因此在靠近桥墩附近再设置水准点，通常称为工作基点。这些点一般不单独埋石，而是利用平面控制网的导线点或三角网点的标志作为水准点。采用强制对中观测墩时，则是将水准标志埋设在观测墩旁的混凝土中。

（2）跨河水准测量

跨河水准测量是桥梁施工高程控制网测设工作中十分重要的一环。这是因为桥梁施工要求其两岸的高程系统必须是统一的，同时，桥梁施工高程精度要求高。因此，即使两岸附近都有国家或其他部门的高等级水准点资料，也必须进行高精度的跨河水准测量，使其与两岸自设水准点一起组成统一的高精度高程控制网。

当水准路线跨越江河，视线长度在200m以内时，可用“直接读尺法”进行，但在测站上应变换一次仪器高度，观测两次，两次的高差之差不超过7mm。如果视线长度超过200m时，应根据跨河宽度和仪器设备情况选用“微动觇牌法”或“测距三角高程法”等。当河宽超过500m时，可考虑采用经纬仪倾角法。当跨河视线长度超过2000m时，采用的方法和要求，须根据测区条件进行专项设计。

1）直接读尺法。跨河水准测量场地应尽量选在水面较窄、土质坚实、便于设站的河段，尽可能有较高的视线高度，安置标尺和仪器点应尽量等高。两岸测站点和立尺点可布成图6-98所示的“Z”字形图形或类似图形。图中Ⅰ、Ⅱ为测站点（同时又是立尺点），A、B为立尺点，要求ⅠA = ⅡB，且ⅠA、ⅡB均不得小于10m。图6-98中各点用大木桩牢固打入地中，其顶端钉上铁帽钉供安置标尺用。

下面介绍“直接读尺法”一个测回的观测过程：

①在A与Ⅰ的中间等距处安置水准仪，用同一标尺按水准测量方法，测定ⅠA的高差$h_{\mathrm{I}A}$；

②移仪器于Ⅰ点，先瞄准本岸A点上的近标尺，按中丝读取标尺基、辅分划各一次；再瞄准对岸Ⅱ点上的远标尺，按中丝读取标尺基、辅分划各两次；计算高差$h_{A\mathrm{II}}$；此时，用胶布将水准仪的调焦螺旋固定（确保不受触动）；

③立即过河，将仪器搬到对岸Ⅱ点上，A点上标尺移至Ⅰ点安置，Ⅱ点上标尺移到B点安置；仪器先瞄准对岸Ⅰ点上的远标尺，按中丝读取标尺基、辅分划各两次；再瞄准本岸B点上的近标尺，按中丝读取标尺基、辅分划各一次，计算高差$h_{B\mathrm{I}}$；

④在B与Ⅱ的中间等距处安置水准仪，用同一标尺按水准测量方法，测定ⅡB的高差$h_{\mathrm{II}B}$；

观测完成后，按照上半测回高差$h'_{AB} = h_{A\mathrm{II}} + h_{\mathrm{II}B}$；下半测回高差$h'_{BA} = h_{B\mathrm{I}} + h_{\mathrm{I}A}$；一测回高差$h_{AB} = (h'_{AB} - h'_{BA})/2$计算。

跨河水准测量时的注意事项：

①观测前应将仪器从仪器箱取出，在测站附近阴影处露放3min；观测时须用大白测伞遮阳光。

②仪器换岸搬移时，应细心装箱与护运，确保其不受振动和不触动调焦螺旋。

③观测应在影像完全稳定时进行，一般上午在日出后30min开始，至中天前1.5h停止；下午自中天后3h起到日落前30min止。当风力达五级或五级以上时，应停止观测。

④当河面较宽（河宽为300～500m），水准仪读数有困难时，此时可采用“微动觇

板法”，将特制的可活动的觇板装在水准尺上（图6-99），由观测者指挥上下移动觇板，直到觇板红白分界线与十字丝中横丝相重合为止，由立尺者直接读取并记录标尺读数。其观测程序和计算方法与“直接读尺法”相同。

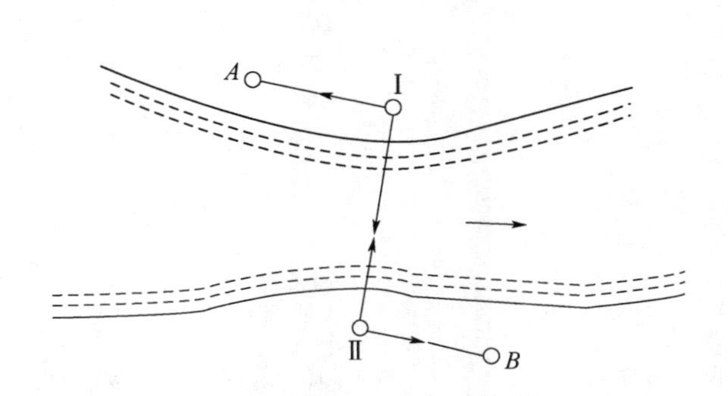

图6-98　跨河水准测量的测站点和立尺点

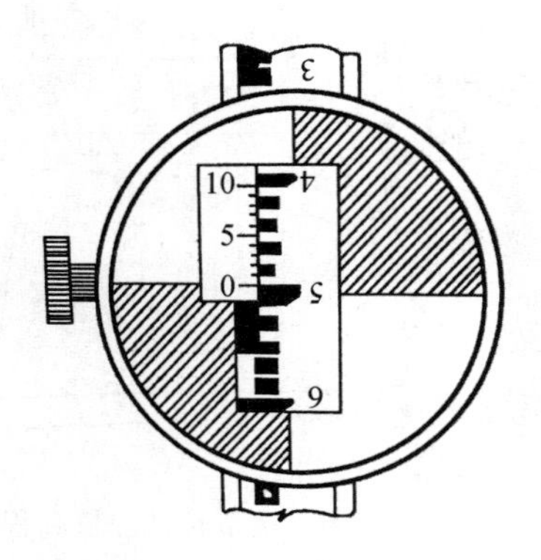

图6-99　特制的微动觇板

2）经纬仪倾角法。现以南京长江二桥跨河水准为例，说明经纬仪倾角法的实施过程。根据南京长江二桥所处的地形条件，同时考虑跨河高程的检核，高程控制网布置成三个环（图6-100）。其中Ⅰ$_1$、Ⅰ$_2$和Ⅱ$_1$、Ⅱ$_2$为路河高程传递断面，Ⅰ断面跨河距离约1.4km，Ⅱ断面跨河距离约0.9km。跨河高程控制测量采用“经纬仪倾角法”，其余路段均以陆地二等精密水准测定。

①经纬仪倾角法测量原理。各断面跨河测量实施时，宜布置成对称图形进行。以Ⅰ$_1$断面为例，如图6-101所示，BM_1和BM_3设有观测墩，可架设经纬仪，距观测墩10m以内的A_1、A_3点设立跨河水准标志，四点均位于江堤顶，构成矩形。经纬仪倾角法的测量原理如图6-102所示，在BM_1上安置经纬仪，分别瞄准A_1、A_3点上的水准尺，读取中丝读数a_{11}、a_{13}，测量竖直角α_{11}、α_{13}（用测回法观测），假设BM_1到A_1、A_3点的水平距离分别为D_{11}、D_{13}，则A_1与A_3点之间的高差为：

$$h'_{13} = (a_{11} - x_{11}) - (a_{13} - x_{13}) = (a_{11} - D_{11}\tan\alpha_{11}) - (a_{13} - D_{13}\tan\alpha_{13}) \quad (6\text{-}61)$$

如果考虑地球曲率和大气折光影响，则上式变为：

$$h'_{13} = (a_{11} - D_{11}\tan\alpha_{11}) - \left(a_{13} - D_{13}\tan\alpha_{13} + \frac{1 - K_{13}}{2R}D_{13}^2\right) \quad (6\text{-}62)$$

式中，K_{13}为测站点BM_1到目标点A_3方向的大气折光系数。

由于D_{11}很小，后视读数的大气折光系数近似为零。同样，在BM_3点上安置经纬仪，观测A_3和A_1点之间的高差为：

$$h'_{31} = \left(a_{31} - D_{31}\tan\alpha_{31} + \frac{1 - K_{31}}{2R}D_{31}^2\right) - (a_{33} - D_{33}\tan\alpha_{33}) \quad (6\text{-}63)$$

采用对向观测时，$K_{13} \approx K_{31}$，由于布设成对称图形，$D_{13} \approx D_{31}$，因此对上两式中的高差取平均值可以大大削弱大气折光对测量结果的影响。故A_1和A_3间的高差为$h' = (h'_{13} - h'_{31})/2$。

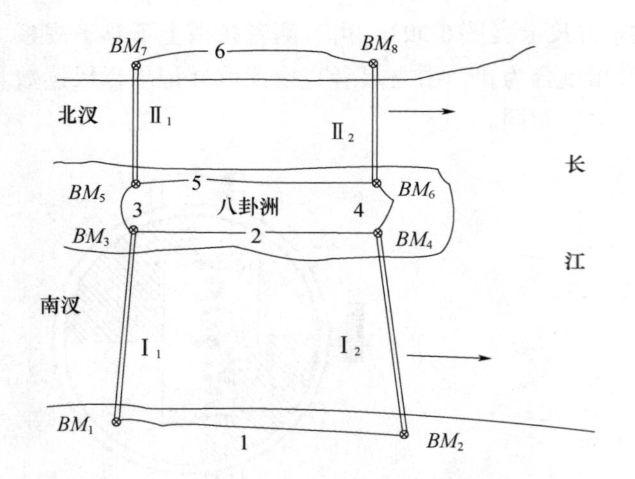

图 6-100　南京长江二桥高程控制网布置图

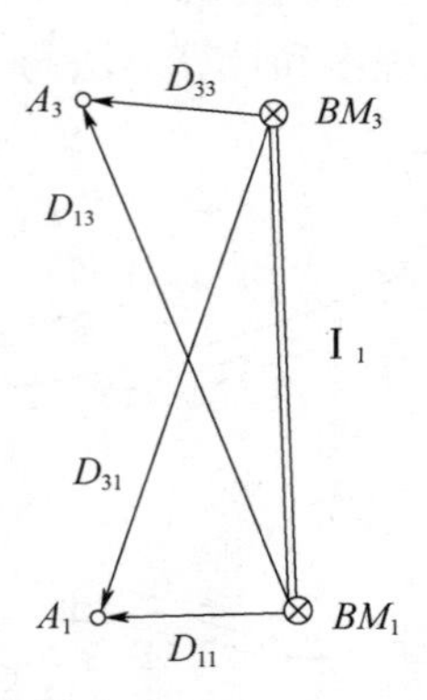

图 6-101　跨河水准点布置图

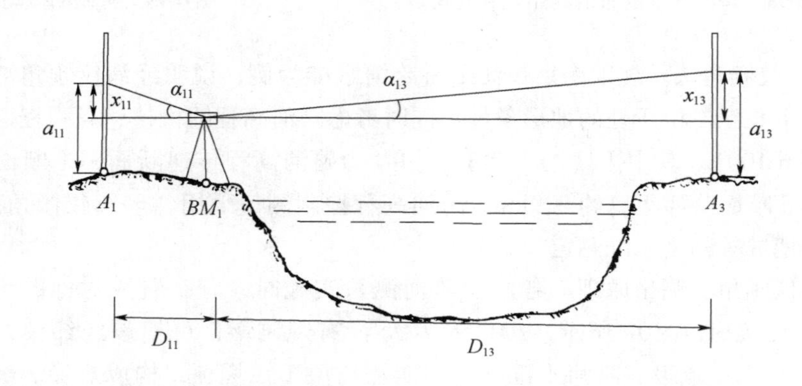

图 6-102　倾角法跨河水准测量示意图

②跨河水准点间高差计算。利用精密水准仪，采用二等水准测量的方法测量 BM_1 与 A_1 间高差 h''、A_3 与 BM_3 之间的高差 h'''，则最终 BM_1 与 BM_3 之间的高差为：$h = h' + h'' + h'''$。

二、桥梁墩台中心定位

在桥梁施工测量中，测设墩、台中心位置的工作称为桥梁墩、台定位。

1. 测设数据计算

(1) 直线桥梁测设数据计算

直线桥梁的墩、台定位所依据的原始资料为桥轴线控制桩的里程和桥梁墩、台的设计里程，根据里程可以算出它们之间的距离，或者计算出各桥梁墩、台的中心在独立平面直角坐标系中的坐标，并由此测设出桥梁墩、台的位置。如图 6-103 所示，根据桥轴

线控制桩 A、B 的里程和桥梁墩、台的设计里程，可依次计算出各墩、台的间距为 35.217m、75.000m、100.000m、75.000m。

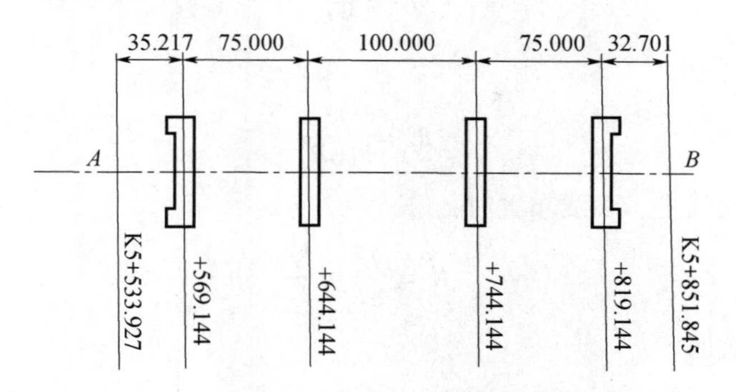

图 6-103　直线桥梁墩台布置图

若以桥轴线控制桩 A 为独立平面直角坐标系的坐标原点，假设其坐标为（10000，10000），以 AB 方向为 x 轴正向。则各墩台的坐标依次为（10035.217，10000），（10110.217，10000），（10210.217，10000），（10285.217，10000），（10110.217，10000）。

（2）曲线桥梁测设数据计算

由于曲线桥梁的路线中线是曲线，而所用的梁是直的，因此路线中线与梁的中线不能完全吻合，如图 6-104 所示。梁在曲线上的布置，是使各梁的中线联结起来，成为与路线中线基本相符的折线，这条折线称为梁的工作线。墩、台中心一般就位于这条折线转折角的顶点上。测设曲线墩、台的中心，就是测设这些顶点的位置。

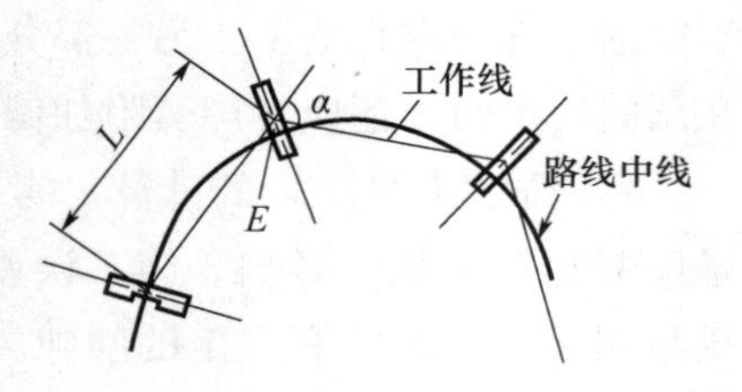

图 6-104　曲线桥中线与桥梁工作线

在桥梁设计中，梁中线的两端并不位于路线中线上，而是向外侧偏移了一段距离 E，这段距离称为偏距。如果偏距 E 为以梁长为弦线的中矢值的一半，这种布梁的方法称为平分中矢布置；如果偏距 E 等于中矢值，称为切线布置。两种布置如图 6-105 所示。

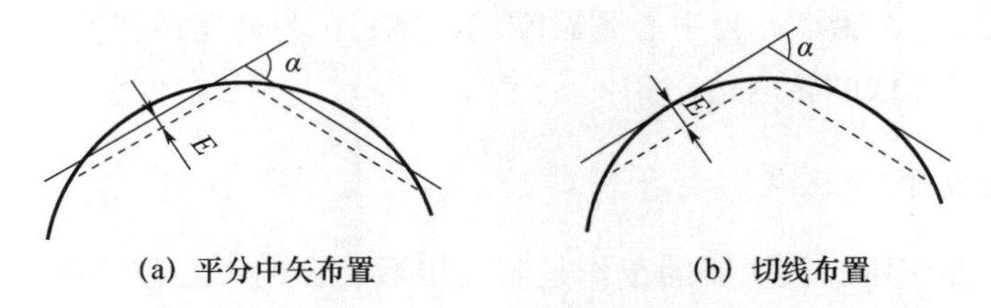

(a) 平分中矢布置　　(b) 切线布置

图 6-105　桥梁的布梁方法

此外，相邻两跨梁中线的交角 α 称为偏角，每段折线的长度 L 称为桥墩中心距。偏角 α、偏距 E、桥墩中心距 L 是测设曲线桥墩、台的基本数据。有了这三项参数，桥墩、台中心在桥梁独立平面直角坐标系中的坐标就可计算出来。

1）偏距 E 的计算。当梁在圆曲线上，切线布置时：

$$E = \frac{L^2}{8R} \tag{6-64}$$

平分中矢布置时：

$$E = \frac{L^2}{16R} \tag{6-65}$$

当梁在缓和曲线上，切线布置时：

$$E = \frac{L^2}{8R} \cdot \frac{l_T}{l_s} \tag{6-66}$$

平分中矢布置时

$$E = \frac{L^2}{16R} \cdot \frac{l_T}{l_s} \tag{6-67}$$

上述各式中：L 为桥墩中心距；R 为曲线半径；l_T 为计算点至 ZH（或 HZ）的长度；l_s 为缓和曲线长度。

2）偏角 α 的计算。梁的偏角 α 的计算较为复杂，其主要由两部分组成，一是工作线所对应的路线中线的弦线偏角；二是由于墩、台 E 值不等而引起的外移偏角。另外，当梁的一部分在直线上、另一部分在缓和曲线上，或者一部分在缓和曲线上、另一部分在圆曲线上时，还应考虑其附加偏角。

3）桥墩中心距 L 的计算。考虑到梁的制造误差和架设误差、梁在受力后伸长、温度变化对梁长的影响、施工误差和测量误差等，相邻两跨梁的梁端之间、桥台胸墙线与相邻梁端之间有一定的间隙。对于直线桥来说，这间隙是平行的，称为直线桥的梁缝。对于曲线桥来说，这缝隙是不平行的，把缝隙内侧的间隙，称为曲线桥的梁缝。

曲线桥的桥墩中心距 L 为：

$$L = L' + 2F$$

$$F \approx a + \frac{B}{2} \cdot \frac{\alpha}{2}$$

式中，L' 为梁长度；F 为墩、台中心到梁端的距离；a 为规定的最小梁缝的一半；B 为梁的宽度；α 为工作线的转向角。

2. 桥梁墩台中心放样

在桥梁施工测量中，最主要的工作是测设出墩、台的中心位置和它们的纵横轴线。其测设数据由控制点坐标和墩、台中心的设计位置计算，若是曲线桥还需桥梁偏角、偏距及墩距等原始资料。

测设方法则视河宽、水深及墩位的情况，可采用直接测设或角度交会的方法。墩、台中心位置定出以后，还要测设出墩、台的纵横轴线，以固定墩台方向，同时它也是墩台施工中细部放样的依据。

（1）直接测距法

这种方法适用于无水或浅水河道。直线桥的墩、台中心都位于桥轴线的方向上。已知墩、台中心的设计里程及桥轴线起点的里程，如图 6-103 所示，相邻两点的里程相减即可求得它们之间的距离。

1）用检定过的钢尺测设。根据计算出的距离，从桥轴线的一个端点开始，逐个测设出墩、台中心，并附合于桥轴线的另一个端点上。误差在限差以内依比例进行调整。

2）用光电测距仪测设。在桥轴线起点或终点架设仪器，并照准另一个端点。在桥轴线方向上设置反光镜，并前后移动，直至测出的距离与设计距离相符，则该点为要测设的墩、台中心位置。为了减少移动反光镜的次数，在测出的距离与设计距离相差不多时，可用小钢尺测出其差数，以定出墩、台中心的位置。

（2）角度交会法

当桥墩位于水中，无法直接丈量距离及安置反光镜时，则采用角度交会法。角度交会法既可用于直线桥的墩台定位测量，也可用于曲线桥的墩台定位测量。用交会法测设墩位，需要在河的两岸布设平面控制网，如导线、三角网、边角网、测边网、GPS 网等。

如图 6-106 所示，C、A、D 为控制网的三角点，且 A 为桥轴线的端点，P 为墩中心设计位置。C、A、D 各控制点坐标已知，若墩心 P 的坐标与之不在同一坐标系，可将其进行改算至统一坐标系中。

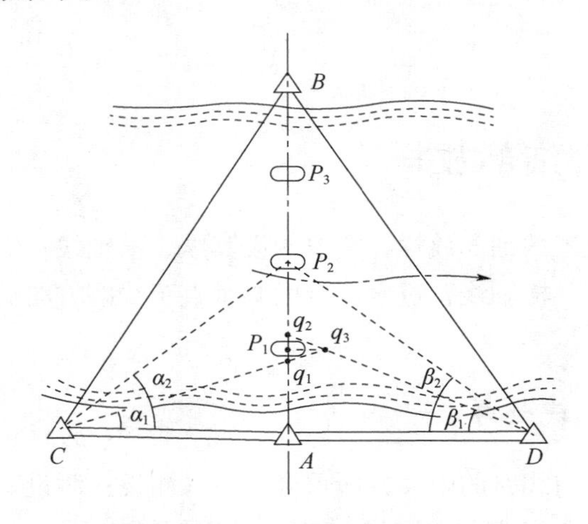

图 6-106 角度交会墩台示意图

1）角度交会法原理。根据控制点坐标和墩台坐标，坐标反算交会放样元素 α_i、β_i，在相应控制点上安置仪器并后视另一已知控制点，分别测设水平角 α_i、β_i，得到两条视线的交点，从而确定墩台中心的位置。

2）测设过程：如图 6-106 所示，在控制点 C 架设经纬仪，后视桥轴线控制点 A，水平读数归零，逆时针旋转水平角 α_1，瞄准一个方向；在控制点 D 架设第二台经纬仪，

后视桥轴线控制点 A，水平读数归零，顺时针旋转水平角 β_1，瞄准一个方向；再在桥轴线控制点 A 上安置第三台经纬仪，瞄准桥轴线另外一个控制点 B，即桥轴线方向，这样共有三条视线方向相交。理论上，三条视线方向应交于一点，即桥梁墩、台桥轴线的中心位置，但是由于交会误差和控制点误差的影响，三条视线方向不会交于一点，而是形成一个三角形 $q_1q_2q_3$（图 6-107），称为示误三角形。如果示误三角形在桥轴线上的边长 $\overline{q_1q_2}$ 在规定的容许范围内，则取 C、D 两方向线的交点 q_3 在桥轴线上的投影点（垂足）P_1 作为桥墩台的中心位置。若边长 $\overline{q_1q_2}$ 超过规定的容许范围，则应查找原因，重新测设。

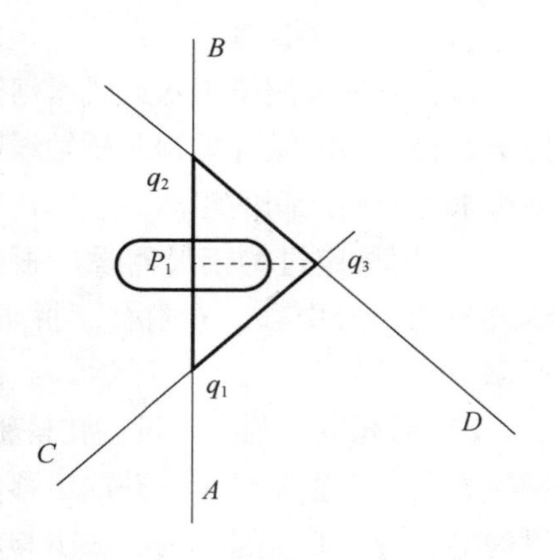

图 6-107　墩台中心测设

一般来说，示误三角形的最大边长或两交会方向与桥中线交点间的长度，在墩台下部（承台、墩身）不应大于 25mm，在墩台上部（托盘、顶帽、垫石）不应大于 15mm。

若交会方向中不含桥轴线方向，示误三角形的边长不应大于 30mm，并以示误三角形的重心作为桥墩台中心。

（3）坐标放样法（极坐标法）

目前高精度全站仪应用于桥梁施工放样越来越普遍，使用全站仪放样桥梁墩、台中心位置时，应先计算其在桥梁独立坐标系下的坐标，再根据全站仪内置的坐标放样功能进行放样。

三、桥梁墩台细部放样

为了进行墩、台施工的细部放样，需要测设其纵、横轴线。纵轴线：过墩、台中心平行于线路方向的轴线；横轴线：过墩、台中心垂直于线路方向的轴线。桥台的横轴线是指桥台的胸墙线。

1. 直线桥墩台轴线放样

直线桥墩台纵轴线与线路的中线方向重合，不另测设；测设其墩台的横轴线时，可在墩台中心置镜，自线路中线方向测设 90°角，如图 6-108 所示。若墩台的横轴线与线路中线方向不垂直，可按设计文件给出的两者间的夹角进行测设。

墩、台中心的定位桩在基础施工过程中要被挖掉，另外随着工程的进行，原定位桩常被覆盖或破坏，但又需要恢复以便于指导施工。因而需在施工范围以外钉设护桩，以方便恢复墩台中心的位置。如图 6-108 所示，一般需要在垂直于线路方向两侧定出轴线控制桩（护桩），一般每侧至少测设 2 个。

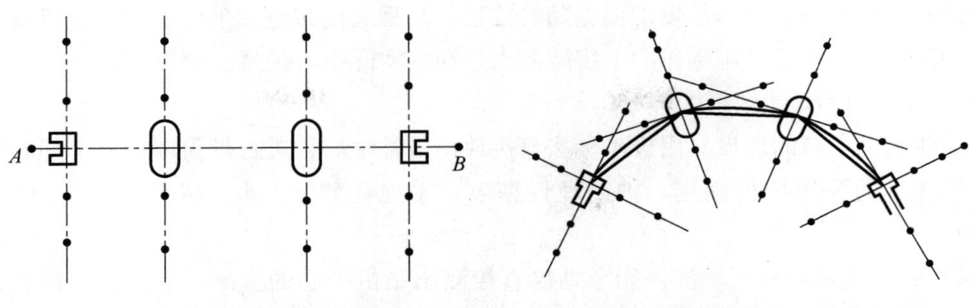

图 6-108　直线桥墩台纵横轴线测设　　　图 6-109　曲线桥墩台纵横轴线测设

2. 曲线桥墩台轴线放样

曲线桥墩台纵轴线位于桥梁偏角 α 的分角线上，因此，测设其纵轴线时，在墩、台中心架设仪器，照准相邻的墩、台中心，测设$\frac{\alpha}{2}$角，即纵轴线的方向。自纵轴线方向测设 90°角，即横轴线方向，如图 6-109 所示。

在曲线桥上相近墩台的护桩纵横交错，使用时极易弄错，所以在桩上一定注意要注明墩台的编号。

3. 桥墩台轴线坐标放样

在桥梁独立平面直角坐标系下，计算桥墩台的横轴线上几个护桩的坐标，在两岸的已知点上架设全站仪，使用坐标放样的方法放样，也具有较高的可靠性，而且效率较高。

4. 水中桥墩台放样

水中建桥墩，通常采用钢平台搭设钢护筒、沉井以及双壁钢围堰的方式进行。本节主要介绍钢平台搭设钢护筒定位和沉井定位的方法。

（1）钢平台搭设钢护筒施工

1）平台钢管支撑桩的施打定位。平台支撑桩的施工方法一般是利用打桩船进行水上沉桩。测量定位的方法是全站仪极坐标法或 RTK 实时定位法。施工时仪器架设在控制点上进行三维控制。一般沉桩精度控制在：平面位置 ±10cm，高程位置 ±5cm，倾斜度 1/100。

2）平台的安装测量。支撑桩施打完毕后，用水准仪抄出桩顶标高供柱帽安装，用全站仪在桩帽上放出平台的纵横轴线进行平台安装。

3）桩基础钻孔定位放样。根据施工设计图计算出每个桩基中心的放样数据，设计图纸中已给出的数据也应经过复核后方可使用，施工放样采用全站仪极坐标法进行。

①水上钢护筒的沉放。用极坐标法放出钢护筒的纵横轴线，在定位导向架的引导下进行钢护筒的沉放。沉放时，在两个互相垂直的测站上布设两台经纬仪，控制护筒的垂

直度，并监控其下沉过程，发现偏差随时校正。高程利用布设在平台上的水准点进行控制。护筒沉放完毕后，用制作的十字架测出护筒的实际中心位置。精度控制：平面位置±5cm，高程±5cm，倾斜度1/150。

②陆地钢护筒的埋设。用极坐标法直接放出桩基中心，进行护筒埋设，不能及时进行护筒埋设的要用护桩固定。护筒埋设精度：平面位置±5cm，高程±5cm，倾斜度1/150。

4）钻机定位及成孔检测。用全站仪直接测出钻机中心的实际位置，如有偏差，通过调节装置进行调整，直至满足规范要求。然后用水准仪进行钻机抄平，同时测出钻盘高程。桩基成孔后，灌注水下混凝土前，在桩附近要重新抄测标高，以便正确掌握桩顶标高。必要时还应检测成孔垂直度及孔径。

（2）沉井定位

所谓沉井基础，就是在墩位处按照基础的外形尺寸设置一井筒，然后在井内挖土或吸泥，当原来支撑井筒的泥土被挖掉以后，沉井就会由于自重而逐步下沉。沉井是分节浇注的，当一节下沉完之后，再接高的一节，直至下沉到设计高程。沉井基础如图6-110所示。

根据河水的深浅，沉井基础可采用筑岛浇筑或浮运的施工方法。

1）筑岛浇筑沉井的定位方法。先用交会法或光电测距仪测设出墩中心的位置。沉井基础在此处用小船放置浮标，在浮标周围即可填土筑岛。岛的尺寸应大于沉井底部5～6m，以便在岛上设置桥墩的纵、横轴线。在岛筑成后，再精确地定出桥墩中心点位置及纵、横轴线，并用木桩标志标定，如图6-111所示，据此作为沉井的轮廓线。在放置沉井的地方要用水准测量的方法整平地面。根据桥墩的纵、横轴线测设出沉井的轮廓线（刃脚位置）。在轮廓线测设出以后，应检查两对角线的长度，其较差应小于限差要求。用水准仪测量沉井刃脚最高点与最低点的高差亦应小于限差要求。沉井在下沉之前，应在外壁的混凝土面上用红油漆标出纵、横轴线位置，并确保两线相互垂直。标出的纵、横轴线可用以检查沉井下沉中的位移，也可供沉井接高时作为下一节定位的参考。

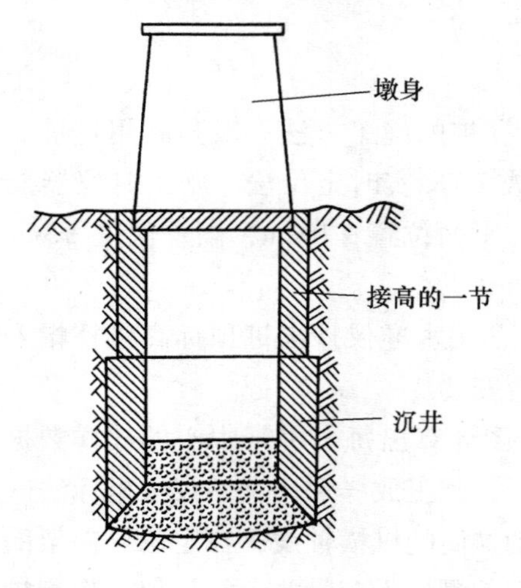

图6-110　沉井基础

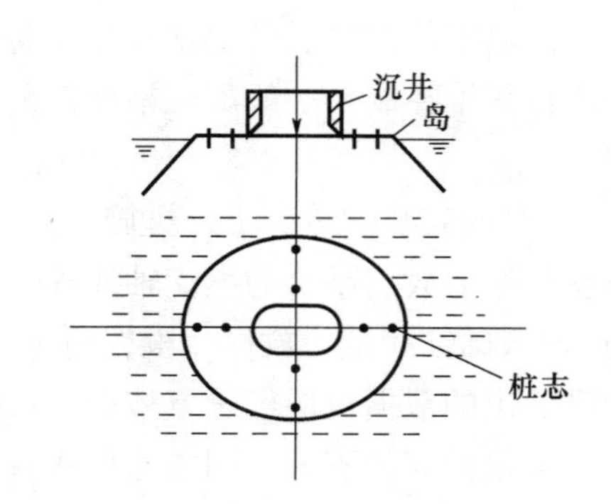

图6-111　筑岛及沉井定位

为了观测沉井在下沉时所发生的倾斜，还应用水准仪测出第一节沉井顶面四角的高程，取其平均值作为顶面高度的基准面，并求出四角相对于基准面的高差，以便在下沉过程中进行修正。

沉井在施工过程中还要进行沉井的倾斜观测和位移观测，方法参考具体资料。

2）浮运法沉井的定位方法。深水江河流沉井基础一般采用浮运施工定位放样，沉井底节钢刃脚在拼装工作船上拼装。工作船有一个能支承一定质量的宽大平面甲板。拼装前，先在甲板平面上测设沉井纵、横中心线，沉井底部轮廓线，以及向外加宽的检查线和零基准面。

因工作船在水上会受水流波动影响而摆动，故测设工作尽可能选在风平浪静、船体相对平稳时进行。基准面的测设，可将水准仪安置在工作船附近的适当位置，对纵、横中心线四端点或四角点上水准尺快速进行观测，反复进行零位调整，使其在同一平面上，作为零基准面。然后据此在沉井轮廓线上放出零基准面其他各点。

在工作船甲板平面上完成沉井底节放样后，施工拼装即按轮廓线和零基准面点进行。虽然拼装与筑岛沉井基本相同，但应注意控制工作船的相对稳定，方能取得较好成果。拼装完成后，应在其顶面测设出纵、横中心线位置，采用接高测量的方法，接高测量可自行查找有关资料。

浮运沉井一般是钢体，顶面标志可直接刻划在其顶面上。为了使沉井下水后能保持悬浮，钢体内部的混凝土可分数次填入。

沉井底节拼装焊固，并检验合格后，在工作船的运载下送入由两艘铁驳组成的导向船中间，并用连接梁作必要连接。导向船由拖轮拖至墩位上游适当位置定位，并在上、下游抛主锚和两侧抛边锚固定。每一个主锚和边锚都按照设计位置用前方交会法投出。

导向船固定后，利用船上起重设备将沉井底节吊起，抽去工作船，然后将沉井底节下放入水并悬浮于水中，其位置由导向船的缆绳控制，并处在墩位上游保持直立。随着沉井逐步接高下沉，上游主锚绳相应放松，下游主锚绳相应收紧，并适当调整边锚绳，使导向船及沉井逐步向下游移动，直到沉井底部接近河床时，沉井也达到墩位。沉井从下水、接高、下沉，到达河床稳定深度，需要较长的工期。在此期间，应不断对沉井进行检测和定位。为了节省时间，常采用 RTK 实时定位和经纬仪相结合的方式，对沉井进行定位。

当沉井下沉到河床以后，施工放样工作就与筑岛浇筑施工基本相同。

5. 桥梁墩台施工测量

桥梁墩台施工测量主要是将图纸上的结构尺寸和标高测设到实地上。其内容主要包括基础施工测量，墩、台身施工测量，墩、台顶部施工测量和上部结构安装测量。现以中小型桥梁为例介绍如下。

（1）基础施工测量

1）明挖基础。根据桥墩、台的中心点和纵、横轴线按设计的平面形状测设出基础轮廓线的控制点，如图 6-112 所示。若基础形状为方形或矩形，轮廓线的控制点为四个角点及四条边与纵、横轴线的交点；若基础形状为圆形，则轮廓线的控制点为轮廓线与纵、横轴线的交点。测设轮廓线时应大于基础设计尺寸，以保证能正确安装基础模板。一般来说，轮廓线控制点至墩、台中心点的距离大于基础底面相应尺寸 0.3～0.5m。基础基坑的上部开口尺寸应根据挖深、坡度、土质情况及施工方法而定。

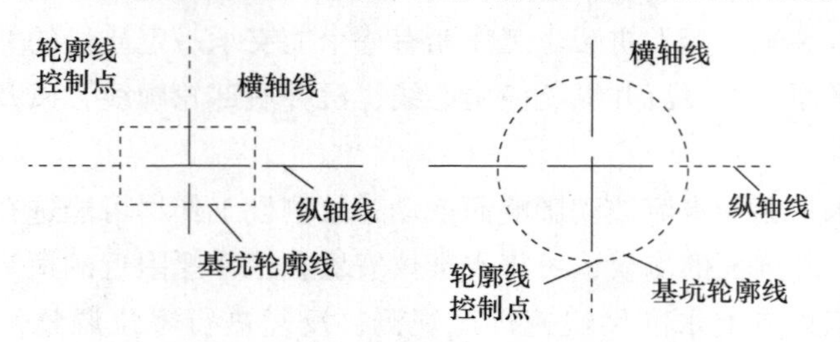

图 6-112　明挖基础轮廓线测设

施测方法与路堑放线基本相同。当基坑开挖到一定深度后，应根据附近已知水准点高程，在坑壁上测设距基底设计面为一定高差（如 1m）的水平桩，作为控制挖深及基础施工中掌握高程的依据。当基坑开挖到设计标高以后，应进行基底平整或基底处理，再在基底上恢复出墩台中心及其纵、横轴线，作为安装模板、浇筑混凝土基础的依据。

基础完工后，应根据桥位控制桩和墩台控制桩，用经纬仪在基础顶面上测设出桥台、桥墩中心线，并弹墨线，作为砌筑或浇筑桥台、桥墩的依据。

基础或承台模板中心偏离墩台中心不得大于 ±2cm，墩身模板中心偏离不得大于 ±1cm；墩台模板限差为 ±2cm，模板上同一高程的限差为 ±1cm。

2）桩基础。桩基础测量工作有测设桩基础的纵、横轴线，测设各桩的中心位置，测定桩的倾斜度和深度，以及承台模板的放样等。

桩基础纵、横轴线可按前面所述的方法测设。各桩中心位置的放样是以基础的纵、横轴线为坐标轴，用支距法或极坐标法测设，其限差为 ±2cm，如图 6-113 和图 6-114 所示。如果全桥采用统一的独立平面直角坐标系（或整个线路的统一平面直角坐标系），计算出每个桩中心的平面坐标，在桥位控制桩上安置全站仪按直角坐标法或极坐标法放样出每个桩的中心位置，放出的桩位经复核后方可进行基础施工。

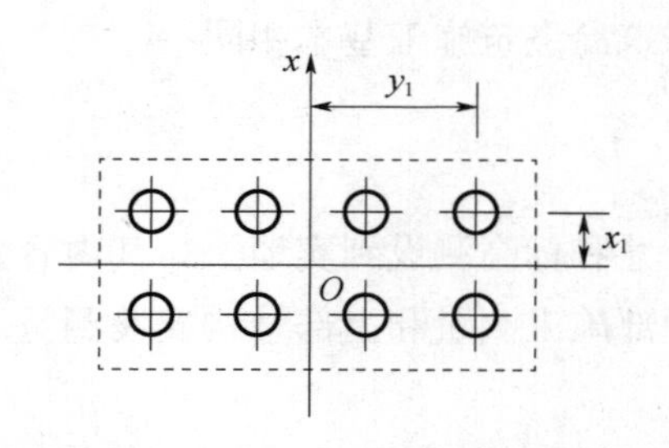

图 6-113　用支距法测设桩基础的桩位

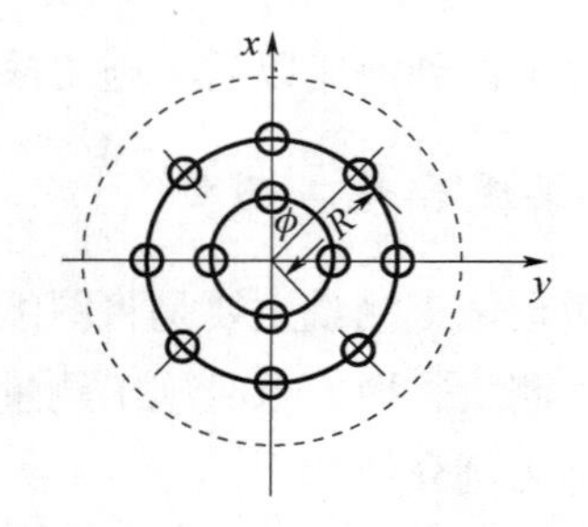

图 6-114　用极坐标法测设桩基础的桩位

用质量不小于4kg的重锤及测绳测定每个钻孔桩或挖孔桩的深度，桩的打入深度根据桩的长度推算。在钻孔过程中测定钻孔导杆的倾斜度，用以测定孔的倾斜度。各桩的中心位置测设出后，应对其进行检核。与设计的中心位置偏差不能大于限差要求。在钻（挖）孔桩浇筑完成后，修筑承台以前，应对各桩的中心位置再进行一次测定，作为竣工资料使用。桩顶上做承台按控制的标高进行，先在桩顶面上弹出轴线作为安装承台模板的依据，安装模板时，使模板中心线与轴线重合。

（2）墩、台身施工测量

1）墩、台身轴线和外轮廓的放样。基础部分浇筑完成后，墩、台中心点应再利用前期的轴线控制桩交会设出，然后在墩中心点设置经纬仪放样出纵、横轴线，并将放出的纵、横轴线投影到固定的附属结构物上，以减少交会放样次数。同时，根据岸上水准基点检查基础顶面的高程，其精度应符合四等水准要求。根据纵、横轴线即可放样承台、墩身砌筑的外轮廓线。

圆头墩身平面位置的放样方法如图6-115所示，假设欲放样墩身某断面尺寸为长12m、宽3m，圆头半径为1.5m的圆头桥墩，在墩位上已设出桥墩中心O及其纵、横轴线XX'、YY'，则以O点为准，沿纵线XX'方向用钢尺各放出1.5m，得I、K两点。再以O点为准，沿横轴YY'方向放出4.5m，得圆心J点。然后再分别以I、J及K、J点用距离交会出P、Q点，并以J点为圆心，以$JP=1.5\text{m}$为半径作圆弧，得弧上相应各点。用同样的方法可放出桥墩另一端。

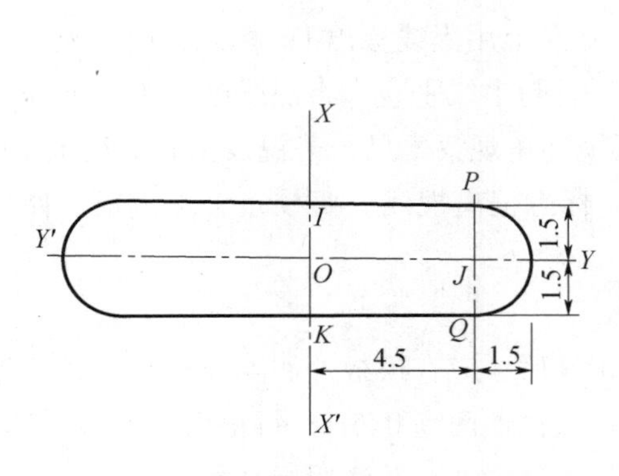

图6-115　圆头墩身放样

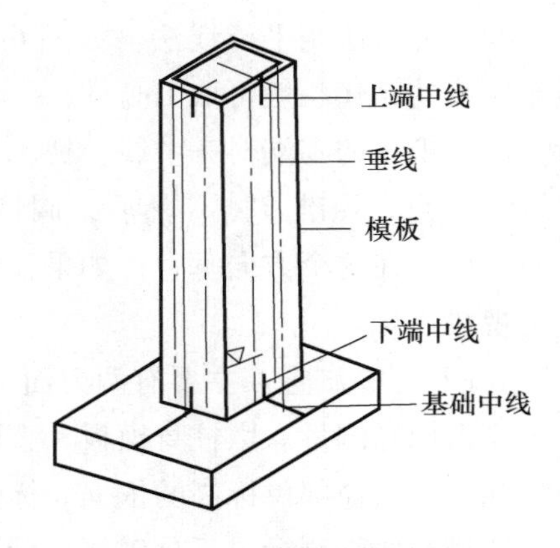

图6-116　吊线法校正模板

2）柱式桥墩桩身施工支模垂直度校正。为了保证墩、台身的垂直度以及轴线的正确传递，可利用基础面上的纵、横轴线用吊线法或经纬仪投测到墩、台身上。

①吊线法校正。施工制作模板时，在四面模板外侧的下端和上端都标出中线。安装过程是先将模板下端的四条中线分别与基础顶面的四条中线对齐，模板立稳后，一人在模板上端用重球线对齐中线坠向下端，与中线重合，表示模板在这个方向垂直，如图6-116所示，同法再校正另一个方向，当纵横两个方向同时垂直，且柱截面为矩形的两对角线长度相同时，模板就校正好了。

当有风或砌筑高度较大时，使用吊线法满足不了投测精度要求，应用经纬仪投测。

②经纬仪校正。一种方法叫投线法，如图 6-117 所示，仪器至墩柱的距离应大于投点高度。先用经纬仪照准模板下端中线标记，然后仰起望远镜，观测模板上端中线，如果中线偏离视线，要校正上端模板，使中线与视线重合。需注意的是，在校正横轴方向时，要检查已校正好的纵轴方向是否又发生倾斜。用经纬仪投线要特别注意经纬仪本身的横轴与视准轴要严格垂直。为防止两轴不严格垂直而产生的投线误差，一般用正、倒镜方法各投测一次。对于斜坡墩台可用规板控制其位置。

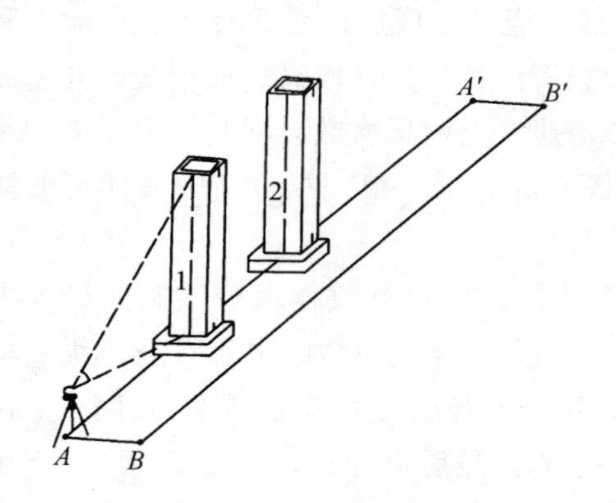

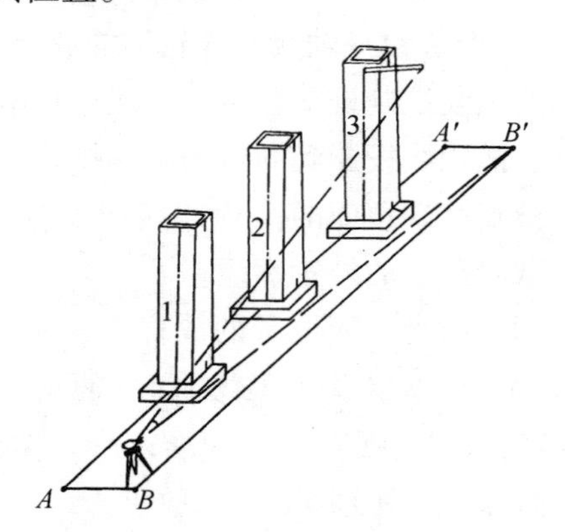

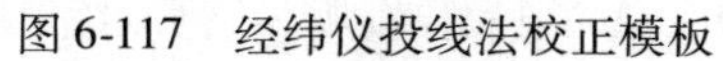
图 6-117　经纬仪投线法校正模板

图 6-118　平行线法

还有一种方法叫平行线法。如图 6-118 中墩柱 3，先作墩柱中线的平行线 BB'，平行线至中线的距离一般可取 1m。做一木尺，在尺上用黑线标出 1m 标志，由一人在模板端持木尺，把尺的零端对齐中线，使木尺水平且与中线垂直，将黑线朝向观测方向。将仪器置于 B 点，照准 B'点。然后，调整望远镜仰角观察木尺，若视线正照准尺上 1m 标志，表示模板在这个方向垂直；如果尺上 1m 标志偏离视线，要校正上端模板，使尺上标志与视线重合。

3）柱身标高测量。主要有两方面工作：

①模板标高测量。墩柱身模板垂直度校正好后，应在模板外侧测设标高线，作为测设柱顶标高及其他部位标高的依据。标高线一般比地面高 0.5m，每根墩柱不少于两点，点位要选择在便于测量、不易破坏、标记明显的位置上，并注明标高数值。

②墩柱拆模后的抄平放线。墩柱拆模后要把中线和标高线测设在柱表面上，供下一道工序使用。投测中线的方法是，根据基础表面的墩柱中线，在下端立面上标出中线位置，然后用吊线法或经纬仪投线法把中线投测到柱上端的立面上。

高程传递有两种方法：一是利用钢尺直接丈量，根据每个柱立面上测设的 0.5m 标高线，利用钢尺沿 0.5m 标高处起向上直接丈量将高程传递上去。二是悬吊钢尺法（水准仪高程传递法），对高墩墩顶的精度要求往往较高，特别是支座垫石标高要求更高，因此，要准确地将地面的水准高程引测到墩顶。如图 6-119 所示，靠近墩边，用一个稳定支架将钢尺垂挂至距地面约 1m，在钢尺下端悬挂一个与检定钢尺时拉力相等的重锤，钢尺的零端读数放在下面，然后在地面上的 P_1 点和墩顶上的 P_2 点安置同精度的水准仪各一台，按水准测量的方法同时进行观测得 $a_下$、$b_下$ 和 $b_上$、$a_上$，则墩顶 C 点的高程 $H_C = H_A + a_下 + (b_上 - b_下) - a_上$。

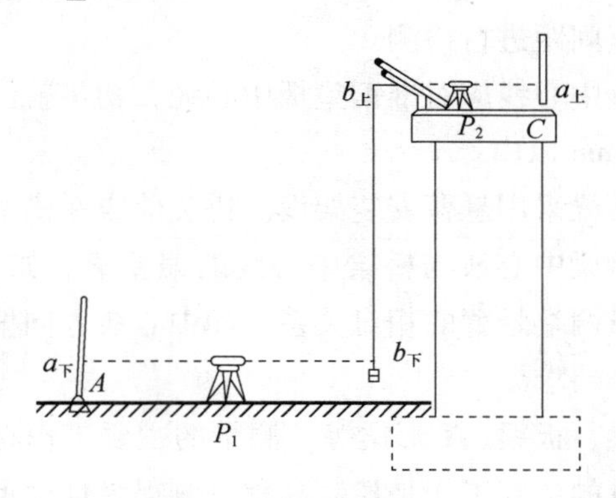

图 6-119 高墩高程传递

4）墩帽的放样。桥墩、台砌筑至离顶帽底约 30cm 时，再测出墩台中心及纵、横轴线，据以竖立墩帽模板、安装锚栓孔、安扎钢筋等。在立好模板浇筑墩帽前，必须复核墩台的中线、高程。

（3）墩、台顶部的施工测量

桥墩、台砌筑到一定高度时，应根据水准点在墩、台身每侧测设一条距离顶部为一定高差（1m）的水平线，以控制砌筑高度。墩帽、台帽施工时，应根据水准点用水准仪控制其高程（误差应在 -10mm 以内），再依中线桩用经纬仪控制两个方向的中线位置（偏差应在 ±10m 以内），墩台间距要用钢尺检查，精度应高于 1/5000。

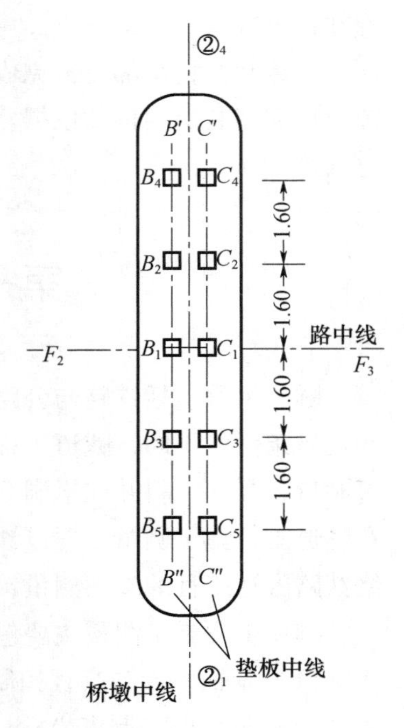

图 6-120 支座钢垫板

根据前期定出的墩、台中心线，在墩台上定出 T 形梁支座钢垫板的位置，如图 6-120 所示。测设时，先根据桥墩中心线②$_1$、②$_4$定出两排钢垫板中心线 $B'B''$、$C'C''$，再根据路中线 F_2F_3 和 $B'B''$、$C'C''$，定出路中线上的两块钢垫板的中心位置 B_1 和 C_1。然后根据设计图纸上的相应尺寸用钢尺分别自 B_1 和 C_1 沿 $B'B''$和 $C'C''$方向量出 T 形梁间距，即可得到 B_2、B_3、B_4、B_5 和 C_2、C_3、C_4、C_5 等垫板的中心位置，桥台的钢垫板位置可按同法定出，最后用钢尺校对钢垫板的间距，其偏差应在 ±2mm 以内。钢垫板的高程应用水准仪校测，其偏差应在 -5mm 以内（钢垫板略低于设计高程，安装 T 形梁时可加垫薄钢板找平）。上述工作校测完后，即可浇筑墩、台顶面的混凝土。

（4）上部结构安装测量

架梁是桥梁施工的最后一道工序。桥梁梁部结构较复杂，要求对墩台方向、距离和高程用较高的精度测定，作为架梁的依据。

墩台施工时是以各个墩台为单元进行的。架梁需要将相邻墩台联系起来，要求中心点方向、距离和高差符合设计要求。因此，在上部结构安装前应对墩、台上支座钢垫板的位置、梁的全长和支座间距进行检测。

梁体就位时，其支座中心线应对准钢垫板中心线，初步就位后，用水准仪检查梁两端的高程，偏差应在 ±5mm 以内。

大跨度钢桁架或连续梁采用悬臂安装架设。拼装前应在横梁顶部和底部分中点做出标志，架梁时用以测量钢梁中心线与桥梁中心线的偏差值。如果梁的拼装自两端悬臂、跨中合拢，则应重点测量两端悬臂的相对关系，如中心线方向偏差、最近节点距离和高程差是否符合设计和施工要求。

对于预制安装的箱梁、板梁、T 形梁等，测量的主要工作是控制平面位置；对于支架现浇的梁体结构，测量的主要工作是控制高程，测得弹性变形，消除塑性变形，同时根据设计保留一定的预拱度；对于悬臂挂篮施工的梁体结构，测量的主要工作是控制高程和预拱度。

梁体和护栏全部安装完成后，即可用水准仪在护栏上测设出桥面中心高程线，作为铺设桥面铺装层起拱的依据。

第七节　隧道施工测量

隧道工程包括铁路与公路隧道、水利工程的输水隧洞、越江隧道等。由于工程性质和地质条件的不同，隧道工程施工方法和精度要求也不相同，但大体上都是先由地面通过洞口、竖井、斜井或平洞等在地下开挖隧道，然后再进行各种建（构）筑物的施工。在隧道工程施工测量中，以铁路隧道对测量的精度要求最高，也最为典型，本章主要围绕铁路隧道工程的施工测量，兼顾公路隧道的施工测量进行介绍。

隧道工程施工测量主要包括下列内容：

（1）地面平面与高程控制测量；

（2）将地面控制点坐标、方向和高程传递到地下的联系测量；

（3）地下洞内平面与高程控制测量；

（4）根据洞内控制点进行施工放样，以指导隧道的正确开挖、衬砌与施工；

（5）在地下进行设备安装与调校测量；

（6）竣工测量。

所有这些测量工作的作用是在地下标出隧道设计中心线与高程，为开挖、衬砌与洞内施工确定方向和位置，保证相向开挖的隧道按设计要求准确贯通，保证设备的正确安装，并为设计与管理部门提供竣工资料。

因此，隧道工程施工测量责任重大，测量周期长，要求精度高，不能有一时的疏忽和粗差，各项测量工作必须认真仔细做好，并采取多种措施反复核对，以便及时发现粗差加以改正。

一、洞外控制测量

隧道地面的控制测量应在隧道开挖以前完成，它包括平面控制测量和高程控制测量。它的任务是测定地面各洞口控制点的平面位置和高程，作为向地下、洞内引测坐标、方向及高程的依据，并使地面和地下在同一控制系统内，从而保证隧道的准确贯通。

1. 平面控制测量

隧道的地面平面控制网一般布设为独立网形式，根据隧道长度、地形及现场和精度要求，采用不同的布设方法，例如中线法、三角锁（网）法、边角网法、精密导线法以及 GPS 定位技术等。而高程控制网一般采用水准测量、三角高程测量等。平面控制测量的等级，应根据隧道的长度按表 6-16 选取。

表 6-16 隧道洞外平面控制测量等级

洞外平面控制网类别	洞外平面控制网等级	测角中误差	隧道长度（km）
GPS 网	二等	—	$L>5$
	三等	—	$L\leqslant 5$
三角锁（网）	二等	1.0″	$L>5$
	三等	1.8″	$2<L\leqslant 5$
	四等	2.5″	$0.5<L\leqslant 2$
	一级	5.0″	$L\leqslant 0.5$
导线网	三等	1.8″	$2<L\leqslant 5$
	四等	2.5″	$0.5<L\leqslant 2$
	一级	5.0″	$L\leqslant 0.5$

注：三角锁（网）是由一系列相连的三角形构成的测量控制网。它是对三角网、三边网和边角网的统称。

（1）中线法

所谓中线法就是采用道路定测时打中线的方法，把线路中线点的位置每隔适当距离用控制桩标定在洞顶上，如图 6-121 所示。图中直线隧道 A、D 为定测时的线路中线点，作为隧道施工时的中线控制桩使用，B、D 为隧道洞顶的中线控制桩。为了将 B、C 控制桩精确地标定在 AD 中线上，可采用延长直线逐渐趋近法测设，具体做法如下：

先在 A 点安置经纬仪，根据概略方位角 α_{AB} 和距离 D_1 定出 B' 点，搬仪器安置在 B' 点，用正倒镜取中法延长 AB' 直线至 C'，同法再延长 $B'C'$ 至 D'。实地量取 DD' 长度为 δ_D，此时按下式计算 C' 至 C 的改正距离 δ_C：

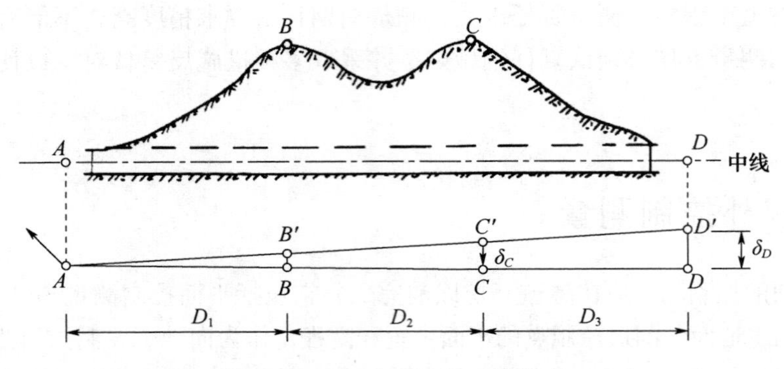

图 6-121　中线法地面控制

$$\delta_C = \frac{\delta_D}{D_1 + D_2 + D_3}(D_1 + D_2) \tag{6-68}$$

式中，D_1、D_2、D_3 为概略距离，可从图上量取。

然后，在 C'、D'点沿垂直于 $C'D'$方向分别量取 δ_C、δ_D 定出 C、D 点，在 C 点安置经纬仪，同法延长 DC 至 B''，再由 B''延长直线至 A'。若 A'与 A 重合，则表明 A、B、C、D 在同一条直线上；若 A'与 A 不重合，则按上述方法进行第二次趋近，直至 B、C 两点位于 AD 直线上。最后，将 B、C 两点在隧道洞顶地面准确标定。

中线法一般适用于较短的直线隧道或曲线隧道，特别是直线隧道。对于较短的曲线隧道，一般是在隧道洞顶上标出切线，必要时在洞顶测设曲线进行复核。

此法的特点是不需要建立地面和地下控制网，测量与计算也很简单，但对于山岭隧道或较长隧道，尤其是曲线隧道，采用此法操作十分困难，且精度较低。

（2）三角锁（网）或边角网

沿着长隧道中线方向布设三角锁（网）是地上平面控制测量的经典方法。随着光电测距仪与全站仪的应用，同时也为了提高控制网的精度，目前隧道平面控制网大多以边角网的形式代替传统的三角锁（网），这种方法适用于较长的山岭地区的隧道。

平面控制网的形式取决于隧道中线的形状、施工方法及地形条件。对于直线隧道，网（点）应尽可能沿着中线方向布设，以减少测量误差对横向贯通的影响；对于曲线隧道，网（点）以沿着两端洞口连线方向布设较为有利。三角锁（网）或边角网宜布设成近似于等边三角形为主的网锁，三角形个数不宜超过 12 个；也可以布设为大地四边形或中点多边形的形式，或者各种形式的综合。图 6-122 所示为直线隧道地面控制网图。

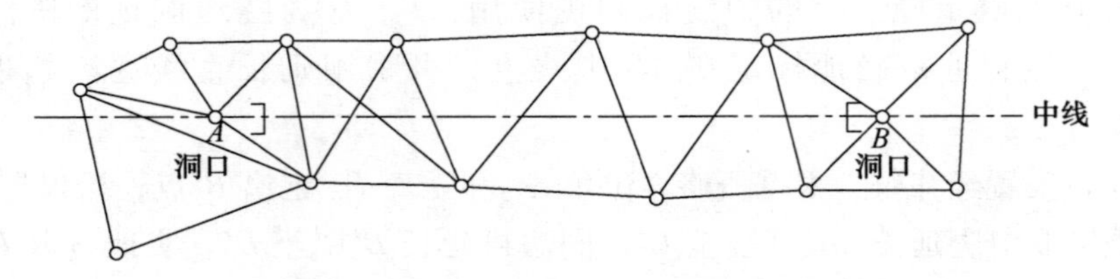

图 6-122　三角锁（网）法地面控制（直线隧道）

（3）精密导线法

在隧道进洞口与出洞口之间，沿着勘测设计阶段所标定的中线布设导线，导线点数不宜过多，宜布设为直伸形状，以减少测角误差对横向贯通的影响。对于曲线隧道，亦应沿着两端洞口连线布设成直伸形状的导线，但应将曲线的始点和终点以及曲线切线上两点包括在导线中。在有横洞、斜井和竖井的情况下，导线要在这些洞口布点，以利于投点。

为了增加校核条件，提高导线测量精度，一般导线应使其构成闭合环线，也可以采用主、副导线闭合环。其中副导线只观测水平角而不测距，每隔1～3条主导线边应与副导线联系，主导线边不宜短于300m，相邻边长之比不应超过1∶3。图6-123所示为主、副导线闭合环形式对于长隧道地面的控制，宜采用多个闭合环的闭合导线网（环）。

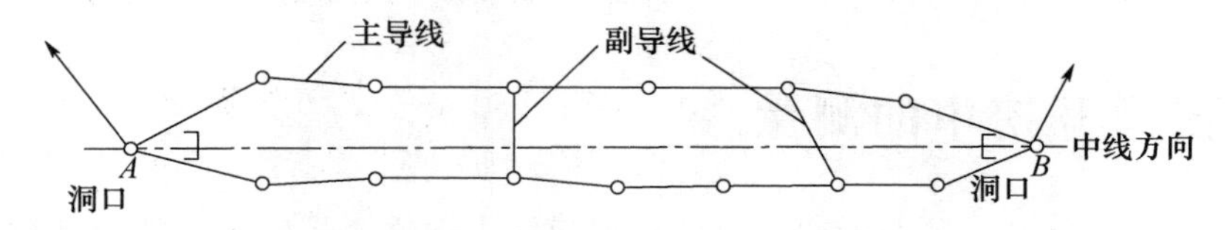

图6-123　主、副导线闭合环地面控制

（4）GPS定位技术（GPS网）

采用GPS定位技术建立隧道地面平面控制网已普遍应用，它只需在洞口处布点，对于直线隧道，洞口点应选在隧道中线上。另外，再在洞口附近布设至少2个定向点，并要求洞口点与定向点间通视，以便于全站仪观测。对于曲线隧道，除洞口点外，还应把曲线上的主要控制点（如曲线起、终点）包括在网中。GPS网选点与埋石基本上与常规方法相同，但应注意使所选的点位的周围环境适宜于GPS接收机测量。图6-124所示为采用GPS定位技术布设的隧道地面平面控制网方案。该方案每个点均有三条独立基线相连，可靠性较好。

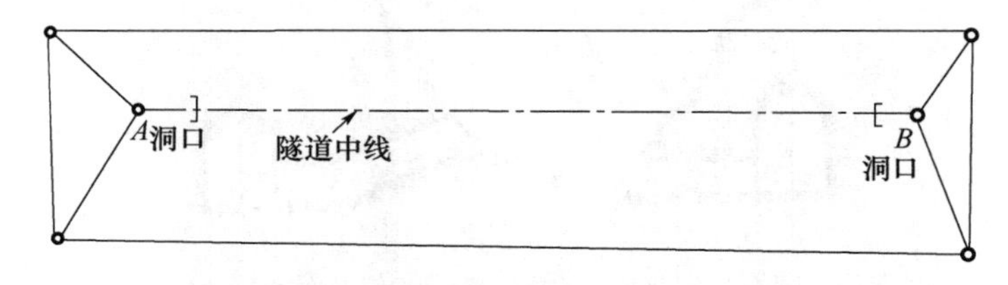

图6-124　GPS网地面平面控制

综合以上四种平面控制方法，以中线法计算较为简单，但精度较低，仅适用于短的直线隧道；精密导线法现场布网灵活，测角工作量比三角锁（网）法减少，边长精度高，如采用多个闭环的闭合导线网形式，适用较长隧道的控制测量，并显示出巨大的优越性；三角锁（网）法布设受地形通视限制，测角工作量大，但方向精度高，边长精度较导线网低，如能采用边角混合网，可以大大改善三角锁（网）的精度；GPS定位技术是近代先进方法，在平面精度方面高于常规的方法，由于不需要点位间通视，经济节省，速度快，自动化程度高，故已被广泛采用。

2. 高程控制测量

隧道地面高程控制测量主要采用水准测量的方法，利用线路定测时的已知水准点作为高程起算数据，沿着拟定的水准路线在每个洞口至少埋设两个水准点，水准路线应构成闭合环线或者两条独立的水准路线，由已知水准点从一端洞口测至另一端洞口。

水准测量的等级不仅取决于隧道的长度，还取决于隧道地段的地形情况，即取决于两洞之间的水准路线的长度。

目前，光电测距三角高程测量方法已广泛应用，用全站仪进行精密导线三维测量，其所求的高程可以代替三、四等水准测量。

二、隧道开挖中的测量

对于山岭铁路隧道或公路隧道、过江隧道或城市地铁工程，为了加快工程进度，除了在线路上开挖横洞、斜井增加工作面外，还可以用开挖竖井的方法增加工作面（图6-125），此时为了保证两相向开挖隧道能准确贯通，就必须将地面洞外控制网的坐标、方向及高程，经过竖井传递至地下洞内，作为地下控制测量的依据，这项工作称为竖井联系测量。其中将地面控制网坐标、方向传递至地下洞内，称为竖井定向测量。

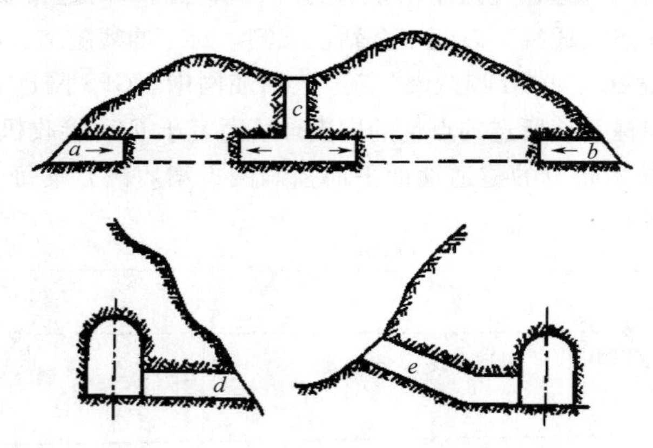

图6-125　隧道竖井、横洞、斜井示意图

通过竖井联系测量使地面与地下有统一的坐标与高程系统，为地下洞内控制测量提供起算数据，所以这项测量工作精度要求高，需要非常仔细地进行。

根据地面控制网与地下控制网联系的形式不同，定向测量形式可分为：

（1）经过一个竖井定向（一井定向）；

（2）经过两个竖井定向（二井定向）；

（3）经过平坑（横洞）与斜井定向；

（4）应用陀螺经纬仪定向等。

每种定向形式也有不同的定向方法。本节只介绍一井定向和二井定向。

1. 竖井联系测量

（1）一井定向

对于山岭隧道或过江隧道，由于隧道竖井较深，一井定向大多采用联系三角形法进行定向测量，如图 6-126 所示，工作中至少有两个控制点通视。B 为地下洞内定向点（地下导线点），它与另一地下导线点 M 通视。O_1、O_2 为悬吊在井口支架上的两根细钢丝（直径 0.4 ~ 0.7mm 不等，视井深、吊锤重而定），钢丝下端挂上重锤，并将重锤置于机油桶内，使之稳定。

1）联系三角形布设。按照规范规定，对联系三角形的形状要求是：联系三角形应是伸展形状，三角形内角 α、α'、β、β'应尽可能小，在任何情况下，α、α'角都不能大于 3°；联系三角形边长 $\frac{b}{a}$、$\frac{b'}{a'}$的比值应小于 1：1.5；两吊垂线 O_1、O_2 的间距 a、a'应尽可能选择最大的数值，不得小于 5m。

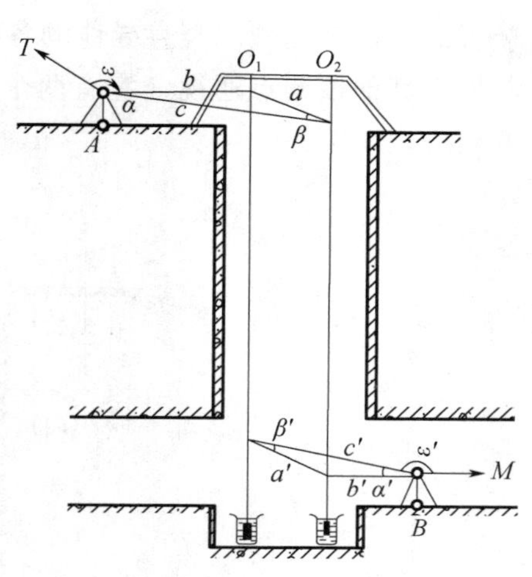

图 6-126　联系三角形定向法

2）联系三角形测量。一般使用 2″级以上经纬仪或全站仪观测地上和地下联系三角形角度 α、α'、ω、ω'各 4~ 6 测回；测角精度为地上联系三角形控制在 ±4″以内，地下联系三角形应在 ±6″以内；使用经过检定的具有毫米分划的钢卷尺，施加一定拉力悬空水平丈量地上、地下联系三角形边长 a、b、c 和 a'、b'、c'，每边往返丈量 4 次，估读至 0.1mm；边长丈量精度为 m_s = ±0.8mm；地上与地下实量两吊锤间距离 a 与 a' 之差不得超过 ±2mm，同时实量值 a 与由余弦定理计算联系三角形所得同距离计算值之差也应小于 2mm。

3）联系三角形地下定向边方位角及地下定向点坐标的计算。根据传递方向应选择小角的路线原则，定向边坐标方位角 α_{BM} 为：

$$\alpha_{BM} = \alpha_{AT} + \omega + \beta - \beta' + \omega' \pm n \cdot 180° \tag{6-69}$$

式中，α_{BM}为地面网已知坐标方位角；ω、ω'为观测角值；β、β'为联系三角形推算角值。

地下定向点 B 的坐标为：

$$\left.\begin{aligned} x_B &= x_A + c \cdot \cos\alpha_{AO_2} + b' \cdot \cos_{O_2B} \\ y_B &= y_A + c \cdot \sin\alpha_{AO_2} + b' \cdot \sin_{O_2B} \end{aligned}\right\} \tag{6-70}$$

式中，x_A、y_A 为地面控制点（近井点）已知坐标；c、b'为观测边长；α_{AO_2}、α_{O_2B}为联系三角形 AO_2(c 边)、O_2B(b'边)的推算坐标方位角。

这样，经过竖井联系三角形定向法，将地面控制点坐标、方向传递到地下洞内，α_{BM}、x_B、y_B 将作为洞内地下控制测量（地下导线测量）的起算数据。

（2）竖直导线定向法

有时，竖井联系三角形受竖井井径与施工现场条件的局限，难以布设有利形状的联系三角形。同时测角和钢尺量边十分费时，悬吊钢丝的垂准误差也影响了方向传递的精度。所以，对于竖井深度较浅的隧道（尤其是城市地铁），宜采用竖直导线定向法进行定向测量。工程实践证明，这是定向精度较高的有效定向方法之一。

如图 6-127 所示，由地面近井控制点 A 开始，根据现场条件与竖井结构，沿着隧道工程轴线方向在竖井井壁上布设 C、D、E 等导线点，埋设具有强制对中装置的内外架式的金属吊篮，地面近井控制点 A 和地下定向边导线点 B、B_1 埋设具有强制对中装置的固定观测墩。竖直导线的各导线边的竖直角应小于 30°，地面近井控制点 A 应与地面其他控制点通视（宜有两个可通视的竖直导线边的控制点），以保证方向传递的精度。

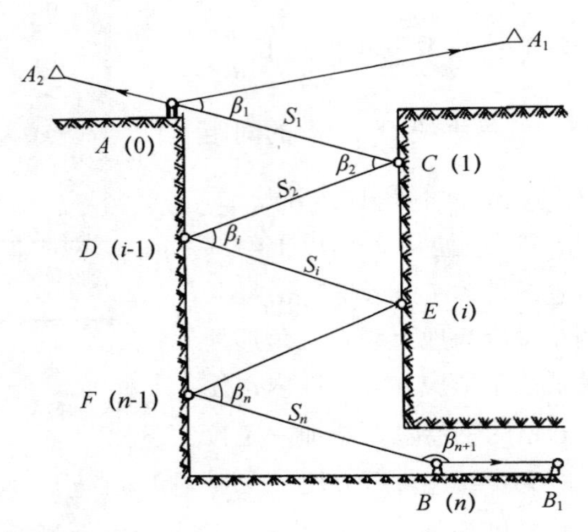

图 6-127　竖直导线定向法布设立面视图

竖直导线的角度宜采用双轴补偿的高精度全站仪观测，导线边长应往返测量，则地下洞口定向边 BB_1 的坐标方位角 α_{BB_1} 为：

$$\alpha_{BB_1} = \alpha_{AA_1} + \sum_{i=1}^{n} (-1)^{i-1} \cdot \beta_i + (n-1) \cdot 180° \tag{6-71}$$

式中，α_{BB_1} 为地面控制网已知坐标方位角；β_i 为导线的观测角度；n 为导线转折角个数。

地下洞口定向点 B 的坐标为：

$$\left.\begin{aligned} x_B &= x_A - \sum_{i=1}^{n} S_i \cdot \sin\theta_i \cdot \cos\alpha_{i-1,i} \\ y_B &= y_A - \sum_{i=1}^{n} S_i \cdot \sin\theta_i \cdot \sin\alpha_{i-1,i} \end{aligned}\right\} \tag{6-72}$$

式中，S_i 为导线边观测边长；θ_i 为导线边的竖直角；$\alpha_{i-1,i}$ 为各导线边的方位角；x_A、y_A 为地上近井控制点坐标。

(3) 竖井定向测量（二井定向）

在隧道施工时，为了通风和出土方便，往往在竖井附近增加一通风井和出土井，此时联系测量可以采用二井定向，以克服一井定向的某些不足，有利于提高方向传递的精度。

1）吊垂线与全站仪联合定向法。如图 6-128 所示，两竖井分别悬挂一根垂线，为了垂线的稳定垂直，垂线下端挂上重锤并使重锤置于机油桶内。用全站仪在地面近井点 A_1、A_2 精确测定 O_1、O_2 垂线点坐标。在井下洞内，将已布设在坑道（巷道）内的地下导线与竖井吊垂线联测，通过巷道，构成一个没有连接角的无定向导线。对此进行数据处理，可以求得地下定向边的方位角和定向点的坐标。所以，二井定向的外业工作主要包括：垂线投点、地面与地下连接测量。

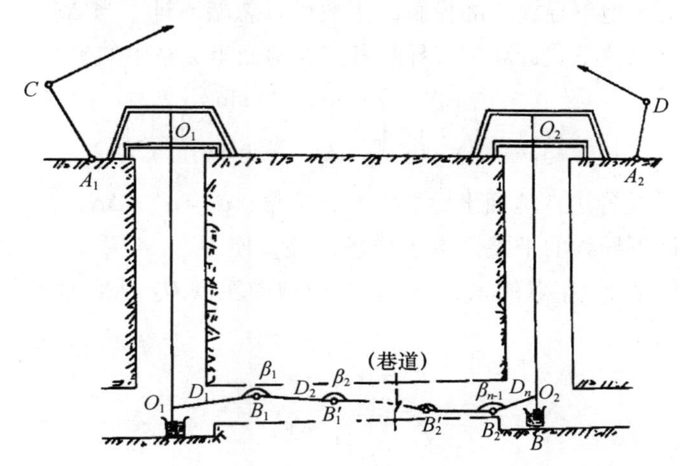

图 6-128　二井定向测量

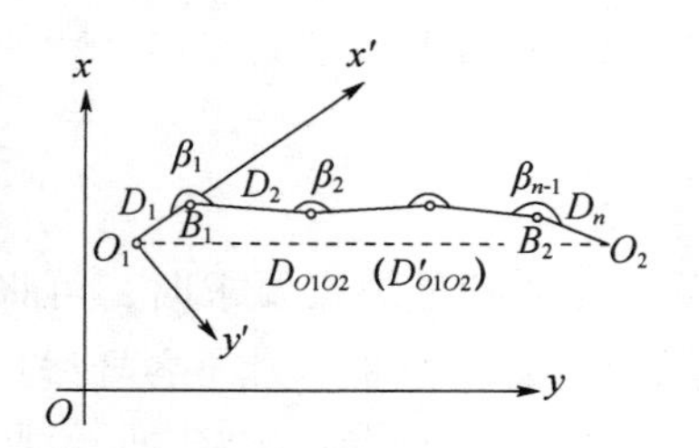

图 6-129　地面坐标系与假定坐标系

二井定向的内业计算过程如下：

①利用坐标反算公式。如图 6-129 所示，计算两吊垂线在地面的坐标系 xOy 中的坐标方位角与距离。

$$\alpha_{O_1O_2} = \arctan\frac{y_{O_2} - y_{O_1}}{x_{O_2} - x_{O_1}}$$

$$D_{O_1O_2} = \sqrt{(x_{O_2} - y_{O_1})^2 + (y_{O_2} - y_{O_1})^2}$$

式中，x_{O_1}、y_{O_1}、x_{O_2}、y_{O_2}为实测的坐标值。

②计算地下导线点在假定坐标系 $x'O_1y'$ 中的坐标。如图 6-129 所示，设以 O_1 为坐标原点，O_1B_1 为 x'轴方向，构成假定坐标系 $x'O_1y'$。此时 $\alpha_{O_1B_1}=0°$，在此坐标系中地下各导线点的坐标为：

$$x'_i = \sum_{i=1}^{n} D_i \cdot \cos\alpha'_i$$

$$y'_i = \sum_{i=1}^{n} D_i \cdot \sin\alpha'_i$$

由此推得 O_2 点假定坐标为（O_1、O_2 两点间所有导线边的坐标增量之和）：

$$x'_{O_2} = \Delta x'_{O_1O_2}$$

$$y'_{O_2} = \Delta y'_{O_1O_2}$$

O_1、O_2 两点坐标方位角与距离为：

$$\alpha'_{O_1O_2} = \arctan\frac{\Delta y'_{O_1O_2}}{\Delta x'_{O_1O_2}}$$

$$D'_{O_1O_2} = \sqrt{(\Delta x'_{O_1O_2})^2 + (\Delta y'_{O_1O_2})^2}$$

在隧道工程中，由于竖井一般不太深，通常取地面与地下坑道高程的平均值作为投影面，这样，地面与地下导线边的投影改正数可以忽略不计。当 $\Delta D = D_{O_1O_2} - D'_{O_1O_2}$ 小于规定限差时，就可以按下式计算地下导线各点在地面坐标系中的坐标，即：

$$\begin{pmatrix} x_i \\ y_i \end{pmatrix} = \begin{pmatrix} x_{O_1} \\ y_{O_1} \end{pmatrix} + \begin{pmatrix} \cos\alpha_i & -\sin\alpha_i \\ \sin\alpha_i & -\cos\alpha_i \end{pmatrix} \begin{pmatrix} x'_i \\ y'_i \end{pmatrix} \tag{6-73}$$

式中，α_i 为地下导线各边在地面坐标系中的方位角；$\alpha_i = \alpha'_i + \Delta\alpha$，$\Delta\alpha = \alpha_{O_1O_2} - \alpha'_{O_1O_2}$。

③两竖井间地下导线的平差。由于测量误差，使 $D_{O_1O_2} \neq D'_{O_1O_2}$，导致地下导线在地面坐标系中计算得地下 O_2 点的 x'_{O_2}、y'_{O_2}，与原地面实测 O_2 点坐标 x_{O_2}、y_{O_2} 不相等，其坐标闭合差为：

$$f_x = x'_{O_2} - x_{O_2}$$

$$f_y = y'_{O_2} - y_{O_2}$$

$$f = \sqrt{f_x^2 + f_y^2}$$

其全长相对闭合差为：

$$K = \frac{f}{\sum D} = \frac{1}{\sum D/f}$$

当 K 满足规定要求时，可将 f_x、f_y 反号按边长成比例分配到地下导线各坐标增量上，再由 O_1 点推算地下各导线点的坐标值。

然后，根据地下导线两端端点 B_1、B'_1 与 B_2、B'_2 平差后坐标反求定向边的坐标方位角为：

$$\alpha_{B_1B'_1} = \arctan\frac{y_{B'_1} - y_{B_1}}{x_{B'_1} - x_{B_1}}$$

$$\alpha_{B_2B'_2} = \arctan\frac{y_{B'_2} - y_{B_2}}{x_{B'_2} - x_{B_2}}$$

此法与一井定向法比较，外业工作较为简单，占用竖井时间较短，同时由于两垂球线间距离增大，可减少投点误差引起的方向误差，有利于提高地下导线的精度。

应用此法时，应注意在两竖井之间的巷道内布设地下导线，尽可能长边、直伸；观测时，先做地面近井点和地下导线点与悬挂垂线的连接测量；当竖井不太深时，通常取地面与地下坑道高程的平均高程作为投影面，其导线边投影改正可忽略不计。

2）铅垂仪与全站仪联合定向法。前面所述的方法在竖井中悬挂垂球线，如果竖井很深以及垂球不稳，其垂准误差对地下定向边的方位角精度影响较大，并且在竖井中悬挂垂球线不方便，有时会影响施工。目前激光铅垂仪在铅直定位方面精度很高，使用方便，因此可以利用激光铅垂仪代替悬挂垂线，不仅方便，而且可以提高垂准精度。这种方法基本原理和计算方法与上述方法相同，在此处不再详述。

2. 竖井高程传递

将地面高程传递到地下洞内时，随着隧道施工布置的不同，而采用不同的方法。在进行高程传递之前，必须对地面近井水准点或洞口外水准点的高程（含高程系统）进行检核。

（1）水准测量方法

当通过洞口或横洞或坡度不大的斜井传递高程，可由洞口外已知高程的水准点用水准测量方法直接进行传递与引测，其精度应满足相应规范与工程的要求。

当通过竖井传递高程时，应在竖井内悬挂长钢尺或钢丝（用钢丝时井上需有比长器）与水准仪配合进行测量，如图6-130所示。首先将经检定的长钢尺悬挂在竖井内，钢尺零点朝下，下端挂一重锤，并置于机油桶内，使之稳定。在井上、井下各安置一台水准仪，精平后同时读取钢尺上读数 b、c，然后再读取井上、井下水准尺读数 a、d，测量时用温度计量井上与井下的温度。由此可求取井下水准点 B 的高程 H 为：

$$H_B = H_A + a - (b - c) - d + \Delta l_d + \Delta l_t$$

$$\Delta l_d = \frac{\Delta l}{L_0} \times (b - c)$$

$$\Delta l_t = 1.25 \times 10^{-5} \times (b - c) \times (t - t_0)$$

式中，H_A 为地面近井水准点或洞口外水准点的已知高程；Δl_d 为尺长改正数；Δl 为钢尺经检定后的一整尺的尺长改正数；L_0 为钢尺名义长度；Δl_t 为温度改正数；t 为井上、井下温度平均值，t_0 为检定时温度（一般为20℃）。

注意：如果悬挂的是钢丝，则$(b-c)$值应在地面上设置的比长器上求取；同时地下洞内一般宜埋设2～3个水准点，并应埋在便于保存、不受干扰的位置；地面上应通过2～3个近井水准点将高程传递到地下洞内，传递时应用不同仪器高，求得地下洞内同一水准点高程互差不超过5mm。

（2）光电测距仪与水准仪联合测量法

当竖井较深或其他原因不便悬挂钢尺，可使用光电测距仪代替钢尺的办法，既方便又准确地将地面高程传递到井下洞内。当竖井深度超过50m时，尤其显示出此方法的优越性。

如图6-131所示，在地上井架内架中心上安置精密光电测距仪，装配一托架，使仪器照准头朝下直接瞄准井底的棱镜，测出井深 D。然后在井上、井下分别同时用一台水准仪，测定井上水准点 A 与测距仪照准头中心的高差 $(a-b)$，井下水准点 B 与棱镜面中心的高差 $(c-d)$。由此可得到井下水准点 B 的高程为：

$$H_B = H_A + a - b - D + c - d \tag{6-74}$$

式中，H_A 为地面井上近井水准点已知高程；a、b 为井上水准仪瞄准水准尺上的读数；c、d 为井下水准仪瞄准水准尺上的读数；D 为井深（由光电测距仪直接测得）。

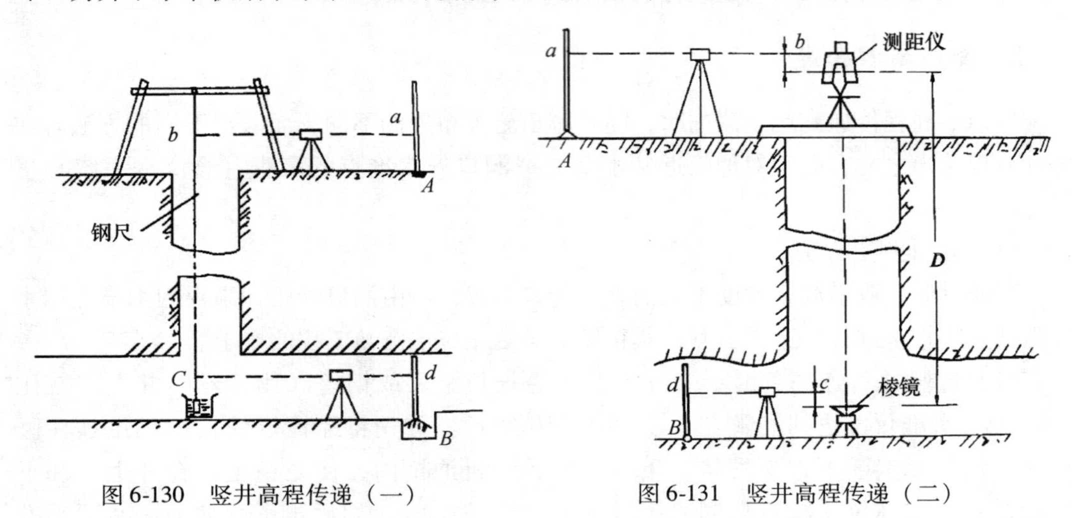

图 6-130　竖井高程传递（一）　　图 6-131　竖井高程传递（二）

注意：水准仪读取 b、c 读数时，由于 b、c 值很小，也可用钢卷尺竖立代替水准尺。本法也可以使用激光干涉仪来确定地上至地下垂距 D。这些都可以作为高精度传递高程的有效手段。

3. 地下洞内施工控制测量

地下洞内施工控制测量包括地下导线测量和地下水准测量，它们的目的是以必要的精度，根据联系测量传递到洞内的方位角、坐标及高程，建立地下平面与高程控制，用以指示隧道开挖方向，并作为洞内施工放样的依据，保证相向开挖隧道在精度要求范围内贯通。

（1）地下洞内平面控制测量（地下导线测量）

隧道洞内平面控制测量，通常有两种形式：当直线隧道长度小于 1000m，曲线隧道长度小于 500m 时，可不做洞内平面控制测量，而是直接以洞口控制桩为依据，向洞内直接引测隧道中线作为洞内平面控制。但是当隧道长度较长时，必须建立洞内精密地下导线作为洞内平面控制。下文中将洞内和地下导线统称为地下导线。

地下导线测量的起算数据是通过直接测定或联系测量等方法传递至洞口或地下洞内的定向边方位角和定向点坐标。地下导线等级的确定，取决于隧道的长度和形状，参见有关规范要求。

1）地下导线的特点和布设。地下导线由隧道口等处定向点开始，按坑道开挖形状布设，在隧道施工期间，只能布设成支导线的形式，随隧道的开挖而逐渐向前延伸。

地下导线一般采用分级布设的方法：先布设精度较低、边长较短（边长为 25 ~ 50m）的施工导线；当隧道开挖到一定距离后，布设边长为 50 ~ 100m 的基本导线；随着隧道开挖延伸，还可布设边长为 150 ~ 800m 的主要导线，如图 6-132 所示。三种导线的点位可以重合，有时基本导线这一级可以根据情况舍去，即直接在施工导线的基础上布设长边主要导线。长边主要导线的边长在直线段不宜短于 200m，曲线段不短于 70m，导线点力求沿道中线方向布设。对于大断面的长隧道，可布设成多边形闭合导线或主副导线环，如图 6-133 所示。有平行导坑时，应将平行导坑单导线与正洞导线联测，以资检核。

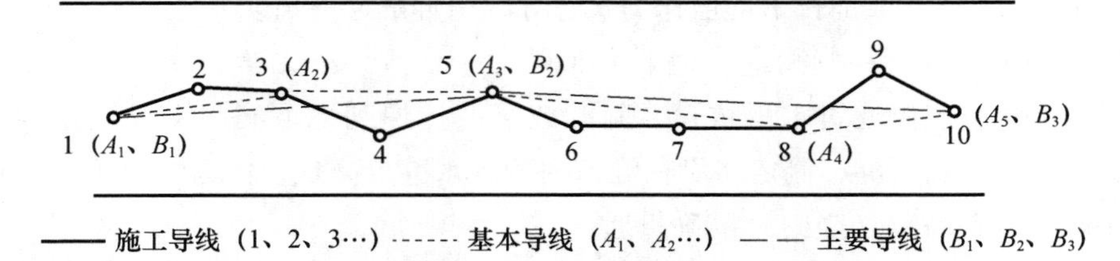

图 6-132　洞内导线分级布设

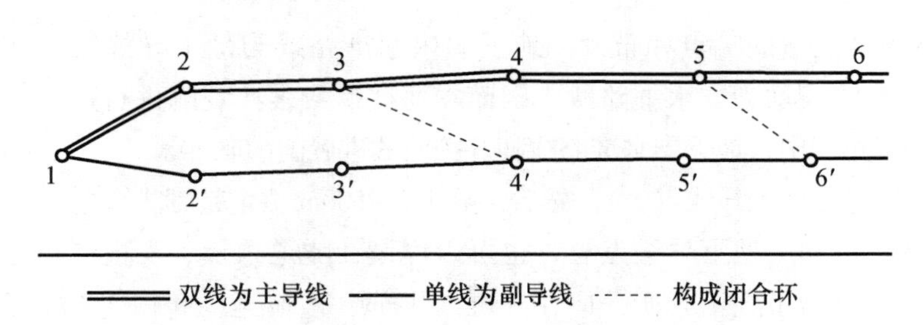

图 6-133　主副导线环形式

洞内地下导线点应选在顶板或底板岩石坚固、安全、测设方便与便于保存的地方。控制导线（主要导线）的最后一点应尽量靠近贯通面，以便于实测贯通误差。对于地下坑洞的相交处，也应埋设控制导线点。

洞内地下导线应采用往返观测，由于地下导线测量的间歇时间较长且又取决于开挖面进展速度，故洞内地下导线（支导线）采取重复观测的方法进行检核。

2）地下导线观测及注意事项：

①每次建立新导线点时，都必须检测前一个“旧点”，确认没有发生位移后，才能发展新点。

②有条件的地段，主要导线点应埋设带有强制对中装置的观测墩或内外架式的金属吊篮，并配有灯光照明，以减少对中与照准误差的影响，这有利于提高观测精度。

③使用 2″级经纬仪（或全站仪）观测角度，施工导线观测 1 ~ 2 测回，测角中误差为 ±6″以内，控制长边导线宜采用全站仪（2″级以上）观测，左、右角各两测回，测角

中误差为 ±5″以内，圆周角闭合差 ±6″以内，边长往返观测两测回，往返测平均值较差小于 7mm。

④如导线长度较长，为限制测角误差积累，可使用陀螺经纬仪加测一定数量导线边的陀螺方位角。一般加测一个陀螺方位角时，宜加测在导线全长的 2/3 处的某导线边上；若加测两个以上陀螺方位角，以导线长度均匀分布。根据精度分析，加测陀螺方位角数量宜以 1～2 个为好，对横向精度的增益较大。

⑤对于布设图 6-133 所示主副导线环，一般副导线仅测角度，不测边长。对于螺旋形隧道，由于难以布设长边导线，每次施工导线向前引伸时，都应从洞外复测。对于长边导线（主要导线）的测量宜与竖井定向测量同步进行，重复点的测量坐标与原坐标较差应小于 10mm，并取加权平均值作为长边导线引伸的起算值。

（2）地下洞内高程控制测量（地下水准测量）

地下水准测量应以通过水平坑道、斜井或竖井传递到地下洞内水准点作为起算依据，然后随隧道向前延伸，测定布设在隧道内的各水准点高程，作为隧道施工放样的依据，并保证隧道在高程（竖向）准确贯通。

地下水准测量的等级和使用仪器主要根据两开挖洞口间洞外水准路线长度确定，参见有关规范规定。

1）地下水准测量的特点和布设。地下洞内水准路线与地下导线线路相同，在隧道贯通前，其水准路线均为支水准路线，因而需要往返或多次观测进行检核。

在隧道施工过程中，地下支水准路线随开挖面的进展向前延伸，一般先测定精度较低的临时水准点（可设在施工导线点上），然后每隔 200～500m 测定精度较高的永久性水准点。

地下水准点可利用地下导线点位，也可以埋设在隧道顶板、底板或边墙上，点位应稳固、便于保存。为了施工方便，应在导坑内拱部、边墙至少每隔 100m 埋设一个临时水准点。

2）地下水准测量观测与注意事项：

①地下水准测量的作业方法与地面水准测量相同。由于洞内通视条件差，视距不宜大于 50m，并用目估法保持前、后视距相等；水准仪可安置在三脚架上或安置在悬臂的支架上，水准尺可直接立在洞内底板水准点（导线点）上，有时也可用倒尺法顶立在洞顶水准点标志上，如图 6-134 所示。

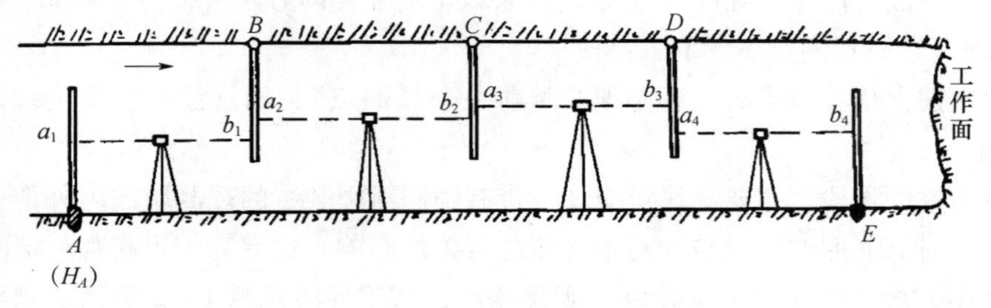

图 6-134　地下水准测量（倒尺法）

此时高差计算仍为 $h=a-b$，但是对于倒尺法，其读数应作为负值计算，如图6-134中，各站高差应该是：

$$h_{AB}=a_1-(-b_1)$$
$$h_{BC}=(-a_2)-(-b_2)$$
$$h_{CD}=(-a_3)-(-b_3)$$
$$h_{DE}=(-a_4)-b_4$$

因此：$H_E=H_A+h_{AB}+h_{BC}+h_{CD}+h_{DE}$。

②在开挖工作面向前推进的过程中，对布设的支水准路线，要进行往返观测，其往返测不符值应在限差以内，取高差平均值作为最后成果，用以推算各洞内水准点高程。

③为检查地下水准点的稳定性，还应定期根据地面近井水准点进行重复水准测量，将所得高差成果进行分析比较。若水准标志无变动，则取所有高差平均值作为高差成果；若发现水准标志变动，则应取最近一次的测量成果。

④当隧道贯通后，应根据相向洞内布设的支水准路线，测定贯通面处高程（竖向）贯通误差，并将两支水准路线联成附合于两洞口水准点的附合水准路线。要求对隧道未衬砌地段的高程进行调整。高程调整后，所有开挖、衬砌工程均应以调整后高程指导施工。

4. 洞内施工测量

在隧道施工过程中，根据洞内布设的地下导线点，经坐标推算而确定隧道中心线方向上有关点位，以准确指导较长隧道的开挖方向和便于日常施工放样。

（1）洞内开挖方向的标定

对于较长的隧道施工，常用中线法指导开挖方向，如图 6-135 所示。图中 1、2、3 等为地下导线点，A 为中心线上一点，其设计坐标可求得。根据 2、3 导线点可用全站仪坐标放样法放出中线点 A 的平面位置。然后将仪器安在 A 点，后视 3 点，放样开挖工作面处中线点位置，需要用正倒镜取中法测设，即可定出中线方向。随开挖面推进，A 点远离开挖面，此时可根据地下导线点 4、5，放出中线点 B 的位置，继续上述方法定出开挖中线。

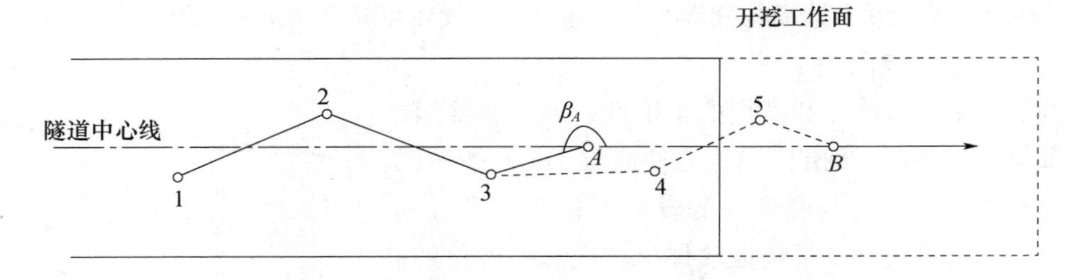

图 6-135　中线法指导开挖方向

随着激光技术的发展，中线法指导开挖时，可在中线 A、B 等点上设置激光导向仪，可以更方便、更直观地指导隧道的掘进工作。

采用开挖导坑法施工时，可用串线法指导开挖方向。此法是利用悬挂在两临时中线上的垂球线，直接用目估法标定开挖方向，如图6-136所示。

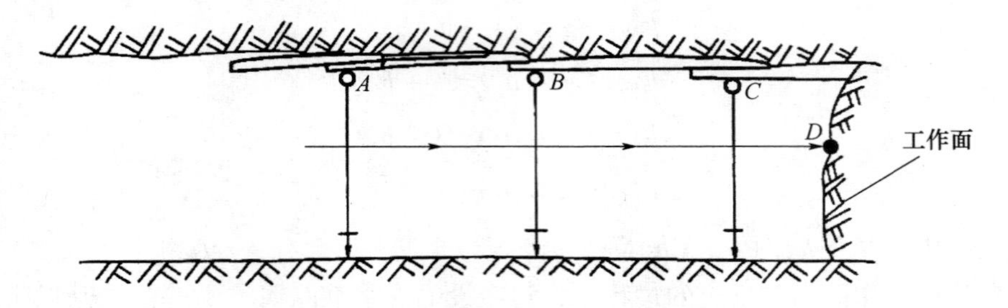

图6-136 串线法指导开挖方向

图6-136中，施工临时中线点*A*、*B*、*C*（一般埋设在导坑顶板上），可用前述的中线法设置，两临时中线点的间距不宜小于5m。标定开挖方向时，在*A*、*B*、*C*三个临时中线点上悬挂垂球线，用目估法配合手电筒灯光，将*A*、*B*、*C*延长至工作面处，标示出*D*点。由于此法标定方向误差大，故要求*A*点到工作面的距离，直线段不宜超过30m，曲线段不宜超过20m。如超过，应用经纬仪继续将临时中线点向前延伸，再引测两个临时中线点，再用串线法延伸，以指导开挖方向。为了保证开挖方向的正确，必须随时根据地下导线点检测中线点位置，便于及时纠正开挖方向。

（2）隧道开挖断面测量和衬砌前的放样工作

每次开挖钻爆前，应在开挖断面上根据中线和规定高程标出预计开挖断面轮廓线。为使导坑开挖断面较好地符合设计断面，在每次掘进前，应在两个临时中线点吊垂线，以目测瞄准（或以仪器瞄准）的方法，在开挖面上从上而下绘出线路中线方向，然后再根据这条中线，按开挖的设计断面尺寸，同时应把施工的预留宽度考虑在内，绘出断面轮廓线，断面的顶线和底线都应将高程定准。最后按此轮廓线和断面中线布置炮眼位置，进行钻爆作业。

隧道施工在拱部扩大和马口开挖工作完成后，需要根据线路中线和附近地下水准点进行开挖断面测量，检查隧道内轮廓是否符合设计要求，并用来确定超挖或欠挖工程量。一般常用极坐标法、直角坐标法及交会法进行测量。在隧道衬砌之前，还需要进行衬砌放样，包括立拱架测量和边墙放样等工作。这些内容读者可参考隧道施工测量有关书籍。

（3）隧道腰线测设

为了控制隧道坡度和高程的正确性，通常在隧道岩壁上每隔5～10m，标出比洞底地坪高出1m的抄平线，又称为腰线，腰线与洞底地坪的设计高程线是平行的。施工人员根据腰线可以很快地放样出坡度和各部位的高程，如图6-137所示。

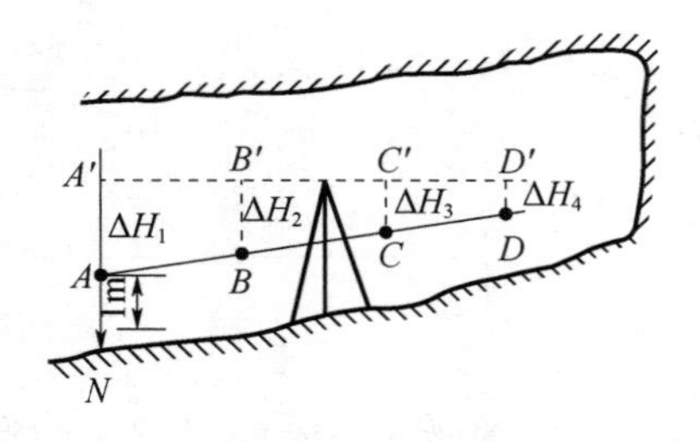

图6-137 腰线的测设

首先，根据洞外水准点的高程和洞口底板的设计高程，用高程放样的方法，在洞口处测设*N*点，该点是洞口底板的设计标高。然后，从洞口开始，向洞内测设腰线。设洞口底板的设计高程是 $H_N = 172.76$m，隧道底板的设计坡度是 +0.5%，腰线距离底板的高度为 1m，要求每隔 5m 在隧道岩壁侧墙上标定一个腰线点。

腰线的测设步骤如下：

1）测设洞口基准点。根据洞外的水准点，用水准仪抄平的方法测设出 N 点。

2）测设仪器视线高度。将水准仪安置在洞内适当的地方，后视洞口下水准点 N 上水准尺读数为 $a = 1.437$m。保持水准仪不动，水平旋转仪器望远镜，依次在 A、B、C、D 处洞壁上标出各点对应的视线高程位置 A'、B'、C'、D'，并用红油漆做好标记。

3）测设各点腰线点。根据前面测设的视线高，各点从标定的油漆位置依次减去因设计坡度带来的高差 ΔH_i，即可得到各点的腰线点。具体为：

$$\Delta H_1 = 1.437 - 1.0 = 0.437(\text{m})$$

$$\Delta H_2 = 1.437 - (1.0 + 5 \times 0.005) = 0.412(\text{m})$$

$$\Delta H_3 = 1.437 - (1.0 + 10 \times 0.005) = 0.387(\text{m})$$

$$\Delta H_4 = 1.437 - (1.0 + 15 \times 0.005) = 0.362(\text{m})$$

也就是，A 点处的腰线点从 A'处垂直量取 0.437m 得到，B 点处的腰线点从 B'处垂直量取 0.412m 得到，C 点处的腰线点从 C'处垂直量取 0.387m 得到，D 点处的腰线点从 D'处垂直量取 0.362m 得到。将 A、B、C、D 处相连，得到该段的腰线。腰线点也应用油漆标定，检查无误后，作为后期测设高程的依据。

当开挖面推进一段距离后，按照上述方法，继续测设下一段的腰线。

5. 隧道贯通测量

在隧道施工中，洞外控制测量、联系测量和洞内控制测量的误差，导致相向开挖中两洞口的施工中线在贯通面处不能理想地衔接，而产生错开现象，其错开的距离称为贯通误差。如图 6-138 所示，它在线路中线方向上的投影长度，称为纵向贯通误差，用 Δs 表示；它在垂直于中线方向上的投影长度，称为横向贯通误差，用 Δu 表示；它在高程（竖直）方向上的投影长度，称为高程贯通误差，用 Δh 表示。其中最关键的是横向贯通误差。各项贯通误差的允许值（限差）可参见有关规范要求。隧道贯通测量就是测定在贯通面处各项贯通误差的大小，以评价工程的质量，同时采取适当的方法将贯通误差加以调整，从而获取一个合格的，对行车没有不良影响的隧道中线，作为扩大隧道断面、修筑衬砌以及铺设轨道的依据。

（1）贯通误差的测量

1）延伸中线法。由中线法标定隧道开挖方向，贯通之后，可从相向开挖的两个中线方向各自向贯通面延伸中线，并各钉一临时桩 A、B，如图 6-139 所示。丈量 A、B 之间的距离，即得到隧道实际的横向贯通误差。A、B 两临时桩的里程之差，即为隧道的实际纵向贯通误差。

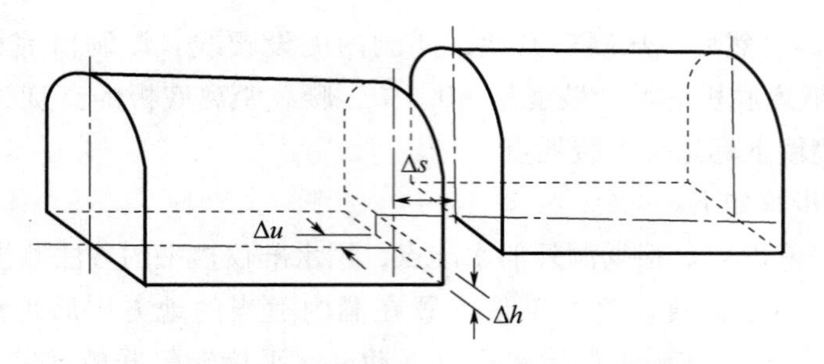

图 6-138　隧道贯通误差示意图

2）坐标法。采用洞内地下导线作为隧道控制时，隧道贯通后，在贯通面附近钉设一临时桩点 A，然后由相向开挖的两个方向，根据靠近贯通面处的主要导线点，测定该临时桩点 A 的坐标，如图 6-140 所示。这样可以得到两组不同的坐标值（x'_A，y'_A）和（x''_A，y''_A），则实际横向贯通误差为 $y'_A - y''_A$，实际纵向贯通误差为 $x'_A - x''_A$。在临时点 A 上安置经纬仪测出夹角 β，以便计算导线的角度闭合差，即方位角贯通误差。

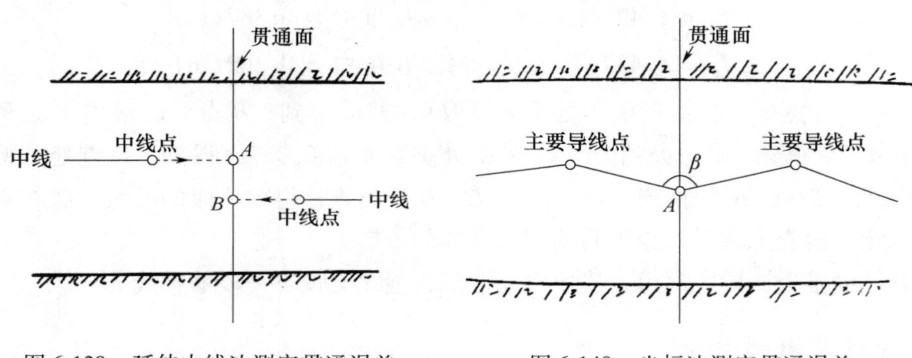

图 6-139　延伸中线法测定贯通误差　　　　图 6-140　坐标法测定贯通误差

3）水准测量法。由隧道两端洞口附近水准点（也可以由离开贯通面较近、稳定的地下水准点）向内各自进行水准测量，分别测出贯通面处同一水准点的高程，其高程之差即为实际的高程贯通误差。

（2）贯通误差的调整

隧道中线贯通后，应将相向两方向测设的中线各自向前延伸一段适当的距离，如贯通面附近有曲线的始点（或终点）时，则应延伸至曲线以外的直线上一段距离，以便调整中线。

调整贯通误差的工作，原则上应在未衬砌地段上进行，不再变动已衬砌地段的中线位置，以防减小限界而影响行车。对于曲线隧道，还应注意尽量不改变曲线半径和缓和曲线长度，否则应需经上级批准。在中线调整后，所有未衬砌地段的工程，均应以调整后中线指导施工。

1）直线隧道贯通误差的调整。当直线隧道在贯通面处的横向贯通误差在容许范围以内时，直线隧道中线可采用折线法调整。如图 6-141 所示，将贯通面两侧的中线的 A、

B 点各自向后延长一个适当距离至 C、D 点，若 CD 连线与原中线方向的转折角 α 在 $5'$ 以内，可用ⅡD、DC、CⅠ折线代替该未衬砌地段的中线。

如果转折角 α 在 $5' \sim 25'$ 以内，可不设曲线，但应以转折角 α 的顶点 D（或 C）内移一个外矢距 E 值，得到中线位置。内移外矢距 E 值的大小，可根据半径 R 和转折角 α 计算。

当转折角 α 大于 $25'$ 时，可加设反向曲线，曲线半径和偏角根据实际情况设定。

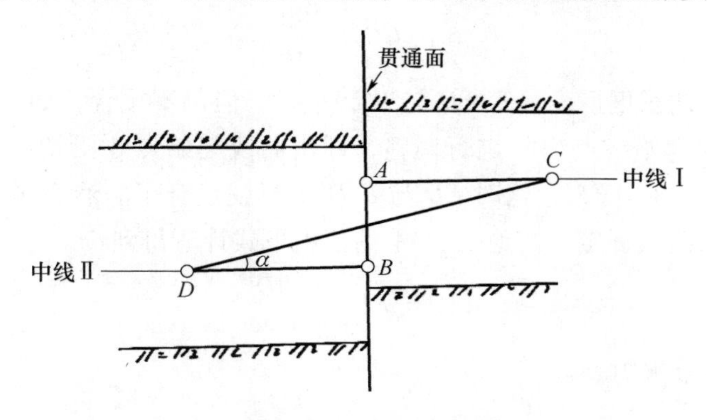

图 6-141　折线法调整贯通误差

对于用地下导线精密测定实际贯通误差的情况，若贯通误差在规定限差以内，可将实测的角度闭合差（方位角闭合差）反号平均分配到该段地下导线的各个角度上，按简易平差计算各导线点坐标，求得坐标闭合差。然后按导线边长成比例分配坐标闭合差，得到调整后各导线点坐标，以此作为洞内未衬砌地段隧道中线点位放样的依据。

2）曲线隧道贯通误差的调整。当隧道贯通面位于圆曲线上，同时调整贯通误差的地段又全部在圆曲线上时，由曲线的两端向贯通面按长度比例调整中线，也可用调整偏角法进行调整，即在贯通面两侧每 20m 弦长的中线点上，增减 $10'' \sim 60''$ 的切线偏角值。如图 6-142 所示。

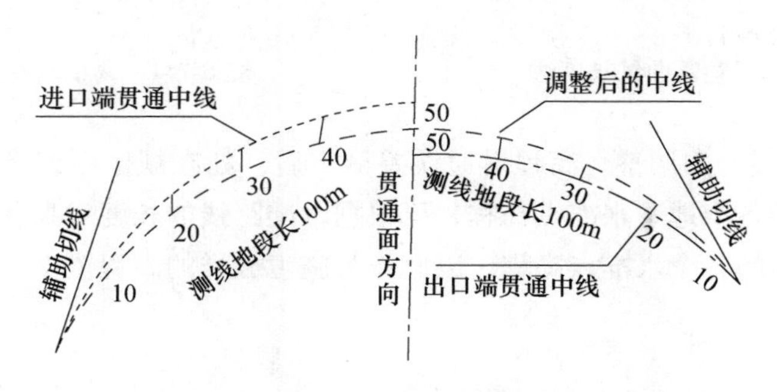

图 6-142　曲线隧道贯通误差的调整

当贯通面位于曲线始（终）点附近时，如图 6-143 所示，可由隧道一端经过 E 点测至圆曲线的终点 D，而另一端经由 A、B、C 诸点测至 D' 点，D 点与 D' 点不相重合。再自 D' 点作圆曲线的切线至 E' 点，ED 与 $E'D'$ 既不平行也不重合。为了调整贯通误差，可先采用“调整圆曲线长度法”使 ED 与 $E'D'$平行，即将圆曲线缩短（或增大）一小段长度 CC'，使 ED 与 $E'D'$平行。CC'的近似值可由下式计算：

$$CC' = \frac{EE' - DD'}{DE} \cdot R \tag{6-75}$$

式中，R 为圆曲线半径。

CC'曲线长度对应圆心角 δ 为：

$$\delta = CC' \cdot \frac{180^\circ}{\pi R}$$

经过调整圆曲线长度后，尽管 ED 与 $E'D'$平行，但仍不重合，如图 6-144 所示。此时可采用“调整曲线始终点法”进行调整，即由曲线起始点 A 沿切线方向，向顶点方向移动到 A'点，使 $AA' = FF'$，这时 ED 与 $E'D'$平行就重合了。然后再由 A 点进行曲线测设，将调整后的曲线标定在实地上。AA'的值由下式计算得到：

$$AA' = FF' = \frac{DD'}{\sin\alpha} \tag{6-76}$$

式中，α 为曲线的总偏角。

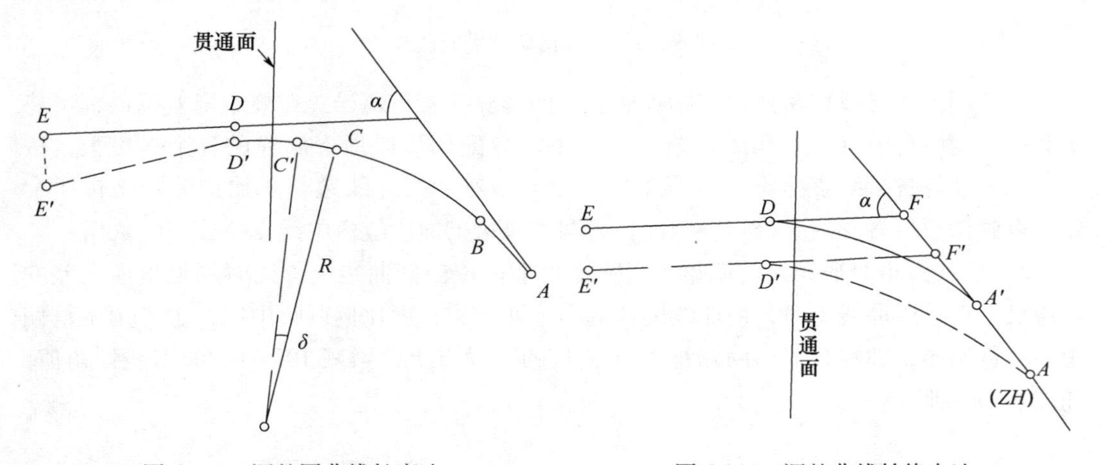

图 6-143　调整圆曲线长度法　　　　图 6-144　调整曲线始终点法

3）高程贯通误差的调整。高程贯通误差测定后，如在规定限差范围以内，则对于洞内未衬砌地段的各个地下水准点高程，可根据水准路线的长度对高程贯通误差按比例分配，得到调整后的各个水准点高程，以此作为施工放样的高程依据。

第七章　变形观测与竣工测量

第一节　变形观测

建筑在荷载作用下产生的形状或位置变化的现象即为建筑变形。建筑变形测量就是利用专用的仪器和方法对建筑物或构筑物的场地、地基、基础、上部结构及周边环境受荷载作用而产生的形状或位置变化进行观测，并对观测结果进行处理、表达和分析的工作。其可分为沉降监测和位移监测两大类。

其中，沉降指竖向的变形，包括下沉和上升；而位移为除沉降外其他变形的统称，包括水平位移、倾斜、挠度、裂缝、收敛变形、风振变形和日照变形等。变形监测的任务是确定在各种载荷和外力作用下，变形体的形状、大小及相对位置变化的空间状态和时间特征。

一、变形观测网点的测设

现代工程建筑物、构筑物具有体量大、结构复杂等特点，在施工和运营期间，建（构）筑物由于受多种主观和客观因素的影响，会产生变形，一旦超出限度，就会影响建（构）筑物的正常使用，严重时还会危及建（构）筑物的安全，因此工程变形监测显得尤为重要。

在监测工作开展过程中，应严格遵循从整体到局部、先控制后碎部的工作原则，分两级依次布设基准点、工作基点和变形监测点。

基准点指为进行变形测量而布设的稳定的、长期保存的测量点。根据变形测量的类型，可分为沉降基准点和位移基准点。

工作基点指为便于现场变形观测作业而布设的相对稳定的测量点。根据变形测量的类型，可分为沉降工作基点和位移工作基点。

变形监测点指布设在建筑场地、地基、基础、上部结构或周边环境的敏感位置上，能反映其变形特征的测量点。根据变形测量的类型，可分为沉降监测点和位移监测点。

1. 沉降监测网点的测设

建筑场地沉降观测可分为相邻地基沉降观测和场地地面沉降观测，这是根据建筑设计、施工的实际需要，特别是软土地区密集房屋之间的建筑施工需要确定的。其中，相邻地基沉降指的是由于毗邻建筑间的荷载差异引起的相邻地基土应力重新分布而产生的附加沉降；场地地面沉降指的是由于长期降雨、管道漏水、地下水位大幅度变化、大面积堆载、地裂缝、大面积潜蚀、砂土液化以及地下采空等原因引起的一定范围内的地面沉降。毗邻的高层与低层建筑或新建与已建的建筑，由于荷载的差异，引起相邻地基土的应力重新分布，而产生差异沉降，致使毗邻建筑物遭到不同程度的危害。差异沉降越大，危害愈烈，轻者门窗变形，重则地坪与墙面开裂、地下管道断裂，甚至房屋倒塌。因此，建筑场地沉降观测的首要任务是监视已有建筑安全，开展相邻地基沉降观测。在相邻地基变形范围之外的地面，由于降雨、地下水等自然因素与堆卸、采掘等人为因素的影响，也产生一定沉降，并且有时相邻地基沉降与场地地面沉降还会交错重叠。但两者的变形性质与程度毕竟不同，分别进行观测便于区分建筑沉降与场地地面沉降，对于研究场地与建筑共同沉降的程度、进行整体变形分析和有效验证设计参数是有益的。

（1）沉降监测网的测设方法及形式

建筑物沉降观测主要是为获取建筑物在垂直方向上的位移，一般采用精密水准测量、静力水准测量等方法；对于三等或四等沉降观测的基准点观测，当不便采用水准测量时，可采用三角高程测量方法。

按建筑场地地形、地质条件和对变形监测的精度要求，合理布设变形网，一般为闭合环、结点或附合水准路线等形式。首先在变形影响范围值之外，且位置稳定、易于长期保存的地方，布设沉降基准点，构成闭合或附合水准路线；再利用基准点，以闭合、结点或附合水准路线形式完成测定建（构）筑物上的观测点（沉降监测点）的位移。

当基准点与所测建筑距离较远致使变形测量作业不方便时，宜在建（构）筑物附近比较稳固的位置埋设工作基点，每期变形测量作业开始时，应先将工作基点与基准点进行联测，工作基点与基准点一般都组成网形，用精密水准测量的方法来施测和检验。在确认工作基点的稳固性后，再利用工作基点对监测点进行观测。确定监测点的高程变化值，通常采用精密水准方法，也可用液体静力水准仪、气泡倾斜仪、电子水准器等进行测量。

（2）基准点的布设要求

1）特等、一等沉降观测，基准点不应少于 4 个；其他等级沉降观测，基准点不应少于 3 个。基准点之间应形成闭合环。

2）基准点应避开交通干道主路、地下管线、仓库堆栈、水源地、河岸、松软填土、滑坡地段、机器振动区以及其他可能使标石、标志易遭腐蚀和破坏的地方。基准点的标石应埋设在基岩层或原状土层中，在冻土地区，应埋至当地冻土线 0.5m 以下。根据点位所在位置的地质条件，可选埋基岩水准基点标石、深埋双金属管水准基点标石、深埋钢管水准基点标石或混凝土基本水准标石。在基岩壁或稳固的建筑上，可埋设墙上水准标志。

3）密集建筑区内，基准点与待测建筑的距离应大于该建筑基础最大深度的2倍。

4）对地铁、高架桥等大型工程，以及大范围建设区域等长期变形测量工程，宜埋设2~3个基岩标作为基准点。

5）工作基点与基准点之间宜采用水准测量方法进行联测。当采用三角高程测量方法进行联测时，相关各点周围的环境条件宜相近。当采用连通管式静力水准测量方法进行沉降观测时，工作基点宜与沉降监测点设在同一高程面上，偏差不应超过10mm。当不能满足这一要求时，应在不同高程面上设置上下位置垂直对应的辅助点传递高程。工作基点的标石可根据现场条件选用浅埋钢管水准标石、混凝土普通水准标石或墙上水准标志。

（3）沉降观测点的布设要求

沉降观测点的布设应能全面反映建筑及地基变形特征，并顾及地质情况及建筑结构特点。场地地面沉降监测点应在相邻地基沉降监测点布设线路之外的地面上均匀布设。根据地形地质条件，可选择采用平行轴线方格网法、沿建筑四角辐射网法或散点法布设。

点位宜选设在下列位置：

1）建筑的四角、核心筒四角、大转角处及沿外墙每10~15m或每隔2~3根柱基上；

2）高低层建筑、新旧建筑、纵横墙等交接处的两侧；

3）建筑裂缝、后浇带和沉降缝、伸缩缝两侧、新旧建筑物或高地建筑物接壤处的两侧，基础埋深相差悬殊处、人工地基与天然地基接壤处、不同结构的分界处及填挖方分界处；

4）对于宽度大于等于15m或小于15m而地质复杂以及膨胀土地区的建筑，应在承重内隔墙中部设内墙点，并在室内地面中心及四周设地面点；

5）邻近堆置重物处、受振动有显著影响的部位及基础下的暗沟处；

6）框架结构建筑的每个或部分桩基上或沿纵横轴线上；

7）筏形基础、箱形基础底板或接近基础的结构部分之四角处及其中部位置；

8）重型设备基础和动力设备基础的四角、基础形式或埋深改变处以及地质条件变化处两侧；

9）对于电视塔、烟囱、水塔、油罐、炼油塔、高炉等高耸建筑，应设在沿周边与基础轴线相交的对称位置上，点数不少于4个；

10）相邻地基沉降监测点可选在建筑纵横轴线或边线的延长线上，亦可选在通过建筑重心的轴线延长线上。其点位间距应视基础类型、荷载大小及地质条件，与设计人员共同确定或征求设计人员意见后确定。点位可在建筑基础深度1.5~2.0倍的距离范围内，由支护结构向外由密到疏布设，但距基础最远的监测点应设置在沉降量为零的沉降临界点以外。

（4）监测网点的标志及埋设

1）沉降基准点、工作基点的埋设及标志。沉降观测主要是监测建筑物高程（垂直位移）的变化量，水准控制点即为沉降观测网布设的基准点，要求在埋设时务必保证基准点的稳定和长期保存。因此，基准点的标石应埋设在基岩层或原状土层中；在冻土地区，应埋至当地冻土线0.5m以下。根据点位所在位置的地质条件，可选埋基岩水准基点标石（图7-1）、深埋双金属管水准基点标石（图7-2）、深埋钢管水准基点标石（图7-3）或混凝土基本水准标石（图7-4）。在基岩壁或稳固的建筑上，可埋设墙上水准标志。

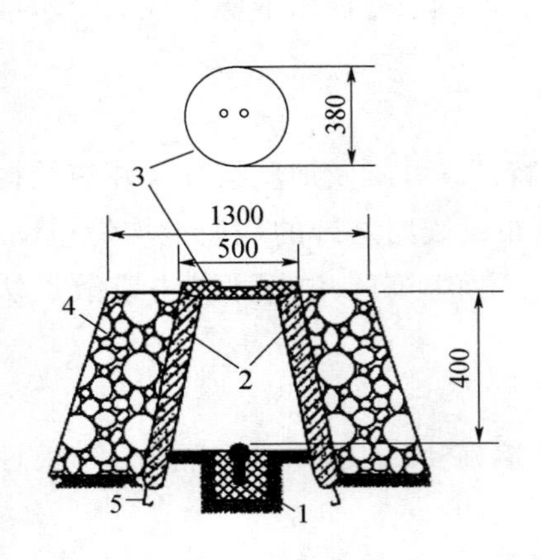

图7-1　基岩水准基点标石

1—抗蚀的金属标志；2—钢筋混凝土井圈；3—井盖；4—砌石土丘；5—井圈保护层

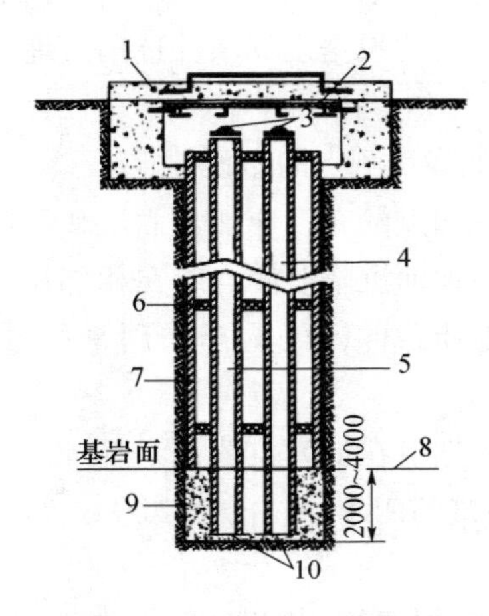

图7-2　深埋双金属管水准基点标石

1—钢筋混凝土标盖；2—钢板标盖；3—标心；4—钢芯管；5—铝芯管；6—橡胶环；7—钻孔保护钢管；8—新鲜基岩面；9—M20水泥砂浆；10—钢芯管底板与根络

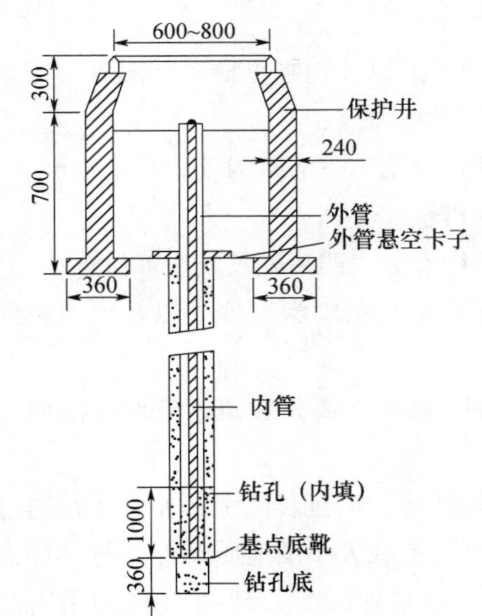

图7-3　深埋钢管水准基点标石

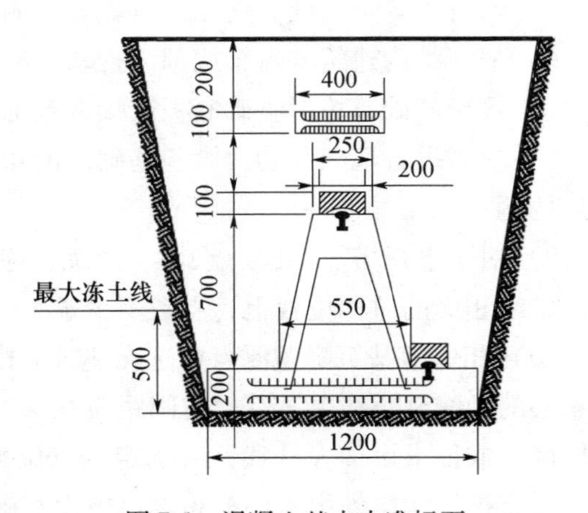

图7-4　混凝土基本水准标石

工作基点的标石可根据现场条件选用浅埋钢管水准标石（图 7-5）、混凝土普通水准标石（图 7-6）或墙体水准标志（图 7-7、图 7-8）。

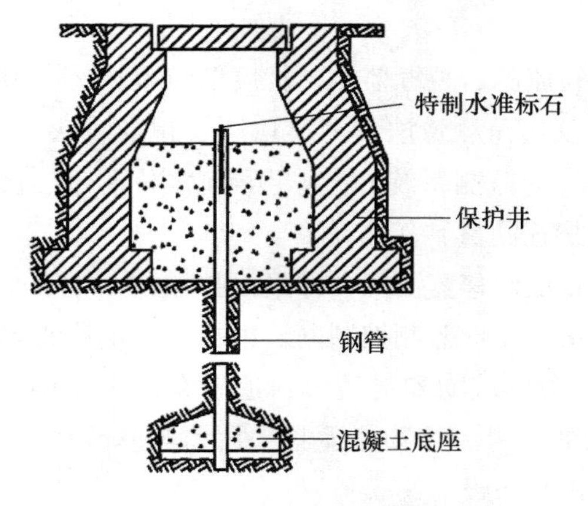

图 7-5　浅埋钢管水准标石

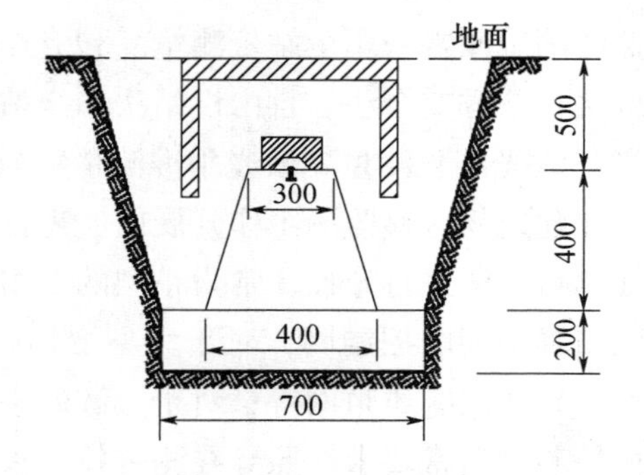

图 7-6　混凝土普通水准标石

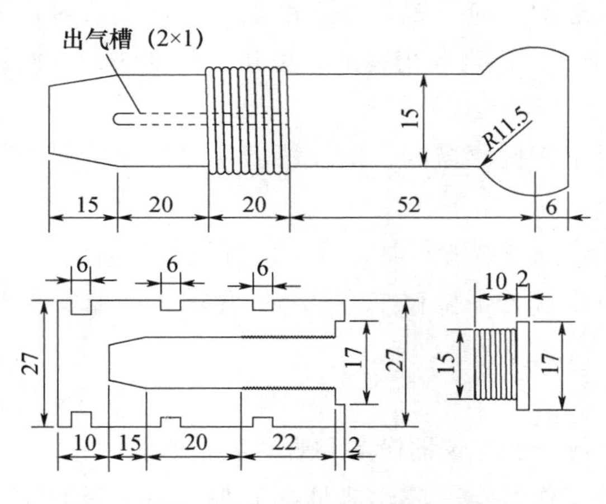

图 7-7　铸铁或不锈钢墙体暗标水准标志

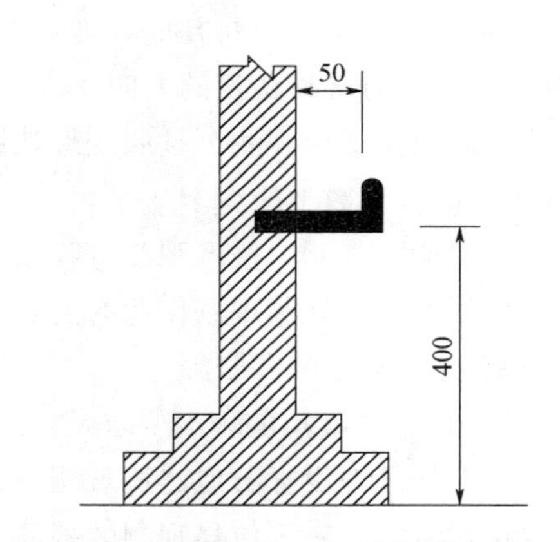

图 7-8　铸铁或不锈钢墙体明标水准标志

2）监测点的埋设及标志。监测点应埋设在能真实反映建筑物沉降情况的建筑物特征点处，要充分考虑建筑物的结构、内部应力的分布以及所处的地质条件，同时在埋设时要保证观测标志与建筑物的连接程度。相邻地基沉降监测点的标志可选择浅埋标或深埋标。

浅埋标可采用普通水准标石或用直径为 0. 25m 的水泥管现场浇灌，埋深宜为 1 ~ 2m；当在季节性冻土区埋设时，标石底部宜埋设于冻土线下 0. 5m；当在永久冻土区埋设时，标石底部宜埋设于最大溶解深度线下（永冻层中）1. 0m；场地地面沉降监测点的标志与埋设，应根据观测要求确定，可采用浅埋标。

深埋标可采用内管外加保护管的标石型式，埋深应与建筑基础深度相适应，标石顶部应埋入地面下 0. 2 ~0. 3m，并应砌筑带盖的窨井加以保护。

2. 位移监测网点的测设

（1）位移监测网的测设方法及形式

建筑物位移监测包含水平位移监测、倾斜监测、裂缝监测、扰度监测等内容，其变形监测网观测常采用全站仪测量［包含全站仪边角测量法、测小角法（视准线法）、极坐标法、前方交会法、自由设站法和全站仪自动监测系统］、卫星导航定位测量、激光测量（激光准直测量、激光垂准测量和激光扫描测量）等方法。

在建筑物位移监测工作开展前，需首先布设位移监测网，即平面控制网，主要采用大地测量方法进行布控，常为小型的专用高精度变形监测控制网。根据不同的变形监测对象布置不同的控制网，对于大型变形建（构）筑物和滑坡等，适宜布设三角网、三边网、导线网、边角网等；对于分散的小型建（构）筑物，适宜采用监测基线或单点。平面控制网通常要求按照导线测量技术指标进行布设。

（2）位移基准点的布设要求

1）对水平位移观测、基坑监测或边坡监测，应设置位移基准点。基准点数对特等和一等不应少于 4 个，对其他等级不应少于 3 个。当采用视准线法和小角度法，不便设置基准点时，可选择稳定的方向标志作为方向基准。

2）对风振变形观测、日照变形观测或结构健康监测，应设置满足三维测量要求的基准点。基准点数不应少于 2 个。

3）对倾斜观测、挠度观测、收敛变形观测或裂缝观测，可不设置位移基准点。

4）根据位移观测现场作业的需要，可设置若干位移工作基点。位移工作基点应与位移基准点进行组网和联测。

（3）位移基准点的埋设要求及标志

1）应便于埋设标石或建造观测墩，且便于安置仪器设备和观测人员作业。

2）对特等和一等位移观测的基准点及工作基点，应建造具有强制对中装置的观测墩或埋设专门观测标石（图 7-9）。强制对中装置的对中误差不应超过 0. 1mm。

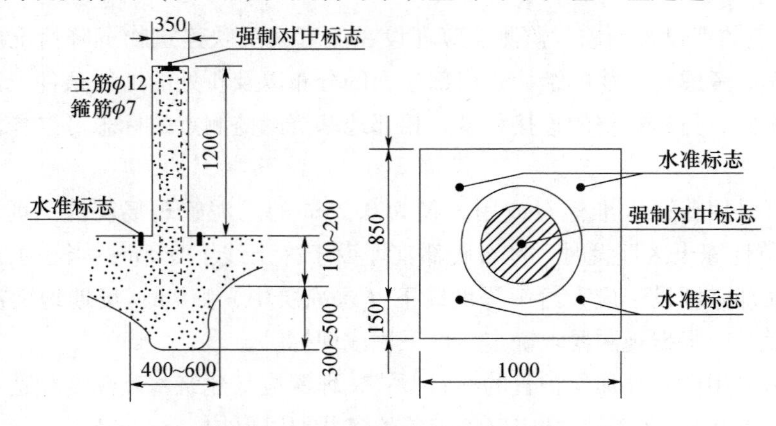

图 7-9　岩层水平位移观测墩剖面图与俯视图

3）照准标志应具有明显的几何中心或轴线，并应符合图像反差大、图案对称、相位差小和本身不变形等要求。应根据点位不同情况，选择重力平衡球式标（图 7-10）、旋入式杆状标、直插式觇牌、屋顶标和墙上标等型式的标志。

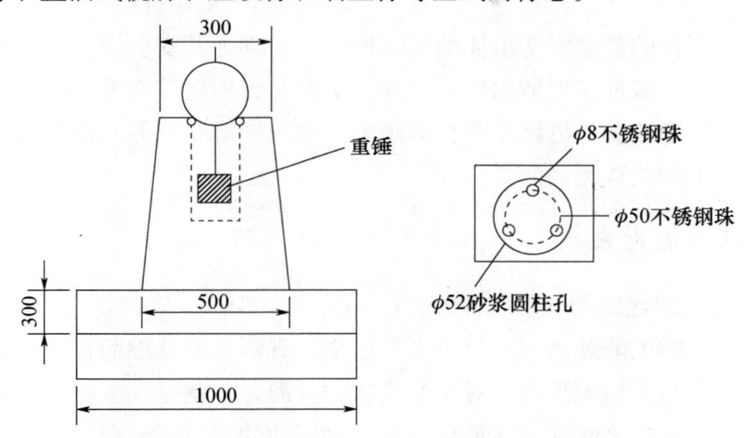

图 7-10　重力平衡球式照准标志

（4）基准点稳定性分析

首期基准点测量及每期复测后，应进行数据处理，获得各期基准点的平面坐标和高程。对两期及以上的变形测量，应根据测量结果对基准点的稳定性进行检验分析。

（5）建筑物变形监测的精度等级

通常对建筑变形测量项目，可根据建筑类型、变形测量类型以及项目勘察、设计、施工、使用或委托方的要求，确定建筑观测的等级，见表 7-1。

表 7-1　建筑变形测量等级及适用范围

等级	沉降监测点测站高差中误差（mm）	位移监视点坐标中误差（mm）	主要适用范围
特等	0. 05	0. 3	特高精度要求的变形测量
一等	0. 15	1. 0	地基基础设计为甲级的建筑的变形测量；重要的古建筑、历史建筑的变形测量；重要的城市基础设施的变形测量等
二等	0. 5	3. 0	地基基础设计为甲、乙级的建筑的变形测量；重要场地的边坡监测；重要的基坑监测；重要管线的变形测量；地下工程施工及运营中的变形测量；重要的城市基础设施的变形测量等
三等	1. 5	10. 0	地基基础设计为乙、丙级的建筑的变形测量；一般场地的边坡监测；一般的基坑监测；地表、道路及一般管线的变形测量；一般的城市基础设施的变形测量；日照变形测量；风振变形测量等
四等	3. 0	20. 0	精度要求低的变形测量

二、变形观测的内容与方法

变形观测首要目的是掌握变形体的实际性状，为判断其安全性提供必要的信息。而变形观测的内容，可依据变形体的性质分为：工业与民用建筑变形观测、基坑工程施工观测、水利工程变形监测、道路工程变形观测、边坡变形观测等。而根据变形测量类型又可分为沉降观测和位移观测两类。

1. 变形观测的内容

（1）工业与民用建筑物变形观测

主要包括基础的沉陷观测与建筑物本身的变形观测。就基础而言，主要观测内容是建筑物的均匀沉降与不均匀沉降。对于建筑物本身而言，就是观测倾斜与裂缝。对于高层和高耸建筑物，还应监测其动态形变，主要对振动的幅值、频率、扭转进行观测。对于工业企业、科学实验设施与军事设施和军事设施中的各种工艺设备，主要观测其水平位移和垂直位移。

（2）基坑工程施工观测

由于基坑支护设计目前还没有较为成熟的方法可以计算基坑周围的土体变化，而基坑支护结构在基坑开挖过程中若发生破坏，则后果会非常严重，因而在施工过程中通过对基坑的变形监测来指导基坑开挖和支护，对基坑的安全施工具有重大意义。

基坑的观测内容包括基坑支护监测（水平位移监测、竖向位移监测、深层水平位移监测、倾斜位移监测和裂缝监测）、支护结构内力监测、土压力监测、孔隙水压力监测、地下水位监测和锚杆拉力监测。

（3）水利工程变形监测

水利工程变形监测主要是指大坝和近坝区岩体变形监测，以及水库库岸的稳定性监测。对于超大型水库还应考虑库区的变形监测，用以监测水库诱发的地震。水利工程变形监测的主要项目有水平位移、垂直位移、应力及接缝监测等。

在监测过程中，常用巡视检查和仪器监测两种方法。从水利工程施工到运营期间，各级大坝均需要进行巡视检查，在检查过程中如发现大坝有损伤、附近岸坡有滑移崩塌征兆或其他异常现象，应立即上报，并分析原因。而仪器监测的方法较多，对于水平位移监测，常采用引张线法、视准线法、激光准直法、交会法、测斜仪与位移计法、卫星定位法和导线法等；对于垂直位移监测，常采用精密水准测量法、三角高程法、沉降仪法和多点位移计法等。

（4）道路工程变形观测

道路工程变形观测主要包含：公路工程变形观测、桥梁工程变形观测、高速铁路工程变形观测和地铁工程变形观测等内容。

1）公路工程变形观测主要包含垂直和水平位移等变形观测、应力变形观测和其他变形观测。公路工程变形观测主要是进行土体沉降量、土体水平位移、隆起量及土体分层水平位移量的监测。

2）桥梁工程变形观测包含桥梁墩台的垂直位移观测（墩台特征位置的垂直位移和沿桥轴线方向的倾斜监测）和水平位移观测（分为横向位移观测和纵向位移观测），塔柱的水平位移、倾斜及扰度观测，桥面的扰度观测及水平位移观测。

3）高速铁路工程变形观测主要包含水平位移观测和垂直沉降观测。

4）地铁工程变形观测主要分为基坑工程变形观测和隧道工程变形观测两部分。基坑工程变形观测一般指围护桩墙、支撑、腰梁和冠梁、立柱、土钉、锚索等的围护结构监测和相邻地层、地下水、地下管线、相邻房屋等的相邻环境监测。隧道工程变形观测一般指隧道开挖前的原位测试和施工过程中对围岩和支护的变形、应力以及相互间的作用力进行监测。

（5）边坡变形观测

高边坡观测对水库库区边坡、大坝坝基边坡、公路及铁路边坡施工及维护均具有重要意义。其观测内容包含坡顶三维位移观测、土体内部水平位移和垂直位移观测、水位水压观测、预应力锚索应力观测、地面裂缝观测、支护结构变形观测等。

2. 变形观测的方法

（1）沉降观测方法

1）精密水准测量。精密水准测量是建筑物沉降观测常用方法之一，按照《建筑变形测量规范》（JGJ 8—2016）要求，宜采用电子水准仪完成相应等级的沉降监测任务。

在建筑物沉降监测过程中，一般采用两级布设的方式。首先在变形影响范围以外且位置稳定、易于长期保存的地方布设基准点，并采用精密水准测量方法，与已知高等级水准点联测，并形成闭合或附合水准路线；当基准点距离沉降监测点较远时，还应布设工作基点，并与基准点联测，形成闭合或附合水准网；最后，从工作基点开始经过若干监测点，形成一个或多个闭合路线或附合路线，并接测于高程基准点及工作基点上，完成对沉降监测点的观测工作。在整个监测期间，应尽量采用固定的测量仪器、固定的观测人员、固定的观测线路，且应按照规定的作业方式实施变形监测任务，见表 7-2。

表 7-2　沉降观测作业方式

沉降观测等级	基准点测量、工作基点联测及首期沉降观测			其他各期沉降观测			观测顺序
	DS_{05} 型仪器	DS_1 型仪器	DS_3 型仪器	DS_{05} 型仪器	DS_1 型仪器	DS_3 型仪器	
一等	往返测	—	—	往返测或单程双测站	—	—	奇数站：后—前—前—后 偶数站：前—后—后—前
二等	往返测	往返测或单程双测站	—	单程观测	单程双测站	—	奇数站：后—前—前—后 偶数站：前—后—后—前

续表

沉降观测等级	基准点测量、工作基点联测及首期沉降观测			其他各期沉降观测			观测顺序
	DS_{05} 型仪器	DS_1 型仪器	DS_3 型仪器	DS_{05} 型仪器	DS_1 型仪器	DS_3 型仪器	
三等	单程双测站	单程双测站	往返测或单程双测站	单程观测	单程观测	单程双测站	后—前—前—后
四等	—	单程双测站	往返测或单程双测站	—	单程观测	单程双测站	后—后—前—前

为提高观测成果的精度及可靠性，精密水准测量应满足如下观测要求：

① 同一测站的观测中，不得两次调焦。

② 前后视距应尽量相等，其差值应小于规定限差值，减少与距离有关的各种误差对观测高差的影响，如 i 角误差的影响。

③ 相邻测站，应按奇偶数测站的观测程序进行观测；水准测量的观测工作间歇时，最好能结束在固定的水准点上；否则，应选择两个坚固稳定可靠、光滑突出、便于放置水准标尺的固定点，作为间歇点加以标记。间歇后，应对两个间歇点的高差进行检测，检测结果应满足规范要求。

④ 每测段应为偶数站，并往返测每测段高差。由往测转向返测时，两水准尺应互换位置，并重新整治仪器。在水准路线上每一测段仪器测站安排成偶数，可以削弱两水准标尺零点不等误差对观测高差的影响。

⑤ 应在标尺分划线成像清晰和稳定的条件下进行观测，不得在日出后或日落前约半小时、太阳中天前后、风力大于四级、气温突变时以及标尺分划线的成像跳动而难以照准时进行观测，阴天可全天观测。

⑥ 观测前，应将水准仪置于露天阴凉处 30min，使仪器与外界气温趋于一致；晴天观测时，应用测伞遮蔽阳光；迁站时套上仪器罩。观测前，应进行不少于 20 次单次测量的预热。

⑦ 应避免望远镜直接对着太阳，并应避免观测视线被遮挡。仪器应在其生产厂家规定的温度范围内工作。当遇临时振动影响时，应暂停作业。当长时间受振动影响时，应增加重复测量次数。

⑧ 各期观测过程中，当发现相邻监测点高差变动异常或附近地面、建筑基础和墙体出现裂缝时，应进行记录。

⑨ 在连续多个测站上安置水准仪的三脚架时，应使其中两脚与水准路线的方向平行，而第三个脚轮换置于路线方向的左侧与右侧。

观测视线长度、前后视距差、前后视距累积差、视线高度及重复测量次数应符合表 7-3 的规定。

表 7-3　数字水准仪观测要求

沉降观测等级	视线长度（m）	前后视距差（m）	前后视距累积差（m）	视线高度（m）	重复测量次数（次）
一等	≥4 且≤30	≤1.0	≤3.0	≥0.65	≥3
二等	≥3 且≤50	≤1.5	≤5.0	≥0.55	≥2
三等	≥3 且≤75	≤2.0	≤6.0	≥0.45	≥2
四等	≥3 且≤100	≤3.0	≤10.0	≥0.35	≥2

观测限差应满足表 7-4 的规定。

表 7-4　数字水准仪观测限差

沉降观测等级	两次读数所测高差之差限差（mm）	往返测较差及附合或环线闭合差限差（mm）	单程双测站所测高差较差限差（mm）	检测已测测段高差之差限差（mm）
一等	0.5	$0.3\sqrt{n}$	$0.2\sqrt{n}$	$0.45\sqrt{n}$
二等	0.7	$1.0\sqrt{n}$	$0.7\sqrt{n}$	$1.5\sqrt{n}$
三等	3.0	$3.0\sqrt{n}$	$2.0\sqrt{n}$	$4.5\sqrt{n}$
四等	5.0	$6.0\sqrt{n}$	$4.0\sqrt{n}$	$8.5\sqrt{n}$

注：表中 n 为测站数。

2）三角高程测量。基于全站仪的三角高程测量可用于三等、四等沉降观测。三角高程测量应采用中间设站观测方式，所用全站仪的标称精度应符合表 7-5 的规定，并宜采用高低棱镜组及配件。

表 7-5　三角高程测量所用全站仪标称精度要求

沉降观测等级	一测回水平方向标准差（″）	测距中误差（mm）
三等	≤1.0	≤（1mm+1ppm）
四等	≤2.0	≤（2mm+2ppm）

注：1ppm 表示每千米 1mm，2ppm 表示每千米 2mm。

采用三角高程测量过程中，应符合下列规定：

① 应在后视点、前视点上设置棱镜，在其中间设置全站仪。观测视线长度不宜大于 300m，最长不宜超过 500m，视线垂直角不应超过 20°。每站的前后视线长度之差，对三等观测不宜超过 30m，四等观测不宜超过 50m。

② 视线高度及离开障碍物的间距宜大于 1.3m。

③ 当采用单棱镜观测时，每站应变动 1 次仪器高进行 2 次独立测量。当 2 次独立测量所计算高差的较差符合表 7-6 的规定时，取其算术平均值作为最终高差值。

表 7-6　两次测量高差较差限差

沉降观测等级	两次测量高差较差限差（mm）
三等	$10\sqrt{D}$
四等	$20\sqrt{D}$

注：D 为两点间距离，单位 km。

④ 当采用高低棱镜组观测时，每站应分别以高、低棱镜中心为照准目标，各进行1次距离和垂直角观测；观测宜采用全站仪自动照准和跟踪测量功能按自动化测量模式进行；当分别以高、低棱镜中心所测成果计算高差的较差符合表7-6的规定时，取其算术平均值作为最终高差值。

⑤ 每次距离观测时，前后视应各测2个测回。每测回应照准目标1次、读数4次。距离观测应符合表7-7的规定。

表7-7 距离观测要求

全站仪测距标称精度	一测回读数间较差限差（mm）	测回间较差限差（mm）	气象数据测定最小读数	
			温度（℃）	气压（mmHg）
1mm+1ppm	3	4.0	0.2	0.5
2mm+2ppm	5	7.0	0.2	0.5

⑥ 每次垂直角观测时，应采用中丝双照准法观测，观测测回数及限差应符合表7-8的规定。

表7-8 垂直角观测要求

全站仪测角标称精度	测回数		两次照准目标读数差限差（″）	垂直角测回差限差（″）	指标差较差限差（″）
	三等	四等			
0.5″	2	1	1.5	3	3
1″	4	2	4	5	5
2″	—	4	6	7	7

⑦ 观测宜在日出后2h至日落前2h的期间内目标成像清晰稳定时进行，阴天和多云天气可全天观测。

（2）位移观测方法

1）全站仪测量。全站仪测量为建筑物水平位移测量的常用方法之一，包含全站仪边角测量法、全站仪小角法、极坐标法、前方交会法、自由设站法和全站仪自动监测系统等方法。其中全站仪边角测量法用于位移基准点网观测及基准点与工作基点间的联测；全站仪小角法、极坐标法、前方交会法和自由设站法可用于监测点的位移观测；全站仪自动监测系统可用于日照、风振变形测量，以及监测点数量多、作业环境差、人员出入不便的建筑变形测量项目。

① 全站仪小角法（视准线法）。它是在固定点间设置全站仪，以其视线作为基准线，定期测量观测点到基准线间的距离，求定观测点水平位移量的技术方法。其主要用于基坑水平位移监测。具体地，在基准点上安好仪器，后视观测点，然后投影至远处固定物体上，做好标记并编号，依次后视其他观测点并做好记号。后期观测时，先观测投影点，然后照准相应观测点并量测其变化量，部分点位可以增加距离测量参数加以验证。

当采用全站仪小角法测定某个方向上的水平位移时，应垂直于所测位移方向布设视准线，并应以工作基点作为测站点。测站点与监测点之间的距离宜符合表 7-9 的规定。

表 7-9　全站仪小角法观测距离要求

全站仪测角标称精度	位移观测等级			
	一等	二等	三等	四等
0. 5″	≤300m	≤500m	≤800m	≤1200m
1″	—	≤300m	≤500m	≤800m
2″	—	—	≤300m	≤500m

监测点偏离视准线的角度不应超过 30′。每期观测时，利用全站仪观测各监测点的小角值，观测不应少于 1 测回。

测小角法常用精密全站仪精确测定基准线与置镜点到观测点视线所夹的微小角度（图 7-11），并根据下式计算偏离值：

$$d = (\alpha/\rho) \times D \tag{7-1}$$

式中，α 为偏角（″）；ρ 为 206265″；D 为监测点至测站点之间的距离（mm）。

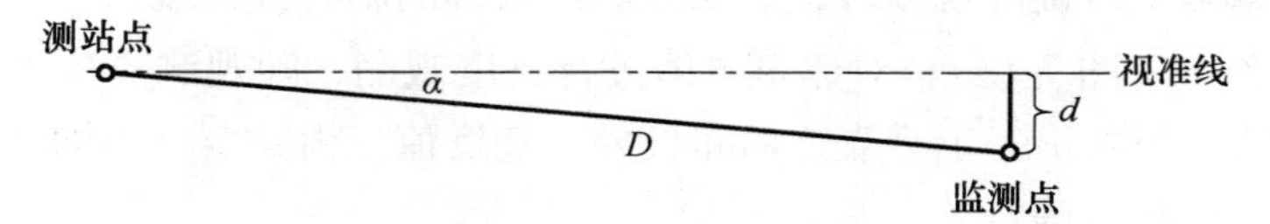

图 7-11　小角法示意图

② 前方交会法。前方交会法指利用两个已知点测定未知点的坐标的方法，包括测角交会法和测边交会法。该法观测方便，利用常规仪器即可进行，特别适用于作业人员难以到达的变形监测体，如滑坡体、坝体、塔顶等。

如图 7-12 所示，M、N 两点为工作基点，P 点为变形监测点，设测得的两个水平角分别为 β_1 和 β_2，则由 M、N 两点的坐标和水平夹角 β_1、β_2 可求得 P 点的坐标。

$$x_P = \frac{x_N \cot \beta_2 + x_M \cot \beta_1 - y_M + y_N}{\cot \beta_1 + \cot \beta_2} \tag{7-2}$$

$$y_P = \frac{y_N \cot \beta_2 + y_M \cot \beta_1 + x_M - x_N}{\cot \beta_1 + \cot \beta_2} \tag{7-3}$$

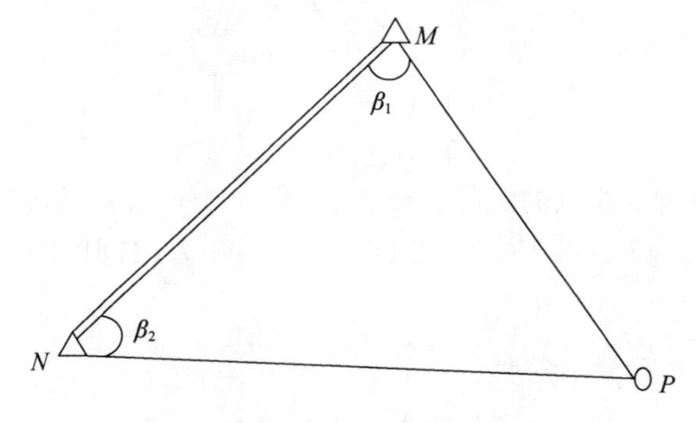

图 7-12　前方交会示意图

通过两期观测，即可获得 P 点的位移量 ΔP：

$$\Delta P = \sqrt{\Delta x^2 + \Delta y^2} \tag{7-4}$$

同时，当采用全站仪前方交会法进行位移观测时，应选择合适的测站位置，使各监测点与其形成的交会角在60°～120°之间。

2）卫星导航定位测量。卫星导航定位测量方法已广泛应用于桥梁、大坝、滑坡体等工程变形监测中，不仅具有精度高、速度快、操作简便、抗干扰性和保密性强等特点，而且可与计算机技术、通信技术及数据处理与分析技术相结合，实现全自动化、实时化监测。

目前，卫星导航定位测量方法可用于二等、三等和四等位移观测。对于二等观测，应采用静态测量模式；对于三等、四等观测，可采用静态测量模式或动态测量模式。对于日照、风振等变形测量，应采用动态测量模式。

（3）挠度观测的方法

建筑基础和建筑主体以及墙、柱等独立构筑物的挠度观测，应按一定周期测定其挠度值。对建筑基础进行挠度观测时，观测点应沿基础的轴线或边线布设，每一轴线或边线上不得少于3点（图7-13）；对建筑主体进行挠度观测，除观测点应按建筑结构类型在各不同高度或各层处沿一定垂直方向布设外，挠度值应由建筑上不同高度点相对于底部固定点的水平位移值确定。

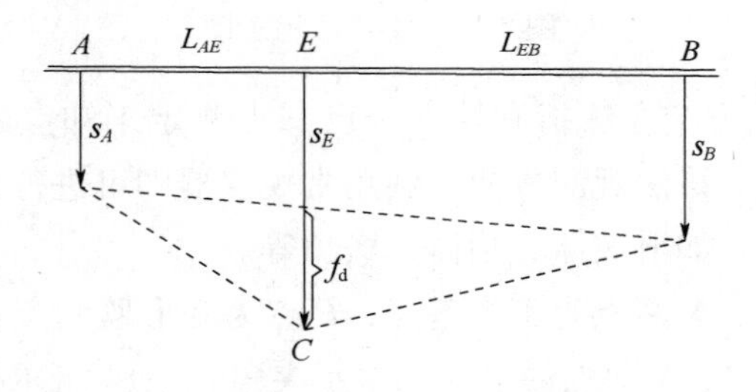

图7-13　挠度观测点布置图

挠度值及跨中挠度值应按下列公式计算：

1）挠度值 f_d 应按下列公式计算：

$$f_d = \Delta s_{AE} - \frac{L_{AE}}{L_{AE} - L_{EB}} \Delta s_{AB} \tag{7-5}$$

$$\Delta s_{AE} = s_E - s_A \tag{7-6}$$

$$\Delta s_{AB} = s_B - s_A \tag{7-7}$$

式中，s_A、s_B 为基础上 A、B 点的沉降量或者位移量（mm）；s_E 为基础上 E 点的沉降量或者位移量（mm），E 点位于 A、B 两点之间；L_{AE} 为 A、E 之间的距离（m）；L_{EB} 为 E、B 之间的距离（m）。

2）跨中挠度值 f_{dc} 应按下列公式计算：

$$f_{dc} = \Delta s_{10} - \frac{1}{2} \Delta s_{12} \tag{7-8}$$

$$\Delta s_{10} = s_0 - s_1 \tag{7-9}$$

$$\Delta s_{12} = s_2 - s_1 \tag{7-10}$$

式中，s_0 为基础中点的沉降量或位移量（mm）；s_1 、s_2 为基础两个端点的沉降量或位移量（mm）。

（4）裂缝观测的方法

裂缝观测应测定建筑上的裂缝分布位置和裂缝的走向、长度、宽度及其变化情况。对需要观测的裂缝应统一进行编号。每条裂缝应至少布设两组观测标志，其中一组应在裂缝的最宽处，另一组应在裂缝的末端。每组应使用两个对应的标志，分别设在裂缝的两侧。

裂缝观测标志应具有可供量测的明晰端面或中心。长期观测时，可采用镶嵌或埋入墙面的金属标志、金属杆标志或楔形板标志；短期观测时，可采用油漆平行线标志或用建筑胶粘贴的金属片标志。当需要测出裂缝纵横向变化值时，可采用坐标方格网板标志。使用专用仪器设备观测的标志，可按具体要求另行设计。

对于数量少、量测方便的裂缝，可根据标志形式的不同分别采用比例尺、小钢尺或游标卡尺等工具定期量出标志间距离求得裂缝变化值，或用方格网板定期读取“坐标差”计算裂缝变化值；对于大面积且不便于人工量测的众多裂缝宜采用交会测量或近景摄影测量方法；需要连续监测裂缝变化时，可采用测缝计或传感器自动测记方法观测。

裂缝观测中，裂缝宽度数据应量至0.1mm，每次观测应绘出裂缝的位置、形态和尺寸，注明日期，并拍摄裂缝照片。

（5）倾斜观测的方法

建筑主体倾斜观测应测定建筑顶部观测点相对于底部固定点或上层相对于下层观测点的倾斜度、倾斜方向及倾斜速率。刚性建筑的整体倾斜，可通过测量顶面或基础的差异沉降来间接确定。

主体倾斜观测点和测站点的布设应符合下列要求：

1）当从建筑外部观测时，测站点的点位应选在与倾斜方向成正交的方向线上距照准目标1.5~2.0倍目标高度的固定位置。当利用建筑内部竖向通道观测时，可将通道底部中心点作为测站点。

2）对于整体倾斜，观测点及底部固定点应沿着对应测站点的建筑主体竖直线，在顶部和底部上下对应布设；对于分层倾斜，应按分层部位上下对应布设。

3）按前方交会法布设的测站点，基线端点的选设应顾及测距或长度丈量的要求。按方向线水平角法布设的测站点，应设置好定向点。

当从建筑或构件的外部观测主体倾斜时，宜选用下列全站仪观测法：

1）投点法。观测时，应在底部观测点位置安置水平读数尺等量测设施。在每测站安置全站仪投影时，应按正倒镜法测出每对上下观测点标志间的水平位移分量，再按矢量相加法求得水平位移值（倾斜量）和位移方向（倾斜方向）。

2）测水平角法。对塔形、圆形建筑或构件，每测站的观测应以定向点作为零方向，测出各观测点的方向值和至底部中心的距离，计算顶部中心相对底部中心的水平位移分量。对矩形建筑，可在每测站直接观测顶部观测点与底部观测点之间的夹角或上层观测点与下层观测点之间的夹角，以所测角值与距离值计算整体的或分层的水平位移分量和位移方向。

3）前方交会法。所选基线应与观测点组成最佳构形，交会角宜在60°~120°之间。水平位移计算，可采用直接由两周期观测方向值之差解算坐标变化量的方向差交会法，亦可采用按每周期计算观测点坐标值，再以坐标差计算水平位移的方法。

当利用建筑或构件的顶部与底部之间的竖向通视条件进行主体倾斜观测时，宜选用下列观测方法：

1）激光铅直仪观测法。应在顶部适当位置安置接收靶，在其垂线下的地面或地板上安置激光铅直仪或激光经纬仪，按一定周期观测，在接收靶上直接读取或量出顶部的水平位移量和位移方向。作业中仪器应严格置平、对中，应旋转180°观测两次取其中数。对超高层建筑，当仪器设在楼体内部时，应考虑大气湍流影响。

2）激光位移计自动记录法。位移计宜安置在建筑底层或地下室地板上，接收装置可设在顶层或需要观测的楼层，激光通道可利用未使用的电梯井或楼梯间隔，测试室宜选在靠近顶部的楼层内。当位移计发射激光时，从测试室的光线示波器上可直接获取位移图像及有关参数，并自动记录成果。

3）正、倒垂线法。垂线宜选用直径0.6~1.2mm的不锈钢丝或因瓦丝，并采用无缝钢管保护。采用正垂线法时，垂线上端可锚固在通道顶部或所需高度处设置的支点上。采用倒垂线法时，垂线下端可固定在锚块上，上端设浮筒。用来稳定重锤、浮子的油箱中应装有阻尼液。观测时，由观测墩上安置的坐标仪、光学垂线仪、电感式垂线仪等量测设备，按一定周期测出各测点的水平位移量。

4）吊垂球法。应在顶部或所需高度处的观测点位置上，直接或支出一点悬挂适当质量的垂球，在垂线下的底部固定毫米格网读数板等读数设备，直接读取或量出上部观测点相对底部观测点的水平位移量和位移方向。

当利用相对沉降量间接确定建筑整体倾斜时，可选用下列方法：

1）倾斜仪测记法。可采用水管式倾斜仪、水平摆倾斜仪、气泡倾斜仪或电子倾斜仪进行观测。倾斜仪应具有连续读数、自动记录和数字传输的功能。监测建筑上部层面倾斜时，仪器可安置在建筑顶层或需要观测的楼层的楼板上。监测基础倾斜时，仪器可安置在基础面上，以所测楼层或基础面的水平倾角变化值反映和分析建筑倾斜的变化程度。

2）测定基础沉降差法。在基础上选设观测点，采用水准测量方法，以所测各周期基础的沉降差换算求得建筑整体倾斜度及倾斜方向。

当建筑立面上观测点数量多或倾斜变形量大时，可采用激光扫描或数字近景摄影测量方法，具体技术要求应另行设计。

三、变形观测的周期

1. 基准点的复测周期

基准点复测周期应视其所在位置的稳定情况确定，在建筑施工过程中宜每 1 ~ 2 月复测 1 次，施工结束后宜每季度或每半年复测 1 次。当某期检测发现基准点有可能变动时，应立即进行复测。当某期变形测量中多数监测点观测成果出现异常，或当测区受到地震、洪水、爆破等外界因素影响时，应立即进行复测。复测后，还应对基准点做稳定性分析。

2. 变形观测点的观测周期

建筑场地沉降观测的周期，应根据不同任务要求、产生沉降的不同情况以及沉降速率等因素具体分析确定。当变形量较大时，观测周期应缩短；变形量较小，建筑物趋于稳定时，观测周期宜相应延长。

（1）基础施工期间观测周期

在基础施工期间的相邻地基沉降观测中，当基坑降水时以及基坑土开挖过程中，应每天观测 1 次。混凝土底板浇完 10 天以后，可每 2 ~ 3 天观测 1 次，直至地下室顶板完工和水位恢复。若水位恢复时间较短、恢复速度较快，应在水位恢复的前后一周内每 2 ~ 3 天观测 1 次，同时应观测水位变化。此后可每周观测 1 次直至回填土完工。

（2）上部结构施工期间观测周期

在上部结构施工期间的相邻地基沉降观测和场地地面沉降观测次数与间隔时间应视地基与荷载增加情况确定。民用高层建筑宜每加高 2 ~ 3 层观测 1 次，工业建筑宜按回填基坑、安装柱子和屋架、砌筑墙体、设备安装等不同施工阶段分别进行观测。若建筑施工均匀增高，应至少在增加荷载的 25%、50%、75% 和 100% 时各测 1 次；施工过程中若暂时停工，在停工时及重新开工时应各观测 1 次，停工期间可每隔 2 ~ 3 月观测 1 次。

（3）运营管理阶段观测周期

建筑运营管理阶段的观测次数，应视地基土类型和沉降速率大小确定。除有特殊要求外，可在第一年观测 3 ~ 4 次，第二年观测 2 ~ 3 次，第三年后每年观测 1 次，直至沉降达到稳定状态或满足观测要求为止。建筑沉降达到稳定状态可由沉降量与时间关系曲线判定。当最后 100 天的最大沉降速率小于 0.01 ~ 0.04mm/d 时，可认为已达到稳定状态。对具体沉降观测项目，最大沉降速率的取值宜结合当地地基土的压缩性能来确定。

观测过程中，若发现大规模沉降、严重不均匀沉降或严重裂缝等，或出现基础附近地面荷载突然增减、基础四周大量积水、长时间连续降雨等情况，应提高观测频率，并应实施安全预案。

四、变形观测的成果处理

1. 观测资料的整理

（1）工程基本资料

1）工程概况，包括工程名称、建设单位、设计单位、监理单位、开工及竣工日期、工程坐落位置、工程性质及工程规模；

2）工程总体布置图和建筑物及其基础的地质剖面图；

3）工程施工、运营以来出现问题的部位、性质和发现时间、处理情况及效果等信息；

4）工程附近的地质、水文等条件。

（2）观测设施和仪器设备基本资料

1）监测方案设计原则、各监测项目设置目的、测点布置等情况说明；

2）观测系统平面布置、纵剖面图，应标明建筑物所有检测项目和监测点或监测设备的位置；纵横剖面数量以能表明测点位置为原则；

3）测点结构及埋设详图；

4）各测点的安装埋设情况说明，并附上埋设日期、初始读数、基准值等数据。

5）各种检测仪器型号、规格、主要附件、技术参数、生产厂家、仪器使用说明、出厂合格证、年检合格证等资料。

（3）变形观测点基本资料

各监测项目根据观测内容的不同，会有不同性质的点，为准确描述每一类及每一点的情况及数据，一般按照水平位移、垂直位移等项目列表来表达监测点的基本资料。

1）水平位移观测的基本资料表格式，见表 7-10。

表 7-10 建筑位移观测成果表

项目名称：××公路工程边坡　　项目编号：　　第 1 页 共 1 页

上期观测日期：2018 年 4 月 2 日　　本期观测日期：2018 年 5 月 1 日

点号	初始观测值（m）		上期观测值（m）		本期观测值（m）		单期变化量（mm）		累计变化量（mm）		本期变化速率（mm/d）	
	X	Y	X	Y	X	Y	ΔX	ΔY	ΔX	ΔY	$\Delta X/D$	$\Delta Y/D$
1	3273563.140	511325.120	3273563.140	511325.123	3273563.141	511325.124	1	1	1	4	0.03	0.03
2	3273562.700	511330.074	3273562.700	511330.076	3273562.701	511330.078	1	2	1	4	0.03	0.07
3	3273562.260	511335.028	3273562.262	511335.029	3273562.263	511335.030	1	1	3	2	0.03	0.03
4	3273561.819	511339.982	3273561.817	511339.982	3273561.819	511339.982	2	0	0	0	0.07	0.00
5	3273561.379	511344.937	3273561.381	511344.936	3273561.381	511344.937	0	1	2	0	0.00	0.03
6	3273560.939	511349.891	3273560.941	511349.895	3273560.943	511349.898	2	3	4	7	0.07	0.10

续表

点号	初始观测值（m）		上期观测值（m）		本期观测值（m）		单期变化量（mm）		累计变化量（mm）		本期变化速率（mm/d）	
	X	Y	X	Y	X	Y	ΔX	ΔY	ΔX	ΔY	$\Delta X/D$	$\Delta Y/D$
7	3273560. 499	511354. 845	3273560. 500	511354. 846	3273560. 503	511354. 847	3	1	4	2	0. 10	0. 03
8	3273560. 059	511359. 799	3273560. 061	511359. 799	3273560. 063	511359. 799	2	0	4	0	0. 07	0. 00
9	3273559. 618	511364. 753	3273559. 619	511364. 754	3273559. 620	511364. 755	1	1	2	2	0. 03	0. 03
10	3273559. 178	511369. 707	3273559. 179	511369. 708	3273559. 180	511369. 710	1	2	2	3	0. 03	0. 07
工况					简要分析							
说明												

项目负责人：　　观测：　　记录：　　检查：　　测量单位：

2）沉降观测的基本资料表格式，见表 7-11。

表 7-11　建筑沉降观测成果表

项目名称：××标段基坑　　项目编号：　　天气：晴　　第 1 页　共 1 页

观测期数	第 11 期					观测期数	第 12 期				
观测日期	2018. 5. 10					观测日期	2018. 5. 30				
点号	高程	沉降量	累计沉降量	本期沉降速率	备注	点号	高程	沉降量	累计沉降量	本期沉降速率	备注
	（m）	（mm）	（mm）	（mm/d）			（m）	（mm）	（mm）	（mm/d）	
1	550. 463	-0. 2	-42. 9	-0. 01		1	550. 458	-5	-47. 9	-0. 25	
2	550. 538	0	-42. 7	0. 00		2	550. 534	-3. 5	-46. 2	-0. 18	
3	550. 614	-1. 5	-29. 6	-0. 08		3	550. 612	-1. 9	-31. 5	-0. 10	
4	550. 691	-0. 8	-47. 1	-0. 04		4	550. 689	-2. 9	-50	-0. 15	
5	550. 771	-1	-38. 5	-0. 05		5	550. 766	-4. 1	-42. 6	-0. 21	
6	550. 851	-0. 6	-21. 8	-0. 03		6	550. 850	-0. 6	-22. 4	-0. 03	
工况						工况					
说明						说明					

项目负责人：　　观测：　　记录：　　检查：　　测量单位：

2. 观测数据平差计算与分析

建筑变形测量数据的平差计算和分析处理是变形测量作业的一个重要环节。每期变形观测结束后，应依据测量误差理论和统计检验原理对获得的观测数据及时进行平差计算处理，并计算各种变形量。在平差计算过程中，应利用稳定的基准点作为起算点。如果在某期平差计算和分析中，发现有基准点变动，不得使用该点作为起算点。

变形观测数据平差计算和处理的方法很多，目前已有许多成熟的平差计算软件系统。这些软件一般都具有粗差探测、系统误差补偿和精度评定等功能。平差计算中，需要特别注意的是，要确保输入的原始观测数据和起算数据正确无误。

工程变形监测时，仅用平差处理和分析测量数据是不够的，对于某些重要的物理量，还应通过绘制变形过程线，表征监测量在时间和空间上的分布关系。在此基础上进一步分析，阐述各监测物理量的变化规律以及其对工程安全的影响，并提出运行和处理意见。

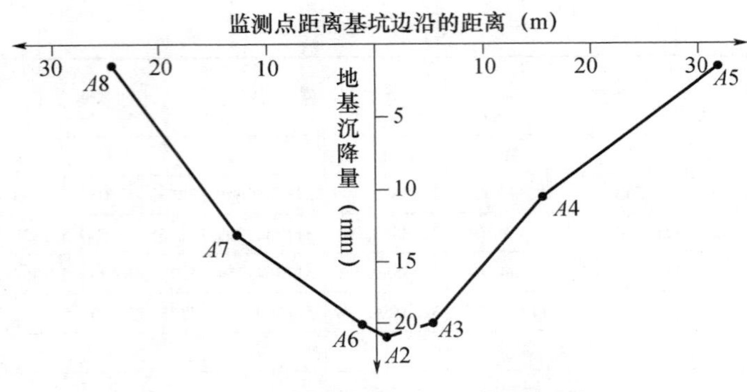

图 7-14　相邻地基沉降的距离-沉降曲线

变形过程线图（图 7-14 ~ 图 7-17）表示变形量随时间推移在空间分布上的变化。非特殊情况下的变形过程线应该是平滑的。手工绘制时，可采用“三点法”来修匀；计算机绘制则采用拟合等方法来进行圆滑处理。

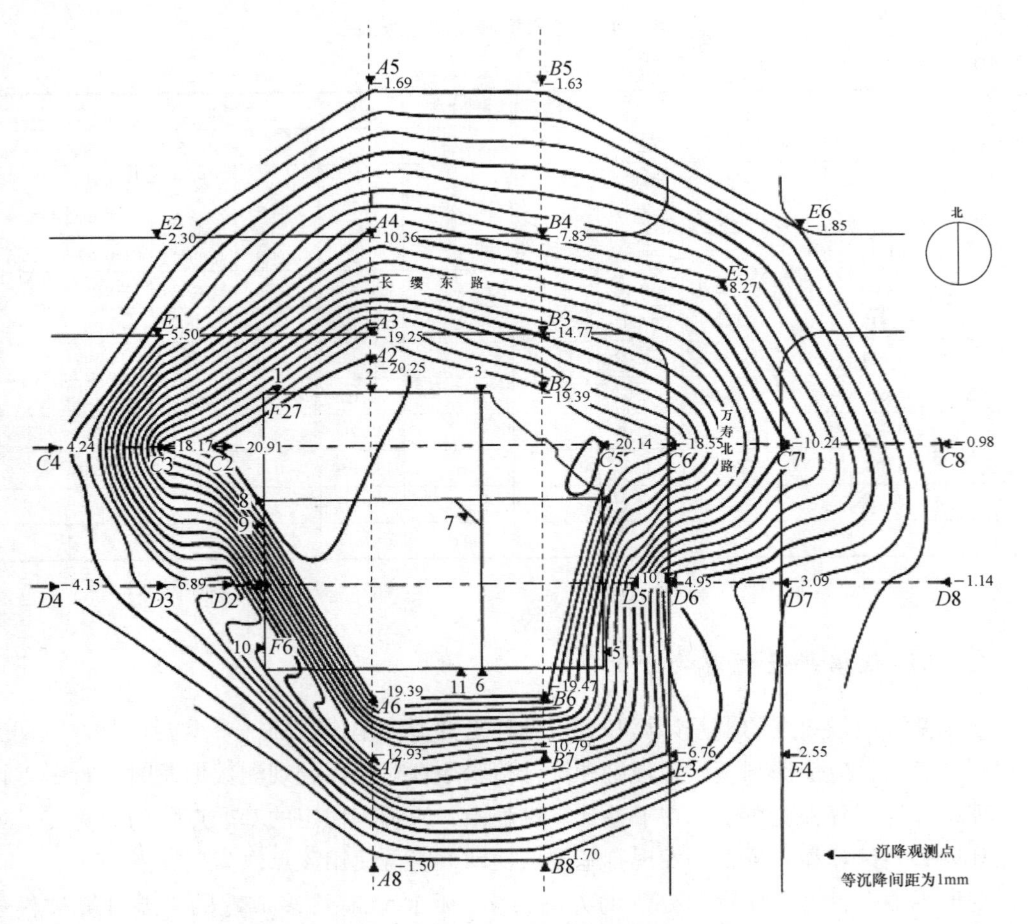

图 7-15　场地地面等沉降曲线

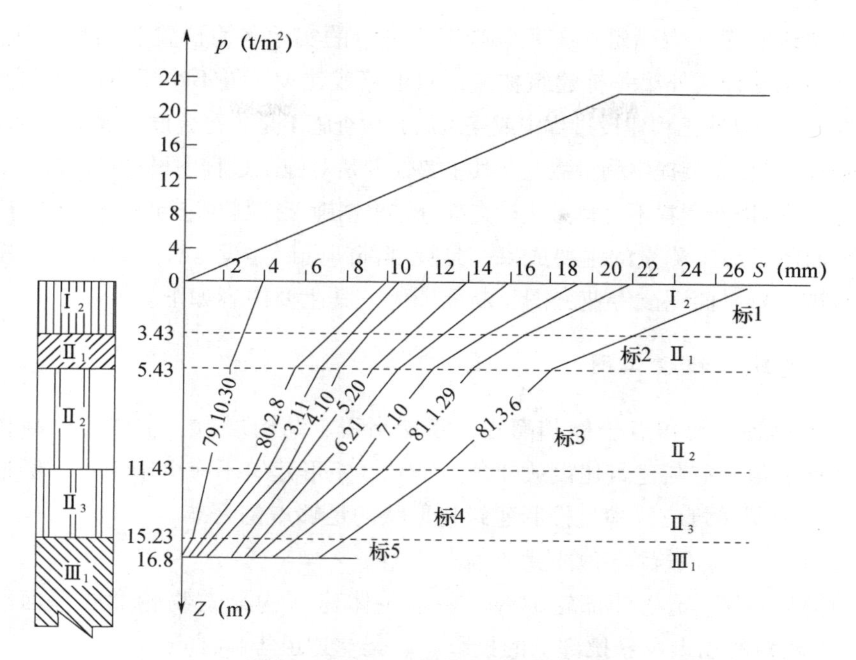

图 7-16　各土层荷载-沉降-深度曲线

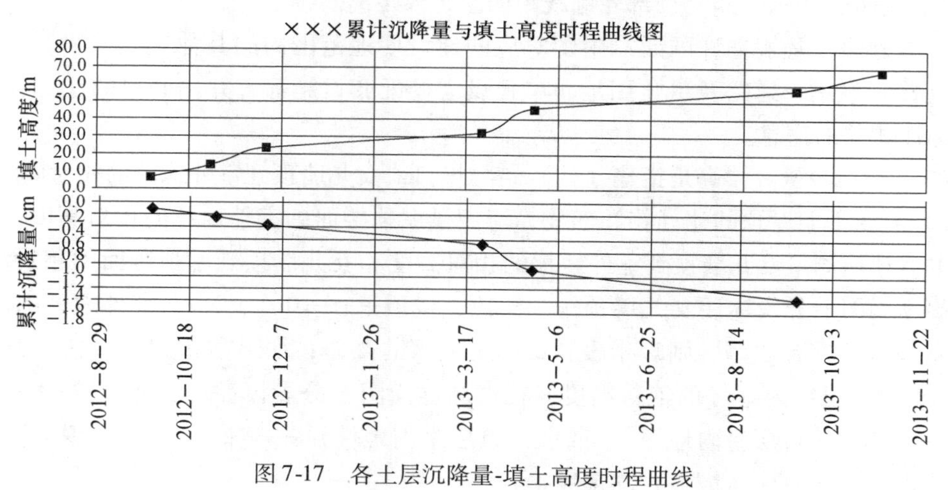

图 7-17　各土层沉降量-填土高度时程曲线

第二节　竣工测量与竣工图测绘

一、竣工平面图的主要内容

竣工测量是指在工业建筑工程、民用建筑工程、城市道路工程、城市桥梁工程、地下管线工程和地下建（构）筑物工程等竣工后进行的实地平面位置和高程的测量工作。测量范围宜包括建设区外第一栋建筑物或市政道路或建设区外不小于30m 的区域。

建筑竣工测量是在工程建设过程中或完工后，检查施工是否符合设计要求，为工程运营阶段中的检修和设备安装提供测量数据。其主要任务是对施工过程中设计更改部分、直接在现场指定施工部分以及资料不完整无法检查部分，根据施工控制网进行现场实测或补测。

竣工平面图是竣工测量的主要成果，是规划部门开展建设工程规划验收工作的重要依据，包括竣工总平面图、专业分图、断面图等。其主要内容如下。

1. 民用建筑工程竣工图

（1）建筑物各主要角点坐标和高程、零层高程、结构层数、主体房顶高程等；测定建筑物坐标的角点应与建筑建设放样角点一致，矩形建筑不应少于3 点，圆形建筑不应少于4 点，异型建筑应以满足控制建筑物形状的足够点位为准。

（2）主体建（构）筑物相关地形要素。

1）主体建（构）筑物外部轮廓线。包括主体建（构）筑物轮廓线平面图形、建（构）筑物外轮廓的拐点及悬挑部分的投影点、架空过道等特征点。

2）主体建（构）筑物外部轮廓线距四至边界距离。

3）《建设工程规划许可证》附图对应的建设用地范围内的其他现状地物，如保留的建（构）筑物、道路及绿化用地、单独设立的配套设施等，并用必要的注记在地形图中标注相关的信息。

（3）楼高测量。楼高是指建（构）筑物檐口或女儿墙顶到室外地坪的相对高度。

1）对于平面屋顶的建（构）筑物，应测量屋顶楼面到室外地坪的相对高度；有女儿墙的，还应测量女儿墙顶到室外地坪的相对高度和女儿墙顶到屋顶楼面的相对高度。在楼高立面图上分段标注女儿墙顶——楼顶、楼顶——±0、±0——室外地坪的高差。如果室外地坪没有成型，则算出设计±0 至散水的高差；如果散水也未完工，测出建（构）筑物首层室内地坪的绝对高度，在楼高立面图上分段标注：女儿墙顶——楼顶、楼顶——散水（首层室内地坪）、散水（首层室内地坪）——±0，并在“说明”栏中注明：现场室外地坪（散水）均未完工。

除分段标注各高差外，还必须在立面图上标出整体高度，标注格式详见附图（图7-18）。

2）对于坡屋面或其他曲面屋顶的建（构）筑物，应测量建（构）筑物外墙与屋面板交点至室外地坪的高度。如果《建设工程规划许可证》附件要求测出最高点高度，应按要求测量。

3）凸出屋面的水箱间、电梯间、亭台楼阁一般可不测高度；如果《建设工程规划许可证》中有要求，应按要求测量。

4）阶梯式建筑要测出各楼层的高度，各楼层都要标出分段高差和整体高度，并应在立面图中分段标注。

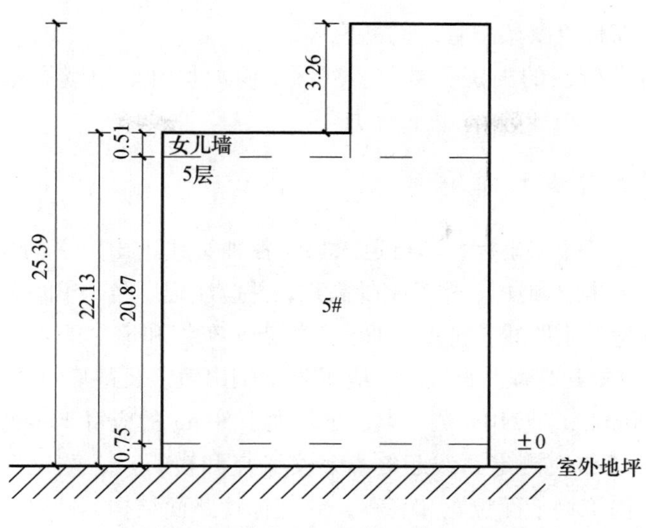

图 7-18　楼高立面示意（单位：m）

（4）建筑区内部道路应测定路线起终点、交叉点和转折点的三维位置，弯道、路面、人行道、绿化带界线，构筑物位置和高程，并应标注路面结构、路名、道路去向。

（5）民用建筑建设区域内的地下管线应全面测量，给水、燃气、电力管线应探测到分户表，排水管线应探测到化粪池。各种管线应与建设区外的市政管线衔接。

2. 城市道路工程竣工图

（1）根据道路实际状况进行测量。道路中心直线段，应每 25m 施测一个坐标和高程点；曲线段起终点、中间点，应每隔 15m 施测一个坐标和高程点；道路坡度变化处应加测坐标和高程点，并绘制道路纵、横断面图。

（2）过街管道、路边沟道以及立交桥附属的地下管线等设施的竣工测量应在施工中进行。

（3）过街天桥应测注天桥底面高程，并应标注与路面的净空高。

3. 城市桥梁工程竣工图

桥梁工程竣工测量主要包含桥墩、桥面及其附属设施现状测量等内容。

（1）每个桥墩应按地面实际大小施测角点或周边坐标和高程。

（2）桥面测量应沿桥梁中心线和两侧，并包括桥梁特征点在内，以 20 ~ 50m 间距施测坐标和高程点。

（3）全面测量桥梁工程区域的地下管线。

4. 地下管线工程竣工图

地下管线工程的竣工测量应在覆土前进行，其主要内容包括：

（1）测量管线起止点、转折点、分支点、交叉点、变径点及每隔适当距离的直线点等的平面位置、高程以及架空管道的高度等。

（2）调查并标注管线的类别、材质、埋深、断面尺寸、电缆孔数、管偏、传输物质特征（流向、压力、电压等）、埋设年月等。

5. 工业建筑工程竣工图

（1）应测定各主要角点坐标、车行道入口、各种管线进出口平面位置和高程，测定主体房顶（女儿墙除外）、地坪、房角室外高程，并应注记厂名、车间名称、结构层数等。

（2）厂区铁路应测定路线转折点、曲线起终点、车挡和道岔中心，测定弯道、道岔、桥涵等构筑物平面位置和高程。直线段，应每25m测出轨顶及路基的平面位置和高程；曲线段，半径小于500m的应每10m测一点，半径大于500m的应每20m测一点。

（3）厂区内部道路应测定路线起终点、交叉点和转折点，测定弯道、路面、人行道、绿化带界线及构筑物平面位置和高程，并应标注路面结构、路名、道路去向。

（4）地下管线应测定检修井、转折点、起终点和三通等特征点的坐标，测定井旁地面、井盖、井底、沟槽、井内敷设物和管顶等处的高程，井距大于75m时，应加测中间点。图上宜注明井的编号、管道名称、管径、管材及流向。地下管线的测定宜在管沟回填前完成。

（5）架空管线应测定管线转折点、结点、交叉点和支点的平面位置和高程，测定支架旁地面高程。

（6）水池、烟囱、水塔、储气罐、反应炉等特种构筑物及其附属构筑物的平面位置和高程、与各种管线沟槽的接口位置等均应表示，并应测出烟囱及炉体高度、沉淀池深度等。

（7）围墙拐点的坐标、绿化区边界以及不同专业的规划验收需要反映的设施和内容。

二、竣工平面图的测绘

竣工平面图的测绘是监控城市规划建设实施情况和城市基础地形图动态维护的重要工作之一，包括控制测量、细部测量和竣工图编绘等工作。

1. 控制测量

竣工测量坐标系统和高程系统应与施工坐标系统和高程系统保持一致，其控制网起始点宜采用原建设用图的控制点，当原控制点被破坏时，应重新布设。

（1）平面控制测量

平面控制起算点精度等级不得低于城市二级导线精度，布设形式为图根导线或图根GPS。

1）图根导线。图根导线是竣工测量基本控制内容之一，其图根导线点应在等级控制点上加密，构成附（闭）合或网状导线，并满足图根附合导线的技术要求（表7-12）。

表 7-12　图根附合导线技术要求

比例尺	导线总长（m）	平均边长（m）	最多边数	测回数	方位角闭合差（″）	导线相对闭合差	导线绝对闭合差（m）
1：500	1500	100	15	1	$\pm 30''\sqrt{n}$	1/6000	±0.25
1：1000	3000	200	15	1	$\pm 30''\sqrt{n}$	1/6000	±0.50

注：n 为测站数。

当图根导线布设成支导线时，其长度不得大于 500m（困难地区不得大于 750m），边数不应多于 4 条。水平角使用 6″级及 6″级以上仪器观测一测回。有检测条件的，必须观测固定角或固定边长，边长采用测距仪单向观测一测回。

单一附合路线的图根导线点观测可与碎部点观测同站进行，为了确保图根点精度，每站应在图根观测结束后，再进行碎部点测图。图根观测时，照准点应使用三脚架安置棱镜。

2）图根 GNSS。随着 GNSS 定位技术的发展，目前利用 GNSS 技术完成图根平面控制点的布设越来越普及，但需要满足《卫星定位城市测量技术规范》（CJJ/T 73—2010）中二级 GPS 网的技术要求。

（2）高程控制测量

1）三角高程测量。电磁波三角高程宜和导线测量同时进行，高程起算点等级不应低于四等水准，电磁波导线三角高程垂直角应对向观测，电磁波附合导线三角高程高差闭合差不应超出 $\pm 40\sqrt{L}$ mm（L 为附合线路的长度，单位：km），高程中误差不大于 1/10 基本等高距。

2）水准测量。图根水准测量应满足表 7-13 所示技术要求。

表 7-13　图根水准技术要求

项目名称	限差/要求	备注
使用仪器	不低于 DS_{10}	i 角≤30″
起算点间路线长度	8km	
结点间路线长度	6km	
支线长度	4km	
平坦地区路线闭合差	$\leq 40\sqrt{L}$mm	L 为路线长度，单位为 km
山地（16 站/km）路线闭合差	$\leq 12\sqrt{n}$mm	n 为测站数
高程中误差	≤ ±1/10 基本等高距	

2. 细部测量

竣工图细部测量应采用全数采集的方法作业，其平面图按比例尺 1：500 进行测量，在测量过程中除了按照城市测量规范中要求的地形测量内容进行测绘外，还应遵循如下要求：

1）经重复观测坐标较差小于 14cm 的原放样（验线）的、非本次竣工建（构）筑物的相关地物的正式成果，可适当利用。

2）当竣工测量区域内仅有两幢及以下竣工建（构）筑物时，允许利用 3 个以上永久性建筑物的明显特征点解析设站，竣工测量区域内所有地物必须重新数采。数采地物点相对于解析设站点的点位中误差不应超出 ±5cm，高程中误差不应超出 ±3cm。用于控制解析设站点的建（构）筑物特征点应分布均匀，其交会角不得小于 30°，边长不得短于竣工测量区域的最大视线长度。当检查边较差不大于 30cm 时，可进行内业编辑竣工平面图和更新地形图。当竣工测量仅有一幢建（构）筑物或原有建（构）筑物新增加附属物时，可直接依托原有建筑物观测。以其他建筑物检查，与相邻地物距离较差不得大于 10cm。

3）所有地面建（构）筑物的竣工测量须进行房高测量和室内、室外地坪测量。当使用全站仪进行观测时，11 层及 11 层以下的同层高度观测一测回，11 层以上的高度应在同层的不同位置各观测一测回，两组较差≤0.30m，取均值为此层房高。如果使用钢尺、手持测距仪等丈量高差，观测两组，两组较差≤0.05m，取其均值。

4）竣工立面图应按实测的竣工平面图绘制竣工房的某一个立面，利用甲方提供的平面和竖向设计图作为参考，比例尺选择 1∶100～1∶500 为宜。

3. 竣工图编绘

（1）编绘资料收集

竣工平面图应充分利用设计和施工资料，使用前应对所收集的资料进行实地对照检核，不符之处应予以实测。编绘竣工平面图应收集如下资料：

1）《建设工程规划许可证》及附图要求（复印件）；

2）合同（或合同评审会议纪要）；

3）技术设计书（一般工程可编制策划说明）；

4）施工设计图及设计变更文件；

5）施工检验记录；

6）所有竣工测量资料（控制点来源及检测资料、外业观测记录、导线计算、水准计算等）。

（2）编绘原则

竣工图编绘应遵循现场测量为主、资料编绘为辅的原则。

1）施工中应根据施工情况和设计变更文件及时编绘竣工图；

2）单项工程完工后应立即实测并编绘单项工程竣工平面图；

3）对于设计变更部分，应进行实测并编绘资料；

4）对于地下管线及隐蔽工程，应在回填前完成数据的采集及编绘。

（3）编绘要求

1）竣工测量平面图应标注竣工房屋前后间距，为突出竣工房，以区别竣工房和相关房屋，应绘制 0.25mm 宽的多义线，多义线沿竣工房房屋外轮廓线描绘封闭，建立 PL 层。

2）因建筑物结构非常复杂、形状又不规则，竣工测量报告中所填写的内容不容易判断，因此，竣工测量报告不再提供，取消竣工测量报告，可将内容标注在竣工平面图上，竣工测量平面图上的间距标注、标高标注、道路等应在“MJZJ”图层上。间距标注、标注高程的字高为 2. 0mm。

3）尺寸标注：标注的尺寸必须是验测计算和实量的尺寸。如果计算的是垂直距离，应标注在点位上，并应标注垂足符号。

4）坐标标注：在竣工测量图中应标注实测的对应《建设工程规划许可证》附图中标注坐标的点位坐标。

5）文字标注：在竣工测量成果图中，所测的楼、围墙等现状地物可不标点名，应标注楼号。

6）线型：对于竣工测量的建（构）筑物，在成果图中应采用 0. 25mm 粗线表示；周边的相关建筑、规划路、拨地红线、规划控制线、设计边线、标注尺寸线等应采用 0. 13mm 细线表示。

7）计算时，角值应取至秒，距离和坐标值应取至毫米。标注时，角值应取至分，距离、坐标和高程值应取至厘米，面积值应取至 0. 1 平方米。

（4）成果归档

竣工测量成果归档一般应包括如下内容：

1）竣工图测量技术设计、技术总结；

2）竣工测量手簿（说明、导线信息数据和房高数据等）；

3）竣工图［竣工测量平面图（图 7-19）、竣工测量立面图（图 7-20）、横断面图及 ＊. dwg 电子文件］；

4）测量成果表（表 7-14）；

5）仪器检定资料；

6）建设工程竣工测量验收报告；

7）其他规划竣工验收要提交的资料。

表 7-14　建筑物竣工成果表

测量单位（章）：　　　　　　　　　　　　年　月　日

<table>
<tr><td>项目名称</td><td colspan="3">× × 小区</td><td colspan="2">工程地点</td><td colspan="2">重庆</td></tr>
<tr><td>建设单位</td><td colspan="3">× × 建筑公司</td><td colspan="2">规划许可证号</td><td colspan="2"></td></tr>
<tr><td>联系人</td><td colspan="3"></td><td colspan="2">联系电话</td><td colspan="2"></td></tr>
<tr><td colspan="8">建（构）筑物空间定位指标</td></tr>
<tr><td rowspan="2">楼号</td><td colspan="3">角点坐标（m）</td><td colspan="3">角点坐标（m）</td><td rowspan="2">备 注</td></tr>
<tr><td>X</td><td>Y</td><td>H</td><td>X</td><td>Y</td><td>H</td></tr>
<tr><td>3 号楼</td><td>1696. 460</td><td>1352. 007</td><td>301. 206</td><td>1712. 652</td><td>1356. 339</td><td>301. 356</td><td></td></tr>
<tr><td>4 号楼</td><td>1691. 475</td><td>1315. 465</td><td>301. 115</td><td>1718. 808</td><td>1314. 973</td><td>301. 506</td><td></td></tr>
<tr><td>5 号楼</td><td>1727. 180</td><td>1314. 997</td><td>301. 002</td><td>1743. 185</td><td>1314. 850</td><td>301. 237</td><td></td></tr>
<tr><td></td><td></td><td></td><td></td><td></td><td></td><td></td><td></td></tr>
<tr><td></td><td></td><td></td><td></td><td></td><td></td><td></td><td></td></tr>
<tr><td></td><td></td><td></td><td></td><td></td><td></td><td></td><td></td></tr>
</table>

续表

建（构）筑物主要技术指标								
楼号	工程项目	建筑性质	结构形式	项目性质	地上层数	地下层数	高度（m）	底层建筑面积（m^2）
3 号楼	××小区	住宅	框架	新建项目	18	0	59.7	348.33
4 号楼	××小区	住宅	框架	新建项目	11	1	40.8	605.47
5 号楼	××小区	住宅	框架	新建项目	11	1	40.8	495.9
备注：								
填表				检查				

××大厦竣工平面图

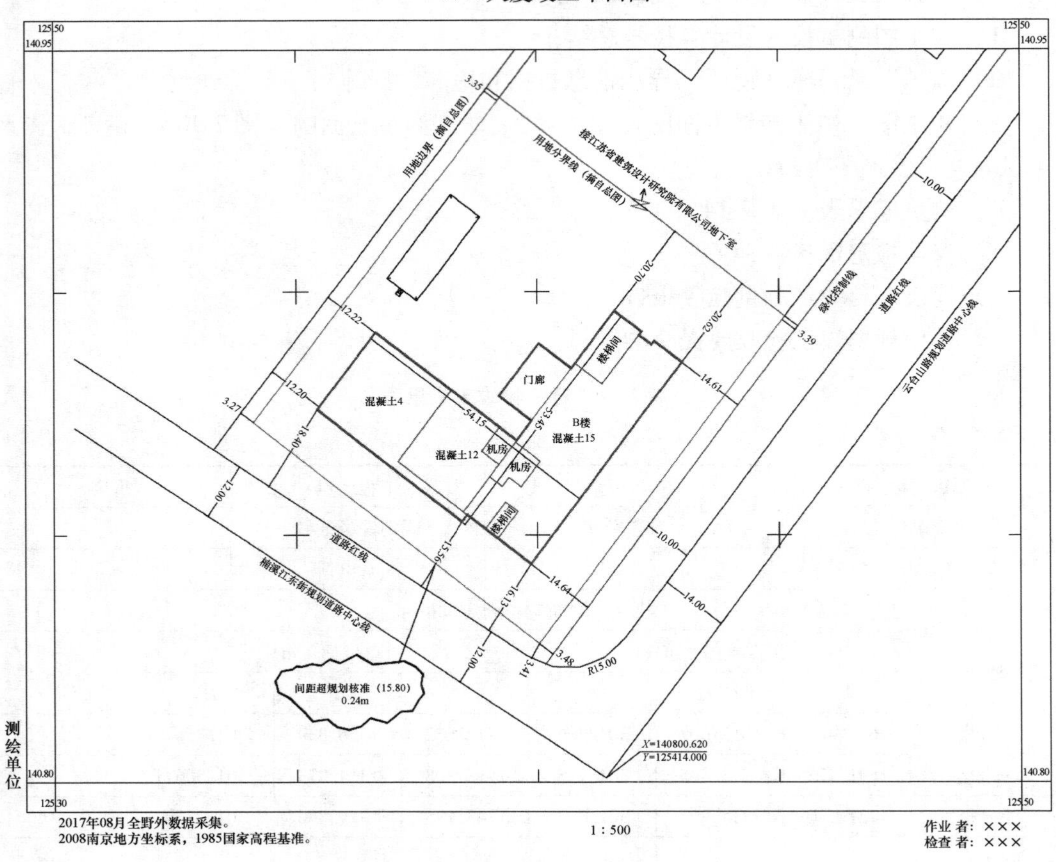

图 7-19　竣工平面图

B栋竣工测量西北立面图

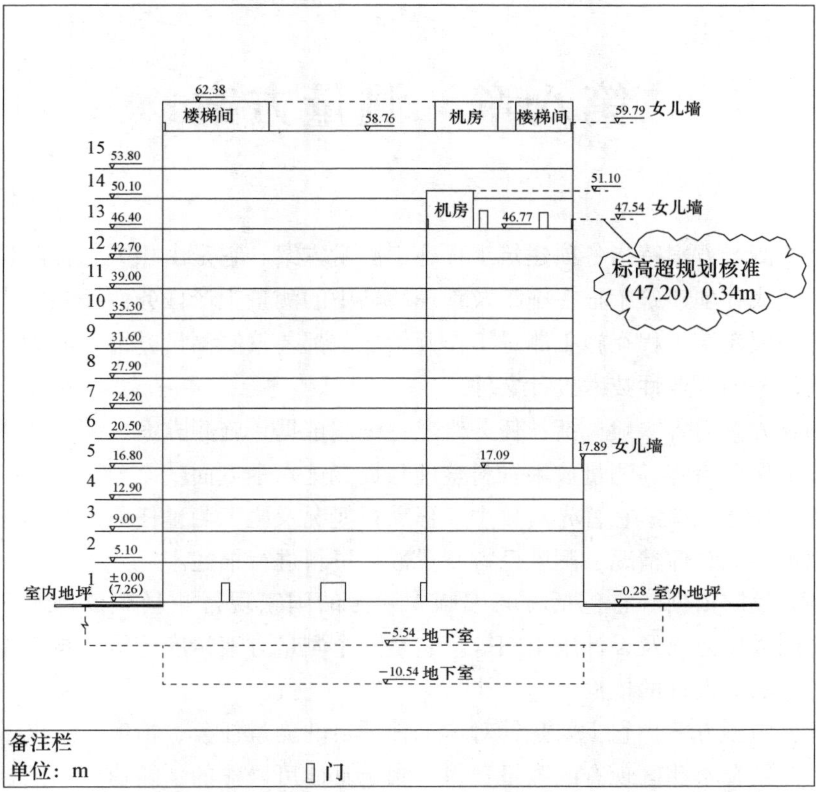

62.38
楼梯间　58.76　机房　楼梯间　59.79 女儿墙
15　53.80
14　50.10　51.10
13　46.40　机房　46.77　47.54 女儿墙
12　42.70
标高超规划核准
（47.20）0.34m
11　39.00
10　35.30
9　31.60
8　27.90
7　24.20
6　20.50
5　16.80　17.09　17.89 女儿墙
4　12.90
3　9.00
2　5.10
1　±0.00
(7.26)
室内地坪　-0.28 室外地坪
-5.54 地下室
-10.54 地下室

备注栏
单位：m　　　　▯门

日期：　　年　月　日　　　　作业者：　　　检查者：

图 7-20　竣工立面图

第八章　测量方案

本书中的测量方案特指各项建筑工程施工测量方案。它是由相关工程测量技术人员为了更好地完成各项建筑工程在施工及管理活动中的测量生产任务而编制的指导性技术文件。任何一项建筑工程在施工测量工作开始之前都要编制测量方案，因为它是顺利完成施工测量任务的专业性技术设计文件。

施工测量方案内容一般包括：任务概况、编制依据、施测方案、测量人员和仪器配置、测量技术保证措施、测量成果资料整理与提交这六个方面。

第一部分任务概况。它首先对整个工程项目概况及施工测量任务进行描述，其次对所涉测区地理环境总体情况、测区已有测量数据资料进行描述。

第二部分编制依据。它包括方案编制中参考的国家现行测量规范、地方性测量规范、测量合同或任务书及设计施工图等。它是整个测量方案精度等级、技术指标、测量限差、测量方法等设计的依据。

第三部分施测方案。它主要是针对本工程项目的测量任务、精度、工期、成果等各方面要求，并结合本测区现有的测量资料，制定具体可操作的、能达到预期目标的可行性测量方案，具体包括：数据图纸准备、控制网布设方案、测定及测设要求、具体测量作业方法、数据处理流程及要求、成果整理检查等内容。方案设计务求完整、具体、操作性强，施工现场测量人员依据方案就能从事测量工作，而无须再参考规范或各种文献。

第四部分测量人员和仪器配置。它是落实本工程实施所必须配备的人员和仪器设备的工作。

第五部分测量技术保证措施。它包括测量精度、进度、质量和安全生产保障措施的有关内容。

第六部分测量成果资料整理与提交。它包括测量成果类型及规格、测量工作技术总结、质量检查及验收、成果存档等内容。

其中第三部分施测方案是整个测量方案编制的要点，关系到整个测量工作能否顺利实施并完成，在编制时要重点对待。

施工测量方案编制是对各项建筑工程施工测量任务进行方案设计的过程，并最终编制施工测量方案文件。施工测量方案编制的目的是制定切实可行的技术方案，保证施工测量任务及成果（或产品）符合技术标准和满足工程建设的要求，并获得最佳的社会效益和经济效益。因此，测量方案编制要做到针对性强、预控性强、措施具体可行。施工测量方案编制一般由承担施工任务的测量专业工程师编制，并由项目技术负责人审核、签字，报监理批准，然后作为重要的施工技术文件，在施工测量过程中应严格执行。

第一节　施工测量方案的基本内容

一、施工测量任务概述

施工测量是指各项建筑工程在施工阶段相关测量工作的总称，施工测量任务主要包括：施工控制网的建立；将设计图上建筑物或构筑物的平面位置和高程标定到实地上，即施工放样（测设）；每道施工工序完成后，通过测量检查各部位的实际平面位置及高程是否符合设计要求；工程的竣工测量以及建筑物的变形监测等。具体施工测量任务见表 8-1。

表 8-1　施工测量任务

任务类型	任务内容	测量方法
施工控制网测量	已有控制网复测；施工控制网加密；变形监测控制网测量等	导线测量、GNSS 控制网测量、水准测量、三角高程测量等
施工放样及检核	施工放样图纸数据准备；施工放样；放样成果检核	全站仪极坐标放样、直角坐标放样、GNSS-RTK 放样、水准测量等
竣工测量与竣工图编绘	竣工平面图测绘、竣工图编绘、地形测绘、管线测量	全站仪数字测图、GNSS-RTK 数字测图等
变形监测	变形监测网布设；沉降、位移、裂缝、倾斜、收敛等监测；监测预警报告、监测周期报表编制等	GNSS 静态控制测量、水准测量、导线测量、交会测量、基准线法、极坐标法、视准线法等

施工测量方案首先介绍工程概况，主要包括工程的毗邻建筑物及周围环境情况，建筑物的结构类型、占地面积、地上地下结构层数；建筑物平面布置形状及特点、建筑物的总高度等。然后结合工程的测量任务书或项目合同说明测量任务来源、内容、目标、作业区范围、行政隶属、任务量、完成期限等。再根据测量项目的具体内容和特点，说明与测量方案或作业有关的测区自然地理概况，内容可包括：

① 作业区的地形概况、地貌特征：居民地、道路、水系、植被等要素的分布与主要特征，地形类别、困难类别、海拔高度、相对高差等；

② 作业区的气候情况：气候特征、风雨季节等；

③ 测区有关工程地质与水文地质的情况等；

④ 其他需要说明的作业区情况等。

另外，施工测量方案还要说明已有资料的施测年代和采用的平面、高程基准，资料的数量、形式、质量（包括已有资料的主要技术指标和规格等）和评价，利用的可能性和利用方案等，并列出所有起始数据：城市控制点的坐标及高程、红线桩的坐标及高程等。

二、施工测量的精度要求

为了满足施工测量精度要求，施工测量方案需要根据建筑物或构筑物的大小、结构形式、施工方法、建筑材料等因素，决定施工测量的精度。一般而言，高层建筑物施工测量精度高于低层建筑物；金属结构建筑物施工测量精度高于钢筋混凝土结构建筑物；永久性建筑物施工测量精度高于临时性建筑物；装配式建筑物施工测量精度高于非装配式建筑物。对同类建筑物和构筑物来说，测设整个建筑物和构筑物的主轴线，以便确定其相对其他地物的位置关系时，其测量精度要求可相对低一些；而测设建筑物和构筑物内部有关联的轴线，以及在进行构件安装放样时，精度要求则相对高一些；如要对建筑物和构筑物进行变形观测，测量精度要求更高。对此，应根据不同工程对象，选用不同精度的测量仪器和测量方法，针对不同的测量任务明确各项测量成果的精度要求。

施工测量方案除对精度要求高的特殊工程需要单独进行精度设计外，一般采用规范设计，即根据施工对象、结构、部位和工艺等通过参考各种规范进行设计。在方案精度设计时，综合考虑放样误差、构建制造误差等影响，既要满足精度要求，又要考虑经济效益。

在各项建筑工程施工测量中采用的技术等级、技术指标、精度要求、测量方法、数据处理等有关内容应符合相关的测量规范和施工规范的要求，具体施工中常用的相关测量和施工规范标准如下。

（1）《工程测量规范》（GB 50026—2007）

（2）《城市测量规范》（CJJ/T 8—2011）

（3）《建筑施工测量标准》（JGJ/T 408—2017）

（4）《城市轨道交通工程测量规范》（GB/T 50308—2017）

（5）《1：500　1：1000　1：2000 外业数字测图规程》（GB/T 14912—2017）

（6）《建筑变形测量规范》（JGJ 8—2016）

（7）《全球定位系统（GPS）测量规范》（GB/T 18314—2009）

（8）《全球定位系统实时动态测量（RTK）技术规范》（CH/T 2009—2010）

（9）《卫星定位城市测量技术规范》（CJJ/T 73—2010）

（10）《国家三、四等水准测量规范》（GB/T 12898—2009）

（11）《国家一、二等水准测量规范》（GB/T 12897—2006）

（12）《精密工程测量规范》（GB/T 15314—1994）

（13）《公路桥涵施工技术规范》（JTG/T F50—2011）
（14）《建筑基坑工程监测技术规范》（GB 50497—2009）
（15）《城镇道路工程施工与质量验收规范》（CJJ 1—2008）
（16）《土方与爆破工程施工及验收规范》（GB 50201—2012）
（17）《客运专线无碴轨道铁路工程测量暂行规定》（铁建设〔2006〕189 号）
（18）《测绘技术设计规定》（CH/T 1004—2005）
（19）《测绘技术总结编写规定》（CH/T 1001—2005）
（20）《工业与民用建筑工程地质勘察规范》及各种工程施工及验收规范等

三、施工测量组织

1. 施工测量人员组织

为了保证施工测量工作顺利开展，施工测量工作实行总工负责制，并设置专业测量作业部门或队伍。施工测量工作由总工程师和副总工程师负责组织实施，并设专职测量工程师管理、协调施工测量全过程。专业测量作业部门或队伍负责施工测量工作的具体实施，并接受总工程师、副总工程师、专职测量工程师的监督管理。从事具体施工测量的专业技术人员需持有工程测量员职业资格技能证书。在具体项目的施工测量方案编制中应明确测量工作岗位、岗位职责、人员组织结构图。常见施工测量人员组织结构图如图 8-1 所示。测量作业组的岗位职责如下：

① 负责施工测量方案、监控量测方案的编制，方案经总工程师审批后完成上报审核工作。

② 贯彻执行施工测量规程、规范、标准、方案，负责项目范围内的交接桩、施工复测、施工控制测量、施工放线、监控量测及数据分析、竣工测量与竣工图编绘等工作。

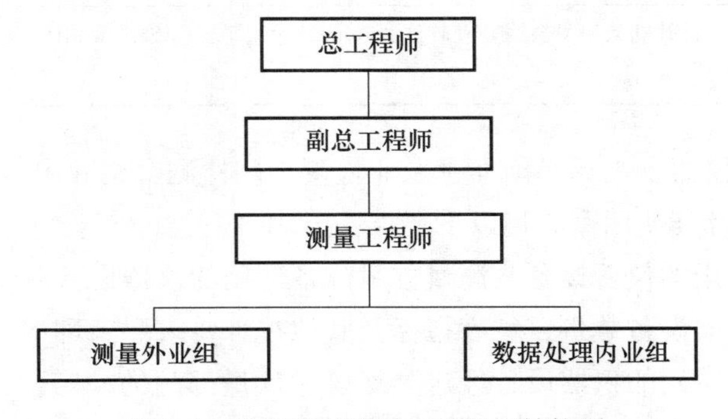

图 8-1　常见施工测量人员组织结构图

③ 负责项目测量仪器的管理工作，建立测量仪器台账、维修保养台账。具体包括：合格证、设备使用说明书、配件手册、检定记录、鉴定证书、维修记录等。

④ 按国家相关规定定期检定、周期复验、检核校正项目使用的施工测量仪器工具。精心维护施工测量仪器工具以保持测量设备的精度满足要求。

⑤ 根据工程的技术工艺，有计划、有步骤地对测量人员进行技术培训，使其掌握测量方案、测量规范、测量仪器使用等方面的知识。

⑥ 开工前核对设计图纸，及时发现问题并上报。确认设计图纸无误后，进行测量放线工作。所有测量放线数据，都必须有详细的图表计算和技术交底。

⑦ 严格执行测量工作双检制。凡交接桩复测、施工放线放样及竣工测量等都必须进行双检，即复核测量。一个测量组先后用不同方法测量，核对结果，或两个测量组分别测量，核对结果。

⑧ 负责项目监控量测、监测数据统计、汇总、分析上报工作，并做到数据真实、准确、及时。

⑨ 负责各种测量资料的填写、上报、整理。

⑩ 领导安排的其他任务。

2. 施工测量仪器工具安排

质量过硬、技术可靠、状态良好的测量仪器工具是顺利完成施工测量任务的基础保证。为了顺利开展施工测量工作，施工测量方案应根据任务内容及要求，明确投入项目生产的测量仪器与工具型号、数量、精度及其他技术要求。施工测量中主要的测量仪器工具有：经纬仪、水准仪、全站仪、GNSS 测量系统、收敛测量仪、激光铅垂仪、计算机及相关数据处理软件等。施工测量工作主要仪器工具见表 8-2。

表 8-2 施工测量中常用仪器工具

仪器工具类别	具体测量仪器及工具
外业	光学经纬仪、激光铅垂仪、光学水准仪、全站仪、GNSS 测量系统、收敛测量仪、三脚架、尺垫、塔尺等
内业	计算机及相关数据处理软件（AutoCAD、南方 CASS、Word、Excel、数据平差处理软件等）

施工测量所用仪器、工具必须经过专业检测部门检测合格并出具质量合格证书。施工测量中仪器设备及其使用需满足以下要求：

① 投入生产使用的仪器设备与测量方案准备使用的仪器设备一致；

② 作业现场仪器设备数量、精度指标及其他技术要求要满足本项目工作的需要；

③ 生产作业所应用的仪器设备经过测绘仪器计量部门的检定，检定结果符合要求，并在有效期内；对检定证书的原件要进行 100% 检查；

④ 从事生产的人员具备操作仪器或使用其他设备的能力等；

⑤ 作业人员实际操作仪器的方法得当，如仪器的使用、数据的判读、数据的处理、手簿记录等；

⑥ 生产作业所使用的平差计算、数据处理和编图软件等符合项目的要求。

四、施测方案

施工测量方案中的具体施测方案是重点内容，一般包括施工测量的准备工作、控制测量、施工放样及检核、数据处理、竣工测量及竣工图编绘等几个方面。务求方案各部分内容完整、措施具体、操作性强，以便方案能够落地实施。

1. 施工测量准备工作

施工测量准备工作，包括资料收集、施工图校核、数据准备、人员设备准备和起算控制点校测等工作。在施测方案中需要提出具体的要求与措施。一般情况下，施测方案中对施工测量准备工作的一些基本规定或要求如下：

（1）资料收集分析的要求。

施工测量前，根据工程任务的要求，应收集和分析的各种施工图文件及资料具体包括规划批复文件；工程勘察报告；施工图纸及变更文件；施工组织设计或施工方案等。

（2）对施工图校核的要求。根据不同施工阶段的需要，校核总平面图、建筑施工图、结构施工图、设备施工图等。校核内容应包括坐标与高程系统、建筑轴线关系、几何尺寸、各部位高程等，并应了解和掌握有关工程设计变更文件内容。

（3）施工测量数据准备的要求。对依据施工图计算施工放样数据、依据放样数据绘制施工放样简图等做出一些要求。外业资料、起算数据和放样数据，经两人独立检核，确认合格有效后方可使用等。

2. 施工控制网测量

施工控制网测量包括平面控制网测量和高程控制网测量。其施测方案内容包括：布网方式、等级、具体技术指标、采用仪器设备、具体的施测方案和数据处理等。一般包括以下主要内容：

（1）根据测量任务要求明确测量方法及布网方案。平面控制网的布网方案有导线及导线网、卫星定位测量控制网、建筑基线与建筑方格网等。高程控制网的布网方案有水准路线及水准网、电磁波测距三角高程导线网等。

（2）根据设计交桩控制点成果选取控制网测量起算数据。

（3）规定控制网测量成果（或产品）的主要技术指标。具体包括坐标系统、分带投影方法、数据内容、数据精度以及其他技术指标等。规定上交和归档成果及其资料的内容和要求。

（4）规定控制网测量所需的主要测量仪器、工具、材料。

（5）明确测量工期、测量人员组织安排、后勤保障需求等。

（6）规定控制网测量的布网要求。

具体包括：

1）规定选点作业所需的主要装备、工具、材料要求。

2）选点要求：测量线路、标志布设的基本要求；点位选址、重合利用旧点的基本要求；需要联测点的踏勘要求；点名及编号规定；选点作业中应收集的资料和其他相关要求等。

3）埋石要求：测量标志、标石材料的选取要求；石子、砂、混凝土的比例；标石、标志、观测墩的数学精度；埋设的标石、标志及附属设施的规格、类型；测量标志的外部整饰要求；埋设过程中需获取的相应资料（地质、水文、照片等）及其他应注意的事项；控制网略图、路线图、点之记绘制要求；测量标志保护及其委托保管要求；其他有关的要求。

（7）规定控制网测量的观测与数据处理要求。

1）卫星定位控制测量。规定 GNSS 接收机或其他测量仪器的类型、数量、精度指标以及对仪器校准或检定的要求；规定测量和计算所需的专业应用软件和其他配置；规定作业的主要过程、各工序作业方法和精度质量要求；确定观测网的精度等级和其他技术指标等；规定观测作业各过程的方法和技术要求；规定观测成果记录的内容和要求；规定外业数据处理的内容和要求；规定外业成果检查（或检验）、整理、预处理的内容和要求；规定基线向量解算方案和数据质量检核的要求；确定平差方案、高程拟合计算方案等；规定补测与重测的条件和要求；规定其他特殊要求：拟定所需的交通工具、主要物资及其供应方式、通信联络方式以及其他特殊情况下的应对措施。

2）三角测量和导线测量。规定三角测量和导线测量仪器的类型、数量、精度指标以及对仪器校准或检定的要求；规定测量和计算所需的计算机、软件及其他配置；规定作业的主要过程、各工序作业方法和精度质量要求：说明布设的控制网（或导线）的名称、等级、图形、点的密度、已知点的利用和起始控制情况；规定觇标类型和高度、标石的类型；规定水平角和导线边的测定方法和限差要求；规定三角点、导线点高程的测量方法，新旧点的联测方案等；规定数据的质量检核、预处理及其他要求；规定其他特殊要求；拟定所需的交通工具、主要物资及其供应方式、通信联络方式以及其他特殊情况下的应对措施。

3）高程控制测量。规定高程控制测量仪器的类型、数量、精度指标以及对仪器校准或检定的要求；规定测量和计算所需的专业应用软件及其他配置；规定作业的主要过程、各工序作业方法和精度质量要求；规定测站设置基本要求；规定观测、联测、检测及跨越障碍的测量方法，观测的时间、气象条件及其他要求等；规定观测记录的方法和成果整饰要求；说明需要联测的气象站、水文站、验潮站和其他水准点；规定外业成果计算、检核的质量要求；规定成果重测和取舍要求；规定成果的平差计算方法、采用软件和高差改正等技术要求；规定其他特殊要求；拟定所需的交通工具、主要物资及其供应方式、通信联络方式以及其他特殊情况下的应对措施。

（8）规定上交和归档成果及其资料的内容和要求。

（9）规定控制测量成果检查验收的要求。

3. 施工放样测量

施工放样测量工作包括施工放样图纸数据准备、施工放样、放样成果检核、放样成果报验、技术交底等工作。施工放样测量方案主要内容如下：

① 规定测量仪器的类型、数量、精度指标以及对仪器校准或检定的要求，作业所需的专业应用软件及其他配置；

② 规定作业的技术路线和流程；

③ 规定作业方法和技术要求；

④ 规定施工场区平面控制网及建筑控制网的布设方法和精度要求；

⑤ 确定场区高程控制点的布设、精度要求和施测规定；

⑥ 对施工放样使用的图纸和资料提出技术要求，规定各施工工序间放样、抄平的技术要求、检核方法和限差规定等；

⑦ 规定结构安装测量中放样的方法和测量允许偏差；

⑧ 规定灌注桩、界桩和红线点的布设和施测方法及要求；

⑨ 规定水工建筑物施工放样的方法和测量允许偏差，高层建筑物与预制构件拼装的竖向测量偏差等；

⑩ 规定其他有关要求；

⑪ 规定质量控制环节和质量检查的主要要求；

⑫ 规定上交和归档成果及其资料的内容和要求；

⑬ 规定放样成果报验、技术交底的工作要求。

4. 变形观测

变形观测包括沉降观测、倾斜观测、裂缝观测和水平位移观测。在民用建筑中主要进行的是沉降观测。在沉降观测方案中主要说明观测点的埋设位置、观测周期、观测方法和基准点的设置位置等。变形观测方案主要内容如下：

① 规定测量仪器的类型、数量、精度指标以及对仪器校准或检定的要求；

② 规定作业所需的专业应用软件及其他配置；

③ 规定作业的技术路线和流程；

④ 规定作业方法和技术要求；

⑤ 规定基准点设置和变形观测点的布设方案、标石埋设规格、施测方法及其精度要求；

⑥ 规定变形测量的观测周期和观测要求；

⑦ 规定数据处理方法、计算公式和统计检验方法等；

⑧ 规定手簿、记录和计算的要求；

⑨ 规定其他有关要求；

⑩ 规定上交和归档成果及其资料的内容和要求。

5. 竣工测量与竣工图编绘

竣工测量与竣工图编绘主要工作内容包括竣工平面图测绘、竣工图编绘、地形测绘、管线测量。竣工测量成果应采用统一标准格式的图纸和电子文档，竣工图宜采用数字图。竣工测量与竣工图编绘方案主要内容如下：

① 规定测量仪器的类型、数量、精度指标以及对仪器校准或检定的要求；

② 规定作业所需的应用软件及其他配置；

③ 规定作业的技术路线和流程；

④ 规定作业方法和技术要求；

⑤ 规定竣工图的分幅、编号、比例尺以及图例、符号等；

⑥ 规定竣工测量的内容、方法和精度要求；

⑦ 规定竣工图的内容、精度要求和作业技术要求；

⑧ 规定对竣工图各项注记及其他要求；

⑨ 规定其他有关要求；

⑩ 规定质量控制环节和质量检查的主要要求；

⑪ 规定上交和归档成果及其资料的内容和要求。

五、测量技术保障措施

测量方案还应涉及测量精度、进度、质量及生产安全保障措施等有关内容。影响测量精度、进度、质量及生产安全的主要因素有人员、仪器、方法、操作、作业环境条件和生产管理等六个方面。

1. 测量精度保障措施

测量方案中具体的测量精度保障措施可参考以下主要内容：

① 测量作业的各项技术要求按该项目的测量方案执行；

② 测量人员全部持证上岗；

③ 进场的测量仪器设备，必须检定合格且在有效期内，检定合格证保存完好；

④ 施工图、测量桩点，必须经过校算校测合格才能作为测量依据；

⑤ 所有测量作业完成后，测量作业人员必须对测量作业成果进行自检，自检合格后，上交项目总工程师和责任工程师审核，并向监理报验；自检时，对作业成果进行全数检查；

⑥ 测量核验时，要重点检查轴线间距、纵横轴线交角以及工程重点部位，保证几何关系正确；

⑦ 滞后施工单位的测量成果应与超前施工单位的测量成果进行联测，并对联测结果进行记录、分析、检核；

⑧ 加强现场内的测量桩点的保护，所有桩点均明确标识，防止用错和破坏；

⑨ 施工测量中遵守长方向、长边控制短方向、短边的原则；

⑩ 施工测量需要结合具体的测量任务、测量方法、仪器工具、工期工序等情况，选择适当的作业环境、作业时间进行施工测量作业，保证施工测量精度。

2. 测量进度、质量及生产安全保障措施

测量方案中具体的进度及安全保障措施可参考以下主要内容：

① 在总工程师和副总工程师的领导下，测量专业工程师编制该项目的施工测量方案，并对参与项目施工的测量工作人员进行技术交底，明确该项目的施工测量任务及要求；

② 施工测量坚持施工图复核制度，组织技术人员熟悉设计文件及施工图纸，弄清设计意图、复核计算施工图尺寸和相关测量要素，并做好会审记录；必要时与监理、设计、业主等单位共同审核，并完成审核记录；

③ 施工测量必须严格审核测量原始依据的正确性，坚持“现场测量放样”与“内业测量计算”工作步步校核的工作方法，对各种测设数据和外业测设结果进行校核；

④ 施工测量坚持动态测量控制制度，根据不同结构的测量需求，合理选用合适的测量设备、方法和频率；

⑤ 测量工程师及作业部门或队伍负责该项目的具体施工测量工作，并根据项目施工工序、进度及要求，及时解决施工中出现的问题；

⑥ 施工测量要紧密配合施工节点，发扬团结协作、实事求是、认真负责的工作作风；

⑦ 做好水上作业、高空作业、高层作业等特殊作业环境的施工测量安全防范工作，保证在施工测量过程中人员及仪器的安全。

六、测量成果资料整理与提交

在施工测量方案中还应该说明测量成果（或产品）的种类及形式、坐标系统、分带投影方法、高程基准、比例尺、数据内容、数据格式、数据精度以及其他技术指标等。在完成各项施工测量任务后及时编写测量项目技术总结，整理相关测量成果资料并提交检查验收。测量成果资料的图、表、文档按照相关管理规定存档保存。具体测量成果资料包括：

① 施工测量任务书及测量合同；

② 踏勘报告及施工测量方案；

③ 测量仪器工具质量鉴定合格证书；

④ 施工技术交底、已有控制成果交桩数据资料；

⑤ 施工控制网复测检核及施工平面和高程加密控制网成果资料，含控制测量技术设计书、控制网图、控制点点之记文件、外业记录表格、内业数据处理平差报告、控制点成果表、控制测量技术总结等；

⑥ 施工放样数据资料，含施工放样图纸、放样单、放样数据记录计算表格、放样成果检核记录表格、放样技术交桩资料等；

⑦ 管线测量成果资料；

⑧ 地形测量及竣工测量成果资料，含工程地形图、竣工测量图纸、竣工测量报告等；

⑨ 基础基坑变形监测资料，含变形监测基准网、工作网网图及数据表；监测点位置布置图；沉降、位移、裂缝、倾斜、收敛等监测记录计算表格；监测预警报告；监测周期报表及总结资料等；

⑩ 施工测量检查验收报告，含施工测量成果报批检查、验收报告，施工测量技术总结等。

第二节　施工测量方案的编制方法

一、测量方案编制原则

施工测量工作遵循“先整体后局部”“先控制后碎部”“高精度控制低精度”的工作原则。先整体后局部：这是一切测量工作的原则，若不遵循这一原则，而试图以局部控制整体，会导致测量误差超限、建筑物位置不准等严重后果。先控制后碎部：就是任何工程测量要先建立控制测量网，再进行碎部测定、测设。高精度控制低精度：不同精度等级的测量必须配备不同等级的仪器和工具、不同的观测技术要求，以及不同的成果精度要求，逐级控制才能确保施测及成果精度。因此，施工测量方案编制应遵照以下基本原则：

① 测量方案编制应严格参照编制依据的具体内容，充分考虑该项建筑工程的概况及建设要求，引用适用的国家、行业或地方的相关标准，重视社会效益和经济效益；

② 测量方案编制应先考虑整体而后局部，且顾及发展，根据作业区实际情况，考虑作业单位的资源条件（如人员的技术能力和软、硬件配置情况等），挖掘潜力，选择最适用的方案；

③ 测量方案编制应遵循“先控制后碎部”的测量原则，先建立测图控制网、施工控制网、变形监测控制网，然后以控制网为依据，进行碎部测定、测设、监测等工作；

④ 测量方案编制应认真分析和充分利用已有的测绘成果（或产品）和资料。对于外业测量，必要时应进行实地勘察，编写踏勘报告，方案编制并合理参考；

⑤ 测量方案编制应在明确测量任务及工作流程的基础上积极采用适用的新技术、新方法和新工艺；

⑥ 测量方案编制应明确任务、技术等级、成果精度及规格、人员及仪器工具配置、质量保证及检查验收要求。

二、测量方案编制过程

1. 必要的误差预计

为了满足具体建筑工程的施工测量精度要求，施工测量方案首先需要结合建筑工程的设计文件及业主的建设要求，根据建筑物或构筑物的大小、结构形式、施工方法、建筑材料等因素，决定施工测量的精度及方法，并应符合相关的测量规范和施工规范的要求。确定某具体建筑工程的施工测量精度及方法后，编制施工测量方案时最重要的一点就是对其前后相关的施工测量成果进行必要的误差预计，保证最终建筑物结构定位、变形监测、竣工测量及竣工图编绘的成果精度。如在隧道贯通施工前必然要进行贯通误差的预计工作。

建筑物结构定位、基坑及主体结构变形监测、竣工测量及竣工图编绘的误差预计方法是：

① 根据建筑物的大小、结构形式、施工方法、建筑材料，结合相关的测量规范和施工规范，明确建筑物结构定位、基坑及主体结构变形监测、竣工测量及竣工图编绘的测量方法、测量仪器与工具、测量精度等级及精度指标；

② 根据建筑物结构定位、基坑及主体结构变形监测、竣工测量及竣工图编绘的成果精度要求，结合建筑物的具体情况及相关的测量规范和施工规范，明确建筑物施工平面及高程控制网测量方法、测量仪器与工具、测量精度等级及精度指标；

③ 预计建筑物施工平面及高程控制网测量成果的精度是否满足建筑物结构定位、基坑及主体结构变形监测、竣工测量及竣工图编绘的精度要求；

④ 根据施工平面及高程控制网测量方法、布网方案、模拟观测值及先验中误差、测量仪器与工具的标称精度指标，采用测量平差数据处理的方法预计施工平面及高程控制网测量成果的精度。

从施工测量工作“先控制后碎步”“从高级到低级”的工作原则来看，对施工平面及高程控制网测量成果的误差预计是施工测量工作成果精度误差预计的重点。其主要方法是基于最小二乘法原理的条件平差及间接平差法。

2. 确定施工控制测量方案

建筑工程施工控制测量方案确定，是指根据建筑物结构定位、基坑及主体结构变形监测、竣工测量及竣工图编绘的成果精度要求，结合建筑物的大小、结构形式、施工方法、建筑材料等因素及相关的测量规范和施工规范，明确建筑物施工平面及高程控制网测量方法、布网方案、测量仪器与工具、测量精度等级及精度指标、外业观测、数据处理、成果整理与提交要求的工作。

建筑工程施工控制测量方案包括施工平面控制网、施工高程控制网两部分内容。确定施工控制测量方案的方法是：

① 明确建筑物结构定位、基坑及主体结构变形监测、竣工测量及竣工图编绘的成果精度要求；

② 分析建筑工程概况，收集相关图纸数据资料、测区踏勘及编写踏勘报告后确定施工控制测量方案；

③ 设计施工控制测量网布网方案，确定测量仪器工具、观测及数据处理的要求，预计建筑物施工平面及高程控制网测量成果的精度是否满足建筑物结构定位、基坑及主体结构变形监测、竣工测量及竣工图编绘的精度要求，修改并确定施工控制测量方案。

3. 确定施工测量方法

确定建筑工程施工测量方法，是指根据建筑物的结构定位、基坑及主体结构变形监测、竣工测量及竣工图编绘的施工测量任务及精度要求，结合建筑工程的建设进度、人员组织、测量仪器工具、测区地理环境等因素确定各具体测量任务的施测方法。

建筑物结构定位的测量方法有：全站仪极坐标放样、直角坐标放样、GNSS-RTK 放样、水准抄平测量、激光铅垂仪标高投测、全站仪轴线投测等。水平位移监测的方法有：卫星导航定位测量、三角测量、三边测量、边角测量、基准线法、前方交会法、后方交会法、极坐标法、视准线法等。竖向位移监测方法有：几何水准、液体静力水准等。竣工测量及竣工图编绘的方法有：全站仪数字测图、GNSS-RTK 数字测图等。

4. 选定测量仪器、工具、材料

建筑工程施工选定测量仪器、工具、材料的工作，是指根据建筑物的施工测量任务、精度要求，配置完成具体施工测量工作的专业测量仪器、工具、材料。

施工测量中常用的仪器工具有：经纬仪、水准仪（配套的有尺垫、水准尺）、全站仪（配套的有棱镜杆、棱镜、基座等）、GNSS 测量系统、收敛测量仪、激光铅垂仪、激光测距仪、花杆、测钎、钢尺、皮尺、三脚架、棱镜、计算机及相关数据处理软件、各种测量标志（钢标、寻常标等）等。

建筑工程施工测量仪器、工具、材料选定工作最重要的一点是保证其测量精度指标、工作状态满足建筑施工测量的要求。选定的仪器、工具、材料经过测绘仪器计量部门的鉴定合格，并在鉴定合格期内使用。

5. 组建测量组（队）并确定测量人员

组建测量组（队）并确定测量人员的工作，是指根据建筑物的施工测量任务、施工工序、施工节点等情况，配置完成具体施工测量工作的专业测量队伍及人员。

测量队（组）人员数量应根据项目经理部的人员编制确定，要求满足施工需要。测量专业工程师应具有工程测量的工程师职称条件。测量队队长应由具有土木工程专业助理工程师以上职称、从事测量工作3年（测量专业毕业的2年）以上的技术人员担任。从事具体施工测量的专业技术人员需持有工程测量员职业资格技能证书。

三、测量方案编制要求

1. 测量方案文件编写人员的基本要求

测量方案文件编写人员的基本要求如下：

① 具备完成有关测量方案编制任务的能力，具有相关的专业理论知识和生产实践经验；

② 明确各项编制依据的内容，认真了解、分析作业区的实际情况，并积极收集同类工程项目测量方案执行的有关情况；

③ 了解、掌握本单位的资源条件（包括人员的技术能力，软、硬件装备情况）、生产能力、生产质量状况等基本情况；

④ 对其编制的测量方案内容负责，并善于听取各方意见，若发现问题，能按有关程序及时处理。

2. 测量方案文件的编写要求

测量方案文件的编写要求如下：

① 施工测量方案一般由承担施工任务的测量专业工程师编写；

② 施工测量方案编写要求内容明确，文字简练，对标准或规范中已有明确规定的内容，一般可直接引用，并根据引用内容的具体情况，标明所引用标准或规范名称、日期以及引用的章、条编号，且应在其引用文件中列出。对于作业生产中容易混淆和忽视的问题，应重点描述；

③ 施工测量方案编写应务求完整、具体，做到针对性强、预控性强、措施具体可行；

④ 名词、术语、公式、符号、代号和计量单位等应与有关法规和标准一致；

⑤ 测量方案文件的幅面、封面格式和字体、字号的要求有：测量方案编制书采用《图书和杂志开本及其幅面尺寸》（GB/T 788—1999）规定的A系列规格纸张的A4幅面（210mm×297mm），以便于阅读、复印和保存；设计书的正、副封面的名称用二号黑体，封面的其他文字均用四号仿宋，目次页的“目次”用三号黑体，目次内容用小四号宋体，正文中，章、条、附录的编号和标题用小四号黑体，图、表的标题亦用小四号黑体，条文（或图、表）的注、脚注用五号宋体，图、表中的数字和

文字以及图、表右上方关于单位的陈述用五号宋体，正文和附录的其他内容均采用小四号宋体；

⑥ 测量方案编制文件编写完成后，方案编制负责人必须对其进行全面审核，并在测量方案编制文件和（或）产品样品上签署意见并签名（盖章），一式二至四份报测量任务的上级管理单位（或主管部门）审批。

第九章　测量成果保存与归档

第一节　测量技术总结报告的编写

测量技术总结报告是在测量任务完成后，对测量技术设计文件和技术标准、规范等的执行情况，技术设计方案实施中出现的主要技术问题和处理方法，成果（或产品）质量、新技术的应用等进行分析研究、认真总结，并做出客观描述和评价。测量技术总结报告是与测绘成果（或产品）有直接关系的技术性文件，是长期保存的重要技术档案。

测量技术总结报告分为专业技术总结和项目总结。专业技术总结是测量项目中所包含的各测绘专业活动在其成果（或产品）检查合格后，分别总结撰写的技术文档。项目总结是一个测量项目在其最终成果（或产品）检查合格后，在各专业技术总结的基础上，对整个项目所作的技术总结。对于工作量较小的项目，可根据需要将项目总结和专业技术总结合并为项目总结。

测量技术总结报告具体的编写工作通常由单位的技术人员承担。技术总结编写完成后，单位技术负责人应对技术总结编写的客观性、完整性等进行审查并签字，并对技术总结编写的质量负责。

1）测量技术总结报告的编写依据。主要包括：

① 测量任务书或合同的有关要求，顾客书面要求或口头要求的记录；

② 测量技术设计文件，相关的法律、法规、技术标准和规范；

③ 测量成果（或产品）的质量检查报告；

④ 以往测量技术设计、测量技术总结提供的信息以及现有生产过程和产品的质量记录和有关数据；

⑤ 其他有关文件和资料。

2）测量技术总结报告的编写要求。

① 内容真实全面，重点突出。说明和评价技术要求的执行情况时，不应简单抄录设计书的有关技术要求，应重点说明作业过程中出现的主要技术问题和处理方法、特殊情况的处理及达到的效果、经验、教训和遗留问题等。

② 文字应简明扼要，公式、数据和图表应准确，名词、术语、符号和计量单位等

均应与有关法规和标准一致。

③ 幅面、封面格式以及字体、字号等应符合相关要求。

一、主要分部分项工程测量工作技术报告的主要内容

同一个工程中按大小关系可以分为单项工程、单位工程、分部工程、分项工程。

单项工程是指具有独立的设计文件，竣工后可以独立发挥生产能力或效益的工程，也称为建设工程项目。

单位工程是指具有独立的设计文件，竣工后可以独立发挥生产能力或效益的工程，并构成建设工程项目的组成部分。

分部工程是按工程的种类或主要部位将单位工程划分为可以独立组织施工的工程。

分项工程是按不同的施工方法、构造及规格将分部工程划分得到。

建筑工程、市政道路工程、隧道工程等的工程结构和施工方法与施工工序不同，分部工程和分项工程的划分也不同。以建筑为例，建筑施工中分部工程是建筑工程和安装工程的各个组成部分，按建筑工程的主要部位或材料、工种及安装工程的种类划分，建筑工程划分为地基与基础工程、主体结构工程、装饰装修工程、屋面工程、给排水及采暖工程、电气工程、智能建筑工程、通风与空调工程、电梯工程、建筑节能几个分部工程。各分部工程又可划分为子分部工程，各子分部工程下再分为各个分项工程。分项工程是分部工程的组成部分，是按照不同的施工方法、不同材料的不同规格等，将分部工程的进一步细分。

如《建筑工程资料管理规程》（JGJ/T 185—2009）中，建筑地基与基础分部工程的划分与代号见表9-1。

表9-1　建筑地基与基础分部分项工程划分及代号

分部工程代号	分部工程名称	子分部工程代号	子分部工程名称	分项工程名称	备注
01	地基与基础	01	无支护土方	土方开挖、土方回填	
		02	有支护土方	排桩、降水、排水、地下连续墙、锚杆、土钉墙、水泥土桩、沉井与沉箱，钢及混凝土支撑	单独组卷
		03	地基及基础处理	灰土地基、砂和砂石地基、碎砖三合土地基、土工合成材料地基，粉煤灰地基，重锤夯实地基，强夯地基，振冲地基，砂桩地基，预压地基，高压喷射注浆地基，土和灰土挤密桩地基，注浆地基，水泥粉煤灰碎石桩地基，夯实水泥土桩地基	复合地基单独组卷
		04	桩基	锚杆静压桩及静力压桩，预应力离心管桩，钢筋混凝土预制桩，钢桩，混凝土灌注桩（成孔、钢筋笼、清孔、水下混凝土灌注）	单独组卷

续表

分部工程代号	分部工程名称	子分部工程代号	子分部工程名称	分项工程名称	备注
01	地基与基础	05	地下防水	防水混凝土，水泥砂浆防水层、卷材防水层，涂料防水层，金属板防水层，塑料板防水层，细部构造，喷锚支护，复合式衬砌，地下连续墙，盾构法隧道；渗排水、盲沟排水、隧道、坑道排水；预注浆、后注浆，衬砌裂缝注浆	
		06	混凝土基础	模板、钢筋、混凝土，后浇带混凝土，混凝土结构缝处理	
		07	砌体基础	砖砌体，混凝土砌块砌体，配筋砌体，石砌体	
		08	劲钢（管）混凝土	劲钢（管）焊接，劲钢（管）与钢筋的连接，混凝土	
		09	钢结构	焊接钢结构、栓接钢结构，钢结构制作，钢结构安装，钢结构涂装	单独组卷

具体施工项目的分部、分项工程划分可参考有关规范和规定执行。

工程测量是土木建筑工程建设中的技术保障，主要围绕支持工程各阶段建设开展的测量工作进行的，按分部和分项工程的规模大小、工程结构、工程施工环境、施工工艺及质量要求等不同，测量的具体精度要求与工作内容和作业方法也不一样，如地基与基础施工中要做的主要测量工作有开挖前的放样、基坑的检查、基础施工的放线、结构的位置和尺寸与标高的检查、基础完成后的质量验收等测量工作。分部、分项工程测量工作是土建施工中的过程控制的一部分，除业主、监理或施工单位有要求外，分部、分项工程的测量工作是纳入施工技术报告一并撰写的，一般情况可不单独编写分部、分项工程测量技术报告。

各类土木建筑工程中涉及的测量工作主要有平面控制测量、高程控制测量、施工放样、质量检查及施工中的变形监测、分部或分项工程的竣工测量等专项测量工作。施工中的测量工作技术报告一般是就上述各专项测量工作，围绕保障施工质量要求进行技术总结编写。主要对照专项测量技术设计书的落实情况与结果进行技术总结，编写技术报告。大型综合工程也可按分部或分项工程涉及的专项测量工作编写技术报告。

以下分述施工中涉及的各专项测量技术报告的主要内容。

1. 平面控制测量

平面控制测量的专项技术总结主要内容：

（1）概述

1）任务来源、目的，生产单位，生产起止时间，生产安排概况；

2）测区名称、范围，行政隶属，自然地理特征，交通情况和困难类别；

3）锁、网、导线段（节）、基线（网）或起始边和天文点的名称与等级，分布密度，通视情况，边长（最大、最小、平均）和角度（最大、最小）等；

4）作业技术依据；

5）计划与实际完成工作量的比较，作业率的统计。

（2）利用已有资料情况

1）采用的基准和系统；

2）起算数据及其等级；

3）已知点的利用及联测；

4）资料中存在的主要问题和处理方法。

（3）作业方法、质量和有关技术数据

1）使用的仪器、仪表、设备和工具的名称、型号、检校情况及其主要技术数据等；

2）觇标和标石的情况，施测方法，照准目标类型，观测权数与测回数，记录方法，记录程序来源和审查意见等情况与结果；

3）新技术、新方法的采用及其效果；

4）执行技术标准的情况，出现的主要问题和处理方法，保证和提高质量的主要措施，各项限差与实际测量结果的比较，外业检测情况及精度分析等；

5）重合点及联测情况，新、旧成果的分析比较；

6）数据处理和平差计算方法与精度分析情况。

（4）技术结论

1）对本测区成果质量、设计方案和作业方法等的评价；

2）重大遗留问题的处理意见；

3）经验、教训和建议。

（5）附图、附表

1）利用已有资料清单；

2）测区点、线、锁、网的分布图；

3）精度统计表；

4）仪器检验结果汇总表；

5）上交测绘成果清单等。

2. 高程控制测量

高程控制测量的专项技术总结主要内容：

（1）概述

1）任务来源、目的，生产单位，生产起止时间，生产安排情况；

2）测区名称、范围、行政隶属，自然地理特征，沿线路面和土质植被情况，道路坡度（最大、最小、平均），交通情况和困难类别；

3）路线和网的名称、等级、长度，点位分布密度，标石类型等；

4）作业技术依据；

5）计划与实际完成工作量的比较，作业率的统计。

（2）利用已有资料情况

1）采用基准和系统；

2）起算数据及其等级；

3）已知点的利用和联测；

4）资料中存在的主要问题和处理方法。

（3）作业方法、质量和有关技术数据

1）使用的仪器、标尺、记录计算工具和尺承的型号、规格、数量、检校情况及主要数据；

2）埋石情况，施测方法，视线长度（最大、最小、平均），各分段中上、下午测站不对称数作业方法、质量和与总站数的比，重测测段及数量，记录和计算方法及程序来源，审查或验算结果；

3）有关技术数据包括新技术、新方法的采用及其效果；

4）跨河水准测量的位置、实施方案、实测结果与精度等；

5）联测和支线的施测情况；

6）执行技术标准的情况，保证和提高质量的主要措施，各项限差与实际测量结果的比较，外业检测情况及精度分析等；

7）数据处理和平差计算方法与精度分析情况。

（4）技术结论

1）对本测区成果质量、设计方案和作业方法等的评价；

2）重大遗留问题的处理意见；

3）经验、教训和建议。

（5）附图、附表

1）利用已有资料清单；

2）测区点、线、网的水准路线图；

3）仪器、标尺检验结果汇总表；

4）精度统计表；

5）上交测绘成果清单等。

3. 施工测量

施工测量的专项技术总结主要内容：

（1）概述

1）任务来源、目的，生产单位，生产起止时间，生产安排概况；

2）工程名称，测设项目，测区范围，自然地理特征，交通情况，有关工程地质与水文地质的情况，建设项目的复杂程度和发展情况等；

3）作业技术依据，包括采用的规范、施工测量技术设计书，施工放样所使用的图纸和资料及施工设计图的技术要求等；

4）计划与实际完成工作量的比较，作业率的统计。

（2）利用已有资料情况

1）资料的来源和利用情况；

2）资料中存在的主要问题和处理方法。

（3）作业方法、质量和有关技术数据

1）控制点系统的建立，埋石情况，使用的仪器和施测方法及其精度；

2）施工放样方法和精度；

3）各项误差的统计，实地检测的项目、数量和方法，检测结果与实测结果的比较等；

4）新技术、新方法、新材料的采用及其效果；

5）作业中出现的主要问题和处理方法。

（4）技术结论

1）对本测区成果质量、设计方案和作业方法等的评价；

2）重大遗留问题的处理意见；

3）经验、教训和建议。

（5）附图、附表

1）施工测量成果种类及其说明；

2）采用已有资料清单；

3）精度统计表；

4）上交测绘成果清单等。

4. 竣工测量

竣工总图编绘与实测的专项技术总结内容：

（1）概述

1）任务来源、目的，生产单位，生产起止时间，生产安排概况；

2）工程名称，测区范围、面积，工程特点等；

3）作业技术依据；

4）完成工作量，作业率的统计。

（2）利用已有资料情况

1）施工图件和资料的实测与验收情况；

2）图件、资料（特别是地下管线及隐蔽工程的）现势性和使用情况；

3）资料中存在的主要问题和处理方法。

（3）作业方法、质量和有关技术数据

1）竣工总图的成图方法，控制点的恢复与检测、地物的取舍原则、成图的质量等；

2）新技术、新方法、新材料的采用及其效果；

3）作业中出现的主要问题和处理方法。

（4）技术结论

1）对本测区成果质量、设计方案和作业方法等的评价；

2）重大遗留问题的处理意见；

3）经验、教训和建议。

（5）附图、附表

1）利用已有资料清单；

2）上交测绘成果清单等；

3）建筑物、构筑物细部点成果表等。

二、施工项目测量工作总结报告的编制

施工项目的测量工作总结报告编制可参考《测绘技术总结编写规定》（CH/T 1001—2005）对于专业技术总结的编制要求执行，测量工作总结报告通常由概述、技术设计执行情况、测绘成果（或产品）质量说明与评价、上交和归档测绘成果（或产品）及资料清单四部分组成。

1. 概述

概述部分概要说明测量项目总的情况，主要对任务来源、内容、目标、工作量，专业测绘任务的划分、内容和相应任务的承担，成果（或产品）交付与接收情况等进行说明；简要介绍生产任务的安排与完成情况，统计有关的作业定额和作业率，经费执行情况等；对作业区概况和已有资料的利用情况进行说明。

2. 技术设计执行情况

技术设计执行情况部分说明生产所依据的技术性文件，包括项目设计书、专业技术设计书、技术设计更改文件以及有关的技术标准和规范等；说明项目总结所依据的各专业技术总结；说明项目设计书和有关的技术标准、规范的执行情况，并说明项目设计书的技术更改情况；重点描述出现的主要技术问题和处理方法、特殊情况的处理及其达到的效果等；说明项目实施中质量保障措施的执行情况；当生产过程中采用新技术、新方法、新材料时，应详细描述和总结其应用情况；总结项目实施中的经验、教训和遗留问题，并对今后生产提出改进意见和建议。

就建筑施工测量来说，技术执行情况主要是对照施工测量方案执行落实情况进行编写。

3. 测绘成果（或产品）质量说明与评价

此部分说明和评价项目最终测绘成果（或产品）的质量情况（包括必要的精度统

计)，产品达到的技术指标，并说明最终测绘成果（或产品）的质量检查报告的名称和编号。

就建筑施工测量来说，应对照施工测量方案中的精度指标、测量成果质量进行编写，数据处理分析后，对是否满足施工质量与安全的要求要有明确的评价结论。

4. 上交和归档测绘成果（或产品）及资料清单

此部分内容包括测绘成果（或产品）的名称、数量、类型等，上交成果的数量、范围有变化时需附成果分布图；文档资料，包括项目设计书及其有关的设计更改文件，项目总结，质量检查报告，必要的专业技术设计书及其更改文件和专业技术总结，文档簿（图历簿）和其他作业过程中形成的重要记录；其他需上交和归档的资料。

施工项目的测量工作总结报告一般分为正封面、副封面、目次、总结正文等。工作总结报告正文的组成内容可参考前述施工中涉及的各专项测量技术报告主要内容进行撰写。

总结报告编制的幅面要求采用 A4 幅面，以便阅读、复印和保存。

施工项目测量工作总结报告所用文字、表格等的字体和正、副封面的格式可参考《测绘技术总结编写规定》（CH/T 1001—2005）。

第二节　测量资料的整理及归档

根据《中华人民共和国档案法》《中华人民共和国测绘法》等国家法律，测量资料应按规定进行资料的整理与建档和归档工作，涉及国家基础测绘的测量成果参照《中华人民共和国测绘成果管理条例》《测绘地理信息业务档案管理规定》执行。因本书主要是工程建设中的测量工作，测量档案资料是施工单位在工程施工过程中形成的施工文件档案资料的一部分，测量资料的整理及归档可主要参照《建筑工程资料管理规程》（JGJ/T 185—2009）（以下简称《规程》）与《建设工程文件归档规范》（GB/T 50328—2014）（以下简称《规范》）执行。重庆市工程建设档案资料的整理可参考 2019 年 2 月 10 起施行的地方推荐性标准《建设工程档案编制验收标准》（DBJ50/T—306—2018）执行。

一、测量档案资料整理的注意事项

测量资料作为工程档案资料的一部分，与工程档案资料整理要求相同。整理时，应注意以下事项：

1）资料应与建筑工程建设过程同步形成，并应真实反映建筑工程的建设情况和实体质量。

2）资料的收集、整理、组卷、移交及归档应及时。

3）应对资料内容的真实性、完整性、有效性负责。

4）资料的填写、编制、审核、审批、签认应及时进行，其内容应符合相关规定。

5）资料不得随意修改；当需修改时，应实行划改，并由划改人签署，不得使用涂改液改错。

6）资料的文字、图表、印章应清晰。

7）资料应为原件。当为复印件时，应在复印件上加盖单位印章，并应有经办人签字及日期。

8）资料应内容完整、结论明确、签认手续齐全，签字相关人员应与参建单位提供的人员一致。

9）签字一律由本人手工书写，字迹工整，利于辨认，除工商部门备案的专用私人印章外，不准使用本人私章代签字。

10）对于经过会议形成的各种记录、纪要、意见、结论等材料，整理单位应加盖骑缝章，参会责任单位代表应签字。

11）文字材料幅面尺寸规格宜为A4幅面（297mm×210mm），图纸宜采用国家标准图幅；资料应采用能够长期保存的韧力大、耐久性强的纸张，计算机出图必须清晰，不得使用计算机出图的复印件。

12）一份文件纸张出现多页数时应标注页脚（共*页 第*页）。

13）纸张不应有破损、斑渍、油污。

14）所有竣工图均应加盖竣工图章。

15）测量资料中所使用的计量单位应是法定计量单位，应符合《中华人民共和国计量法》的规定。

二、施工项目测量工作档案资料的整理、组卷

施工项目测量工作的档案资料作为工程档案资料的一部分，与工程档案资料整理和组卷同步进行。施工资料应由施工单位负责收集、整理与组卷。

施工资料可分为施工管理资料、施工技术资料、施工进度及造价资料、施工物资资料、施工记录、施工试验记录及检测报告、施工质量验收记录、竣工验收资料8类。施工测量资料属于《规程》中工程资料归档范围的施工文件（C类）中的施工记录用表（工程资料类别编号C5），主要有工程定位放线交桩记录、工程定位放线测量记录、轴线检查表、标高检查表、基槽平面及标高测量记录、垂直度及标高测量记录、挠度测量记录、沉降观测记录、水平位移监测记录等测量记录用表，按《规范》的要求或地方现行标准的要求进行整理。建筑工程与市政基础设施工程的归档内容根据分部工程不同，要求填写和整理、提交的测量资料也不同，以重庆市2016年建设工程文件归档内容一览表为例，见表9-2。

表 9-2　建设工程文件归档内容一览表（部分）

序号	归档文件	表格编号	保存单位			
			建设单位	监理单位	施工单位	城建档案馆（室）
四	地基与基础分部工程技术文件					
1	（地基与基础）分部分项施工技术交底记录	渝建竣-28	★		★	★
2	工程定位放线交桩记录	无统表	★		★	★
3	工程定位（放线）测量记录	渝建竣-11	★		★	★
4	轴线检查记录	渝建竣-12	★		★	★
5	标高检查记录	渝建竣-13	★		★	★
6	土方回填施工检查记录	渝建竣-17	★		★	★
7	基础坑（槽）施工检查记录	渝建竣-16	★		★	★
8	人工挖孔桩成孔隐蔽检查记录	渝建竣-18	★		★	★
…	…					
五	主体结构分部工程技术文件					
1	（主体结构）分部分项施工技术交底记录	渝建竣-28	★		★	★
2	轴线检查记录	渝建竣-12	★		★	★
3	标高检查记录	渝建竣-13	★		★	★
4	垂直度检查记录	渝建竣-14	★		★	★
5	（砌体）工程隐蔽检查记录（通用表）	渝建竣-27	★		★	★
…	…					

测量档案资料要真实、准确，与工程实际相符合，字迹清晰，内容完整，数字取位符合要求，采用标准及技术指标正确，所用的计量单位应是国家法定计量单位。施工测量用表可采用手工书写或计算机打印形成。

以建筑工程为例，施工测量资料的内容和要求除应符合相关标准的规定外，并应符合以下要求：

1）工程楼座定位桩及场地控制网（或建筑控制网）、建筑物 ±0.000 标高的控制点应依据建设单位提供的有相应测绘资质部门出具的测绘成果确定，并填写工程定位测量记录；

2）基础垫层未做防水前应对建筑物基底外轮廓线、集水坑及电梯井坑、垫层标高，基槽断面尺寸和坡度等进行测量，并填写基槽平面及标高测量记录表；

3）楼层平面放线及标高实测记录主要包含主控轴线、墙柱轴线及边线、门窗洞口位置线等；

4）基础垫层防水层完成后应测量建筑物基础标高、对墙柱轴线及边线、集水坑及电梯井坑边线进行测量放线并填写楼层平面及标高实测记录；

5）每层结构完成后应测量楼层标高及平面控制点位置，对楼层墙柱轴线及边线、门框洞口线等测量放线，并填写楼层平面放线及标高实测记录；

6）楼层结构具备条件后应抄测楼层 +0.500m（或 +1.000m）标高线，填写楼层平面标高抄测记录；

7）结构工程完成后和工程竣工时，应对建筑物外轮廓垂直度和全高进行测量，填写建筑物垂直度及标高测量记录。建筑物垂直度及标高测量的成果主要包含垂直度观测部位及实测误差数据、全高观测部位及实测误差数据。

测量人员应随着工程的进展及时完成相关测量记录、计算表格的填写和签认，并配合施工人员填写各类施工检查记录表和质量验收记录，将测量资料及时提交施工单位现场资料管理人员进行工程资料的组卷与归档。

测量资料组卷要求与工程档案相同，组卷应遵循自然形成规律，保持卷内文件、资料的内在联系。工程资料可根据数量多少组成一卷或多卷。对于施工文件可按单位工程、分部工程、专业、阶段等组卷；施工资料组卷应符合下列规定：

1）专业承包工程形成的施工资料应由专业承包单位负责组卷，并应单独组卷；

2）室外工程应按室外建筑环境、室外安装工程单独组卷；

3）当施工资料中部分内容不能按一个单位工程分类组卷时，可按建设项目组卷；

4）施工资料目录应与其对应的施工资料一起组卷；

5）竣工图应按单位工程、专业分类组卷；

6）工程资料的组卷宜符合《规程》对 C 类施工资料的规定；

7）案卷不宜过厚，一般不超过 20mm；

8）案卷应美观、整齐，卷内不应有重复资料。

卷内文件的排列要求：文字材料按事项、专业顺序排列；同一事项的请示与批复、同一文件的印本与定稿、主体与附件不能分开，并按批复在前、请示在后，印本在前、定稿在后，主体在前、附件在后的顺序排列；各类施工文件材料及其内容依时间或工序排列，但定论性或总体性的材料应排列在前；图纸按专业排列，同专业图纸按图号顺序排列；既有文字材料又有图纸的案卷，文字材料排前、图纸排后；照片按部位、施工工序排列。

在资料的整理和组卷中可采用归类、初排、补缺等措施和步骤，保证文件齐全、完整，质量符合归档要求。作为分部工程施工文件资料的各类测量记录表与项目工程施工资料一并组卷、归档。

对无须作为分部工程施工档案资料提交的各类施工测量资料，如测量的各种原始资料、测量计算书、测量的原始记录、测量放样计算草图等测量过程文件资料，质量检查资料、仪器检定资料、技术设计书、技术报告书等，施工单位测量人员也应收集齐全，按专项测量进行归档。对工程施工中形成的测量资料，可根据工程施工工序或按分部工程单独进行整理和组卷归档，并采用符合国家标准规定的档案装具，提交施工单位的档案管理机构进行长期妥善保存。

施工项目测量归档资料应由工程技术文件、原始数据文件、数据处理文件、工程质量文件、图表文件、技术报告书等几部分组成。资料应装订成册，观测资料和计算资料的签名应完整。

小型施工项目测量资料较少，可将资料装订成一册。综合性工程项目测量资料较多时，可按工程技术文件、原始文件、图表文件等分别装订成册。大型综合性工程项目测量资料多时，可按单位工程、分部工程或分项工程对测量资料进行组卷，再分别装订成册后归档。

装订成册的测量资料按以下顺序装订：1 封面；2 目录；3 说明；4 技术资料；5 封底。

封面应有工程名称、资料名称、单位名称及装订日期；目录应与资料内容相互对应；说明可简要概括技术报告中未列入或未明确的技术状况等需要说明的事项。

三、测量档案资料的数据录入与标识

作为施工资料的工程施工测量记录表应使用市级建设行政主管部门或者其他专业主管部门统一规格的建设工程技术用表。《规程》中的工程定位测量记录表格式样见表 9-3。

表 9-3　工程定位测量记录

<table>
<tr><td colspan="2" rowspan="2">工程名称</td><td colspan="2" rowspan="2"></td><td>编　号</td><td colspan="2"></td></tr>
<tr><td>图纸编号</td><td colspan="2"></td></tr>
<tr><td colspan="2">委托单位</td><td colspan="2"></td><td>施测日期</td><td colspan="2"></td></tr>
<tr><td colspan="2">复测日期</td><td colspan="2"></td><td>平面坐标依据</td><td colspan="2"></td></tr>
<tr><td colspan="2">高程依据</td><td colspan="2"></td><td>使用仪器</td><td colspan="2"></td></tr>
<tr><td colspan="2">允许误差</td><td colspan="2"></td><td>仪器校验日期</td><td colspan="2"></td></tr>
<tr><td colspan="7">定位抄测示意图：</td></tr>
<tr><td colspan="7">复测结果：</td></tr>
<tr><td rowspan="3">签字栏</td><td>施工单位</td><td></td><td>测量人员岗位证书号</td><td></td><td>专业技术负责人</td><td></td></tr>
<tr><td>施工测量负责人</td><td></td><td>复测人</td><td></td><td>施测人</td><td></td></tr>
<tr><td>监理或建设单位</td><td colspan="3"></td><td>专业工程师</td><td></td></tr>
</table>

测量档案资料的文字填写、数据录入和标识编号等应符合以下要求：

1）内容填写要真实、准确，与工程实际相符合，其深度必须符合国家和地方有关工程方面的技术规范、标准和规程；

2）工程名称应填写施工许可证确定的名称或建设项目名称加单位工程名；

3）单位名称应为全称，与公章一致；

4）不同表格内容相同栏应填写一致；

5）检查部位应填写准确；

6）绝对标高采用黄海高程，坐标采用城市规划坐标；

7）图例符号按国家标准，若自行编制符号应附图例说明；

8）引用内容应与引用件上一致，包括编号、位置等；

9）岗位证书等证件一律填写有效执业资格证书名称和编号；

10）计量单位应用法定计量单位；

11）施工用表格形成且手续齐全后，不得事后增添内容，应在空白处加盖“以下空白”章或用斜线划掉处理；

12）数字填写真实、准确，数据一律采用阿拉伯数字，小数点后保留 3 位数；

13）楼层应同时标注层数和标高。

测量施工资料名称、分类、分类编号、表格编号应符合《规程》附录的要求或当地现行的地方工程资料管理的相关标准规定。

施工测量记录表，应按施工资料要求统一进行编号，编号应符合下列规定：

1）施工资料编号由分部、子分部、分类、顺序号 4 组代号组成，组与组之间应用横线隔开，如下：

××-××-××-×××

①-②-③-④

编号的四组代号说明如下：

① 为分部工程代号，用两位数表示。

② 为子分部工程代号，用两位数表示。

③ 为资料的类别编号，按字母加数字的两位类别编号填写。

④ 为顺序号，可根据相同表格、相同检查项目，按形成时间顺序用三位数填写。

如《规程》中，地基与基础分部工程中（分部工程代号 01），其有支护土方的子分部工程（子分部工程代号 02），该子分部工程所用的是第一张工程定位测量记录表（表格类别编号为 C5 类），则这个子分部工程所用的定位测量记录表中的编号填写为 01-02-C5-001 的形式。

2）工程资料的编号应及时填写，专用表格的编号应填写在表格右上角的编号栏中；非专用表格应在资料右上角的适当位置注明资料编号。

施工测量资料整理、组卷后的归档案卷应进行案卷编目，每卷应由案卷封面、卷内目录、内容、卷内备考表及封底组成，其格式及填写要求可按《规范》的有关规定执行。案卷的装订和案卷的装具也应符合《规范》及相关规定要求。

测量档案资料的数据录入也可采用计算机软件辅助完成，如“重庆市建设工程档案编制与著录管理系统”，该系统含各类施工用表，可录入施工测量的各种记录并能对数据进行合法性检查，减少数据输入错误；该档案编制管理系统可根据需要进行电子组卷，自动生成案卷的封面、卷内目录、内容、卷内备考表和页码，可显著减轻资料整理与组卷的劳动强度，提高归档工作效率与质量。

测量员专业知识测试模拟试卷

模拟试卷一

一、单项选择题（共50题，每题1分。每题的备选项中，只有一个最符合题意）

1. 下列选项中不属于场区高程控制网的布设形式的是（　　）。

A. 闭合环线　　B. 附合路线

C. 结点网　　D. 建筑方格网

2. 测量放线报验单填写完毕后，要经（　　）审核盖章后上报监理单位，并约请监理工程师验收。

A. 总工程师　　B. 项目经理

C. 测量负责人　　D. 施工员

3. 测量人员要培养检查、维护仪器的意识，养成对仪器检查、维护的良好习惯。下列说法错误的是（　　）。

A. 运输前和到达目的地后要检查仪器的完好性

B. 仪器只需出库和入库时检查即可，其他时段无须检查

C. 每天出工前要检查仪器和配件外观是否良好、齐全

D. 测量仪器不得靠近火炉、暖气片等热源

4. 下列选项中关于测量工作的原则说法错误的是（　　）。

A. 前一步测量工作未作检核不进行下一步测量工作

B. 按照“从整体到局部”的原则

C. 按照“从低级到高级”的原则

D. 按照“先控制后碎部”的原则

5. 已知 $H_A = 124.334$m，$h_{AB} = -1.668$m，$h_{BC} = 0.543$m，则 C 点高程为（　　）m。

A. 124.877　　B. 122.666

C. 125.459　　D. 123.209

6. 高斯平面直角坐标系的 y 轴是（　　）的投影。

A. 赤道　　B. 中央子午线

C. 任意子午线　　D. 任意纬线

7. 1 弧度约等于(　　)秒。

A. 60　　B. 206265　　C. 3600　　D. 600

8. 水准测量中，为了减小 i 角误差，一般把仪器架在(　　)。

A. 靠近未知点处　　B. 靠近已知点处

C. 两个观测点的中间　　D. 任意能看到两个点的位置

9. 用于调节水准仪圆水准器气泡的螺旋是(　　)。

A. 物镜调焦螺旋　　B. 脚螺旋　　C. 目镜调焦螺旋　　D. 微动螺旋

10. 水准仪 DS_3 型号里面的数字“3”表示的意思是(　　)。

A. 观测每千米水准路线长的往返测高差中误差不超过 ±3cm

B. 观测每千米水准路线长的往返测高差中误差不超过 ±3dm

C. 观测每千米水准路线长的往返测高差中误差不超过 ±3mm

D. 此水准仪生产批次为第 3 批次

11. 下图所示为一个测站的后视读数，正确的读数为(　　)mm。

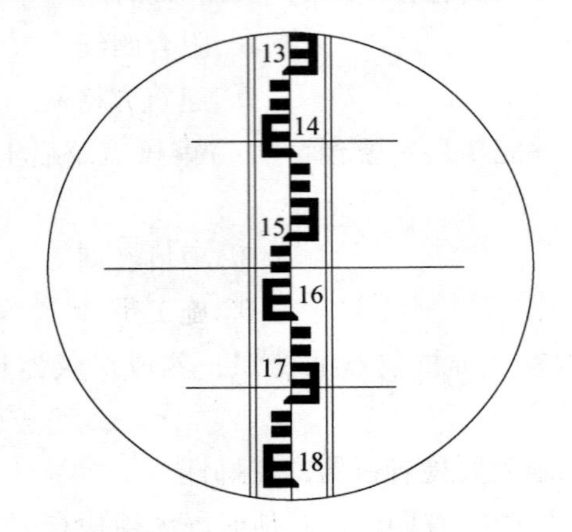

A. 1380　　B. 1680　　C. 1535　　D. 1730

12. 全站仪测定距离需要反光镜的支持，使用时(　　)。

A. 反光镜对准天空

B. 反光镜的圆水准器气泡不用居中

C. 反光镜应对准望远镜，竖直立在目标处

D. 反光镜应对准测站点

13. 直线 AB 的坐标方位角为 $\alpha_{AB}=65°23'36''$，则其反坐标方位角为(　　)。

A. 155°23′36″　　B. 425°23′36″

C. 245°23′36″　　D. 114°36′24″

14. 在测量过程中，一般只要遵循规范，操作得当，认真检核观测结果，(　　)是可以避免的。

A. 仪器误差　　B. 系统误差

C. 粗差　　D. 观测误差

15. 下列选项中不属于偶然误差特性的是(　　)。

A. 绝对值大的误差比绝对值小的误差出现的可能性大

B. 绝对值相等的正负误差出现的可能性相等

C. 在一定的观测条件下，偶然误差的绝对值不会超过一定界限

D. 偶然误差的算术平均值随着观测次数的无限增加而趋于零

16. 精度是指(　　)。

A. 观测值的准确度

B. 误差分布的离散程度

C. 观测时动作的标准性

D. 仪器误差是否超限

17. 下列选项中，(　　)是用改正数计算算术平均值中误差公式。

A. $\pm\sqrt{\frac{[vv]}{n-1}}$　　B. $\pm\sqrt{\frac{\Delta\Delta}{n}}$

C. $\pm\sqrt{\frac{[vv]}{n(n-1)}}$　　D. $\pm\sqrt{\frac{[vv]}{n}}$

18. 控制测量分为平面控制测量和(　　)控制测量。

A. 角度　　B. 距离

C. 高程　　D. 坐标

19. 下图布设的导线形式为(　　)。

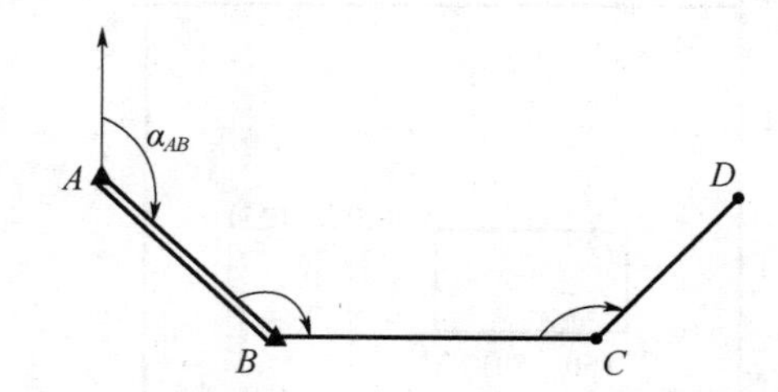

A. 附合导线　　B. 闭合导线

C. 综合导线　　D. 支导线

20. 各等级三边网的起始边至最远边之间的三角形个数不宜多于(　　)个。

A. 7　　B. 8

C. 9　　D. 10

21. 三等水准测量，利用双面尺法观测顺序为(　　)。

A. 后—前—前—后

B. 后—前—后—前

C. 前—后—前—后

D. 后—后—前—前

22. 三角高程测量中，A 点为已知点，从 A 点观测 B 点的竖直角为 $+21°18'12''$，A、

B 两点间测得水平距离为 366.583m，A 点仪器高为 1.547m，B 点觇标高为 1.225m，忽略大气折光影响，则可得 h_{AB} 为(　　)m。

A. −142.949　　B. −143.271

C. +142.949　　D. +143.271

23. GPS 卫星星座由(　　)颗卫星组成。

A. 3　　B. 4　　C. 21　　D. 24

24. 能表示地物的平面位置和地貌起伏情况的图为(　　)。

A. 平面图　　B. 横断面图

C. 地形图　　D. 纵断面图

25. 地图上 0.1mm 所代表的实地距离是(　　)。

A. 比例尺精度　　B. 图廓

C. 等高线　　D. 图幅

26. 测设水平角精度要求不高时，可采用(　　)。

A. 盘左测设法

B. 盘右测设法

C. 多测回法

D. 盘左、盘右分中的方法

27. 如下图所示，直角坐标法测设建筑物 $ABCD$，由图可得 B 点 X 坐标为(　　)。

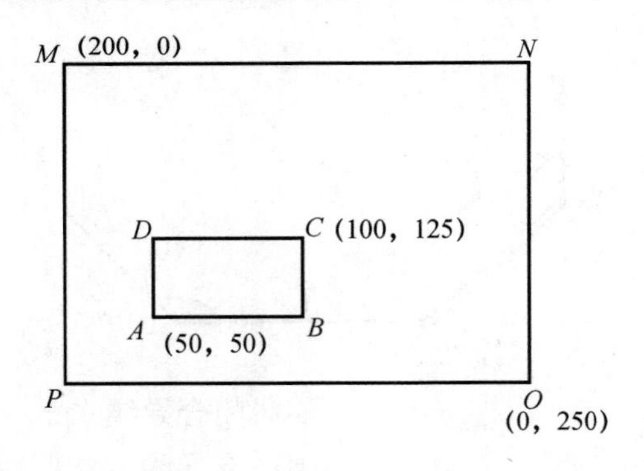

A. 50　　B. 100　　C. 125　　D. 150

28. 当建筑场地已有相互垂直的主轴线或者矩形方格网时，常采用(　　)测设点的平面位置。

A. 极坐标法　　B. 角度交会法

C. 距离交会法　　D. 直角坐标法

29. 已知水准点 A 的高程为 H_A = 265.275m，需要测设的 B 点高程为 H_B = 266.387m，现已测得 A 点上的水准尺读数为 α = 2.335m，则 B 点上的水准尺应有的读数为(　　)m。

A. 1.112　　B. 1.223

C. 3.447　　D. 3.558

30. 若测设点的高程太低，位于原地面以下时，则在标志线上标注“H_B +0.9m”的意思是(　　)。

A. 在标志线以上填0.9m 才是 B 点的位置

B. 在标志线左边0.9m 处为 B 点位置

C. 在标志线右边0.9m 处为 B 点位置

D. 往标志线以下挖0.9m 才是 B 点高程位置

31. 施工控制网分为平面控制网和(　　)。

A. 三角网　　B. 导线网　　C. 高程控制网　　D. 建筑方格网

32. 下列关于施工坐标系说法正确的是(　　)。

A. 施工坐标系的坐标轴通常与建筑物主轴线方向一致

B. 施工坐标系与测图坐标系是一致的

C. 施工坐标系不可以是独立坐标系

D. 施工坐标系其实是根据建筑基线位置建立的

33. 建筑物竣工测量中，设备基础竣工中心线必须复测，两次测量的较差不应大于(　　)mm。

A. 2　　B. 3　　C. 4　　D. 5

34. 工业建筑中厂房控制网布设的形状为(　　)。

A. 矩形　　B. 三角形　　C. 圆形　　D. 一字形

35. 布置在厂房控制网的四个角点叫(　　)。

A. 轴线控制桩　　B. 厂房定位轴线桩

C. 厂房控制桩　　D. 桩基定位桩

36. 柱子安装测量中，钢柱 ±0 标高检查，测量限差为(　　)mm。

A. ±1　　B. ±2　　C. ±3　　D. ±4

37. 建筑物高程控制应用水准测量，附合路线闭合差不应低于(　　)等水准的要求。

A. 一　　B. 二　　C. 三　　D. 四

38. 下列选项中不属于屋架弹线内容的是(　　)。

A. 跨度轴线弹线　　B. 十字弹线

C. 结点安装弹线　　D. 中线弹线

39. 下列方法中不属于水平位移观测的是(　　)。

A. 基准线法　　B. 四等水准法

C. 测小角法　　D. 导线法

40. 水平位移监测网平均边长≤600m 的是(　　)等。

A. 一　　B. 二　　C. 三　　D. 四

41. 施工测量成果质量错漏分类分为(　　)四类。

A. A、B、C、D　　B. 甲、乙、丙、丁

C. 一、二、三、四　　D. 1、2、3、4

42. 下图为微倾式水准仪示意图，图中5为(　　)。

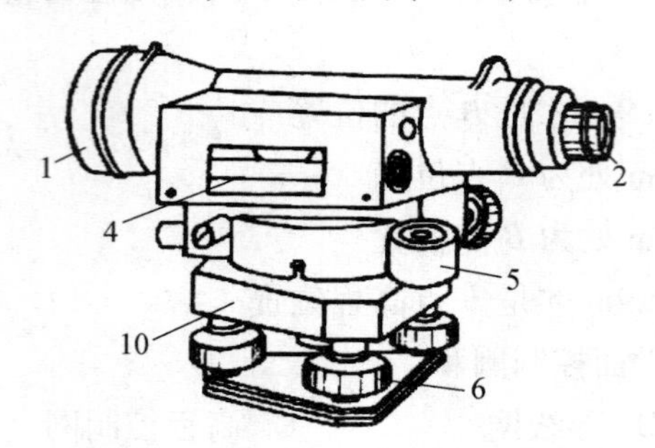

A. 管水准器　　B. 基座

C. 望远镜　　D. 圆水准器

43. 下图为北京博飞BTS-800全站仪，根据图中所示下列说法正确的是(　　)。

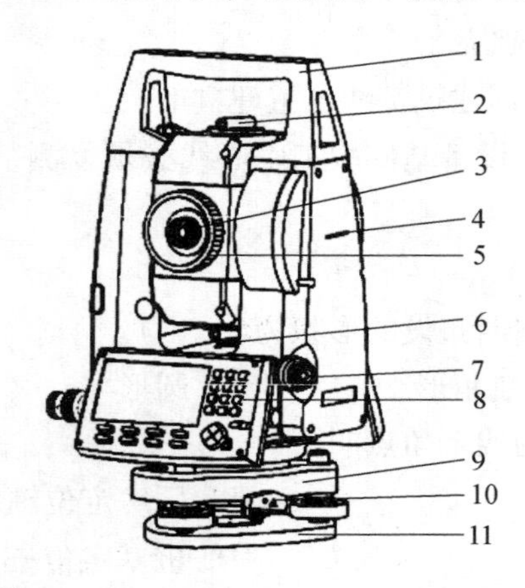

A. 图中7为光学对点器

B. 图中全站仪为盘左模式

C. 图中2表示目镜调焦螺旋

D. 图中3为水准管

44. 一个测绘项目在其最终成果（或产品）检查合格后，在各专业技术总结的基础上，对整个项目所作的技术总结，称之为(　　)。

A. 项目技术总结　　B. 专业技术总结

C. 周工作总结　　D. 月工作总结

45. 根据下表视距测量数据，其中仪器高 $i = 1.38\text{m}$，竖直角的计算公式为 $\alpha_L = 90° - L$（水平距离和高差计算取位至0.01m），则下列说法错误的是(　　)。

目标	上丝读数（m）	下丝读数（m）	竖盘读数（° ′ ″）
1	0.986	2.113	81°54′36″

A. 高差为+15.53m　　B. 高差为−15.53m

C. 水平距离为110.47m　　D. 竖直角为8°05′24″

46. 下表为某竖直角观测记录，此经纬仪为顺时针注记，则 N 点的下半测回竖直角为(　　)。

测站	目标	竖盘位置	竖盘读数 ° ′ ″	半测回竖直角 ° ′ ″	指标差 ″	一测回竖直角 ° ′ ″
O	M	左	68 23 24			
		右	291 36 42			
	N	左	99 06 30			
		右	260 53 12			

A. +170°53′30″　　B. +9°06′48″

C. −170°53′30″　　D. −9°06′48″

47. 下列选项中不属于 GPS 地面监控部分的是(　　)。

A. 监测站　　B. 卫星星座

C. 注入站　　D. 主控站

48. 卫星定位测量控制点位的选定，应符合高度角在(　　)以上的范围内。

A. 15°　　B. 20°

C. 25°　　D. 30°

49. 线路测量中平面控制点的点位，不宜选在(　　)地方。

A. 土质坚实　　B. 便于观测

C. 易于保存　　D. 潮湿松软

50. 下列选项中不属于场区高程控制网的布设形式的是(　　)。

A. 闭合环线　　B. 附合路线

C. 结点网　　D. 建筑方格网

二、多项选择题（共 10 题，每题 2 分。每题的备选项中，有 2 个或 2 个以上符合题意；错选，本题不得分；少选，所选的每个正确选项得 0.5 分）

1. 准确绘制现场测设放线图前应做好的准备工作包括(　　)。

A. 熟悉设计图纸与有关变更

B. 熟悉工程勘察报告

C. 在地面上标定出特征点位置

D. 计算建筑物特征点与控制点之间的几何尺寸关系

E. 校核特征点之间几何尺寸

2. 建筑物的变形观测包括(　　)。

A. 沉降观测　　B. 倾斜观测

C. 裂缝观测　　D. 水平位移观测

E. 轴线投测

3. 测量工作中常用的坐标系统有(　　)。

A. 高斯平面直角坐标系　　B. 笛卡尔坐标系

C. 大地坐标系　　D. 独立平面直角坐标系

E. 矿山坐标系

4. 测量的基本工作是(　　)。

A. 测绘　　B. 测角度

C. 测距离　　D. 测高程

E. 测设

5. 如下图所示，直线 AB 的象限角为 $44°32'24''$，$\beta_1=235°16'12''$，$\beta_2=126°35'30''$，则下列说法正确的是(　　)。

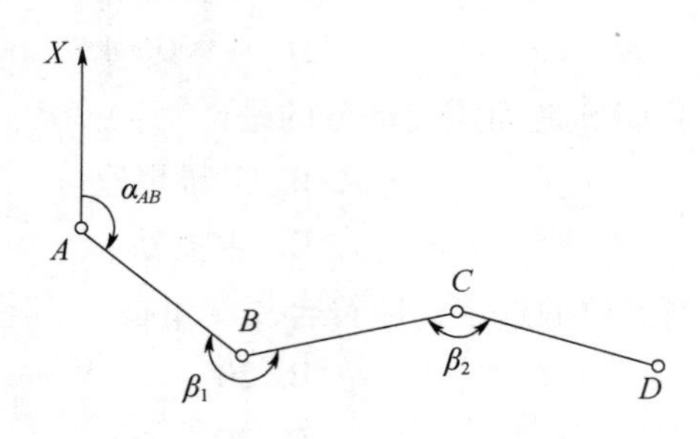

A. $\alpha_{AB}=44°32'24''$　　B. $\alpha_{BC}=80°11'24''$

C. $\alpha_{AB}=135°27'36''$　　D. $\alpha_{CD}=133°35'54''$

E. 直线 BC 的象限角为 N80°11′24″E

6. 某钢尺的尺长方程式为 $L_t=50+0.0035+1.25\times10^{-5}\times50\ (t-20℃)$，现用其对 M、N 两点进行往返距离测量，往测为 176.755m，返测为 176.776m，则以下说法正确的是(　　)。

A. 此钢尺的名义长度为 50m

B. 此钢尺的标定温度为 20℃

C. 本次测量的相对误差 K 为 -21mm

D. 本次测量的相对误差 K 为 1/8400

E. 若允许误差为 1/3000，则本次测量误差超限

7. 水平角的观测方法有(　　)。

A. 极坐标法　　B. 角度交会法

C. 测回法　　D. 全圆观测法

E. 侧方交会法

8. 下列关于等高线说法正确的是(　　)。

A. 同一幅图中，等高距一致

B. 地形图中，等高线平距越大，地势越缓

C. 示坡线可以表示坡度降落的方向

D. 山谷线也叫分水线

E. 山脊线也叫集水线

9. 下列关于测设已知高程的点说法错误的是(　　)。

A. 测设已知高程的点需要算出水准尺应有的读数

B. 标志线上标注“$H_2-1.0m$”表示需要挖方

C. 标志线上标注“$H_2+1.0m$”表示需要填方

D. 测设已知高程的点利用的依然是水准测量原理

E. 若标志线上标注“$H_2+1.0m$”则表示测设点在原地面以下

10. 下列选项中属于建筑物施工放样所需资料的是(　　)。

A. 总平面图　　B. 设备基础图

C. 建筑物轴线和基础平面图　　D. 建筑物结构图

E. 地质勘察图

三、判断题（共 20 题，每题 1 分）

1. 编写施测方案前，要全面了解设计意图，认真熟悉与审核图纸。

A. 正确　　B. 错误

2. GPS 拟合高程测量也可以用于三、四等高程测量。

A. 正确　　B. 错误

3. 变形观测点的高程中误差和点位中误差，是指相对于邻近基准点的中误差。

A. 正确　　B. 错误

4. 测量工作的本质是消除误差。

A. 正确　　B. 错误

5. 一般所谓的海拔就是绝对高程。

A. 正确　　B. 错误

6. $h_{AB}=+1.438m$，$H_A=253.297m$，则可以算得 $H_B=254.735m$。

A. 正确　　B. 错误

7. 测量坐标系和数学坐标系的象限一致。

A. 正确　　B. 错误

8. 公路的勘察设计一般分为可行性研究、初测和定测三个阶段。

A. 正确　　B. 错误

9. 中误差是衡量精度的一个重要指标。

A. 正确　　B. 错误

10. 导线测量时导线边长应大致相等。

A. 正确　　B. 错误

11. 技术总结是与测量产品有直接关系的技术性文件，是长期保存的重要档案。

A. 正确　　B. 错误

12. 纵断面图的纵横坐标采用的比例尺一致。

A. 正确　　　　B. 错误

13. 地形图的梯形分幅由国际统一规定的纬线为图的东西边界，统一规定的经线为图的南北边界。

A. 正确　　　　B. 错误

14. 变形监测点应设立在能反映监测体变形特征的位置或监测断面上。

A. 正确　　　　B. 错误

15. 对沉降点的观测只在竣工测量之后进行。

A. 正确　　　　B. 错误

16. 当线路与已有的道路、管道、送电线路等交叉时，应根据需要测量交叉角、交叉点的平面位置和高程，但不用测量净空高或负高。

A. 正确　　　　B. 错误

17. 竣工总图的实测，应重新布设施工控制点再进行联测。

A. 正确　　　　B. 错误

18. 支导线的点数不宜超过 2 个。

A. 正确　　　　B. 错误

19. 高层建筑的钢管桩或混凝土方桩的定位偏差不得超过 $D/2$（D 为圆桩直径或方桩边长）。

A. 正确　　　　B. 错误

20. 测设已知高程的点，若标志线上标注“$H_B - 0.5$m”，表示 B 点的高程在标志线以上 0.5m 处。

A. 正确　　　　B. 错误

四、综合题（多选题 2 分一题，其他每题 1 分，共 5 分）

现有某工程位于重庆某县，设计标高 ±0.000 相当于黄海高程 238.5m。在基础施工过程中，基槽设计开挖深度是 −2.000m，欲测设比槽底设计标高高 0.400m 的水平桩，用于控制基槽开挖（具体数据如图所示，假如 A 点设计标高为 ±0.000m，A 点上后视读数为 1.487m）。

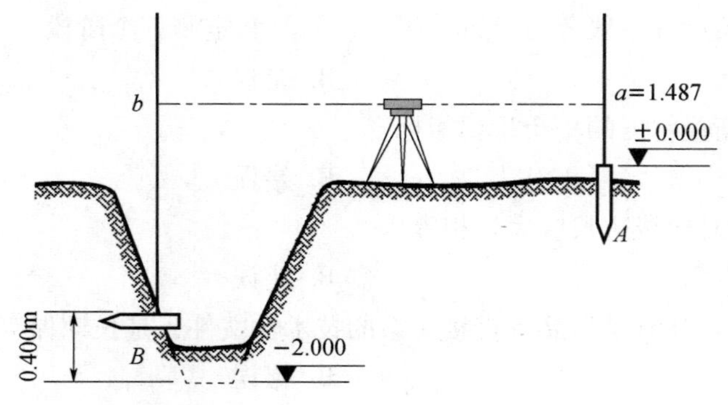

1. 标高 ±0.000 属于(　　)。

A. 绝对高程　　B. 相对高程　　C. 绝对误差　　D. 相对误差

2. 高差是指(　　)。

A. 两点间高程之差　　B. 海拔

C. 相对高程　　D. 绝对高程

3. 根据题意，下列说法正确的是(　　)。

A. B 点的绝对高程是 -0.400m

B. B 点的相对高程是 -0.400m

C. b 的读数应为 3.087m

D. 测设 B 点要将水准尺沿 B 点桩侧面上下移动

E. 当 B 点水准尺上读数刚好为 b 时，水准尺底部即为 B 点所在

4. 相对高程的起算面可以是自己假定的任意水准面。

A. 正确　　B. 错误

五、综合题（多选题 2 分一题，其他每题 1 分，共 5 分）

在某道路工程测量中，工作步骤如下：确认定位依据→布设定位方格网→确定道路起点、终点、转弯点等关键点位→在道路的关键点位设置道路中线定位桩→根据道路中心线确定填埋坑上边线以及排水沟的中线→利用方格网确定填埋坑坑底边线的关键定位点→布设填埋坑坑底关键控制点位→检查复核各定位控制桩的位置，比照设计值加以调整→利用定位桩，根据施工进度设置施工用临时控制桩。

下图为欲展绘定位控制点的坐标方格网。

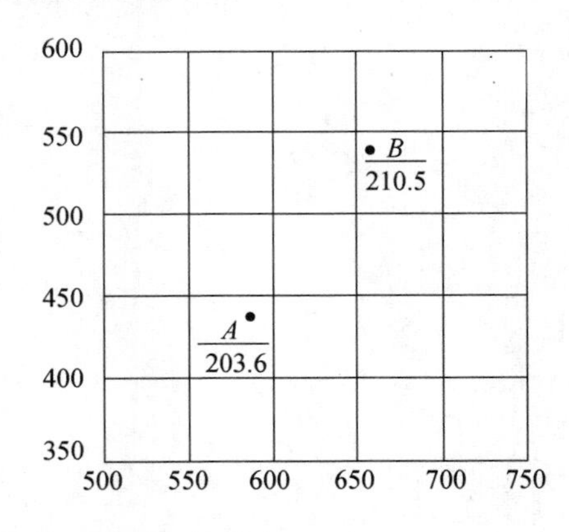

1. 图中的 A 点处的“203.6”指的是(　　)。

A. A 点 X 坐标　　B. A 点 Y 坐标

C. A 点高程　　D. 坐标方位角

2. 下列里程桩桩号的表示方法正确的是(　　)。

A. 1000m +211.05m　　B. 1211.05m

C. K1 +2h +11.05m　　D. K1 +211.05

3. 根据题意，下列说法正确的是(　　)。

A. 图中 A 点的 X 坐标介于 550 ~ 600m 之间

B. 图中 A 点的 X 坐标介于 400 ~ 450m 之间

C. 图中直线 AB 的象限角为东北方向

D. 图中的比例尺为 1 : 500

E. 依照此图中比例尺，则碎部点间最大间距不超过 15m

4. 道路中线测量中的交点（JD）和转点（ZD）指的是同样的点。

A. 正确　　　　B. 错误

模拟试卷二

一、单项选择题（共50题，每题1分。每题的备选项中，只有一个最符合题意）

1. 测量的两大任务是指(　　)。

A. 地物和地貌　　B. 测角和测边

C. 平面坐标和高程　　D. 测定和测设

2. 测量的本质是(　　)。

A. 确定点的空间位置　　B. 确定建筑物的位置

C. 测绘　　D. 放样

3. 地面上任意一点到大地水准面的铅垂距离，称为该点的(　　)。

A. 绝对高程　　B. 相对高程

C. 标高　　D. 高差

4. 我国现在用的高程基准为(　　)。

A. 1956 黄海高程系统

B. 1985 国家高程基准

C. 1954 北京坐标系

D. 1980 西安坐标系

5. (　　)负责施工项目测绘业务文件资料归档材料的形成、积累、整理、立卷等建档工作。

A. 施工单位　　B. 监理单位

C. 业主方　　D. 咨询单位

6. 下列选项中不属于测量的基本任务的是(　　)。

A. 测设　　B. 测角度

C. 测距离　　D. 测高程

7. $h_{AB}<0$，那么说明(　　)点高。

A. A 点高　　B. B 点高

C. 跟两个点谁高没关系　　D. 一样高

8. 用于调节水准仪十字丝清晰度的螺旋称为(　　)。

A. 物镜调焦螺旋　　B. 脚螺旋

C. 目镜调焦螺旋　　D. 微动螺旋

9. 水准仪整平过程中，圆水准器中的气泡在哪边，说明哪边(　　)。

A. 低了　　B. 脚架坏了

C. 高了　　D. 要垫尺垫

10. 按《建设工程文件归档规范》（GB/T 50328—2014）对归档文件质量要求的规定，归档的工程文件应为(　　)。

A. 原件　　B. 复印件

C. 原件或复印件　　D. 原件和复印件

11. 水准测量双仪高法中同一测站两次架设的仪器高度之差应在(　　)。

A. 10cm 以上　　B. 5cm 以上　　C. 15cm 以上　　D. 10cm 以下

12. 对于水准管轴的检验，描述正确的是(　　)。

A. 水准管轴应平行于竖轴

B. 对于 DS_3 型水准仪，i 值应小于 20″

C. 对于 DS_3 型水准仪，i 值应小于 30″

D. 对于 DS_3 型水准仪，i 值应小于 10″

13. 下列选项中不属于水准测量误差来源的是(　　)。

A. 仪器误差　　B. 观测误差

C. 外界环境影响　　D. 粗差

14. 水平角的取值范围是(　　)。

A. −90°～0°　　B. 0°～+90°

C. 0°～360°　　D. −90°～+90°

15. 光学经纬仪型号中 DJ 的“D”指的是(　　)。

A. 大地测量　　B. 点号

C. 地面点　　D. 东南西北的“东”

16. 光学经纬仪的使用步骤是(　　)。

A. 粗平-精平-读数-对中　　B. 对中-瞄准-整平-读数

C. 对中-整平-瞄准-读数　　D. 整平-对中-瞄准-读数

17. 下表为某测回法的水平角观测记录，则一测回角值为(　　)。

测站	竖盘位置	目标	水平度盘读数 ° ′ ″	半测回角值 ° ′ ″	一测回角值 ° ′ ″
O	盘左	A	0 00 00		
		B	56 36 18		
	盘右	A	180 00 16		
		B	236 36 24		

A. 56°36′08″　　B. 56°36′13″

C. 56°36′18″　　D. 56°36′06″

18. 下列选项中关于经纬仪各轴线之间应满足的几个几何关系说法错误的是(　　)。

A. 水准管轴⊥竖轴　　B. 横轴⊥视准轴

C. 横轴⊥竖轴　　D. 水准管轴∥视准轴

19. 数字形式的测量成果宜采用不同的介质进行备份，备份数量为(　　)。

A. 2　　B. 3　　C. 4　　D. 5

20. 以坐标纵轴北端顺时针转到某一方向线的夹角，称为(　　)。

A. 真方位角　　B. 磁方位角

C. 坐标方位角　　D. 象限角

21. 全站仪的全称为(　　)。

A. 全部测站的仪器

B. 全能测型仪器

C. 全站型电子速测仪

D. 全速测站仪器

22. 如下图所示，此为与全站仪配套使用的(　　)。

A. 多棱镜与基座　　B. 单棱镜与基座

C. 三棱镜与基座　　D. 微型棱镜

23. 因观测值有误差，则其函数值也有误差，这种阐明观测值及其函数间误差关系的定律称为(　　)。

A. 误差传播定律　　B. 系统误差定律

C. 偶然误差定律　　D. 误差传染定律

24. 等精度独立观测量的一次观测中误差 m 的公式为(　　)。

A. $\pm\sqrt{\frac{\Delta\Delta}{n}}$　　B. $\pm\sqrt{\frac{[vv]}{n(n-1)}}$

C. $\pm\sqrt{\frac{[vv]}{n-1}}$　　D. $\frac{m}{\sqrt{v}}$

25. 施工测量工作应当遵守国家法令、政策和规范，明确为(　　)服务。

A. 业主方　　B. 监理方

C. 工程施工　　D. 供应方

26. 双面尺法做四等水准时，若在 BM_1-TP_1 的测站中，后视黑面上丝读数 1426，下丝读数 0995，前视黑面上丝读数为 0801，下丝读数为 0371，则其视距差为(　　)m。

A. －0.1　　B. ＋0.1

C. －124.9　　D. ＋124.9

27. 下图所示等高线所表示的地形为(　　)。

90
80
70
60
50

A. 山头　　B. 鞍部
C. 山谷　　D. 洼地

28. 城市地形图一般采用以通过城市中心的某一子午线为中央子午线的任意带高斯平面坐标系，称为(　　)。

A. 施工坐标系　　B. 世界坐标系
C. 城市独立坐标系　　D. 大地坐标系

29. 下列关于裂缝观测说法错误的是(　　)。

A. 建筑物发生裂缝时，应对裂缝进行编号
B. 裂缝观测需要设置标志
C. 每条裂缝至少布设四组观测标志
D. 标志应布设在裂缝最宽处和裂缝末端

30. 下列不属于建筑物产生倾斜的原因是(　　)。

A. 地基承载力不均匀　　B. 基础挠度过大
C. 建筑物体形复杂，形成不同的荷载　　D. 受外力作用

31. 沉降观测布设的基准点离观测点的距离不应大于(　　)m。

A. 5　　B. 10　　C. 50　　D. 100

32. 建筑物及其基础在垂直方向上的变形是建筑物的(　　)。

A. 沉降　　B. 裂缝　　C. 水平位移　　D. 倾斜

33. 基础桩位放样中单排桩放样允许偏差为(　　)mm。

A. ±2　　B. ±3　　C. ±5　　D. ±10

34. 施工层标高传递时，若传递的标高小于(　　)mm，可取其平均值作为施工层的标高基准。

A. 1　　B. 2　　C. 3　　D. 4

35. 高层建筑基础施工测量中的“撂底”是指(　　)。

A. 基础放线　　B. 基槽开挖
C. 基础标高控制　　D. 墙体施工

36. 基础开挖前，需要由(　　)向两边各量出开挖边线尺寸。

A. 中桩　　B. 中心桩　　C. 导线点　　D. 水准点

37. 根据设计图纸，将建筑物外墙的轴线交点测设到实地，作为建筑物基础放样和

细部放样的依据的工作称为(　　)。

A. 建筑物放样　　B. 场地平整　　C. 建筑物定位　　D. 变形监测

38. 现已知点 A 的坐标为（300.000，300.000），放样点 P 坐标（250.000，320.000），则 AP 的坐标方位角 α_{AB} 为(　　)。

A. −21°48′05″　　B. 21°48′05″

C. 158°11′55″　　D. 338°11′55″

39. 已知水准点 M 的高程为 $H_M = 86.554$m，需要测设的 N 点高程为 $H_N = 85.663$m，现已测得 M 点上的水准尺读数为 $\alpha = 1.089$m，则 N 点上的水准尺应有的读数为(　　)m。

A. 0.198　　B. 0.891　　C. 1.980　　D. 3.069

40. 建筑方格网适用于(　　)。

A. 地势起伏较大，通视条件较好的施工场地

B. 地势平坦，通视又比较困难的施工场地

C. 地势平坦且又简单的小型施工场地

D. 建筑物多为矩形且布置比较规则和密集的施工场地

41. 测设坡度线时，若倾斜度较小，则适合用(　　)测设。

A. 水准仪法　　B. 水平视线法

C. 经纬仪法　　D. 倾斜视线法

42. 如下图所示，在微倾式水准仪中，微倾螺旋所调节的是(　　)。

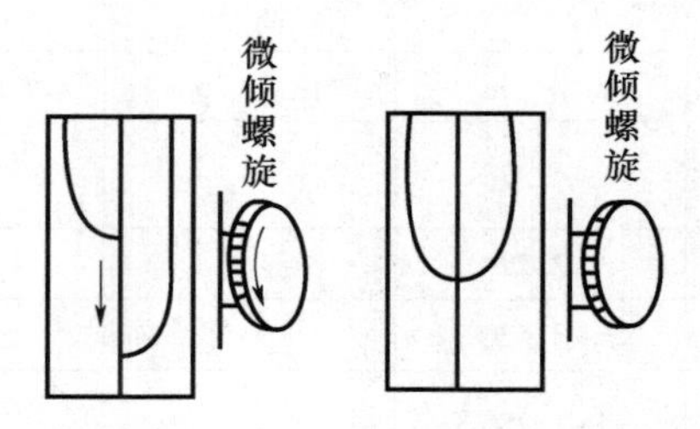

A. 圆水准器　　B. 管水准器

C. 粗平　　D. 十字丝

43. 下图中所示尺子为(　　)。

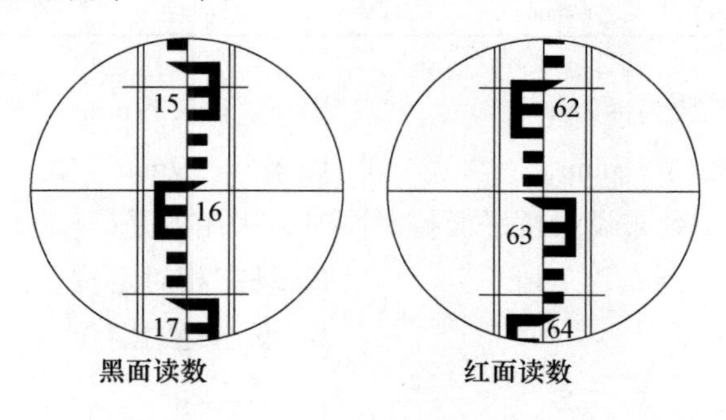

A. 塔尺　　B. 因瓦尺　　C. 双面尺　　D. 折尺

44. 下表为某水准测量的一段记录表格，下列对于这次测量说法错误的是(　　)。

测站	测点	水准尺读数（m）		高差（m）		高程（m）	备注
		后视读数 a	前视读数 b	+	−		
Ⅰ	A	2.142				123.446	已知
	ZD_1		1.258				
Ⅱ	ZD_1	0.928					
	ZD_2		1.235				
Ⅲ	ZD_2	1.664					
	ZD_3		1.431				
Ⅳ	ZD_3	1.672					
	B		2.074				
计算检核	Σ						
	$\sum a_i - \sum b_i =$			$\sum h_i =$		$H_s - H_A =$	

A. ZD_1-ZD_2 的高差为 −0.307m　　B. 前视读数之和为 5.998m

C. ZD_2-ZD_3 的高差为 +0.233m　　D. 高差之和为 −0.408m

45. 下表为一闭合水准路线成果计算，对这次测量说法正确的是(　　)。

测点	距离（m）	高差			高程（m）
		实测（m）	改正数（mm）	改正后（m）	
BM_1					400.00
	210	+4.378			
Ⅰ					
	320	−2.224			
Ⅱ					
	240	−3.430			
Ⅲ					
	190	+1.285			
BM_1					400.00
Σ					
辅助计算	$f_h =$　　mm $f_{h容} = \pm 40\sqrt{L} =$　　mm				

A. BM_1-Ⅰ的改正数为 +2mm　　B. $f_{h容} = \pm 39$mm

C. Ⅰ-Ⅱ的改正数为 +3mm　　D. $f_h = -9$mm

46. 桥梁在采用 GPS 布设大桥平面控制网时，采用的是(　　)。

A. 静态相对定位　　B. 动态相对定位

C. 静态绝对定位　　D. 动态绝对定位

47. GNSS 是指(　　)。

A. 全球定位系统　　B. 地理信息系统

C. 全球卫星导航系统　　D. 遥感技术

48. 平面控制网的建立有三角测量、卫星定位测量和(　　)测量等。

A. 水准　　B. 导线

C. 角度　　D. 距离

49. 地形图可分为数字地形图和(　　)地形图。

A. 有声　　B. 纸质　　C. 视频　　D. 扫描

50. 下列不属于地形测量的区域类型的是(　　)。

A. 一般地区　　B. 城镇建筑区

C. 工矿区和水域　　D. 高山地区

二、多项选择题（共10题，每题2分。每题的备选项中，有2个或2个以上符合题意；错选，本题不得分；少选，所选的每个正确选项得0.5分）

1. 首级控制网的等级，应根据(　　)合理确定。

A. 工程规模　　B. 控制网的用途

C. 坐标系统　　D. 精度要求

E. 投影带号

2. 电磁波测距三角高程测量的数据处理，应符合的规定是(　　)。

A. 垂直角的对向观测，只需要直觇观测，不用返觇

B. 直返觇的高差，应进行地球曲率和折光差的改正

C. 各等级高程网，应按最小二乘法进行平差并计算每千米高差全中误差

D. 高程成果的取值，应精确至1mm

E. 高程成果的取值，应精确至2mm

3. 施测横断面的方法有(　　)。

A. 水准仪法　　B. 经纬仪法

C. 花杆皮尺法　　D. 目估法

E. 导线法

4. 下列关于地形图说法正确的是(　　)。

A. M 为比例尺分母，M 越大，比例尺越小

B. 比例尺越小，图幅所能表示的面积越大

C. 1∶500 属于小比例尺

D. 1∶10000 属于大比例尺

E. 地形包括地物和地貌

5. 下列衡量精度的指标包括(　　)。

A. 真误差　　B. 粗差

C. 中误差　　D. 相对误差

E. 极限误差

6. 下列选项中，属于施工测量方案编制内容的有(　　)。

A. 施工测量技术依据、测量方法和技术要求

B. 起始依据点的检测

C. 测绘法规

D. 质量保证措施

7. 下列关于 DJ_6 型经纬仪横轴说法正确的是(　　)。

A. 横轴垂直于竖轴

B. 横轴倾斜角 $i<20''$ 时则需要校正

C. 横轴平行于视准轴

D. 十字丝竖丝垂直于横轴

E. 光学对中器视准轴与横轴重合

8. 水准路线布设形式包括(　　)。

A. 闭合水准路线

B. 附合水准路线

C. 综合水准路线

D. 支水准路线

E. 混合水准路线

9. 变形观测工作一般要尽量做到(　　)。

A. 固定观测人员

B. 使用固定的仪器和设备

C. 在尽可能相同的观测条件下观测

D. 要尽可能间隔短的时间进行观测

E. 观测时应采用相同的观测路线和观测方法

10. 对于装配式混凝土结构工程施工测量定位表述正确的有(　　)。

A. 施工测量前应制定施工测量方案

B. 安装施工前应在已施工完成结构及构件上进行测量放线，并应设置安装定位标志

C. 每层应设置不少于 1 个引测高程控制点

D. 每层楼面轴线垂直控制点不应少于 4 个

E. 每个混凝土构件应设置不少于 4 条安装位置线

三、判断题（共 20 题，每题 1 分）

1. 测量工作可以先做碎部测量，再来进行控制网的布设。

A. 正确　　B. 错误

2. 水准测量时从 A 点测到 B 点，则 A 点为后视点，B 点为前视点。

A. 正确　　B. 错误

3. 尺垫可用于未知点和转点，不能用于已知点上。

A. 正确　　B. 错误

4. 水平制动螺旋和水平微动螺旋的操作顺序是先制动后微动。

A. 正确　　B. 错误

5. 水平度盘偏心差是由照准部旋转中心与水平度盘分划中心不重合引起的。

A. 正确　　B. 错误

6. 全站仪可以测距离、测角度、测高程、测坐标，还可以放样，但不能进行面积测量。

A. 正确　　　　B. 错误

7. 基础的倾斜以不均匀的水平位移为主。

A. 正确　　　　B. 错误

8. 真误差按性质可分为系统误差和偶然误差。

A. 正确　　　　B. 错误

9. 偶然误差就是偶然间才会出现的误差，一般情况下不会出现这种误差。

A. 正确　　　　B. 错误

10. 电子经纬仪中的“锁定”键可以进行竖直度盘的度数锁定。

A. 正确　　　　B. 错误

11. 高层建筑物的倾斜以不均匀的沉降为主。

A. 正确　　　　B. 错误

12. 利用基准线法进行水平位移观测时，一般都采用钢筋混凝土观测墩以提高精度。

A. 正确　　　　B. 错误

13. 将柱基础顶面设计高程测设在模板内壁，在立杯底模板时应注意实际浇出来的杯底顶面要比原设计高程略低 3～5cm。

A. 正确　　　　B. 错误

14. 如果柱子为变截面（如有牛腿的面），可采用拉通线或目测法来标出中线各点。

A. 正确　　　　B. 错误

15. 高层建筑多采用箱形基础和桩基础。

A. 正确　　　　B. 错误

16. 高层建筑的轴线投测方法分为外控法和内控法。

A. 正确　　　　B. 错误

17. 变形观测点的高程中误差和点位中误差，是指相对于邻近基准点的中误差。

A. 正确　　　　B. 错误

18. 建筑物施工控制网的坐标轴，应与工程设计所采用的主副轴线一致。

A. 正确　　　　B. 错误

19. 高程控制网中，首级网应布设成环形网，加密网宜布设成附合路线或结点网。

A. 正确　　　　B. 错误

20. GPS 拟合高程测量也可以用于三、四等高程测量。

A. 正确　　　　B. 错误

四、综合题（多选题 2 分一题，其他每题 1 分，共 5 分）

下图是某矩形建筑物的平面图，施工场地建筑基线控制点 A、B、P 的布置示意图。

已知数据已在图中标示，其中，建筑物 1、2、3、4 点分别为要放样的点。项目测量专业人员使用电子经纬仪 DJ_2 配合钢尺进行放样，采用直角坐标法在 M、N 点处设站进行测设。

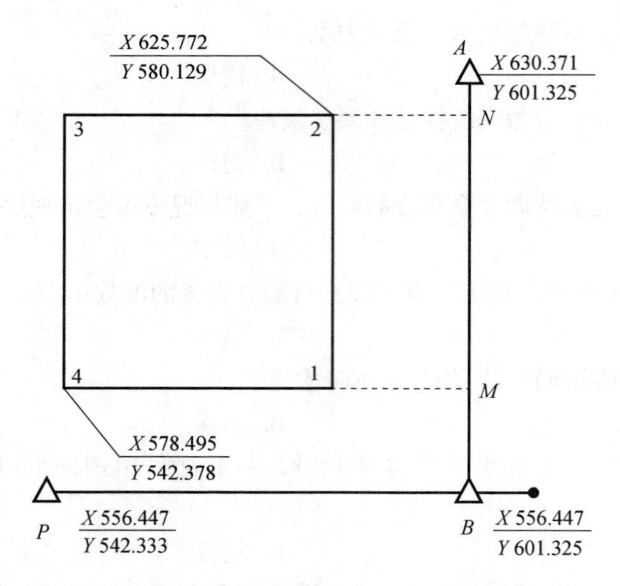

1. 要测设建筑物，首先要测设出 M、N 点，则 B 点到 M 点距离为(　　)m。

A. 21.196　　B. 22.048

C. 37.751　　D. 69.325

2. 1 点到 4 点水平距离为(　　)m。

A. 21.196　　B. 22.048

C. 37.751　　D. 47.277

3. 下列属于建筑基线布设形式的是(　　)。

A. “一”字形　　B. “L”形

C. “田”字形　　D. “T”形

E. “十”字形

4. 电子经纬仪可以直接读出竖直角。

A. 正确　　B. 错误

五、综合题（多选题 2 分一题，其他每题 1 分，共 5 分）

根据总的建筑平面定位图、甲方所给测量控制点 M、N、P、Q 来对测区进行控制点加密，由于对控制点的精度要求较高，此次导线角度闭合差容许值为 $f_{\beta容} = +40''\sqrt{n}$，导线测量相对闭合差限差 1/3000，直接丈量测距两次较差 1/5000。导线测量路线及成果计算表如下图，已知控制点坐标为 N（62371.05，75464.32），P（62326.26，76021.27）。

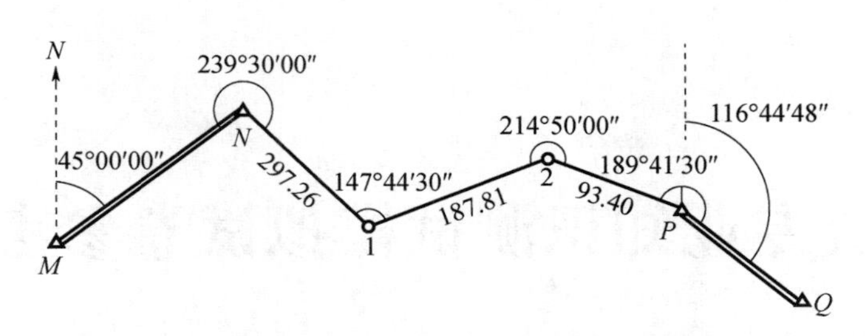

点号	内角观测值 ° ′ ″	改正数 ″	调整后内角 ° ′ ″	坐标方位角 ° ′ ″	边长 （m）	坐标增量（m）		调整后坐标增量（m）	
						Δ'_X	Δ'_Y	Δ_X	Δ_Y
M									
				45 00 00					
N	239 30 00								
					297. 26				
1	147 44 30								
					187. 81				
2	214 50 00								
					94. 4				
P	189 41 30								
				116 44 48					
Q									
Σ									

1. 上图中 α_{N1} 为（　　）。

A. 239°30′00″　　B. 147°44′30″

C. 284°29′42″　　D. 104°29′42″

2. 1 点与 2 点之间的 Y 方向的坐标增量值 Δ'_Y 为（　　）。

A. －178. 85　　B. －57. 31

C. ＋178. 85　　D. ＋57. 31

3. 下列计算正确的是（　　）。

A. $\alpha_{12}=72°13'54''$　　B. $\alpha_{2P}=37°24'12''$

C. $f_x=-0.01\text{m}$　　D. $f_y=-0.05\text{m}$

E. 导线相对误差 K 值超限

4. 坐标增量 $\Delta x'_{12}=D_{12}\times\cos\alpha_{12}$。

A. 正确　　B. 错误

测量员专业知识测试模拟试卷参考答案

模拟试卷一参考答案

一、单项选择题（共50题，每题1分。每题的备选项中，只有一个最符合题意）

1. D　2. B　3. B　4. C　5. D　6. A　7. B　8. C　9. B　10. C
11. C　12. C　13. C　14. C　15. A　16. B　17. C　18. C　19. D　20. C
21. A　22. D　23. D　24. C　25. A　26. D　27. A　28. D　29. B　30. D
31. C　32. A　33. D　34. A　35. C　36. B　37. D　38. B　39. B　40. D
41. A　42. D　43. A　44. A　45. B　46. D　47. B　48. A　49. D　50. D

二、多项选择题（共10题，每题2分。每题的备选项中，有2个或2个以上符合题意；错选，本题不得分；少选，所选的每个正确选项得0.5分）

1. A、B、D　2. A、B、C、D　3. A、C、D　4. B、C、D　5. B、C、D、E
6. A、B、D　7. C、D　8. A、B、C　9. B、C　10. A、B、C、D

三、判断题（共20题，每题1分）

1. A　2. B　3. A　4. B　5. A　6. A　7. B　8. A　9. A　10. A
11. A　12. B　13. B　14. A　15. B　16. B　17. B　18. A　19. A　20. A

四、综合题（多选题2分一题，其他每题1分，共5分）

1. B　2. A　3. CDE　4. A

五、综合题（多选题2分一题，其他每题1分，共5分）

1. C　2. D　3. BDE　4. B

模拟试卷二参考答案

一、单项选择题（共50题，每题1分。每题的备选项中，只有一个最符合题意）

1. D　2. A　3. A　4. B　5. A　6. A　7. A　8. C　9. C　10. A
11. A　12. B　13. D　14. C　15. A　16. C　17. B　18. D　19. A　20. C
21. C　22. B　23. A　24. C　25. C　26. B　27. A　28. C　29. C　30. B
31. D　32. A　33. D　34. C　35. A　36. B　37. C　38. C　39. C　40. D
41. B　42. B　43. C　44. D　45. B　46. A　47. C　48. B　49. B　50. D

二、多项选择题（共10题，每题2分。每题的备选项中，有2个或2个以上符合题意；错选，本题不得分；少选，所选的每个正确选项得0.5分）

1. A、B、D　2. B、C、D　3. A、B、C　4. A、B、E　5. C、D、E
6. A、B、D　7. A、D　8. A、B、D　9. A、B、C、E　10. A、B、C、D

三、判断题（共20题，每题1分）

1. B　2. B　3. B　4. A　5. B　6. B　7. B　8. A　9. B　10. B
11. B　12. A　13. A　14. A　15. A　16. A　17. A　18. A　19. A　20. B

四、综合题（多选题2分一题，其他每题1分，共5分）

1. B　2. C　3. ABDE　4. B

五、综合题（多选题2分一题，其他每题1分，共5分）

1. D　2. C　3. AD　4. A

参考文献

[1] 李青岳，陈永奇．工程测量学［M］．北京：测绘出版社，1997.

[2] 武汉测绘科技大学《测量学》编写组．测量学［M］．3 版．北京：测绘出版社，1991.

[3] 胡伍生，潘庆林，黄腾．土木工程测量施工测量手册［M］．北京：人民交通出版社，2005.

[4] 覃辉．土木工程测量［M］．上海：同济大学出版社，2006.

[5] 李生平．建筑工程测量［M］．北京：高等教育出版社，2002.

[6] 李仲．建筑工程测量［M］．北京：高等教育出版社，2007.

[7] 刘星，吴斌．工程测量学［M］．2 版．重庆：重庆大学出版社，2011.

[8] 李天和．地形测量［M］．重庆：重庆大学出版社，2009.

[9] 杨嗣信．高层建筑施工手册［M］．北京：中国建筑工业出版社，2001.

[10] 卢正．建筑工程测量［M］．2 版．北京：化学工业出版社，2012.

[11] 喻艳梅．建筑工程测量［M］．长沙：中南大学出版社，2013.

[12] 唐保华．工程测量技术［M］．2 版．北京：中国电力出版社，2012.

[13] 姜树辉，陈明建．建筑工程测量实习指导手册［M］．成都：四川大学出版社，2015.

[14] 柳小燕．工程测量［M］．2 版．北京：中国建筑工业出版社，2016.

[15] 曹智翔，邓明镜，等．交通土建工程测量［M］．3 版．成都：西南交通大学出版社，2014.

[16] 程效军，鲍峰，顾孝烈．测量学［M］．5 版．上海：同济大学出版社，2016.

[17] 张正禄．工程测量学［M］．2 版．武汉：武汉大学出版社，2013.

[18] 徐绍铨，张华海，杨志强，等．GPS 测量原理及应用［M］．武汉：武汉测绘科技大学出版社，1998.

[19] 国家测绘地理信息局职业技能鉴定指导中心．测绘综合能力［M］．北京：测绘出版社，2012.

[20] 宁静生，刘经南，陈俊勇，等．现代大地测量理论与技术［M］．武汉：武汉大学出版社，2006.

[21] 李向民．建筑工程测量［M］．北京：机械工业出版社，2011.

[22] 中华人民共和国建设部．工程测量规范：GB 50026—2007［S］．北京：中国计划出版社，2007.

[23] 中华人民共和国住房和城乡建设部．建筑变形测量规范：JGJ 8—2016［S］．北京：中国建筑工业出版社，2016.

[24] 中华人民共和国住房和城乡建设部．城市测量规范：CJJ/T 8—2011［S］．北京：中国建筑工业出版社，2011.

[25] 南京市规划局．南京市建设工程（建筑类）规划竣工测量技术规程：NJCH 010—2018［S］．南京，2018.

[26] 北京市住房和城乡建设委员会．建筑施工测量技术规程：DB11/T 446—2015［S］．北京，2016.

[27] 国家测绘局．测绘技术设计规定：CH/T 1004—2005［S］．北京：测绘出版社，2005.

［28］中华人民共和国住房和城乡建设部．建筑工程资料管理规程：JGJ/T 185—2009［S］．北京：中国建筑工业出版社，2009.
［29］中华人民共和国住房和城乡建设部．建设工程文件归档规范：GB/T 50328—2014［S］．北京：中国建筑工业出版社，2014.
［30］国家测绘局．测绘技术总结编写规定：CH/T 1001—2005［S］．北京：测绘出版社，2006.